海错图

HaiCuoTu
中国古代物质文化丛书

〔清〕聂璜 / 著　　　戴启飞　吴冠臻 / 译注

重庆出版集团 ⓒ 重庆出版社

图书在版编目（CIP）数据

海错图 /（清）聂璜著；戴启飞，吴冠臻译注. —重庆：
重庆出版社，2020.11（2023.3重印）
ISBN 978-7-229-14814-0

Ⅰ. ①海… Ⅱ. ①聂… ②戴… ③吴… Ⅲ. ①海洋生物 – 图集
Ⅳ. ①Q178.53-64

中国版本图书馆CIP数据核字（2020）第222760号

海错图
HAI CUO TU

〔清〕聂璜　著　　戴启飞　吴冠臻　译注

策 划 人：刘太亨
责任编辑：苏　丰
责任校对：李小君
特约编辑：何　滟
封面设计：日日新
版式设计：曲　丹

 重庆出版集团
重庆出版社　**出版**

重庆市南岸区南滨路162号1幢　邮编：400061　http://www.cqph.com
重庆友源印务有限公司印刷
重庆出版集团图书发行有限公司发行
全国新华书店经销

开本：740mm×1000mm　1/16　印张：29.75　字数：568千
2021年3月第1版　　2023年3月第2次印刷
ISBN 978-7-229-14814-0

定价：96.00元

如有印装质量问题，请向本集团图书发行有限公司调换：023-61520678

出版说明

　　最近几年，众多收藏、制艺类图书都以图片为主，少有较为深入的文化阐释，很有按图索骥、立竿见影之势，却明显忽略了"物"应有的本分与灵魂。严重文化缺失的品鉴已使收藏界变得极为浮躁，赝品盛行，为害不小，这是许多藏家和准藏家共同面临的烦恼。真伪之辨，只寄望于业内仅有的少数品鉴大家很不现实。那么，解决问题的方法何在呢？专家给出的唯一建议，就是深入传统文化，读古籍中的相关经典，并为此开出意见基本一致的必读书目。这个书目中的绝大部分均为文言古籍，没有标点，也无注释，更无白话。考虑到大部分读者可能面临的阅读障碍，我们诚邀相关学者进行了注释和今译，并辑为"中国古代物质文化丛书"予以出版。

　　关于我们的努力，还有几个方面需要加以说明。

　　一、关于选本，我们遵从以下两个基本原则：一是必须是众多行内专家的基础藏书和案头读本；二是所选古籍的内容一定要细致、深入、全面。然后按专家的建议，将相关古籍中的精要梳理后植入，以求在同一部书中集中更多先贤智慧和研习经验，最大限度地厘清一个知识门类的基础与常识，让读者真正开卷有益。而且，力求所选版本皆是善本。

　　二、关于体例，我们仍沿袭文言、注释、译文的三段式结构。三者同在，是满足各类读者阅读需求的最佳选择。为了注译的准确精雅，我们在编辑过程中进行了多次交叉审读，以此减少误释和错译。

三、关于插图的处理。一是完全依原著的脉络而行，忠实于内容本身，真正做到图文相应，互为补充，使每一"物"都能植根于相应的历史视点，同时又让文化的过去形态在"物象"中得以直观呈现。古籍本身的插图，更是循文而行，有的虽然做了加工，却仍以强化原图的视觉效果为原则。二是对部分无图可寻，却更需要图示的内容，则在广泛参阅大量古籍的基础上，组织画师绘制。虽然耗时费力，却能辨析分明，令人眼目生辉。

四、对移入的内容，在编排时都与原文作了区别，也相应起了标题。虽然它切合于原文，遵从原文的叙述主线，却仍然可以独立成篇。再加上因图而生的图释文字，便有机地构成了点、线、面三者结合的"立体阅读模式"。"立体阅读"对该丛书所涉内容而言，无疑是妥当之选。

还需要说明的是，不能简单地将该丛书视为"收藏类"读本，但也不能将其视为"非收藏类读本"。因为该丛书，其实比"收藏类"更值得收藏，也更深入，却少了众多收藏类读物的急功近利，少了为收藏而收藏的平庸与肤浅。我们组织编译和出版该丛书，是为了帮助读者重获中国文化固有的"物我观"，是为了让读者重返古代高洁的"清赏"状态。清赏首先要心底"清静"；心底"清静"，人才会独具"慧眼"；而人有了"慧眼"，又何患不能鉴真识伪呢？

中国古代物质文化丛书　编辑组

2009年6月

译注者语

　　古书例无二序，但近古以来，叠床架屋，滥觞始开。《海错图》已有作者自序二篇，然而今人阅读古籍，需要现代的视角、历史的眼光以及浅近语言的解释，这也正是我写这篇导读的理由。

　　作者聂璜，字存庵，浙江钱塘人，主要活动于康熙年间。聂氏图中采取了"五虫"的生物划分方式，其行文突出特点是广泛从字书、韵书、类书、地方志中征引相关材料。为求生计，聂氏常常奔波于海上，贴近底层人民生活，而不若其他士人只在书斋中治学，同时他也没有轻视底层人民，所以才有了这本细节完备、引人入胜的《海错图》问世。

　　不可否认，《海错图》作为一部绘画作品、一部文学作品、一部博物学作品，取得了十分重要的成就。然而，一切作品都是社会历史的产物，由于聂氏受限于时代普遍的认知、儒学经典的影响以及个人学识的欠缺，所以本书并非完美无瑕，而是不可避免地存在些许缺憾，让我来逐一剖析。

一、博物学与《海错图》

　　"博物"一词，在中国被用来形容见多识广的读书人。追溯博物学可以从三国、魏晋时期开始。其中较有影响的是三国吴人陆机以及晋代的张华、郭璞。陆机著有《毛诗草木鸟兽虫鱼疏》，对《诗经》记载的各种生物做了详细记叙和考证。张华著有《博物志》，对天文、地理、器物、异物、人事等领域涉猎广泛。郭璞也曾为《尔雅》《方言》《山海经》作注。

　　但是中国并没有发展出与西方近代相当或相似的博物学。在历史上留下的博物君子的形象，大多是"神异"的。张华、郭璞等人的经历离奇诡异，经常与妖物精怪有所联系。他们的博物视角是面向非现实领域的，而不是科学的、求真的。《海错图》作者虽然仍以张华、郭璞为前辈，但是已经十分注重考证。聂璜对于种种传闻不予轻信，一定要亲眼所见才得证实，如他在《海错图》册一中考证鹅毛鱼。不过他一方面不轻信传言，一方面又轻信自己的推断和友人的见闻，而且考察方法也不甚科学，显示出了一定的主观性和随意性。尽管如此，《海错图》仍然在博物学方面取得了非凡的成就。

聂氏采取了"五虫"的概念——"裸虫""鳞虫""毛虫""羽虫""昆虫"——对海错进行了粗略的分类，在每一大类之中，所有海物又按物种的关系以类相从，排列大体有序。图中各种物种之间经常有对应、混淆、"化生"等联系。但由于《海错图》的绘制不是在短时间内完成的，所以前后顺序的细节也存在一些混乱，读者阅读时应注重相互对照，译者已尽可能将内部联系标注出来了。

二、文学与《海错图》

《海错图》的文字描述，有一定的文采，如描写蟳虎鱼捕食海蟹，动作细节描述得十分生动，蟳虎鱼的灵动和狡猾、海蟹的无可奈何跃然纸上。对于其他物种如"鲸鱼""鳄鱼"等，其形状等各种细节记录得有条不紊、清晰明了，有助于读者抓住各种生物的细节。在描述各种生物时，聂氏归纳了多种资料，包括征引典籍、渔民传言、朋友所告等，又有考证、辩论，以及由疑到信的思想过程，读者足可以体察他的考察与思索历程。

又如书中每种物种各附有赞文，赞文一般是四字一句的韵句，诙谐可爱。如《球鱼赞》："蹴鞠离尘，海上浮沉。齐云之客，问诸水滨。"他将球鱼比作蹴鞠，并运用了"齐云社"的典故，笔触可谓别出心裁。又如《环鱼赞》："海鱼衣绯，何以伛偻？密迩龙王，敢不低头？"作者运用丰富的联想，将红鳞和绯色官服相联系，又把"伛偻"的形态与见到"龙王"后的恭敬联系在一起。这样有趣的赞文在书中比比皆是，兹不赘言。译者没有用白话翻译赞文，是希望保留最有趣的"原始面貌"以便读者自行发掘。

聂氏在书中使用了大量的典故，尤其是序文采取了骈文的形式，对于今日读者理解来说较为困难。为方便读者理解、体会故事趣味，我们对书中出现的典故一一作注，骈文的白话翻译也尽量保留了"骈四俪六"的影子。

还应该点明的一点是，文中几乎所有"渔民""故老"的话，都是出自聂氏笔下。清代普通劳动人民几乎不可能运用文言，作者是花了一番功夫将口语变为典致雅驯的文言的，书中的"对话"是叙事描写的重要组成部分，读者不应忽视。

三、传统学术与《海错图》

聂氏身为旧社会中的普通士人，自然难免带有传统学术的印迹。一方面，他试图从经学、史学、文学等多领域的资料中探寻"海错"的秘密。而这些领域没有逃脱中国传统学术的范畴，反过来说，也正是传统学术给予了聂氏这样的视角，使今日的读者得以一窥传统学术的面目。另一方面，由于作者学识不足以及旧学的局限，使其考证带着诸多弊病。

聂氏笃信儒学，对于列为儒学经典的《尔雅》，以及《字汇》《本草纲目》等书深信不疑，甚至到了"有书必信""有征必信"的程度。聂氏迷信古人，带有机械、刻板的历史观，由于过于信古，他认为越古远的圣贤和言论就越值得采信。

聂氏还深受"化生观"的生物思想影响，他认为陆生生物、海生生物之间，生物、死物之间，各种生物内部普遍存在着转化关系。如《海错图》册一只存鳞虫，册二继鳞虫之后出现了毛虫和裸虫，册三则羽虫与介虫并载，册四几乎都是介虫。可见本书行文顺序显然是根据鳞化毛、毛化裸、裸化羽、羽化介的关联关系来进行结构的。这点需要读者格外注意。

对于"小学"，聂氏同时表现出了巨大的兴趣及粗劣的水平，他从当时通行的楷体字入手，生硬分割汉字，附会出"幽微"的道理，仿佛要诉诸我们什么秘密，却混淆了字和词的界限。比如他解"鱼"部和"虫"部的字，认为"鱼"部字即表示一种以相应的"虫"部字表示的动物为食的鱼类，如"鲫"以"蛣"为食。实际上古"虫"与古"鱼"二部相通，实为一字。聂氏神化汉字，认为"圣人不虚造"，牵强附会臆造的意思，闹了不少笑话。

其实，清代本是中国封建王朝中学术水平较高的时期，涌现出了一大批传统学术的杰出人才，乾嘉学派的"因声求义"是那个时代极为宝贵的学术财富。但《海错图》成书的年代显然为时过早，它真实反映了乾嘉以前普通士人的知识水平和精神面貌。他们并不缺乏求知欲与行动力，而是欠缺科学的方法和足够的学术积累。聂氏虽朴学不精，但读书颇多，行文中透露着对经典的熟稔，引文用事更是信手拈来，读书之用功，亦恐非今人所能比拟。

此外，我们还做了一些文献整理的工作。《海错图》本是图画，文字插入在画中，次序有些混乱；同时还有疑似"脱、夺、衍、倒"的文字，为了方便阅读，我们做了一定的调整，但限于本书体裁和定位，并没有一一给出校勘记录以详细标明。本书的侧重点还是以各种海洋生物的描写为主，希望读者能在阅读时能更多领略到海洋的魅力、学习到生物的知识。在今天看来，作者记录的海洋生物的生理生态有很多错误，但是我想读者也不能过于苛求一个清代作者，因此各位读者应在体会作者文字、图画之美以外，批判地接受作者的各种观点。

在中国历史上，前人留下了丰富的历史、文学、思想著作，卷帙浩繁的《四库全书》中的"经史子集"包含了多少文字！笔者妄自揣度，也许现在大家读惯了常见的著作，正需要体验《海错图》这样的新鲜文字。如果真是这样的话，我们也坚信读者能够在本书中收获到你们需要的东西。

书稿完成在即，有感而发，附拙作一首：

取次芸窗懒回顾，总从用日始看书。河鲜千市或知数，"海错一图"难解茹。啼笑皆非谈旧字，浮沉难得识新鱼。欲推四海三不朽，实愧覆缸翻是疏。

吴冠臻

2019年3月27日于北京师范大学

海错图原序

【原文】《中庸》[1]言："天地生物不测。"而分言不测之量，独于水而不及山。可知生物之多，山弗如水也明甚。江淮河汉皆水，而水莫大于海。海水浮天而载地，茫乎不知畔岸，浩乎不知津涯。虽丹嶂十寻[2]，在天池荡漾中，如拳如豆耳。大哉海乎！允为百谷之王[3]，而山何敢与京[4]？

故凡山之所生，海尝兼之；而海之所产，山则未必有也。何也？今夫山野之中，若虎若豹，若狮若象，若鹿若豕，若骧若兕[5]，若驴若马，若鸡犬，若蛇蝎，若猬若鼠，若禽鸟，若昆虫，若草木，何莫非山之所有乎？而海中鳞介等物多肖之[6]。虎鲨变虎，鹿鱼化鹿；鼠鲇诱鼠，牛鱼撩牛；象鱼鼻长，狮鱼腮阔；鹤鱼鹤啄，燕鱼燕形；刺鱼皮猬，鳐鱼翅禽；魟鱼蝎尾，独鱼豕心；海骧[7]肉腴，海豹皮文；海鸡足胼，海驴毛深；海马潮穴，海狗涂行；海蛇如蟒，海蛭若蚓；鲽鱼既侔[8]鹣鹣，人鱼犹似猩猩。海树槎枒[9]，坚逾山木；海蔬紫碧，味胜山珍。海鬼何如山鬼，鲛人[10]确类野人。所谓"山之所产，海尝兼之"者如此。

若夫海之所产，卵胎湿化[11]，其类既繁；鳞介毛蜾[12]，厥状尤怪。诚有禹鼎[13]之所不能图，《益经》[14]之所不及载者矣。然此特具体而微者尔。至稽海上伟观，鲤可堂也，鳊可帘也，蚝可阜也，龟可洲也，鼍可城也，鳛脊任春也，鳌首戴山也，摩竭之鱼吞舟也，善化之蟹大九尺也，北溟之鲲[15]不知其几千里也。是岂山中鸟兽所能仿佛其万一者？所谓海之所产，山未必能有者如此。

况乎网起珊瑚，已胜丹砂之赤；而宵行熠耀[16]，难侔蚌室之光。山川出云，仅为霖于百里；而潮汐与月盈虚，直与天地相终始也。山与海大小之量何如？无怪乎生物多寡，相去悬殊，是以《禹贡》惟以"错"称海物也[17]，概可知矣。夫错者，杂也，乱也，纷纭混淆，难以品目，所谓不可测也。今予图海错，甲乙鱼虾，丹黄螺贝[18]，绘而名，名而赞，赞而考，考而辨，不犹然视海以为可测乎？曰："非然也。"予图所采，亦取其可见可知者而已，其不及见知者何限哉！然则博物君子，披阅是图，慎毋曰"燃犀一烛"〔19〕也，谓吾"以蠡测海"也可。

时康熙戊寅〔20〕仲夏，闽客聂璜存庵氏题于海疆之钓鳌矶。

《观海赞》：水天一色，万国同春。鱼鳖咸若〔21〕，四海荡平。

【注释】〔1〕《中庸》：选自《礼记》，相传是战国时期子思所著，要求通过"诚"来达到"中庸"这一最高道德境界，宋代以后从《礼记》中独立出来，列为"四书"之一，成为了科举考试的规定书目。《礼记》为战国时期至汉初儒家学者仪礼类文章选集。

〔2〕丹嶂十寻：几十寻高的赤色山脉。寻，长度单位，古代八尺为一寻。

〔3〕百谷之王：代指江海。出自《老子》："江海所以能为百谷之王者，以其能善下之，故能为百谷王。"

〔4〕何敢与京：怎么敢一较高下呢？"京""争"古音相近，可通。

〔5〕兕（sì）：瑞兽，可辟邪，其形与牛相近，青色，重千斤。

〔6〕分别详见册一《飞鱼》《鸖（hè）鱼》《鼠鲇鱼》《海蛇》《刺鱼》；册二《黄魟》《燕魟》《虎鲨》《海豹》《鹿鱼》《海独（tùn）》《腽肭脐》《潜牛》；册三《海马》《海铁树》等。作者意在宣扬古代所谓的"化生说"，即一个物种可以转化成另一个物种；同时还反映了他所持的海洋无限、海洋至上的观点。今天看来，这些观点都是有违科学事实的。

〔7〕骦（huān）：马名。

〔8〕侔（móu）：相等，如同。

〔9〕槎（chá）枒（yá）：形容参差错杂。

〔10〕鲛人：传说中鱼尾人身的生物。

〔11〕卵胎湿化：佛教语，佛教将生物分为"卵胎湿化"四类，即胎生类，如人畜；卵生类，如禽鸟鱼鳖；湿生类，如昆虫；化生类，即无所依托，只能凭借业力而忽然出现的生物，如诸天与地狱及劫初众生。

〔12〕鳞介毛蜾（guǒ）：作者在本书中把万物分为"羽、毛、鳞、裸、介"五类，即羽鸟类、有毛类、鳞鱼类、无毛类、甲壳类，其中又以鳞类为尊，以龙为长。人类属于裸类，但作为万物之灵，人类不与禽兽并列。蜾，即蜾虫，指身上没有羽毛或鳞甲的虫子，亦泛指无毛的人类或动物，同"裸虫"。

〔13〕禹鼎：传说大禹治天下，将天下分为九州，并铸造了九个青铜大鼎。鼎上铸刻着当地的山川河流、草木鱼虫等图案。

〔14〕《益经》：即《山海经》，因相传为夏代伯益所作，故又称《伯益经》，内容多是上古神话故事及地理风物。伯益，夏代重臣，相传曾助大禹治水。

〔15〕此句中，鲤堂，出自《续夷坚志》："宁海昆仑山石落村刘氏，富于财，尝于海滨浮

百丈鱼，取骨为梁，构大屋名曰'鲤堂'。"鳞（hào）帘，虾须帘，《分甘馀话》："鳞，海中大虾也，长二三丈，游则竖其须，须长数尺，可为帘，故以为名。"蚝阜，蚝山，出自韩愈诗："蚝相粘为山，百十各自生。"龟洲，神龟变成的岛屿。鼍（tuó）城，出自唐传奇《樊夫人》："有城如雪，围绕岛上……飞剑刺之，白城一声如霹雳，城遂崩，乃一大白鼍，长十余丈，蜿蜒而毙……"鳅（qiū）脊任春，用海鳅的脊骨作春臼，详见册一《海鳅》。鳌首戴山，出自《楚辞·天问》："鳌戴山抃，何以安之？"摩竭吞舟，详见册二《跨鲨》，出自《异物汇苑》："吞舟之鱼曰摩竭。"摩竭为跨鲨的别称，亦作"摩伽罗"，为梵语makara的音译，是一种象征神权的巨型海兽。化蟹九尺，出自《汉武洞冥记》："善苑国尝贡一蟹，长九尺，有百足四螯，因名百足蟹。"北溟鲲，出自《庄子·逍遥游》："北冥有鱼，其名为鲲，鲲之大，不知其几千里也。"

〔16〕宵行熠耀：夜间萤火虫闪着亮光。出自《诗经·东山》："町畽鹿场，熠耀宵行。"其意为：田地变成鹿场，夜间萤虫闪烁。

〔17〕这里指代《禹贡》中的"厥贡盐絺，海物惟错"一句。此句的意思是：（青州）进贡食盐布匹，海产丰富。《禹贡》，《尚书》中的一篇，记载了上古九州的山川地形、风土物产等内容。《尚书》，儒家经典之一，是上古的文书档案汇编。

〔18〕甲乙鱼虾，丹黄螺贝：作者此处使用了互文的修辞手法，意为为鱼虾螺贝排序并绘图。甲乙，排序。丹黄，颜料，代指绘图。

〔19〕燃犀一烛：燃烧犀牛角来照明。传说点燃犀牛角能照见常人看不见的精物鬼怪，比喻明察事物、洞察奸邪。

〔20〕康熙戊寅：康熙三十七年，公元1698年。

〔21〕鱼鳖咸若：鱼鳖称颂海王的统治。咸若，意为称颂帝王教化。出自《尚书·皋陶谟》："禹曰：'吁！咸若时，惟帝其难之。'"

【译文】《中庸》说："天地间生物数不胜数。"但下文仅论述水中生物，可知山林走兽的数量远远不如水中生物。长江、淮河、黄河、汉水等虽然也是水域，但是不如大海汪洋磅礴，浑浑无涯。海水托举着大地与天空，浩浩荡荡，无边无际，即使是几十寻的高山，置于海天之中，也不过是一拳一豆般渺小的事物罢了，哪里还有高山的气魄呢？这浩瀚无际的江海，区区山岳又怎能与之相比！

正因为如此，但凡山林中生存的生物，往往在海中也有相类似的；而海中的奇特生物，山林中却未必存在。为什么这么说呢？老虎、豹子、狮子、大象、鹿、野猪、骏马、犀牛、驴、马、鸡犬、蛇蝎、刺猬、老鼠、禽鸟、昆虫、草木等等，无一不是生活在山林中的，但是海中皆有与之相似的生物：虎鲨能化成虎，鹿鱼能化成鹿；鼠鲇诱食老鼠，牛鱼撩拨旱牛；象鱼鼻子也很修长，狮鱼鼻子更是宽阔；鹤鱼长着鹤嘴，燕鱼体形如燕；刺鱼皮模仿刺猬，鳐鱼翅恰似鹞鹰；虹鱼长着蝎尾，独鱼有着猪心；海骡肉质丰腴，海豹身披豹纹；还有足趾骈连的海鸡，毛发深长的海驴；随潮筑穴的海马，海滩行走的海狗；形似巨蟒的海蛇，貌如蚯蚓的海蛭；鲽鱼与鹣鸟十分相似，人鱼竟然更像猩猩。海中树枝，比山木更加坚硬；海带紫菜，比山珍更加美味。海鬼不知是否像山鬼，鲛人却十分像野人。这就正如我上述所说的"但凡山林中生存的生物，往往在海中也有相类似的"。

再放眼海洋生物，卵生、胎生、湿生、化生，种类极其繁多；鳞虫、介虫、毛虫、裸虫，形状十分怪异。如此丰富独特的海洋生物，即便是禹鼎和《益经》也无法完全记载下来。上述种种尚且只是体形较小的生物，而海上的雄伟奇观，更是夺人眼球：海鲤鱼骨竟然能够造屋，鳙虾长须竟然能够编成丝帘，蚝贝竟然能够堆积成山，巨龟竟然能够变成海岛，鳝鱼脊骨能够做成捣盆，神鳌将大山戴在头上，摩羯鲸鱼吞没舟船，善于变化的螃蟹竟有九尺长，北溟巨鲲的身体更是不知几千里长。这些雄伟奇观，山中走兽如何能够模仿一分一毫呢？这就正如我上述所说的"海中的奇特生物，山林中却未必存在"。

更何况打捞上来的珊瑚，比丹砂石矿更加红艳；而夜间闪烁于天地间的萤火虫，如何比得上夜明珠的光芒？山川云雾蒸腾，不过在方圆百里积云成雨；潮汐涨落，月圆月缺，却与天地相应和。如此说来，山川和大海究竟孰大孰小呢？山川走兽与海洋生物的数量悬殊，也就不足为奇了。正因为如此，《禹贡》才使用"错"字来形容海洋生物，"错"字正是"错杂缤纷"的意思，意在形容海洋生物种类繁多、错综复杂、捉摸不透。现在我绘制了《海错图》，将各种海洋生物分门别类，画出它们的形状，列出它们的名目，作出恰当的评价，并经过严谨的考证，给予审慎的考辨，这何尝不是把海洋生物视为可测之物呢？不是这样的。我这《海错图》中的生物，也不过是生物界的冰山一角，对于了解海错全貌仍是微不足道！我希望博学之士在阅读本书时，切勿谬赞，说我是以瓢量海也未尝不可。

时年康熙三十七年仲夏，本人闽客聂璜存庵，写于滨海钓鳌矶。

图海错序

【原文】海错自昔无图，惟《蟹谱十二种》，唐吕亢[1]守台所著；《异鱼图》[2]，不知作者，仅存有赞，图本俱失传，无可考。考《四雅》[3]诸类书[4]数十种，间亦旁及海错，而《南越志》《异物志》《虞衡志》《侯鲭录》《南州记》《鱼介考》《海物记》《岭表录》《海中经》《海槎录》《海语》《江》《海》二赋[5]，所载海物尤详。至于统志及各省志乘[6]，分识一方之海产，亦甚确。

古今来载籍多矣，然皆弗图也。《本草·鱼虫部》[7]载有图，而肖象未真。《山海经》虽依文拟议以为图，然所志者山海之神怪也，非志海错也，且多详于山而略于海。迩年泰西国有《异鱼图》[8]，明季有《职方外纪》[9]，但纪者皆外洋国族，所图者皆海洋怪鱼，于江浙闽广海滨所产无与也。

予图海错，大都取东南海滨所得见者为凭。钱塘为吾梓里[10]，与江甚近，而与海稍远，海错罕观。及客台瓯[11]，几二十载，所见无非海物。康熙丁卯[12]，遂图有《蟹谱三十种》。客淮扬，访海物于河北、天津，多不及浙，水寒故也。游滇、黔、荆、豫而后，近客闽几六载，所见海物益奇而多，水热故也。《医集》云"湿热则易生虫"，信然。年来每睹一物，则必图而识之，更考群书，核其名实。仍质诸疍户鱼叟[13]，以辨订其是非。金[14]曰："海物谲异[15]，出人意想。遐方之士，闻名而不敢信；海乡之民，习见而未尝图。今君既见而信，信而图，图而且为之说，可为海若之董狐[16]矣。曷编辑卷帙[17]，以为四方耳目新玩，可乎？"

戊寅之夏，欣然合《蟹谱》及凤所闻诸海物，集稿誊绘，通为一图。首以龙虾，终以鱼虎[18]，中间分类而杂见者[19]："蟹棹鲎帆，俨若扁舟逐浪；蜃市鱼井，恍疑万灶沉沦。鲨头云，巫山几片；海底月，皓魄一轮。箬鱼风箨，竹鱼霜筠。枫叶鱼，冷落吴江；文鳐鱼，踊跃天门。柔鱼乏骨，钩鱼重唇。钱鱼慢藏，鲳鱼非淫。石首驰声远近，河豚流毒古今。乌鲗怀墨，朱鳖吐珍。紫贝壳丽，苏螺肉锦；蛎堪比鞋，虾可名琴。鱼针作绣，海扇披襟。沙蛤染翰，蚰螺织文。逢冬则馁，望潮畏腊；得雨生花，石蜐怀春。小蟹寄居，岂惟蟏蛸[20]；诸螺变化，亦类蛤蜃。蛎随竹石，虹种青黄；蛳分铜铁，鳞别金银；蚶有丝布，蟹辨蚁蟫[21]。海蛤空堕，岩乳气凝；鳆房九孔，龟背七鳞。鹅毛燕额，无非鱼品；马蹄牛角，并是蛏名；龙目仙掌，总归介类；虎头鬼面，均出蟹形。鳄声畏鹿，不殊巴蟒[22]；蟫威斗虎，更胜山君。龙虱得风雷而降，燕窝冒雨露而成。闽鄙瓯文[23]，指质形于沙蒜；辽玄粤素[24]，分优劣于海参。其余泥笋、土肉、江绿、海红、密丁、辣螺、沙箸、石钻、蚌牙、泥肠、海胆、天脔，美味无穷，殊难殚述。

虽然口腹之欲有尽，而耳目之玩无穷。请停鼎俎[25]，更问韬钤[26]，则再观夫掏枪长槊，拥剑短兵，鲋藏利镞，鲻露白刃，龟披征甲，鼋[27]束战裙。逢逢鼍鼓，号令三军，步伐止齐，各逞技能。蛙明坐作，虾识退迎，蛤长冲举，蟹利横行。车螯水运，桀步邮闻，执火秉燎，吹沙扬尘，犁头前导，拨尾后巡，铜锅造饭，瓦屋安营。睹彼洪波之鳞甲，允称海国之干城。至于蚍珠、魮玉、玳瑁、珲璪[28]，则晶宫之所供御；墨斗、鲨锯、土坯、泥钉，则海屋之所经营。乃若涂婆之所喜者，螺梭鱼镜；鲛人之所需者，石榼土瓶；公子之所弄者，泥猴海鹞；介士之所爱者，刀鲎[29]剑蛏。新妇鱼、和尚蟹，恐难为伴；海夫人、郎君子，或可同群。鱼目无妻，嗟有鳏之在下[30]；鲨胸穴子，较燕翼[31]而尤深。鱼婢常随鱼母，螺女谁为所亲？总之，水族以龙为长，鳞介尽属波臣。

按其品类，参之典籍，记载每缺，而舛误[32]尤多。图内据书考实者，五六十种。盖昔贤著书，多在中原，闽粤边海，相去辽阔，未必亲历其地，亲睹其物，以相质难；土著之人，徒据传闻，以为拟议，故诸书不无小讹。而《尔雅翼》尤多臆说，疑非郭景纯[33]所撰；《本草》博采海鱼，纰缪不少。至于《字汇》[34]一书，即考"鱼虫部"内，或遗字未载，或载字未解，或解字不详，常使求古寻论者对之惘然。其他可知。此《字汇》补《正字通》[35]之所由以继起也。

若夫志乘之中，迩来新纂《闽省通志》，即"鳞介"条下，《字汇》缺载之字，核数已至二十之多，要皆方音杜撰，一旦校之天禄[36]，其于车书会同[37]之义，不相刺谬[38]耶？昔太史杨升庵[39]曰："马总《意林》[40]引《相贝经》[41]，不著作者，读《初学记》[42]，始知为严助作。汉有《博物志》，非张华作也，读《后汉书》，始知为唐蒙作。"乃知前人或略，后或有考焉，未可尽付不知也。由是观之，则兹"海错一图"，岂但为《鱼图》《蟹谱》续垂亡[43]哉，其于群书之雠校[44]，或亦有小补云。

时康熙戊寅仲夏，闽客聂璜存庵氏题于海疆之掬潮亭。

【注释】〔1〕唐吕亢：吕亢，北宋进士，著有《蟹谱》。作者认为吕亢是唐人，故有误。

〔2〕《异鱼图》：并非清代赵之谦所绘《异鱼图》，而是宋代苏颂《本草图经》经常引用的一本古籍，已亡佚。赵之谦，清代书画家，浙江绍兴人。

〔3〕《四雅》：指《尔雅》及以其体例为标准的四种字典，分别是《尔雅》、张揖《广雅》、陆佃《埤雅》、罗愿《尔雅翼》。

〔4〕类书：古代的"百科全书"，按关键词辑录古书中的有关内容，并分列于各条目之下的资料书。著名类书如《太平广记》《永乐大典》等。

〔5〕这些书是作者在本书中经常引用的古籍资料，为历代官修地理志、地方志、杂录笔记及文学作品，详见正文各篇注。

〔6〕统志、志乘，即官方地理总志及各地方志。

〔7〕《本草·鱼虫部》：明代李时珍所著《本草纲目》的"虫部"和"鳞部"。《本草纲目》以部为纲，以类为目，收药1892种，分16部60类，详细记录了各种药物的出产、形态、性状、药理以及相关方剂等内容。

〔8〕泰西国有《异鱼图》：明清时代统称西方国家为泰西。《异鱼图》一书应为西洋传教士所著图书，未见传世。

〔9〕明季，明代末年。《职方外纪》，意大利传教士艾儒略根据西洋人利玛窦和庞迪我所著的拉丁文本及译本《世界地理》翻译而成，是继利玛窦《坤舆万国全图》之后又一本详细介绍世界地理的中文著作。艾儒略，字思及，1613年来华，主要于明万历、天启间在中国进行传教活动，撰《几何要法》等书介绍地理与数学知识。

〔10〕梓里：故乡。古人常用桑梓代称故乡，出自《诗经·小弁》："维桑与梓，必恭敬止。"其意为：桑树和梓树为父母所种，必须对它们恭敬有礼。

〔11〕台瓯："台"为台州的简称，"瓯"为温州的简称。

〔12〕康熙丁卯：公元1687年。

〔13〕蜑（yǎn）户鱼叟：水上居民和老渔民。蜑户：水上居民的旧称。蜑指古代福建与广东地区以舟为家的水上生活的少数民族，含贬义，意通蛋（dàn）。

〔14〕佥（qiān）：简帛文，形为"两个人同时说话的样子"，引申为"全都"的意思。

〔15〕谲（jué）异：怪诞奇异。

〔16〕海若之董狐：海神的史官。海若，传说中的北海之神，出自《楚辞·远游》："使湘

灵鼓瑟兮，令海若舞冯夷。"董狐，春秋时期晋国史官，以实事求是、秉笔直书而闻名，这里代指正直的史官。

〔17〕卷帙：书卷和布套，泛指书籍。有成语"卷帙浩繁"。

〔18〕以"龙虾"作为开篇，以"鱼虎"作为末篇。而本书的实际顺序以"鱼虎"为册一开篇，以"龙虾"为册四末篇，作者可能有误，或原书编纂顺序相反。

〔19〕下文"蟹棹鲎（hòu）帆"至"鳞介尽属波臣"，是作者根据《海错图》即兴创作的赋文，所涉生物均在本书正文中，这里不再细注，赋文大意可参考译文。

〔20〕蠀（suǒ）蛣（jié）：详见册四《蠀蛣蟹》。

〔21〕蟹（jié），巨蟹，详见册四《膏蟹》。蟳（xún），蟹的名称，详见册四数篇图文。

〔22〕巴蟒：传说中的巨蟒，被大禹铲除，其埋葬地被称为巴陵。出自《山海经》："西南有巴国……有黑蛇，青首，食象。"

〔23〕闽鄙瓯文：泥翅在福建的名字鄙俗，在温州的名字文雅。详见册二《泥翅》。

〔24〕辽玄粤素：辽东的黑海参，广东的白海参。详见册二《海参》。

〔25〕鼎俎：古代祭祀、设宴时用于盛放食物的礼器，这里代指宴席。

〔26〕韬钤（qián）：古代兵书《六韬》《玉钤》的并称，这里代指军事。

〔27〕鼋（yuān）：一种巨型神龟。详见册三《鼋》。

〔28〕玭（pín）珠，珍珠。鮍（pí）玉为美玉，《江赋》："文鮍磬鸣以孕璆。"玭瑁，即指玭瑁的甲片，常用作装饰品及工艺品。珲瑈，同"砗磲"，一种海洋贝类生物，其质堪比美玉，可制成石碗。

〔29〕鲞（cǐ）：一种体形侧扁，生活在近海的鱼类。

〔30〕有鳏（guān）之在下：出自《尚书·尧典》："有鳏在下，曰虞舜。"其意为：民间有个老而无妻的人，叫作虞舜。

〔31〕燕翼：联绵词，保其安全。出自《诗经·文王有声》："丰水有芑，武王岂不仕？诒厥孙谋，以燕翼子。"

〔32〕舛误：差错。

〔33〕郭景纯：郭璞，字景纯，晋代文学家，以博学闻名，其《尔雅注》影响很大。《尔雅翼》的作者是宋人罗愿，作者却认为是郭璞，故有误。

〔34〕《字汇》：明代梅膺祚所编的字典类工具书。它将许慎的《说文解字》做了重大改革，把原有的504个部首归类合并为214部，是《康熙字典》问世前最通行的字典。

〔35〕《正字通》：明代张自烈所编字典，收录了大量俗体字和异体字，但存在诸多不足。

〔36〕天禄：天禄阁，汉代宫廷用作藏书的地方，泛指皇家藏书之地。

〔37〕车书会同："书同轨，车同文"，这里指"统一文字"。

〔38〕刺谬：违背，相反。

〔39〕杨升庵：杨慎，号升庵，四川新都人，明代文学家，以博学闻名，著有《升庵集》《江陵别内》等。

〔40〕《意林》：唐代马总编，广泛收录了诸子百家的学说。

〔41〕《相贝经》：古代研究贝类的图书，作者为西汉严助。

〔42〕《初学记》：唐代徐坚编的类书，其中收录了历代经书和诗赋。

〔43〕垂亡：将要断绝。垂，即将。

〔44〕雠（chóu）校：又称"校雠"，即校对。

【译文】自古以来，关于海中生物的绘画作品，就只有北宋吕元知台州时所著的《蟹谱十二种》；而《异鱼图》不知作者，且只剩下赞文存世，图画和正文亡佚，无法考证。我研究"四雅"等数十种类书，其中也略有涉及海洋生物，尤其是《南越志》《异物志》《虞衡志》《侯鲭录》《南州记》《鱼介考》《海物记》《岭表录》《海中经》《海槎录》《海语》以及《江赋》《海赋》二赋中，关于海物的记载十分详细。而各种地方志，也分别记载着各地的海产资料，比较可信。

古今典籍中虽有很多关于海洋生物的记载，却全都没有绘图。《本草纲目》"鱼部""虫部"有图，但所描绘的形象并不逼真。虽然也有人根据《山海经》的描述绘过图，但其书所记载的都是山海间的神鬼精怪，并非海洋生物，而且其中山林走兽的比例远远超过了海洋生物。近几年有西方传来的《异鱼图》，明朝末年也有《职方外纪》，但所记载的都是外国的品类，是不常见的海中怪鱼，在我国东南沿海很少能看见它们的踪迹。

我绘制的海洋生物，大多是我在东南海滨亲眼所见。我的家乡杭州，离江河很近，离海洋却有点远，海洋生物十分少见。直到我客居台州、温州二十年来，所见皆为海物，才于康熙二十六年，绘制《蟹谱三十种》。我客居淮扬时，在河北、天津一带访求海物，所见种类少于南方，可能是海水寒冷的缘故。游历云南、贵州、湖北、河南之后，我又在福建居住了将近六年，所见的海物种类远远多于北方，而且种类颇为奇特，也许是海水温度较高的缘故。《医集》说"湿热之处容易滋生虫物"，果然不假。近年来我每看到一物，便画下来留存，然后考证群书，核实鱼类的名目，又向各地水民、渔人询问，以辨别真伪。他们告诉我："海洋生物数量庞杂、形貌诡异，常常出人意料。远方住民虽然听说海物，但无法相信；而海边住民虽然惯见海物，但是无法绘图。现在您亲眼见证，采信之后，又能绘制下来，并为之考证解释一番，可不就是海神忠诚的史官吗？为什么不编成一部书来帮助其他人增长见识呢？"

康熙三十七年夏天，我欣然结合《蟹谱三十种》和平生见闻，将各种海物海产集合起来，编成这一本《海错图》，以龙头虾为首，以鱼虎结尾，把这些千奇百怪的动物按类划分，诸如："蟹以腿作船桨、鲎以壳当船帆，俨然浪里的扁舟；蜃楼的街巷、井鱼的喷水，恍若沉没的城阙。鲨鱼头顶的花纹，好似几片巫山的云朵；海底皎白的贝壳，犹如一轮天上的明月。箬鱼似笋叶扁平宽大，竹鱼如长竹傲对霜寒。枫叶鱼在吴江空守寂寞，文鳐鱼在天门跳跃撒欢。柔鱼体软，没有骨头；钩鱼唇厚，又钝又圆。钱鱼可以疏于保管，鲳鱼实与淫妓无关。石首鱼远近闻名无人不晓，河豚鱼遗留毒素直至今天。乌鲗身怀墨汁，朱鳖口吐宝珠。紫贝外壳秀丽，苏螺肉如缎锦。牡蛎堪比鞋子，海虾命为宝琴。针鱼飞针走线，海扇敞开衣襟。沙蛤沾染翰墨，蚰螺身有织文。望潮害怕腊月，冬季腐败变质；石蜐春心萌动，雨天开花迷离。寄居小蟹，何止蠵蛄这一种；海螺善变，皆如蛤蜃般神奇。蛎类有竹蛎石蛎，虹类分青虹黄虹，蛳类含铜蛳铁蛳，鱼类有金鱼银鱼，蚶类分丝蚶布蚶，蟹类有蟛蟹蟳蟹。海蛤自天空坠落，岩乳是灵气凝结。鲅鱼甲有九个孔洞，神龟背有七枚鳞片。鹅毛、燕额，无非是鱼的种类；马蹄、牛角，也都是蛏的美名；龙目、仙掌，包含在介类之中；虎头、鬼面，仍旧是螃蟹之形。鳄鱼堪比巴蟒，嘶吼可使鹿群惊恐；海蝎胜过山君，威风如老虎般凶猛。龙虱乘着风雷，落入凡间；燕窝吸取雨露，凝结而成。福建鄙陋、温州文雅，是指两地沙蒜的俗称；辽东漆黑、广东白净，可辨两种海参的优劣。其他诸如泥笋、土肉、江绿、海红、密丁、辣螺、沙箸、石钻、蚌牙、泥肠、海胆、天脔等海产，味道都极其鲜美，实在难以一一阐述。

虽然嘴巴肚子的食欲迟早会满足，但耳目视听的快乐无穷尽。请暂停宴席、移目军事，看看那些形似兵器的海产：掏枪鱼背着长槊，拥剑蟹拿着短刀，鲋鱼藏着利箭，鳓鱼露着白刃，乌龟身披铠甲，巨鳖腰缠战裙。鼍鼓嘭嘭，号令三军，调整步伐，保持队形，海中将士，各显神通。蛙类懂身法坐起，虾类懂战术进退，蛤类会飞升腾跃，螃蟹会横行猛冲。车螯用来水运，桀步用来邮递，螃蜞用来举火，鲨鱼用来扬沙，犁头用来开路，拨尾用来殿后，铜锅用来煮饭，瓦屋用来驻扎。那些与惊涛骇浪共浮沉的鳞类与甲类，可称得上是海洋国的盾牌和城墙。至于珍珠、鮅玉、玳瑁、砗磲，是水晶宫里的御用贡物；墨斗、鲨锯、土坯、泥钉，是海中房屋的建筑用具。涂婆喜欢的是螺梭和鱼镜，鲛人需要的是石楮和土瓶，公子把玩的是泥猴和海鸲，武士爱惜的是刀鲨和剑蛏。新妇鱼、和尚蟹，恐怕不能凑在一起；海夫人、郎君子，也许可以成双作对。鲧鱼眼睛未曾闭合，叹息民间尚有孤寡之人；鲨鱼胸腹养育幼崽，比周武王更加关心子孙后代。鱼婢总是跟随着鱼母，螺女又有谁可以依赖？总结起来，龙类是水中的万物君主，鳞类介类都是臣民将帅。

考证它们的门类，参阅各种典籍资料，经常有记载不详、错误频生的地方。在《海错图》中，根据多方考证，我纠正了五六十种海物的不实信息。也许古代先贤多在中原生活，离东南沿海地区甚为遥远，没有亲眼见过这片土地和这里的海物，不能够自我校正，才导致他们的著述错误迭出。当地的学者也只是道听途说，听之信之，而不加考证，以至于谬误一直流传至今，各类典籍亦皆沿袭。《尔雅翼》存在很多臆断之说，恐怕不是郭璞所著；《本草纲目》博采各种海鱼，也存在着各种纰漏。至于《字汇》一书的"鱼部""虫部"词目，有的空缺留白，没有记载；有的有所记载，但没有解释；有的有所解释，但不够详细，常有想要深入了解的读者，由于得不到正确答案，无功而返。如此一来，其他书籍的情形也可想而知了。正因如此，才会有《字汇》横空出世，以弥补《正字通》的缺憾和不足。

至于地方志，近来新修的《闽省通志》的"鳞介"条目下，我发现有至少二十条是《字汇》缺少的珍贵资料，但可惜都是方言俗语，如果有朝一日它们被官方认可，会违背国家统一语言文字的要求。杨慎曾说："马总《意林》引用《相贝经》却不注明作者，我读了《初学记》才知道此书为严助所著。汉代有一本《博物志》并非张华所著，读了《后汉书》才知道作者是唐蒙。"我这才明白，前人著述有时也会存在错漏之处，后世也可能会去考证，但也许并没有全力以赴，所以我认为自己决不能袖手旁观，补漏订讹实属必要。从这个方面来说，我的《海错图》不仅仅是为了继承《异鱼图》《蟹谱》的体例，也对各种书籍的校勘工作做了一点微小的贡献。

时年康熙三十七年仲夏，本人闽客聂璜存庵，写于滨海掬潮亭。

目 录

册二

册三

册一

本册所收录物种均为鳞类。自鱼虎至鳄鱼，共列73个条目，举凡鲈鱼、鲻鱼、河豚等常见生物、刀鱼、比目鱼等复杂生物，以及七里香、血鳗、跳鱼等珍稀生物，无不溯流追源、形迹昭晰，图文并茂、妙趣横生，极具博物价值。

鱼虎

【原文】《珠玑薮》[1]载："鱼虎，头如虎，背皮似猬，能刺人。"《本草》[2]曰："鱼虎背上刺，着人如蛇咬。生南海，亦能变虎。"[3]诸类书无所考。康熙丁丑[4]，闽中[5]得是鱼，图之，大不过六七寸。海人云："大者罕觏[6]，头背棘刺，诸鱼畏之，不敢犯，故曰'鱼虎'。"

《鱼虎赞[7]》：头角峥嵘[8]，鱼中之虎。水犀风豚[9]，怯与为伍。

【注释】〔1〕《珠玑薮（sǒu）》：即《雅俗通用珠玑薮》，明末西湖散人（据民国《杭州府志》为方姓文人）所编。该书共八卷，分列数十类，以词条形式记录名物，涵盖天文、地理、时令、禽兽等知识，但部头较小、内容不多。

〔2〕《本草》：即《本草纲目》，明代李时珍著。

〔3〕"鱼虎背上刺，着人如蛇咬。生南海，亦能变虎"句：出自《本草纲目·鳞四·鱼虎》引陈藏器："生南海，头如虎，背皮如猬有刺，着人如蛇咬。亦有变为虎者。"

〔4〕康熙丁丑：康熙三十六年，即公元1697年。

〔5〕闽中：今福建省，闽中就是闽地。

〔6〕觏（gòu）：看见。

〔7〕赞：古代一种文体，主要用于品评或总结，语言精练，一般为押韵的四字句。

〔8〕峥嵘：突出耸立的样子。

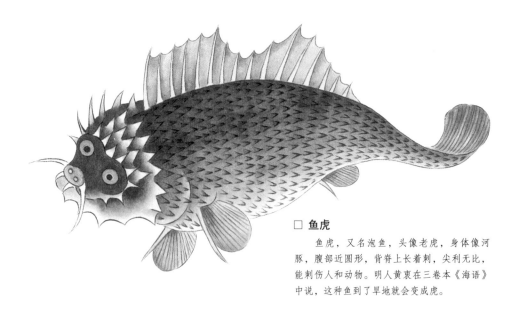

□ 鱼虎

　　鱼虎，又名泡鱼，头像老虎，身体像河豚，腹部近圆形，背脊上长着刺，尖利无比，能刺伤人和动物。明人黄衷在三卷本《海语》中说，这种鱼到了旱地就会变成虎。

〔9〕风豚：即江豚。大风或寒冷天气出现之前，江豚会逆着风浪涌出水面，这就是"江豚拜风"的现象，江豚因此得名"风豚"。详见册二的《海㹠》。

【译文】　《珠玑薮》记载："鱼虎的头像老虎，背鳍上的刺类似刺猬，可以刺人。"《本草纲目》说："被鱼虎的刺扎到，就像被蛇咬了一样。鱼虎生长在南海，能够变成老虎。"但在其他类书中找不到它变成老虎的记载。康熙三十六年，福建渔民捕得一条鱼虎，并描摹出它的样子，看上去至多不过六七寸。海边的渔民说：大鱼虎十分罕见。因为它的头背长有刺，别的鱼都怕它，不敢冒犯，所以称它为"鱼虎"。

鲈鱼

【原文】　鲈鱼，巨口细鳞[1]而身斑，背微青。即松江之鲈[2]，亦与四方[3]斑鲈同。《本草》曰："食宜人，作鲝[4]尤良。然禁与乳酪共食，多食发癖及疮。"《续韵府》[5]曰："天下之鲈皆两腮[6]，惟松之鲈四腮。"今考松江四腮鲈，别是一种，非巨口细鳞之斑鲈也。予客松江，得食四腮鲈，始知类书所引多误指也。

《鲈鱼赞》：洛鲤河鲂[7]，安庆鲟鳇[8]。四方斑鲈，何异松江？

【注释】　〔1〕巨口细鳞：大嘴细鳞，这是松江鲈鱼的主要特征，出自苏轼《后赤壁赋》："巨口细鳞，状如松江之鲈。"

〔2〕松江之鲈：松江，今吴淞江，发源于太湖瓜泾口，在上海外白渡桥附近汇入黄浦江。松江鲈鱼在汉代便闻名天下，其前后鳃盖各有褶皱，形似鳃孔，在鳃盖上有两条橙色斜纹，看起来就像四片外露的鳃叶，因此得名"四鳃鲈"，但并不是真的有四鳃。

〔3〕四方：东南西北方，泛指各个地方。

〔4〕鲝（zhǎ）：将鱼用盐和红曲腌制。

〔5〕《续韵府》：即《韵府续编》，明初包瑜编。该书模仿《韵府群玉》体例，大大拓展了词汇收录范围，缺点是内容较为庞杂。《韵府群玉》，元代阴幼遇编，我国现存最早的完整韵书，也是一部百科全书。书中以韵字为条目，记载了各种典故诗文、草木禽兽等内容。韵书：古代一种特殊的字典，根据韵母编排分部，同部的字互相押韵，还附有相关词藻组合，以便创作诗文。

〔6〕腮（sāi），此处意同"鳃"，指水生动物的呼吸器官。为便于读者理解，作者原文用"腮"字，注释、译文用"鳃"字。

〔7〕洛鲤河鲂：洛水的鲤鱼、黄河的鲂鱼，比喻美味佳肴。作者认为松江鲈鱼的味道无异于人间美味。出自《诗经·衡门》："岂其食鱼，必河之鲂……岂其食鱼，必河之鲤。"其意为：吃鱼当吃黄河的鲂鱼和鲤鱼。

□ **鲈鱼**

鲈鱼，又名花鲈、寨花等。我国本土比较常见的鲈鱼主要有四种：海鲈鱼、松江鲈鱼、七星鲈鱼和河鲈鱼。鲈鱼身体较长，头宽大，背缘浅弧形，嘴巴很大，口裂低斜。

〔8〕鲟鳇：中华鲟，一种大型淡水鱼。

【译文】鲈鱼的嘴巴非常大，鳞片细密，身上长有斑纹，脊背为淡青色。即便是松江鲈鱼，在这些特征上也和其他地方的斑鲈相同。《本草纲目》说："吃鲈鱼对人有好处，尤其是腌制鲈鱼。但鲈鱼不能和乳酪一同吃，吃多了会使人长皮癣和疥疮。"《续韵府》说："天下所有的鲈鱼都是两鳃，只有松江鲈鱼为四鳃。"现经考证，松江的"四鳃鲈鱼"是另外一个种类，并不是巨口细鳞的斑鲈。我客居松江时，得以品尝"四鳃鲈鱼"，才知道以前类书所引用的资料大多并不正确。

海鳜鱼

【原文】 凡江湖所产之鱼，海中并有，鳜鱼其一也，但首多刺而华美为异耳。《尔雅翼》〔1〕谓："凡牛羊之属，有肚故能嚼。鱼无肚不嚼，鳜鱼独有肚能嚼。"《本草》云："一名'鳜豚'。取胆悬北檐下，令干，鱼骨鲠取少许，入温酒饮之，便随顽痰〔2〕出。鲠在脏者〔3〕，亦能治。鳢〔4〕、鲫、青鱼胆皆可。"并于腊月收之。

□ **海鳜鱼**

　　海鳜鱼，它的身体较阔，身侧扁平且有不规则的暗棕色斑点及斑块，背部隆起，嘴巴很大，下颌比上颌长。它的背鳍分为两部分，彼此连接，前部为硬刺，后部为软鳍条。

《海鳜鱼赞》：口哆[5]目眦[6]，身斑头刺。杰态雄姿，虎鱼之次。

【注释】〔1〕《尔雅翼》：训诂书，南宋罗愿撰，补充拓展了《尔雅》的收录范围，特别是草木鸟兽虫鱼各物名，堪称《尔雅》的辅翼，因此得名。《尔雅》，我国第一部词典，"尔"是接近的意思，"雅"指雅言，"尔雅"即用古代规范的语言解释古汉语词、方言词。

〔2〕顽痰：中医语，指坚固胶结、难以排出的痰。

〔3〕鲠在脏者：《本草纲目》认为，鱼刺在喉咙卡久了，就会有插入内脏的危险。

〔4〕鳢：黑鱼、乌鳢。"鳢"与"黎"古音接近，皆有"黑色"之义。

〔5〕哆（duō）：张嘴的样子。

〔6〕眦：指瞪眼的样子。

【译文】但凡江湖淡水中的鱼类，海里也有，鳜鱼就是一例，只不过与淡水鳜鱼相比，海鳜鱼头部的刺更多，外表也更加华美。《尔雅翼》说："牛羊一类的动物，因为有胃所以能咀嚼。而鱼没有胃，所以不能咀嚼，唯有鳜鱼有胃而能咀嚼。"《本草纲目》说："鳜鱼又叫'鳜豚'。将它的鱼胆悬挂在屋子北边的房檐下晒干，取少量鱼胆干放入温酒中饮用，可以使卡在喉咙的鱼骨随着顽痰一起吐出来。如果鱼刺刺入五脏，也可以用这个方法施救。鳢鱼、鲫鱼、青鱼的鱼胆，有与之相同的药效。"这些鱼类都可在寒冬腊月里捕获。

厦门江鱼

【原文】 厦门海上产一种小鱼，名曰"江鱼"，至春则发[1]。背上一条灿烂如银，长不过二寸。土人[2]晏[3]客，以为珍品。干之可以贻[4]远人。炸此鱼，先以粗糠焙热，然后下鱼，不焦而自脆矣。

《厦门江鱼赞》：江鱼味美，其背银装。干而腊[5]之，可携遐方[6]。

【注释】 〔1〕发：产生，出现。这体现了作者的"化生观"，即认为自然界的事物是由另一物变化而来的，所以是一时间大量"发"出来的。

〔2〕土人：当地人。

〔3〕晏：通"宴"，宴请。

〔4〕贻：赠送。

〔5〕腊（xī）：晾干。

〔6〕遐方：远方。

【译文】 厦门附近海域出产一种小鱼叫"江鱼"，这种鱼每到春季就会大量出现。江鱼背上有一条灿烂反光的银色斑纹，身长至多两寸。当地人将它作为待客珍品。而晒干的江鱼则往往被作为馈赠佳品。在油炸江鱼时，先裹上粗糠，再烘烤加热，然后放入油锅，这样它既不会被炸焦，口感也会很酥脆。

□ **厦门江鱼**

厦门江鱼，体形很小，通体透明，一对小眼如同玛瑙，一般在春天大量涌现。

鲻鱼

【原文】 《汇苑》[1]云："松江海民于潮泥中凿池。仲春[2]于潮水中捕小鲻盈寸者养之，秋而盈尺，腹背皆腴[3]，为池鱼之最。其鱼至冬，能牵[4]泥自藏。"《本草》云："此鱼食泥，与百药无忌[5]，久食令人肥健。"《神女传》[6]载："介象[7]与吴王论鱼味，称鲻鱼为上。乃于殿前作方坎[8]，汲水饵[9]鲻，鲙[10]之。"

《鲻鱼赞》：鲻鱼唼泥，目赤背丰。至冬穴土，性同蛰虫[11]。

□ 鲻鱼

　　鲻鱼，在民间又有子鱼、乌头、白眼等诨名。它的身体为细长的纺锤形，头短而宽，嘴唇较厚，鳞片较大，触觉十分灵敏。这种鱼以水底泥沙、碎屑或泥中的浮游生物、螺类及甲壳类等小型生物为食。

　　【注释】〔1〕《汇苑》：即《异物汇苑》，为记载各种奇珍异物的百科全书，旧题明代王世贞所撰，一说闵文振辑录，作者不详。下同。

　　〔2〕仲春：春季的第二个月，即农历二月。

　　〔3〕腴：肥美。

　　〔4〕牵：挖掘。

　　〔5〕与百药无忌：中医语，指鲻鱼和所有药物的药性都不相冲突。传统中医理论认为，各种食物、药物之间存在相生相克的关系，用药讲究配伍，饮食讲究忌口。

　　〔6〕《神女传》：一部志怪小说，唐代孙颀著。

　　〔7〕介象：三国时期吴国道士。传说他道行高深，吴王孙权曾拜他为师。

　　〔8〕方坎：方形坑穴。

　　〔9〕饵：用鱼饵钓鱼。

　　〔10〕鲙：生鱼片，这里指把鲻鱼切成生鱼片。此处为"脍"的异体字。在汉魏时期，食脍之风盛行。

　　〔11〕蛰虫：藏身于泥土中过冬的虫豸。

　　【译文】《汇苑》说："松江地区的海民在被潮水沤湿的泥地里挖出一个水池。

到农历二月时，便在潮水中捉些一寸多长的小鲻鱼投放到池中养殖。到了秋天，这些鲻鱼就能长到一尺多长。鲻鱼的腹背富含脂肪，是池鱼中味道最鲜美的。每到冬天，这种鱼就会钻进泥中藏起来。"《本草纲目》说："这种鱼以淤泥为食，和所有药物的药性皆不相冲突，多吃可以使人健壮。"《神女传》说："介象与吴王讨论各种鱼的味道，认为鲻鱼最好吃。介象便在宫殿前挖了一个长方形的土坑，注满水后用鱼饵钓出鲻鱼，然后做成生鱼片来吃。"

河豚

【原文】《本草》[1]："河豚鱼江海并有[2]，海中尤毒，肝及子入口烂舌，入腹烂肠，炙之不可近铛[3]，以物悬之。"昔人云："不食河豚，不知鱼味。"其味为鱼中绝品，然有大毒，能杀人。烹此者，不但去肝，目之精、脊之血[4]并宜去之。洗宜极洁，煮宜极熟，尤忌见尘。治不如法，人中其毒，以槐花末或龙脑水[5]，或橄榄汤，皆可解也，粪清[6]尤妙。张汉逸[7]曰："与荆芥等风药[8]相反，服风药而食之不治。"按，食此者止知其毒害人而不知尤与风药相反，故并识[9]之。河豚，豚字《字汇》作"鲀"[10]字，言鱼之如豚也。

腾云子[11]曰："河豚鱼色有数种，有灰色而斑者，有黄色而斑者，有绿色而斑者。独五色成章而圆晕者为最丽，其色内一块圆绿，外绕红边，红外则白，白外则一大晕蓝深翠可爱，蓝外则又绕以红，而后及本色焉。海人取其大者，剔肉取皮，用绷弦鼓，色甚华藻，而音亦清亮。不识者疑以为绘，而不知实出本色也。"予因考其色，亦载《本草》云，"河豚腹白，背有赤道如印"，疑即此也。而《字汇·鱼部》中亦有鲫鱼[12]，注云身上似印，予别有解，非河豚之晕纹也，其名与鯸鲐有别。

考《字汇》，"鲍鱼""鯸鱼"，并河豚别名，大名"鯸鲐鱼"。河豚之背有纹，如老人肌肤，故老人曰"鲐背"[13]。《汇苑》云："河豚无腮、无鳞，口与目能阖辟[14]作声。尝取小河豚，以口吹之，能令肚大，气不通之明验也。水中以物拨之即嗔，入网即怒而死，故亦名'嗔鱼'。"闻医家云："人之怒气多从肝起，而肝又与目通，故肝虚者流泪而怒状亦现于目。得此意而通之，可知此鱼之嗔似人，全起于肝而及于目。故食者必弃肝与目，而并去附肝之血，总从此怒根上打发得洁净，则毒自去矣。"或问："河豚怒气何以成毒？"曰："太和之气[15]，充塞两间[16]，故万物各遂其生[17]。河豚独负一种戾气，蕴结于中而不散，宁非毒乎？"

□ 河豚

　　河豚，又名气泡鱼、吹肚鱼等，古时又称"肺鱼"。它的身体呈圆筒形，有气囊，遇到危险时会吸气膨胀。它的体背为灰褐色，体侧稍带黄褐色，腹面为白色；体背、侧面的斑纹因种类不同而各异。

《河豚赞》：鱼以豚名，甘而且旨[18]。一脔可尝[19]，请君染指[20]。

【注释】　〔1〕《本草》：此处应指《本草拾遗》，唐代陈藏器所著，是针对《神农本草经》的补充材料。

〔2〕河豚鱼江海并有：河豚，据清代王念孙《广雅疏证》，《广雅》中的"鯸"应为"河"，后讹变为"河"字，本指河豚发怒会变圆，并不是说河豚在河中生存。下文中"鯸（hóu）鲐（tái）"为河豚别名。"鯸""鯸""喉"为同源关系，"鲐""台""胎"为同源关系，皆有"圆滚滚"之义，形容河豚发怒膨胀的样子。作者后又提到"鲍（wéi）鱼""鲑（guī）鱼"，而鲑实为河豚别称，鲍为其他鱼的名称。

〔3〕铛：烙烤用的平底锅。

〔4〕目之精、脊之血：眼珠和脊血。

〔5〕龙脑水：中药名，又叫冰片，有清凉气味，几乎不溶于水，此处是指龙脑油之类的药品。

〔6〕粪清：中药名，又叫黄龙汤，即粪汁。粪汁由粪便发酵而成，有催吐解毒的功效。

〔7〕张汉逸：福建人，作者姐夫，在本书中多次出现。他有丰富的海产知识，精通医术，且有一定的绘画功底。

〔8〕风药：中医语，具有辛散祛风作用的药物，由金代名医张元素最早提出。

〔9〕识（zhì）：记录下来。

〔10〕鲀（tún）：河豚。

〔11〕腾云子：作者好友，生平不详。

〔12〕鮣（yìn）鱼：俗名"印头鱼""吸盘鱼"，头顶有吸盘像方印，常吸附于大鱼或船底，又见本册《顶甲鱼》。

〔13〕鲐背：泛指长寿老人，因为老年人背部的褶皱如同鲐鱼的斑纹。鲐背之年为古人九十岁的别称。

〔14〕阖辟：一张一合的样子。

〔15〕太和之气：指天地间的冲和之气。出自《周易·乾》："乾道变化，各正性命，保合太和，乃利贞。"古人认为人也应该和天地万物一样，保持情绪中正平和。

〔16〕两间：天地之间。

〔17〕各遂其生：各自满足天性，出自春秋末《子夏易传》："物得宜而遂生，方也。"遂，满足。生，生物自由自在的天性。遂生，满足天性，引申为休养生息，后被道教引申为延年长寿的方法。

〔18〕甘而且旨：味美，滋味美。

〔19〕一脔可尝：出自《吕氏春秋·察今》，"尝一脔（liè）肉，而知一镬（huò）之味、一鼎之调"，指品尝一块肉，就能知道一锅肉的味道。

〔20〕染指：此处指经不住诱惑而品尝美食。出自《左传·宣公四年》："楚人献鼋于郑灵公，公子宋与子家将见，子公之食指动，以示子家，曰：'他日我如此，必尝异味。'及入，宰夫将解鼋，相视而笑。公问之，子家以告。及食大夫鼋，召子公而弗与也。子公怒，染指于鼎，尝之而出。"后来人们用这个词比喻插手某件事以获取不当利益。

【译文】《本草拾遗》说："在江河和海洋中都有河豚，海河豚毒性最为猛烈。将河豚的鱼肝和鱼子吃到嘴里，舌头就会烂掉；进到肚子里，肠子就会烂掉。"烤河豚时不能直接将它放入煎锅，而要用东西将它悬挂起来。前人说："不吃河豚，就不知道鱼类是怎样的美味。"虽然河豚美味绝伦，但它毒性猛烈，会毒死人。烹饪河豚时，不但要去除它的肝，还要把它的眼珠和脊柱的血也一并除去，清洗时应尽可能地洗干净，烹煮时也应尽可能地煮熟，还要切忌接触尘土。如果处理河豚不得当而导致中毒，可以服用槐花末、龙脑水或橄榄汤来解毒，尤其是粪汁的解毒效果最好。张汉逸说："河豚与荆芥类风药的药性相反，如果服用风药期间吃了河豚，会致人死亡。"想必，吃河豚的人都知道它有毒，却很少有人知道它与风药的药性相反，因此我特地一并记录下来。河豚的"豚"字，在《字汇》里写作"鲀"，是说河豚长得像猪一样。

腾云子介绍说："河豚的颜色有许多种，一种是灰色夹杂斑点，一种是黄色夹杂斑点，一种是绿色夹杂斑点。此外，还有一种最靓丽的河豚，身体上分布着由五种颜色组成的圆晕，圆晕的中心是一块圆形绿斑，绕以一圈红色，红色外绕以一圈白色，白色外面是一大块深翠欲滴、十分可爱的青蓝色晕，而其青蓝色晕外又绕了一圈红色，再外面才是鱼皮本身的颜色。渔民选取大河豚，剔除鱼肉，留下鱼皮，绷紧后加工成丝弦或鼓皮，色彩华丽，清脆响亮。不知情的人见了鱼皮的色彩，猜想那是画上去的，却不知道这就是它本来的颜色。"于是我考察它的颜色，发现《本草纲目》有所记载："河豚的鱼腹呈白色，脊背上有红色条纹，就像盖的印章。"我怀疑书中描写的就是这种河豚。另外，《字汇·鱼部》里面有一种鲥鱼，注释说它身上的纹理像印章，但我认为应该不是河豚那样的色晕和花纹，所以它和"鯸鲐"是有区别的。

我查阅《字汇》，发现"鮠鱼"和"鯢鱼"都是河豚的别称，河豚学名为"鯸鲐鱼"。河豚背部有粗糙的纹理，宛如老人的肌肤，所以又被称为"鲐背"。《异物汇苑》记载："河豚没有鱼鳃和鳞片，嘴巴和眼睛能一张一合地发出声响。曾有人捉取一只小河豚，对着它的嘴巴吹气，它的肚子便胀大了，这是它内部不通气的明证。在水中撩拨它，就会使它发怒，而它落入渔网更会盛怒而死，因此又称它作'嗔鱼'。"我听医生说："人的怒气大多产生于肝部，而肝与眼睛相通，所以肝虚的人易流泪。生气时，病征也会表现在眼睛上。河豚发怒的原理和人类相同，怒气同样产生于肝部，进而影响到眼睛。所以吃河豚的人一定要去除鱼肝和鱼眼，同时还要把附着在鱼肝处的血也清理干净。总之，把怒气的根源除掉，毒素自然就没有了。"有人会问："为什么河豚的怒气会变成毒素呢？"答案是："平淡中和之气充斥于天地之间，所以万物众生得以顺生。而河豚体内却唯独充斥着一种暴戾之气，郁结其中挥之不去，怎么能不变成毒素呢？"

刀鱼

【原文】 刀鱼，产福宁[1]海洋。身狭长而光白如银，首如鳡鱼[2]而窄，腹下骨芒甚利。按类书曰，"刀鱼饮而不食"，非指此鱼也，谓鲚鱼也。鲚鱼身小，腹内无肠，有饮而不食之理。鲚鱼，字书[3]作"鱴刀"[4]。字书有"魛"[5]字，"鱴刀"之"刀"当作"魛"。又别有"魛"字，以别魛鱼，则此鱼当称魛鱼。而从土俗则曰"刀鱼"。古人制字，一字必有一物，若概称"刀鱼"，则"魛"字将何着落乎？

《刀鱼赞》：有物如刀，不堪剖瓜。垂涎公仪[6]，见笑张华[7]。

□ 刀鱼

刀鱼，产自福建宁德海域。它全身光白如银，体形狭长侧薄，酷似短刀，并因此得名。

【注释】〔1〕福宁：福宁州，今福建东北部的宁德地区。今宁德为其当时属地。

〔2〕鲚鱼：白鳞鱼。详见本册《鲚鱼》。

〔3〕字书：按照一定次序编排，用以解释汉字的形体、读音和意义的工具书。

〔4〕鳠（miè）刀：鲚鱼的别名。

〔5〕魛（dāo）："刀鱼"的正体字。但作者认为刀鱼和魛鱼是两种鱼，所以有待考证。

〔6〕垂涎公仪：使廉洁的公仪休流口水。垂涎，馋得流口水。公仪，指汉代公仪休，其人为官清正廉洁，虽然喜欢吃鱼，但拒绝了别人用来贿赂他的好鱼。该典故出自《史记·循吏列传》。

〔7〕见笑张华：被博学的张华嗤笑。张华，西晋文学家，博学多识，相传著有《博物志》。《晋书·张华传》称"天下奇秘，世所稀有者，悉在华所。由是博物洽闻，世无与比"。

【译文】 刀鱼，产于福建宁德海域。它身体狭长，表面光亮洁白，宛如镀银一般。它的头部类似鲚鱼，但更加窄小，下腹的刺特别尖锐锋利。我看类书记载，刀鱼只喝水不进食，感觉这并非指我们所熟知的"刀鱼"，而是在说"鲝鱼"。鲝鱼身体短小，肚子里没有肠子，因此只喝水不进食。鲝鱼在字典里写作"鳠刀"。字典还收录了"魛"字，那么"鳠刀"的"刀"应该写作"魛"字。我认为，之所以要造出"魛"字，就是要把魛鱼和鲝鱼区别开来，所以应该把"刀鱼"称作"魛鱼"。但是按照当地人的习俗，姑且叫作"刀鱼"吧。按理说古人造字，一个字必定对应一种事物，如果都统称为"刀鱼"，那"魛"字的意义和用途又是什么呢？

七里香

【原文】 七里香[1]，闽海小鱼，言其轻而美也。其鱼狭长似鳝，身有方楞，白色。海人盘而以油炸之，以为晏客佳品。或以为大则海鳝。然海鳝尾尖似鞭

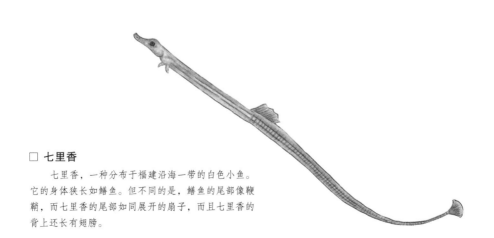

□ 七里香
　　七里香，一种分布于福建沿海一带的白色小鱼。它的身体狭长如鳝鱼。但不同的是，鳝鱼的尾部像鞭鞘，而七里香的尾部如同展开的扇子，而且七里香的背上还长有翅膀。

鞘^{〔2〕}，此则尾如扇，而背有翅。其状非也。

《七里香赞》：鱼不在大，有香则名。香不在多，有美则珍。

【注释】〔1〕七里香：属于海龙科，与海马为同科动物。

〔2〕鞭鞘：拴在鞭子头上的细皮条。

【译文】七里香是一种产自福建海域的小鱼，"七里香"这个名字，意在形容它体态轻盈、味道鲜美。这种鱼的身体像鳝鱼一样狭长，身上有一条方楞，通身呈白色。海边居民将它盘绕起来油炸，作为宴请贵客的珍品。有人认为七里香长大了就是海鳝，但海鳝的尾巴尖锐，犹如鞭子上的细皮条，而七里香的尾巴宛如展开的扇子，背上还长着鱼翅。这样看来，七里香和海鳝的样子差得很远。

飞鱼

【原文】康熙丁丑，闽之长溪^{〔1〕}得见是鱼。己卯^{〔2〕}，又见。两划水^{〔3〕}长出于尾而赤，周身鳞甲^{〔4〕}，皆红色，头有刺，土人称为"飞鱼"。考《尔雅翼》载："文鳐鱼出南海，大者长尺许，有翅与尾齐，亦名'飞鱼'。群飞水上，海人候之，当有大风。"左思《吴都赋》^{〔5〕}，"文鳐夜飞而触纶"，即此也。《本草》云："妇人临月^{〔6〕}，带之易产。临产烧为末，酒下一钱，亦神效。"《字汇·鱼部》有"鲱"字，注曰："鱼，似鲋^{〔7〕}。"鲋，鲫也。今此鱼身不大，正似鲫。

《飞鱼赞》：文鳐^{〔8〕}夜飞，霞红电赤，直上龙门，何愁点额^{〔9〕}。

【注释】〔1〕闽之长溪：即交溪，在今福建福安市入海，是福建东部最长的河流。

〔2〕己卯：康熙三十八年，公元1699年。

〔3〕划水：鱼类的胸鳍或腹鳍，有助于其划水游动。

〔4〕鳞甲：鳞片。

〔5〕《吴都赋》：由西晋文学家左思所著，是左思的成名作《三都赋》的一部分。《三都赋》用雄奇恢弘的文字，详细介绍了三国时期魏、蜀、吴三国的历史、疆域、地形、物产、景观、人物等内容，由于大受欢迎，人们争相传抄，以致洛阳之纸一时供不应求，货缺而贵，有成语"洛阳纸贵"形容这一盛况。

〔6〕临月：古人称怀孕为"十月怀胎"，"临月"指孕期第十个月，即临近预产期。

〔7〕鲋（fù）：一种个头极小的鱼，古书上又指"鲫鱼"，但并非今天的鲫鱼。有成语"涸辙之鲋"。鲱（féi）似鲫鱼这一观点，《字汇》引自《集韵》，但难以考证。

〔8〕飞鱼、文鳐：作者所认为的"飞鱼""文鳐"，可能是豹鲂鮄（fú）或蓑鲉。

□ 飞鱼

飞鱼，外形奇特，胸鳍特别发达，如同鸟类的翅膀一样。它能够跃出水面十几米，并在空中停留数十秒。在浩瀚的海面上，飞鱼时隐时现、破浪前进的画面极为壮观。

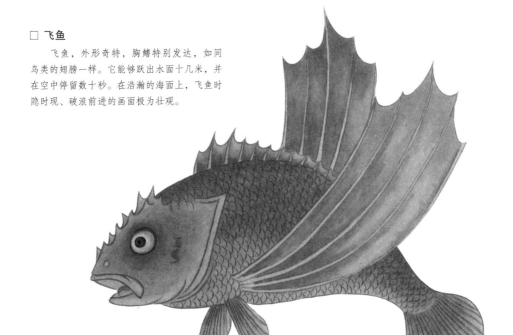

〔9〕直上龙门，何愁点额：可以直接飞跃龙门，不必担心额头撞到石壁。传说鲤鱼跃过龙门，就会化为神龙；但如果撞到石壁，就只能怏怏而归，出自郦道元《水经注》："鳣，鲔也。出巩穴，三月则上渡龙门，得渡为龙矣。否则点额而还。"后世多用"跃龙门"比喻获得成功或者发生蜕变，用"点额"比喻碰壁或落第。

【译文】　康熙三十六年，有人在福建长溪入海口见过飞鱼。康熙三十八年，又有人见到飞鱼。飞鱼的胸鳍为红色，从鱼尾远远伸出，全身长着鳞片，也都为红色，头上有刺，当地人称其为"飞鱼"。根据《尔雅翼》记载，"文鳐鱼产自南海，大的有一尺多长，鱼翅和鱼尾齐平，又叫'飞鱼'。渔民看到一群飞鱼跃出海面，就知道会有大风来临。"左思《吴都赋》笔下的"文鳐鱼夜晚飞出海面，触动天地间的钓线"正是描述此事。《本草拾遗》说："妇女到临产期的时候，携带这种鱼有助于生产。也可以在临产时把飞鱼烧成灰，和酒喝下一钱飞鱼灰，对催产有奇效。"《字汇·鱼部》收录有"鱴"字，注释说"这是一种像鲋的鱼"，鲋就是鲫鱼。而"飞鱼"身体不大，正是像鲫鱼。

□ **小鱼**

小鱼因个头小且永远长不大而得名。在小鱼中有一种丁香鱼，产自福建宁德海域，当地人经常将它晒干后拿到市场上售卖。

小鱼

【原文】 凡江湖中每有一种小鱼，永不能大，所谓"武阳之鱼，一斤千头"[1]者是也。海亦有之。闽之宁德海，产一种丁香鱼，长仅半寸。三四月发，海人干之，以售远近。此种鱼以小为体，自成一家，故《字汇·鱼部》为小鱼存"魩"[2]字纪类也。然此"魩"字，非小而能大之魩也。《鱼部》又有"魟"字，与"魩"同。则小而便了此一生也。

《小鱼赞》：有鱼不老，小时了了[3]。蟪蛄春秋[4]，安知寿夭？

【注释】 〔1〕武阳之鱼，一斤千头：民间谚语，武阳的鱼个头很小，一斤有千条。出自晋代郭义恭《广志》："武阳小鱼，大如针，号一斤千头。"武阳，今四川彭山县。

〔2〕魩（xiāo）、魟（liǎo）都是古书记载的鱼名。

〔3〕小时了了：双关语，本指小时候很聪明，这里指武阳小鱼"终此一生都是小小的个头"。出自《世说新语》："小时了了，大未必佳。"东汉孔融小时候替父拜访李膺，表现得聪明伶俐，陈韪嘲讽说："小时候聪明，长大就未必。"孔融立刻反唇相讥："那您小时候一定很聪明吧。"

〔4〕蟪蛄春秋：出自《庄子·逍遥游》："朝菌不知晦朔，蟪蛄不知春秋，此小年也。"蟪蛄这种小虫，寿命只有一个夏季，因此不知春秋为何物。《庄子》为道家代表作之一，由战国时期思想家庄周及其后学著，用光怪陆离的寓言故事来讲述蕴藉丰富的哲理思想。

【译文】 江河湖泊中有一种永远长不大的小鱼，即所谓的"武阳有小鱼，一斤一千头"，说的正是这种鱼。海洋里也有这种鱼。福建宁德沿海出产一种丁香鱼，最长不过半寸，三四月份大量繁生，渔民将其晒干后，出售给远近乡人。这种鱼以小为特色，自成一类，所以《字汇·鱼部》特地为小鱼创造了一个"魩"字类，但是这个"魩"字类，并不收录那些能够长大的小鱼。《鱼部》中还有个"魟"字，与"魩"字义相同，皆意为小鱼终其一生都长不大。

划腮鱼

【原文】 划腮鱼，亦名"阔嘴鱼"。口闭似小口，张则大，下颌隐于上唇故耳。背腹有黑斑点，体青色，腹白无鳞。有齿，尾圆，身促[1]，眼小能阖辟，略似河豚状。腹中止有一短肠及胃囊而已。肉可食。若生剔肉，取其整皮，可为鱼灯。善食虾，虾苗发处则聚焉，网中往往验之。

《字汇·鱼部》有"鰕"[2]字，疑即食虾之鱼也。食蟳者，虽曰"蟳虎"，然《鱼部》亦有"鱃"[3]字，疑亦指蟳虎。故燕𫚈[4]食蚶[5]，亦有"魽"[6]字；蚝鱼食蛎，亦有"鱴"[7]字。不如此推解，则虾蟹蚶蛎皆已从虫[8]，何必又从鱼哉？

《划腮鱼赞》：肚大口阔，何求不获？奈止嗜虾，眼小量窄。

【注释】 〔1〕促：短小。

〔2〕鰕（xiā）：作者认为是以虾为食的鱼，其实是"虾"的异体字。

〔3〕鱃（xiè）："蟹"的异体字。

〔4〕燕𫚈（hóng）：一种扁平的菱形鱼，详见册二《燕𫚈》。

〔5〕蚶（hān）：一种软体动物，有两扇贝壳。详见册三《巨蚶》《布蚶》等。

〔6〕魽：作者认为此字意为以蚶类为食的动物，其实是"蚶"的异体字。

〔7〕鱴（lǐ）：作者认为是以牡蛎为食的鱼，其实是"鳢"的异体字。

〔8〕皆已从虫："虾""蟹""蚶""蛎"的偏旁均为"虫"部，说明它们都是一种"虫"。作者认为这些字已经录入了"虫"部，没有必要再造字录入"鱼"部。这种观点是错误的，其实古代偏旁"鱼"部与偏旁"虫"部可以相通。

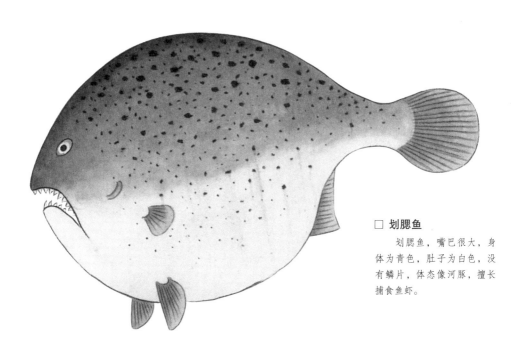

□ 划腮鱼

　　划腮鱼，嘴巴很大，身体为青色，肚子为白色，没有鳞片，体态像河豚，擅长捕食鱼虾。

【译文】 划腮鱼，又名"阔嘴鱼"，它的嘴巴在闭合时看起来很小，张嘴后会很大，因为它的下颌隐藏在上嘴唇下面。它的背部和腹部都有黑色的斑点，通体呈青色，腹部呈白色，没有鳞片；嘴里长有牙齿，尾巴呈圆形，身材狭小，小小的眼睛能够开合，体态略像河豚；肚子里只有胃囊和一段短肠。划腮鱼的肉可以食用。如果生剔下它的肉，就可以用它完整的鱼皮加工成鱼灯。划腮鱼擅长捕食虾，在小虾苗孵育的地方，会有划腮鱼聚集成群，这从渔网中的收获情况就可以看出。

《字汇·鱼部》记载着"鰕"字，我怀疑这是一种捕食虾类的鱼。捕食蟹的鱼类虽然已经有"蟳虎"之名，但《鱼部》还有"鮭"字，可能是指以蟹为食的蟳虎。也就是说，燕虹以钳为食，所以造有"鉗"字；蚝鱼以牡蛎为食，所以造有"鱱"字。如果不是这样的话，既然"虾、蟹、钳、蛎"的部首都是"虫"，又何必再造以"鱼"为部首的字呢？

蟳虎鱼

【原文】 蟳虎鱼，黑绿色，形如土附[1]，细鳞而阔口。常游海岩石隙间，或有石蟳藏于其内，则以尾击挞之。蟳觉，伸一螯，钳其尾。此鱼竭力摇尾，脱其螯，弃之，复至其隙，又以尾探。蟳怒，尚有一螯，再伸而钳其尾。仍如前摇脱其螯，抽出，弃之。盖此鱼之尾甚薄，蟳螯虽利，所损无几。抖而落去，脱然无恙。然后游至石隙，不以尾而用首索之。蟳无所恃，但出涎沫，作郭索[2]状。鱼乃以口吸螯折伤处，全身之肉尽为吮去。未几蟳毙，而鱼已饱矣。渔人每见，奇而述之，人亦未信。网中所得蟳虎鱼，其尾往往裂破不全，兹足验也。

尝闻蜗牛至弱也，而能制蜈蚣，必先以涎落其足。今蟳虎欲食蟳，必先损其螯，其智一也。凡人之技艺必从习学，而物类之智尽自天秉。《庄子》曰："以蜘蛛、蛣蜣[3]之陋，而布网转丸，不求之于工匠，则万物各有能也。"[4]信然矣。

《蟳虎鱼赞》：尔状不威，尔力未强，乃以虎名，以柔制刚。

【注释】〔1〕土附：沙塘鳢。
〔2〕郭索：拟声词，形容螃蟹在沙地爬行时发出的声响。
〔3〕蛣蜣（qiāng）：蜣螂，俗称屎壳郎。
〔4〕此句出自西晋郭象《庄子注》，大意是万物各从天性，没有差别。

【译文】 蟳虎鱼通体呈墨绿色，外形像土附，鳞片细密，鱼嘴宽阔。经常在海边岩石缝隙间游动，有时石隙中藏着海蟹，蟳虎鱼便会用尾巴拍打海蟹。海蟹察觉

□ **蟳虎鱼**

　　蟳虎鱼，头大、个头小、嘴宽，身体为管型，身上有标志性黑色圆形斑点。其常在浅海礁石洞里活动，特别喜欢在江河入海处的咸淡水交汇处的乱石中觅食，喜食蟹类。从外形来看，很难想象其貌不扬的蟳虎鱼是全身盔甲的蟳的天敌与克星。

后，猛然伸出一只大鳌，死死夹住蟳虎鱼的尾巴。蟳虎鱼则使出全力扭动自己的尾巴，把海蟹的大钳子扭断并拔出，然后顺利摆脱险境。过了一会儿，它回到这处缝隙，仍然用尾巴挑衅海蟹，海蟹再一次大怒，伸出仅剩的一只大钳死死地夹住鱼尾。蟳虎鱼故技重施，又扭动尾巴把蟹钳扭断拔出。由于蟳虎鱼的尾巴特别纤薄，没有血肉，所以再锋利的蟹钳也不能对它造成伤害。被蟹钳夹住的蟳虎鱼，在水中抖动一下身体，蟹钳就脱落了，它也就能毫发无伤地逃开。之后，蟳虎鱼又一次游到石隙处，这回不用尾巴，而是把头探过去寻找海蟹。海蟹失去了自卫的大钳，只能吐出几个泡泡来回爬行。蟳虎鱼轻松地用嘴吮吸蟹钳折断之处，不一会儿，海蟹全身的肉就被它吸光了。于是，海蟹丧命，蟳虎鱼则填饱了肚子。渔民经常能看到这种场景，感到十分惊奇，可是其他人大多不相信。但如果观察渔网中的蟳虎鱼，就会发现它们的尾巴往往残缺不全，这大概可以作为上述文字的证明吧。

　　我曾听说蜗牛是最弱小的动物，却能制服比它强大的蜈蚣，因为它懂得分泌体液来腐蚀蜈蚣的腿脚。现在蟳虎鱼要吃海蟹，就先扭断它的大钳，它们的策略如出一辙。人类的专业技能都需要通过学习获得，而自然生物的巧妙智慧却天生就有。《庄子》讲："就连蜘蛛、蜣螂都懂得结丝网、埋粪球，而不必向工匠求助，可见万物各有其独特的能力和天赋。"这句话说得太对了！

□ 铜盆鱼

铜盆鱼，又名真鲷、红带鲷等，是一种名贵的鱼类。它头大、嘴巴小、体侧扁，呈长椭圆形，全身为淡红色，体侧背部散布着鲜艳的蓝色斑点，腹部和背部的鳞片较大。

铜盆鱼

【原文】 铜盆鱼[1]，土称也。其色红黄而体长圆，故名。大者如海鲫，但色红而鳞细，有不同耳。产闽海，《闽志》[2]载有"铜盆鱼"。然闻东北海上亦有此鱼，另有一名，不曰"铜盆"。大发时，海为之赤。

《铜盆鱼赞》：蛎称海镜[3]，螺作手巾[4]。鱼中器皿，更有铜盆。

【注释】 〔1〕铜盆鱼：可能是鲈形目鲷科的真鲷。
〔2〕《闽志》：福建地方志。地方志是地区性的史书，主要记载一地的人物地理、风土民俗等。
〔3〕海镜：又名"海月"，一种牡蛎，外形像满月。详见册三《海月》。
〔4〕手巾：手巾螺。详见册四《手巾螺》。

【译文】 "铜盆鱼"是当地对这种鱼的俗称。其身体为红黄色，体形为椭圆形，因形如铜盆而得名。大铜盆鱼像海鲫鱼，但颜色较之更红，鳞片较之更细密。这种鱼产自福建沿海，《闽志》有关于它的记载。但我听说东北地区的海域也有这种鱼，不过不叫"铜盆"，而是另有一个名字。铜盆鱼大量出现的时候，整个海面都会染上一层红色。

鲚鱼

【原文】 鲚鱼，《字汇》注："齐上声[1]。刀鱼，饮而不食。"今按鲚鱼腹中甚窄，止有一血膘，似无肠可食，其腹下如刀。《尔雅翼》曰："刀鱼长头而狭薄，腹背如刀，故以为名。"与石首鱼皆以三月、八月出，故《江赋》[2]云："鳆[3]鲚顺时而往还"。按，鲚鱼江南浙闽江海皆有，而闽中四季不绝。大者长尺余，两边划水之上，更有长鬣[4]如须者，各六茎拖下，闽中呼为"凤尾鲚"。常州、江阴产子鲚，小短，仅三寸余即有子。苏人炙干，其味甚美。宦商常贻远人。

按《江阴志》作"鲚"，疑"鲚"当与"鲚"同。及考《字汇》，则又注曰："齐上声，鱼名"，并不注明是何种鱼。《字汇》："鳠鲚，鲚鱼也。""鲚"疑从"些"，渺小[5]也。亦作"鮤"[6]，其鱼之来，成行列也。鳠鲚，象小刀之形。别有鮂鱼，则刀之大者矣。

《鲚鱼赞》：两鬓蓬松，鱼中老翁。奈尔小弱，只算幼童。

【注释】 〔1〕"鲚……齐上声"：《字汇》记载的"鲚"的字音，与"齐"字的上声读法相同，因为这两个字古音接近。上声，古汉语"平""上""去""入"的第二声，约等于普通话声调的第三声。

〔2〕《江赋》：晋代文学家郭璞作。赋中记叙了长江流域的地势风物、仙怪传说等，堪称长江文化的百科全书。作者在本书中多次引用了《江赋》。

〔3〕鳆（zōng）：石首鱼（大黄鱼）的古称。详见本册《石首鱼》。

〔4〕鬣（liè）：动物脖颈上的鬃毛。

〔5〕渺小：作者认为"鲚"的字义与"些"字有关，由于"些"字有"渺小"之义，所以"鲚"

□ **鲚鱼**

　　江河大海皆有鲚鱼。长江鲚鱼的背为黄色，鱼身圆润；海鲚鱼的背为青黑色，身体细长。从立春开始，鲚鱼由海入江，逆江而上作生殖回游，形成鱼汛。早春入江的鲚鱼，鱼体丰腴肥嫩，最为美味。

也应该是很小的鱼。这种说法是错误的，"鮆"字的"此"只表音，不表义。

〔6〕鮤（liè）：鮤鱼的别称。作者认为"鮤"字的"列"，是形容鮤鱼会自己列队。这种说法是错误的，"此""列"古音接近，"鮆""鮤"只是异体字关系，不存在字义上的差异。

【译文】 鮆鱼，《字汇》记载："'鮆'的读音是'齐'字的上声读法。鮆鱼就是刀鱼，只饮水不进食。"据我观察，鮆鱼的腹部很狭窄，只有一副血鳔，没有肠子，所以不用进食。它的下腹部就像一把弯刀。《尔雅翼》说："刀鱼头部修长，身体狭长单薄，腹背像刀一样，所以得名。"它和石首鱼一样，都在三月和八月出产，所以《江赋》写道："石首鱼和鮆鱼顺应时节定时往返。"据考证，江南、浙江、福建的江河湖海中都有鮆鱼，但只有福建的鮆鱼四季繁生。大的鮆鱼有一尺多长，两边鱼鳍上方还长有修长的鬣毛，鬣毛左右各六根，像胡须一样下垂，福建人把这种鱼叫作"凤尾鮆"。常州、江阴出产的小鮆，身形短小，长到三寸多就会产鱼子。苏州人常将它烤干后吃，十分美味。官员和商人常将它作为馈赠远方友人的佳品。

《江阴志》有"鲚"字，我怀疑它与"鮆"的字义相同。我又发现《字汇》说："'鲚'的字音与'齐'字的上声读法一致，是一种鱼的名字。"但并没有注明具体是哪一种鱼。《字汇》说"鳠鮂就是鮆鱼"，"鮆"的字义应该与"些"有关，"些"有渺小的意思。这个字还能写成"鮤"，这种鱼会列队行进。鳠鮂外形像是一把小刀，另外还有一种鲚鱼，外形像是一把大刀。

海鯚鱼

【原文】 海鯚[1]鱼，身有黄点。淡水所产者，其斑黑，其状略异。此鱼云与蛇交而孕，故其刺甚毒，海鯚疑亦然也。字书"鯚"但注鱼名，不详是何种类。

《海鯚鱼赞》：海鱼类鯚，身斑背刺。《说文》《篇海》，不详其字。

【注释】〔1〕鯚（jì）："季""厥"古音接近，鯚鱼可能就是鳜鱼。

【译文】 海鯚鱼的身上有黄色斑点，淡水鯚鱼身上有黑色斑点，它们的外形略有区别。据说淡水鯚鱼能与蛇交配并怀孕，所以它的刺有剧毒，我猜测海鯚鱼也是有毒的。字典里"鯚"的条目下，只说它是鱼类的名字，没有写明到底是哪种鱼。

球鱼

【原文】 球鱼，产广东海上。其形如鞠球[1]，而无鳞翅。粤人钱一如[2]为

□ **海鲚鱼**

　　海鲚鱼，身上有斑纹，背脊长刺且有毒，传说它
与蛇交媾能生育。

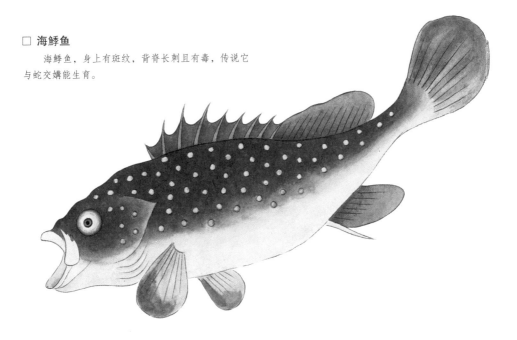

予图述云："其肉甚美，而纹如丝。"志书不载，类书亦缺，惟《遁斋闲览》[3]
悉其状。

　　《球鱼赞》：蹴鞠离尘，海上浮沉。齐云之客[4]，问诸水滨[5]。

【注释】　〔1〕鞠球：传统运动蹴鞠使用的球，类似于今天的足球。

〔2〕钱一如：作者好友，广东人。

〔3〕《遁斋闲览》：宋代陈正敏（一说范正敏）于宋徽宗崇宁、大观年间所著，其中记录了一些

□ **球鱼**

　　球鱼，一种圆形的海鱼。这种鱼没有
鳞片与鳍翅，如同软体动物。它的身上布
满了布匹般的细小纹路。

笔记、故事、证误、清谈，等等。

〔4〕齐云之客：齐云社的来客，代指球技高超的人。齐云社，又称圆社，南宋时兴起的民间蹴鞠社团，类似于今天的足球协会。

〔5〕问诸水滨：双关语，本指到水边求问，这里指"来到河边"。"问"，造访。出自《左传》："昭王之不复，君其问诸水滨！"

【译文】球鱼出产于广东附近海域。它的外形像蹴球，没有鳞片和小翅。广东人钱一如为我绘图并加以说明："球鱼的肉特别鲜美，肉质纹理像丝线一样细致。"在地方志和各种类书里都没有关于球鱼的记载，只有《遁斋闲览》详细记录了它的样子。

鲳鱼

【原文】《汇苑》云："鲳〔1〕，一名'鳉'〔2〕。"《字汇》注："鳉，不作鲳解。"《福州志》："鲳鱼之外，更有鳉鱼，又似二物矣。"《汇苑》称："鲳鱼，身匾〔3〕而头锐，状若锵刀〔4〕。身有两斜角，尾如燕尾。鳞细如粟，骨软肉白，其味极美，春晚最肥。俗比之为娼，以其与群鱼游也。"或谓："鲳鱼与杂鱼交。"考《珠玑薮》云："鲳鱼游泳，群鱼随之，食其涎沫，有类于娼，故名似矣。"然不解何以群鱼必随，询之渔叟，曰："此鱼鳞甲如银，在水白亮，最炫鱼目，故诸鱼喜随。且其性柔弱，尤易狎昵〔5〕，而吮其涎沫，非与杂鱼交也。"按，海之有鲳鱼，犹淡水之有鳊鱼〔6〕也。其状略同，而阔过之，肥美正等。《字汇》注，"鲳曰'鲳鯸'"，但称鱼名而不详解。

《鲳鱼赞》：态娇骨软，鱼比于娼。啖者不鲠，温柔之乡〔7〕。

【注释】〔1〕鲳：其身体扁平，又名平鱼。

〔2〕鳉（jiāng）：本是"鲳"的异体字，现在指另一种鱼。

〔3〕匾：同"扁"。

〔4〕锵（qiāng）刀：磨刀石。长期使用的磨刀石，一端会比较尖锐，与鲳鱼的体态十分相似。

〔5〕狎（xiá）昵：亲近。

〔6〕鳊（biān）鱼：生长在淡水中的一种身体扁平的鱼。

〔7〕温柔之乡：即温柔乡，形容温柔妩媚的女人容易使人沉醉。出自《赵飞燕别传》："帝大悦，以辅属体，无所不靡，谓为温柔乡。"

□ **鲳鱼**

　　鲳鱼，又名镜鱼、平鱼。它身体短而高，侧扁，呈菱形；头较小，吻圆，嘴巴很小，牙齿很细。鲳鱼有季节性洄游现象，生殖期在5至6月。

【译文】《异物汇苑》记载："鲳，又叫作'䲠'。"但《字汇》认为"䲠不是鲳鱼"。《福州志》除了记载鲳鱼之外，还记载有䲠鱼。这样看来，"鲳"和"䲠"似乎是两种不同的鱼。《汇苑》又记载："鲳鱼，身体扁平，头部尖锐，就像磨刀石。其身体中段分出两个斜角，尾巴像燕尾一样。它的鳞片细小如小米，鱼骨柔软，肉质白嫩，味道极其鲜美，尤其是晚春时节的鲳鱼更为肥美。因它总是厮混于其他鱼群之中，所以民间把它比作娼妓。"还有人说："鲳鱼可以与其他鱼类交配。"我在《珠玑薮》中发现："鲳鱼游泳时，会有一群鱼尾随其后，争食它吐出的泡沫，类于嫖娼，所以将其命名为'鲳鱼'。"但我仍然不知道为什么群鱼会尾随于它，于是向老渔人打听，他告诉我："鲳鱼的鳞片宛如镀银，在水中反射出白亮的光，最能吸引鱼类的目光，所以群鱼都乐于尾随着它。再加上鲳鱼性格柔弱，容易亲近，所以群鱼都来吸食它吐出的泡沫。但鲳鱼并不与群鱼杂交。"因此，海中有鲳鱼，就如同淡水中有鳊鱼。这两种鱼外形十分相像，只是鲳鱼身体更宽阔，二者都很肥美。《字汇》记载，"鲳也叫'鲳鯸'"，除了鱼名外，没有更详细的解释。

海银鱼

【原文】 海银鱼，产连江[1]海中，喜食虾。凡淡水所产者，白、小、味美。海中所产者，大而黄，味稍劣。

《海银鱼赞》：鱼以银名，难比白锵[2]。贪夫羡之，望洋而想。

【注释】〔1〕连江：今福建连江县。
〔2〕白锵（qiǎng）：白银。

【译文】 海银鱼产自福建连江县附近海域，喜欢捕食虾类。淡水中的银鱼是白色的，个头很小，味道鲜美；海中的银鱼个头较大，身体发黄，味道稍差。

□ 海银鱼

　　海银鱼，又称银条鱼、面条鱼。其身体细长，近圆筒形，身体的后段略侧扁，体长约12厘米。它的头部极扁平，眼大，口大，吻长而尖，呈三角形。这种鱼在幼年时期有较强的趋光性，成鱼则无此特性。洞庭湖的银鱼在历史上颇负盛名。

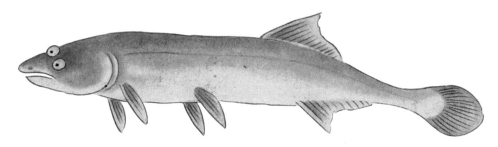

青丝鱼

【原文】 青丝鱼，即海鲤也。其色青，网中偶有得之者。台湾海洋甚多。性必喜深水，故鱼背半身翠碧可爱，故称"青丝"，以其色名也。其肉腴，其味美，土人以此为馈贻珍品。

《青丝鱼赞》：一鸣惊人，鹦鹉柳枝。青鱼碧海，不跃谁知？

【译文】 青丝鱼就是海鲤，通身青色，渔民打鱼时偶尔能网到几条。台湾附近海域盛产青丝鱼。这种鱼必定很喜欢深水海域，因为它大半个鱼背都是惹人喜爱的翠蓝色，并因此得名"青丝鱼"。青丝鱼肉质丰腴，味道鲜美，当地人把它作为馈赠亲友的佳礼。

□ **青丝鱼**

青丝鱼，即海鲤，又名尖鳍鲤，国内主要分布于西沙群岛、南沙群岛和台湾。在福建，渔民必须等到海上刮起十级大风之时，乘风破浪，来到台湾海峡中，冒着巨大的风险去捕捞，才能捕捉到青丝鱼。因此，它是一种极其稀有的海鱼，异常珍贵。

鹅毛鱼

【原文】《汇苑》载："东海尝产鹅毛鱼，能飞。渔人不施网，用独木小艇，长仅六七尺。艇外以蛎粉白之，黑夜则乘艇，张灯于竿，停泊海岸。鱼见灯，俱飞入艇。鱼多则急息灯，否则恐溺艇也。即名其鱼为'鹅毛鲢[1]'。"予奇之，但以不见此鱼为恨。及客闽，访之渔人，曰："予辈于海港取水白鱼亦用此法，然非鹅毛鱼也。"后有漳南陈潘舍[2]曰："此鱼吾乡亦谓之飞鱼，其捕取正同前法。其形长狭，有细鳞，背青腹白。两划水上，复有二翅，长可二寸许。其尾双岐，亦修长，以助飞势。三四月始有，可食。腹内有白丝一团如蜘蛛，腹内物多剖弃之。其丝至夜如萤光，暗室透明。此鱼在水，腹下如有灯也。"因为予图述。按，此鱼有翅而小，不与尾齐且不赤，文鳐另是一种。《字汇·鱼部》有"鱜"字及"鲢"字，皆指是鱼也。

《鹅毛鱼赞》：一盏渔灯，海岸高撑。鱼从羽化[3]，弃暗投明。

【注释】〔1〕鲢（tíng）：鱼名。

〔2〕漳南陈潘舍：漳，今福建漳州市；漳南，漳州以南；陈潘舍，作者好友。

〔3〕羽化：本指幼虫结蛹变成成虫，在道教中指道士修炼得道、飞升成仙。

【译文】《汇苑》记载："东海出产的鹅毛鱼，能飞跃出水。渔民不用渔网而用仅长六七尺的独木舟来捉鱼。先用蛎粉将小船外壁涂白，黑夜里乘着这条船，停泊

□ 鹅毛鱼

　　鹅毛鱼，产自东海，能飞跃出水。它体形狭长，鳞片细密，背部为青色，腹部为白色，鳍翅有两寸多长，鱼尾分叉修长。到了晚上，它的腹部就会发出萤光。

在岸边，再用竹竿撑起一盏灯，鹅毛鱼见到灯光，便都飞跃到船中。一旦船里积聚了大量的鱼，就得赶快熄灯，否则容易沉船。'鹅毛艇'这个名字也由此得来。"我听说后觉得很新奇，遗憾的是没有亲眼得见。后来我客居福建，向渔民打听这种鱼，他们告诉我："我们在海港处捕捉水白鱼时就用这种方法，但它不叫鹅毛鱼。"后来，漳南人陈潘舍也告诉我："我的家乡把这种鱼叫作飞鱼，也用这种方法捕捉它。飞鱼体形狭长，鳞片细密，背部发青，腹部洁白。两个鱼鳍上还有两翅，长达两寸多。鱼尾分成两叉，十分修长，有助于它飞跃。这种鱼每年三四月才会出现，可以吃。它的腹中有一团白丝，与蜘蛛腹中物相仿，处理鱼肉时大多将其扔掉。这些丝线到了晚上会发出萤光，甚至能将漆黑的房间照亮。这种鱼在水中时，肚子里就像点了一盏灯似的。"他还顺手为我画了下来，形神毕肖。值得注意的是，这种鱼有小翅，不与鱼尾相齐平，而且不是红色的，与文鳐鱼不同。《字汇·鱼部》收录的"鯆"字和"艇"字，都是指的这种鱼。

松鱼

　　【原文】　是鱼，福宁称为松鱼。鱼类虽无此名，然考本州志，书内实有松鱼：其色深青，其形丰背平腹，翅有硬刺，上下有须，而身无鳞，如淡水中汪刺[1]状。其肉细，头顶骨内有佛像一躯，食者每剔出玩之。考字书，有鱼曰"鯦"，

□ 松鱼

　　松鱼，背部为深青色，十分丰满，腹部为白色，较为平坦，翅膀上长有硬刺，上下有须，没有鳞片，很像淡水鱼黄颡。松鱼肉质细嫩，头顶骨内有一个"佛像"，人们把它的肉吃掉之后，都会把"佛像"剔出来把玩。

注音"佛"，海鱼。今此鱼头中有佛，疑即鮄鱼。"鮔、鲀、鰣、魜"[2]，意取"锯、豚、时、化"，《字汇》载此，不必全露。则"弗"之为"佛"宜矣。况又指海鱼，尤非江湖之鱼所得混淆。若是，则因松鱼识得"鮄"字。

　　《松鱼赞》：鱼头有觉，佛所托足。濮上[3]来游，同归极乐[4]。

【注释】〔1〕汪刺：黄颡（sǎng）鱼，又名"汪双""鲿（cháng）"，皆是形容黄颡鱼鳍上硬刺活动时发出的声响。"松""桑"古音接近，"松鱼"可能也是指黄颡鱼。

〔2〕鮔（jù）、鲀、鰣（shí）、魜（qī）皆为鱼名。

〔3〕濮上：古代卫国濮水岸边。春秋时期，濮上常有靡靡之音，多有男女在这里幽会情爱。

〔4〕极乐：双关语，本指佛陀所居住的幸福世界，这里指男女情爱。

【译文】　福宁地区的人们把这种鱼叫作松鱼。虽然鱼类里没有"松鱼"，但本地州志中确有松鱼的记载：松鱼颜色深青，背部高高隆起，腹部平整光滑，翅上长有硬刺，上下都有胡须，身上没有鳞片，如同淡水中的汪刺鱼。它肉质细嫩，头顶骨中有一尊佛像，吃鱼者经常把这尊佛像拿来把玩。我在字书里发现有一种鱼叫"鮄"，与"佛"的读音相同，是一种海鱼。而这种鱼的头骨里有佛像，是不是就是鮄鱼呢？《字汇》上"鮔、鲀、鰣、魜"这四种鱼的名字意取"锯、豚、时、化"，可见造字可以只取偏旁，不必取全字。那么"弗"字也就可以代指"佛"字了。况且既然说它是海鱼，便不会与寻常淡水鱼相混淆。如果考证无误的话，我倒是因此明白了"鮲"字的含义。

鰢鱼

【原文】鰢鱼，白鱼也，白质银光，水中善鰢[1]，故字书训为白鱼。闽海一种小白鱼，长不过二三寸，而光烂夺目，在水则鰢藏之。庖厨暗室生光，即涤[2]鱼余沥[3]入地，至夜亦萤萤如星。《异鱼图赞》[4]云"含光之鱼，临海郡育，煎炸已干，耀庭如烛"，即此类也。

《鰢鱼赞》：鱄独鮤三[5]，鲽鲽[6]比目。惟白多聚，千百为族。

【注释】〔1〕鰢（zóu）：应为聚。

〔2〕涤：清洗。

〔3〕余沥：洗剩的水。

〔4〕《异鱼图赞》：明代杨慎著，是针对《南朝异鱼图》写的赞文。

〔5〕鱄（zhuān）独鮤（qiè）三：鱄鱼总是独自行动，鮤鱼总是三条鱼一起行动。作者认为，"鱄"字的偏旁"专"，是"专断独行"的意思；"鮤"字的偏旁"妾"，是"像婢妾一样跟随"的意思。《正字通》："妾鱼，其行以三为率，一前二后若婢妾。"

〔6〕鲽鲽：比目鱼，总是成双成对地活动。详见本册《箬叶鱼》。

【译文】鰢鱼是一种白鱼，质地洁白，泛着银光，在水中总是群聚生活，所以字书里称它为白鱼。福建附近海域有种小白鱼，最长不过两三寸，但光彩夺目，在水中时以群聚来遮盖光芒。它们在厨房暗处也能发光，就连洗过它们的水洒到地上，也能使夜晚的地面像天上群星般熠熠生辉。《异鱼图赞》说："一种会发光的鱼，产自沿海郡县，即使煎成鱼干，仍像蜡烛一样照亮庭院。"这正是在形容这种鱼。

□ 鰢鱼

　　鰢鱼，一种小白鱼。它全身银光闪闪，就连洗过它的水也光芒四射，即使鱼煎干后依然能发光。它们在水中喜欢聚集在一起，发出耀眼的白光。

□ 印鱼

印鱼，因头背下方有一个红色方印纹而得名。这种鱼通身绿色，没有鳞片，背上有黑绿色的斑点，鱼尾圆润分叉。它们大多生活在西洋海域，丰产于五谷丰登的年份里。

印鱼

【原文】 康熙三十五年[1]，台湾上番[2]，鬻[3]印鱼于市甚多，兵民买而食之。云此鱼来自红毛海中。有时至，则列于肆者皆是；如不至，虽三五岁，一鱼不可得，大约年谷丰登则盛。福宁、台湾更戍[4]，卢某还州，图其形并述大概曰："此鱼身绿色而无鳞，背黑绿色作斑点，如马鲛[5]状。背上有方印一颗，正赤色。口有齿四，下颌超于上背，有旂[6]划水。黄色尾，虽两岐，圆而不尖。产处其鱼虽千百，皆赤方印，无异状。"有鲰生[7]见予图而笑之，曰："老兵之言，其可信哉？海中之鱼，焉得有印？不虞其伪乎？"曰："予目中无印鱼，胸中有印鱼久矣。今得其图，甚合吾意。"鲰生终不释，曰："何所据耶？请示其实。"予曰："凡鱼类，有名目者，大约多载之典籍。向考《篇海》[8]《字汇》，实有"鯯鱼"，音印，鱼名，身上有印，则印鱼之名从来久矣，但未注明。今得此鱼，可补字书《篇海》之未备。"

《印鱼赞》：龙宫印章，亦重方面。篆文奚为？河清海宴。

【注释】 〔1〕康熙三十五年：公元1696年，丙子年。

〔2〕上番：指军队轮替值勤。

〔3〕鬻：售卖。

〔4〕更戍：轮番值守。

〔5〕马鲛：蓝点马鲛，背上有暗色条纹或黑蓝斑点。

〔6〕旍：通"旗"。

〔7〕鲰（zōu）生：浅薄愚陋的人。

〔8〕《篇海》：即《四产篇海》，由金韩孝彦撰，作为一本字典，它将部首以韵排列，简化了检索方法。

【译文】　康熙三十五年，正值军队前往台湾岛轮替执勤，那边市场上有很多卖印鱼的，军民们都买来吃。据说这种鱼来自西洋海域，如果有西洋人来，那么市场上到处都有这种鱼卖；如果西洋人不来，那么三五年也见不到这种鱼。收成好的年份，这种鱼的数量应该就会很多。福宁和台湾的军队换防，卢某回到家乡，把这种鱼画了下来，并做了大致的描述："这种鱼通身绿色，没有鳞片，背上有黑绿色的马鲛鱼一样的斑点，还有一个正红色的方印；嘴里长了四颗牙齿，下颌突出于上方，有鱼鳍作划水用；鱼尾为黄色，虽然分叉，但是圆而不尖。所有这种鱼都长着一个红色方印，无一例外。"有愚妄者看了我的画，嘲笑说："老兵的话怎么能信呢？海里的鱼怎么会长印文呢？你也不怕他骗你？"我回答说："我虽然没见过印鱼，但是心中早就觉得世间有这么一种鱼。这张画的描写与我的想法不谋而合。"这个人仍不明白地问道："你有什么证据呢？不妨说说看。"我回答说："有名字的鱼类，大多都在典籍中有所记载。我以前看《篇海》《字汇》的时候，看到有个'鲗'字，与'印'读法相同，注释说它是一种鱼的名字，身上有印文。这样看来，'印鱼'的名字早就有了，只不过我不知道具体是什么鱼罢了，现在找到这种鱼，正好可以作为《篇海》的补充。"

夹甲鱼

【原文】　夹甲鱼，其形甚异：两板上小下大，如龟壳状，其纹亦如龟纹。中间又凹而藏身于内，而壳仍连之。两目生于其前，左右有翅，后有一尾，背末亦有小翅，皆从壳中透出。口在腹板之前而有细齿。小者长不及寸，杂于鱼虾之中。大者仅如拳而止，不堪食。亦化生[1]之异物耳。其状甚难图，今分作四面看，法合而意之，可以得此鱼之全形矣。以其如龟，故亦名"龟虫"。海中怪状之鱼甚有，故《字汇·鱼部》有"鮱"[2]字。此鱼亦鮱之一也。

　　《夹甲鱼赞》：鱼裹龟甲，鳞而又介[3]。巧绘难描，水族之怪。

【注释】　〔1〕化生：化育生长，出自《周易·咸》："天地感而万物化生。"作者把万物分

□ **夹甲鱼**

据考证，夹甲鱼应该就是箱鲀，又被戏称为盒子鱼。夹甲鱼的躯干呈盒子形，显得十分笨拙僵硬。它的鳞片又厚又硬，就像几块拼在一起的龟甲。它的嘴巴呈吸盘状，乍一看，仿佛嘟着嘴，样子十分可爱。

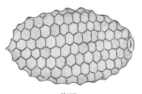

| 背面 | 前面 | 侧面 | 腹面 |

为"羽、毛、鳞、裸、介"五类，这五类生物有着高低贵贱之分，高者可以向低者转化，低者却不能向高者转化，反映出他笃信的"化生说"。但在今天来看，这一观点有违科学事实。

〔2〕鲑（guài）：鱼名。

〔3〕鳞而又介：作者认为夹甲鱼既有鳞类的特征，又有介类的特征。

【译文】 夹甲鱼的外形很奇特——上面是一块较小的甲壳，下面是一块较大的甲壳，形状很像龟壳，纹理也类似龟纹。甲壳中间凹陷，鱼身藏在里面，但壳仍然连在一起。它的两只眼睛长在前面，左右有翅，后面长着尾巴，背部末梢也有小翅，这些器官都是从甲壳中伸出来的。它的嘴长在腹板前侧，里面有一些细小的牙齿。小夹甲鱼不足一寸，与小鱼小虾差不多，大鱼也不过一拳大小，不能吃。这真是万物化生形成的奇异物种。它的样子非常难画，我只好分成四个面向来画，如果发挥想象力将它拼凑起来看，就能意会于胸了。因为它像龟，所以又叫"龟虫"。海中还有很多奇形怪状的鱼，《字汇·鱼部》都收录在"鲑"这个条目之下，夹甲鱼也是鲑的一种。

环鱼

【原文】 康熙二十五年〔1〕七月，平湖县点一和尚〔2〕同李闻思过海盐〔3〕天宁寺，见一湾鱼，墨红色，其尾与划水皆黑。云自海随潮进，顺龙江潮退厄于碕岸〔4〕不能出。渔人捕之，约重二千斤。抬至岸，其体曲而不直。老人云此环鱼也。海盐城中观者如堵，尽脔〔5〕其肉为油。

考《博物》〔6〕等书，虽无"环鱼"，而《字汇》有"鳏鱼"，云与鳏〔7〕同。若此，则是鱼即鳏鱼也。鳏鱼虽有名而无有明言其状者。今据其形而思其义，鳏独之状显然。水族虽繁，谁与结同心哉？"有鳏在下"始于《虞书》〔8〕，其字最古；

□ 环鱼

　　作者推测环鱼就是鳏鱼，又因"鳏"同"鳏"，所以认为这种鱼就是鳏鱼。然而，今天从鳏鱼的形象来看，二者可能并非同一种鱼，因为环鱼为黑红色，体型庞大，而鳏鱼体型较小，身体细长。

　　沿及周世，"惠鲜鳏寡，怀保小民"[9]。鳏之为鳏，典籍昭然。

　　夫凤管、牺尊、饕餮、栲栳[10]，古人取象，后世考核，必寔[11]有一物，且有深意存于其间。鳏鱼肖象穷独，宁独托之空言乎？由字义以按鱼形，吾愿天下博物君子共为推论，何如？又考《惠州志》有鳏鱼，云大如指，长八寸，脊骨美滑，宜羹，未识其状亦鳏否也。存附于此，以俟[12]高明。

　　又按，鳏鱼非虚名也，必寔一种鱼名。鳏者，《诗》云："其鱼鲂鳏。"[13]鲂与鳏，两种也。又《孔丛子》[14]："卫人钓于河，得鳏鱼，其大盈车。"则鳏鱼亦有甚大者。今鳏与鳏同，可想见矣。

　　《环鱼赞》：海鱼衣绯[15]，何以伛偻[16]？密迩[17]龙王，敢不低头？

【注释】〔1〕康熙二十五年：公元1686年，丙寅年。

〔2〕平湖县点一和尚：平湖县，今浙江嘉兴平湖市；点一和尚，作者好友李闻思的友人。李闻思或为江浙一带的商人，或为作者的生意伙伴。

〔3〕海盐：今浙江嘉兴海盐县。

〔4〕碕（qí）岸：曲折的河岸。

〔5〕脔：将肉切成小片。

〔6〕《博物》：即《博物志》，一部神话志怪小说集，西晋文学家张华著。该书涉猎广泛，记载了许多山川地理、神话传说、奇闻异事、历史故事、神仙方技的内容。

〔7〕环鱼、鳏（guān）鱼、鳏：皆为鲇鱼，传说它们瞪大的双眼永远不会闭合，仿佛是孤独失

偶的人。鰥，古同鳏。

〔8〕《虞书》：《尚书》的一部分。传说虞朝是我国第一个朝代，所以作者认为《虞书》的内容最为古老。

〔9〕惠鲜鳏寡，怀保小民：出自《尚书·无逸》："怀保小民，惠鲜鳏寡。"其意为：关怀普通平凡的百姓，恩赐无依无靠的平民。

〔10〕凤管、牺尊、饕餮、梼（táo）杌（wù）：分别是凤形态的笙箫、牛形状的酒杯、青铜器上的巨兽图案、图腾上的怪物花纹。作者认为这些器物都参照了对应动物的真实原型。

〔11〕寔：通"实"。

〔12〕俟：等待。

〔13〕其鱼鲂鳏：出自《诗经·敝笱（gǒu）》"敝笱在梁，其鱼鲂鳏"。其意为：破竹篓拦在鱼梁上，任由鲂鱼鳏鱼游进游出。笱，一种竹制的捕鱼器，口小肚大，鱼能进不能游出。

〔14〕《孔丛子》：三国时期王肃编。王肃假托孔子后人孔鲋之名，结合了流传的野史故事，整合成孔子及其后代的语录体家书，虽是伪书，但也有一定的价值。

〔15〕衣绯：穿红色衣服，指地位崇高。明代的高级官服就是红色的。

〔16〕伛偻：弯腰恭敬的样子。

〔17〕密迩：接近，遇到。

【译文】 康熙二十五年七月，平湖县的点一和尚和李闻思途经海盐天宁寺，看到海湾中有一条大鱼。这条鱼通体黑红色，鱼尾和划水为黑色，据说是随着海潮涌进来的，退潮后被困在岸上。渔民抓住它，大约有两千斤重。抬到高岸一看，鱼身蜷曲不能伸直，有老人说这是"环鱼"。海盐城的人将它围个水泄不通，竞相割它的肉去炼油。

我翻阅《博物志》等书，虽然没有看到"环鱼"的记载，但是《字汇》提到了"鳏鱼"，说和鳏鱼是同一种。如果这样，那么这种鱼就是鳏鱼了。一直以来，我只听说过鳏鱼的名字，却没有看到过关于它的描述，现在根据它的样子思考其名字的含义，才明白它果然是一种"孤独"的鱼。水中生物何其多，可又有谁能与它同心结缘呢？早在《虞书》中便记载着"有鳏在下"，"鳏"字可谓是非常古老的字了；周朝典籍也记载着"关怀普通平凡的百姓，恩赐鳏寡无助的平民"，显然，"鳏"字在古代典籍中早就是"孤独"的意思。

"凤管""牺尊""饕餮""梼杌"等纹饰，都是古人根据动物形象加工而成，后人加以考证，一定能够找到对应的真实原型，并能发现其中的深意。鳏鱼只流传下了一个名号，却不知道具体为何物，难道只是没有原型的空想吗？我提议全天下的有识之士都来根据字义探求鱼形，大家以为如何呢？我还看到《惠州志》记载着一种

"鳏鱼"，称其有手指般大小，长约八寸，脊骨漂亮光滑，适合做成鱼粥，不知道这是不是鳏鱼。现姑且列在此处，等待高明者解答。

作者注："鳏鱼"一定不是虚指，必定有一种叫作"鳏鱼"的鱼真实存在。"鳏"字还出现在《诗经》的"其鱼鲂鳏"句中，鲂与鳏是两种不同的鱼。《孔丛子》还说："卫国人在黄河边钓鱼，钓到一条大鳏鱼，装满了他的车。"这样看来，鳏鱼可以长到非常大。现在《字汇》说鳏鱼就是鳏鱼，我也可以推而想之。

顶甲鱼

【原文】 福宁海上有顶甲鱼，一方骨深陷头上，中有楞，列刺。活时翻抛石上，其顶紧吸，虽两三人不能拔起。土人亦称为"印鱼"。漳郡陈潘舍曰："此鱼潜于海底，攒泥中，吸石上，人不能捕。待潮起，浮出觅食，始可网之。"

《顶甲鱼赞》：头生方顶，有骨隐隐。活能吸石，如有所愤。

【译文】 福宁附近海域有一种顶甲鱼，一块方形骨甲深陷在它的头部上方中央，方骨有棱，棱间排列着骨刺。把活的顶甲鱼翻过来抛到石头上，它的顶骨就会牢牢吸住石头，就算两三个人也丝毫不能拔动它。当地人也称它为"印鱼"。漳州陈潘舍说："这种鱼潜伏在海底，钻入淤泥中，吸在石头上，人们根本捕捉不到它。只有等到涨潮的时候它浮出来觅食，才能用网捕到它。"

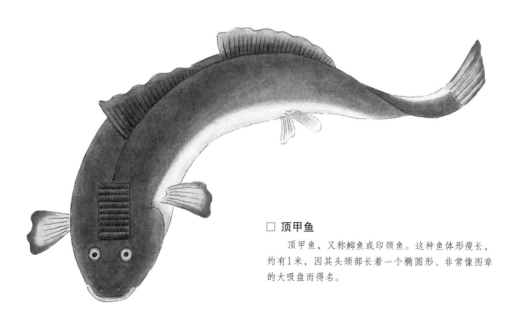

□ **顶甲鱼**

顶甲鱼，又称鮣鱼或印颈鱼。这种鱼体形瘦长，约有1米，因其头颈部长着一个椭圆形、非常像图章的大吸盘而得名。

□ **草蜢鱼**

　　草蜢鱼，因长得像草蜢而得名。它的头非常尖，绿色的背部上长着尖刺，腹部白色泛红，体长五六寸。据说这种鱼由草蜢变化而成。

草蜢鱼

　　【原文】　康熙二十八年[1]七月，福宁州海上渔人得草蜢鱼。其形头尖腹红，背绿而有刺，绝似蚱蜢。海人云即蜢所化。李某图述，予存之。及康熙丁丑，有人于竹江海边捕得海蜢，长五六寸，足翅横撑，比雀犹大。予因悟草蜢鱼果有由来也，图之以伸吾变化之说。

　　《搜神序》[2]曰："春分之日，鹰变为鸠；秋分之日，鸠变为鹰，时之化也。鹤之为獐也，蛇之为鳖也，蚕之为虾也，不失其血气而形性变也。应变而动，是谓顺常；苟错其方，则为妖眚[3]。顺常者，如雉为蜃、雀为蛤[4]之类是也；妖眚者，如牝鸡鸣、马生角[5]之类是也。"今蚱蜢变鱼，如蚊虫化水虫，水虫化蚊虫，亦顺常之事，不为妖异，第[6]人不及见，以为奇耳。海中变化之鱼不一，《字汇·鱼部》有"鮇"[7]字，草蜢亦鮇中之一也。

　　《草蜢鱼赞》：蝗虫化虾，芸编[8]旧据。蚱蜢变鱼，萍踪[9]新遇。

　　【注释】　〔1〕康熙二十八年：公元1689年，己巳年。

　　〔2〕《搜神序》：《搜神记》的序文。《搜神记》，文言志怪小说集，晋代干宝著，书中记载了很多当时流传的神话传说和鬼怪故事。

　　〔3〕妖眚（shěng）：妖异、凶兆。

　　〔4〕雉为蜃、雀为蛤：野鸡变成蜃贝，雀鸟变成蛤蜊。出自《礼记·月令》："季秋之月……雀入大水为蛤；孟冬之月……雉入大水为蜃。"这些说法是古代化生说的体现，均有违科学事实。《礼

记·月令》记录了先秦时期每月的物候及风俗习惯。

〔5〕牝鸡鸣、马生角：母鸡打鸣，马长犄角。牝鸡鸣，出自《尚书·牧誓》："牝鸡之晨，惟家之索。"马生角，出自《燕丹子》："乌白头，马生角。"古人认为这些反常现象都是不祥之兆。

〔6〕第：但是。

〔7〕鮧（é）：作者认为鮧是一种由其他物种变化而成的鱼。

〔8〕芸编：书籍。古人为防止书籍被虫蛀，会用具有独特气味的芸草来驱虫。后来"芸编"借指书籍。

〔9〕萍踪：浮萍的踪迹，这里指"不常见的现象"。浮萍的踪迹总是若隐若现，古人借此表达"行踪不定"的意思。

【译文】 康熙二十八年七月，福宁海上的渔民捕得草蜢鱼。这种鱼头部尖锐，肚子泛红，背部绿色，还长着尖刺，非常像蚱蜢。渔民说它是蚱蜢变成的。李某曾为它配图记述下来，我现在还收藏着图画和文字。康熙三十六年，有人在竹江海边捕得海蜢，长达五六寸，它的腿和翅膀展开后，比麻雀还要大。我这才明白，草蜢鱼果然是由蚱蜢变来的，便把它临摹下来，以佐证我的变化观点。

《搜神记·序》说："春分之日，鹰会变成斑鸠；秋分之日，斑鸠又变回鹰，这就是时节化生。鹤变成獐、蛇变成鳖、蚕变成虾，血气都没有改变，但外形却发生了剧变。顺应这种变化，就是顺应天道；如果变化错了，就会变成不祥的妖异。顺应天道的化生，比如野鸡变成蜃贝、雀鸟变成蛤蜊；不祥的妖异，比如母鸡打鸣、马长犄角。"如今的蚱蜢变鱼，与蚊子变成水虫、水虫变成蚊子一样，都是顺应天道，并非不祥之兆。但是没有见过的人，就会感到十分惊奇。海中有很多其他物种变化而成的鱼，都收录在《字汇·鱼部》的"鮧"字条目之下，草蜢鱼也是一种鮧鱼。

枫叶鱼

【原文】 闽海有鱼曰"枫叶"。两翅横张而尾岐，其色青紫斑驳。《闽志》福、漳二郡并载此鱼。《汇苑》亦载，云："海树霜叶，风飘波翻，腐若萤化，厥质为鱼。"〔1〕或疑枫叶败质化鱼难信，不知世间变化之物，多有无知而化为有知。《搜神序》称："腐草之为萤、朽苇之为蛬、稻之为蛬、麦之为蝶〔2〕，皆自无知化为有知，而气易也。"

又《列子》，"朽瓜为鱼"〔3〕，段成式遂证瓜子化衣鱼〔4〕之说。齐丘《化书》〔5〕："老枫化为羽人。"吴梅村《绥寇纪》〔6〕载："崇祯十年，钱塘江木柹〔7〕化为鱼，渔人网得，首尾未全，半柹半鱼。"又闻雨水多则草子皆能为鱼，

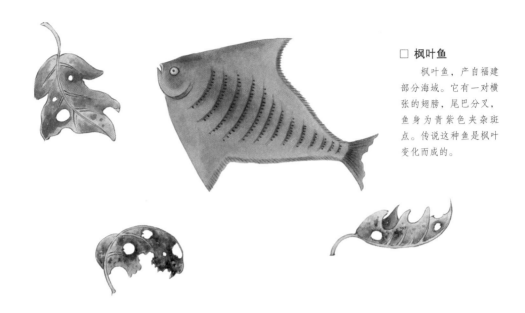

□ 枫叶鱼

　　枫叶鱼，产自福建部分海域。它有一对横张的翅膀，尾巴分叉，鱼身为青紫色夹杂斑点。传说这种鱼是枫叶变化而成的。

而人发、马尾亦能成形为蛇蟮。由是推之，则大江楠木之为怪，深山老松之为龙，益不谬矣。

　　今枫叶变鱼，予更访之。渔人云："秋深海上捕鱼，网中有时大半皆枫叶，而枫叶鱼杂其中，且惟秋后方有。"则变化之迹及候，两皆不爽。予是以神奇其物，信而图之，而并采无知化有知之诸物杂见于典籍者，以汇证云。

　　《枫叶鱼赞》：双文送别，丹枫写泪[8]。飘沉欲海，同偕鱼水。

【注释】　〔1〕此句出自《晋安海物异名记》。此书由南唐陈致雍编，记载了许多福建晋安的海产风物，已佚。

　　〔2〕腐草之为萤、朽苇之为蛬（qióng）、稻之为蛪（jiā）、麦之为蝶：腐草变成萤火虫、烂苇草变成蟋蟀、稻谷变成米虫、麦子变成蝴蝶。

　　〔3〕朽瓜为鱼：出自《列子·天瑞》："田鼠之为鹑也，朽瓜之为鱼也。"其意为：大自然变幻无穷，万物由天机所主宰，所以田鼠能变为鹌鹑，朽瓜能变为鱼。《列子》，相传为战国时期列子的著述，被奉为道教经典之一，记录了许多寓言故事。

　　〔4〕瓜子化衣鱼：出自段成式《酉阳杂俎》："补阙张周封言，尝见壁上白瓜子化为白鱼。因知列子言朽瓜为鱼之义。"段成式，唐代文学家，其笔记体小说《酉阳杂俎》主要记载了志怪传奇和各地的珍异之物。

　　〔5〕《化书》：即《齐丘子》，又名《谭峭化书》，五代时期谭峭所著，书稿被道士齐丘子窃取。这本书秉持典型的化生说观点，认为世间万物都在变化之中，可以互相转化。后人称《化书》为

《谭峭化书》，该书中可能有齐丘增改之处。

〔6〕《绥寇纪》：作者吴伟业，字梅村，明末清初诗人。这本书详细记载了明末农民起义的故事。

〔7〕木柿（fèi）：砍木头时掉下的碎片。

〔8〕丹枫写泪：出自唐代范摅《云溪友议·题红怨》。传说唐僖宗时，一宫女失宠，曾将题有怨诗的枫叶随水流出宫外，被卢渥拾到并珍藏。十年后，二人竟阴差阳错结为眷属。因涉男女情事，所以后文提及"欲海""鱼水"。

【译文】 福建附近海域有一种鱼叫作"枫叶鱼"。枫叶鱼两翅横伸，鱼尾分叉，身体为青紫色中夹杂着斑点。《闽志》福州、漳州二地条目下都记载着这种鱼。《汇苑》也说："秋天海边树木落叶，随着风浪飘飞入水，就像腐草变成萤虫一样，变成了鱼。"有人对此心存怀疑，却不知世界上有很多无知觉的事物变成了有知觉的事物。《搜神记·序》提道："腐草变成萤火虫、烂苇草变成蟋蟀、水稻变成米虫、小麦变成蝴蝶，都是从无知觉的事物变成有知觉的生物，连内在性质也随之改变了。"

《列子》说"腐败的瓜会变成鱼"，段成式也在《酉阳杂俎》中证实了瓜子变鱼的说法。齐丘子的《化书》称："老枫树会变成长羽毛的人。"吴梅村《绥寇纪》记载："崇祯十年，钱塘江里有木屑变成的鱼。渔民捞起来一看，它还没有变化完全，一半是木屑一半是鱼。"我还听说雨水多时，草籽会变成鱼，人的头发、马的尾巴也都能变成蛇蟮。由此可见，大江里的楠木变成怪物，深山里的老松变成神龙并非全是荒谬之说。

如今我再次探寻枫叶变鱼的真相，渔民告诉我："深秋时节出海打鱼，有时渔网里有一半都是枫叶，而枫叶鱼就掺杂其中。这种现象只有秋后才有。"如此一来，这种变异的现象与时节相吻合。我大感惊奇，深信不疑，便画下来存记。此外，我还广泛摘录典籍中各种无知觉的事物变成有知觉生物的事例，一一并列在此处加以佐证。

石首鱼

【原文】 石首鱼，一名"春来"，以其来自春也，又名"鳆鱼"。《尔雅翼》曰，"鳆即石首"，合春来之意，则《江赋》所谓"鳆鱼顺时而往还"是也。予尝询渔人以往来之故，曰："此鱼多聚南海深水中，水深二三十丈。石首将放子，无所依托。是以春时必游入内海，傍岩岸浅处育之。渔人俟其候捕取。"大

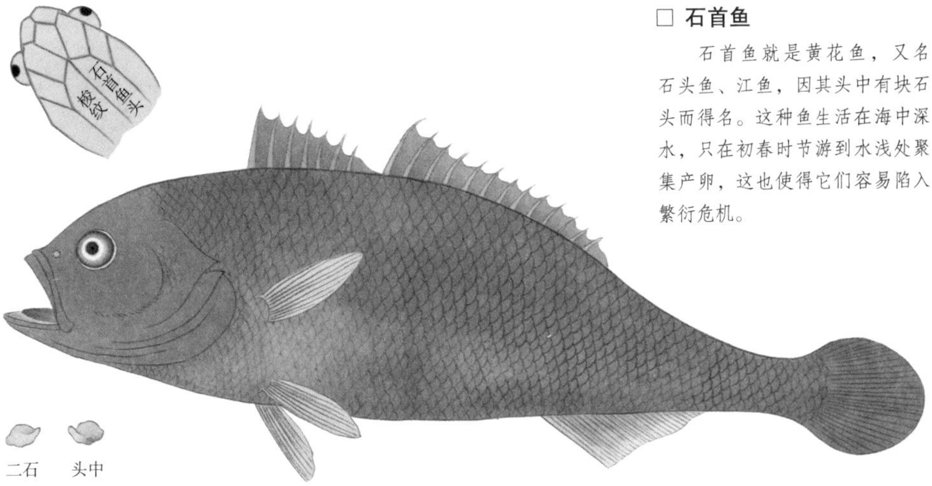

□ **石首鱼**

石首鱼就是黄花鱼，又名石头鱼、江鱼，因其头中有块石头而得名。这种鱼生活在海中深水，只在初春时节游到水浅处聚集产卵，这也使得它们容易陷入繁衍危机。

约放子喜海滨有山泉处，故闽之官井洋，浙之楚门、松门等处多聚焉。每岁交春，发自海南，而粤而闽，至浙之温、台、宁、绍、苏、松[1]则渐少矣，交夏水热则仍引退深洋，故浙海渔户有“夏至鱼头散”之说。然闽粤则四季皆有也。

石首鱼，以其首有石也。吾杭[2]俗谓之“江鱼”，以其取于江也。越人称为“黄鱼”。闽人呼为“黄瓜鱼”。《尔雅翼》曰：“南人以为鲞。”[3]凡海鱼皆可为鲞，而石首得专鲞名者，他鱼之鲞，久则不美，且或宜于此而不宣于彼。惟石首之鲞，到处珍重，愈久愈妙，故得专鲞名。《字汇》“鲞”字注曰：“音‘想’，干鱼腊。”失解，南人以为鲞之说，至于世俗，别有“鲞”字。《字汇》宜注曰“俗同鲞”，但注曰“同䲆”，及查“䲆”，则又曰“同鱶”，再查“鱶”[4]字，则音“鸠”，解曰：“海虫，似虾。”义理虽深，而世俗通用之“鲞”字反讳矣。予故备举而辨之。

《本草》谓：“石首干鲞，主消宿食开胃，头中石，主下石淋[5]，磨服、烧灰两可。”又谓，野凫头中有石，指为石首鱼所化。愚按，食品多重腊月之物，以其性敛，便于收藏。独石首春仲而来，其性发散，而干鲞反有取于消食开胃。妙用正在乎此，知此则知陈久之益贵也。凡物类但所产之方未必重，而所重常在不产之处，凡物类然。头中石至坚也，反能下石淋者，何哉？不知石质虽坚，而石性仍主消散。或谓曷不竟用其鲞，岂不可下而必用头中之石乎？曰：“此以石攻石之妙，如伏苓之木可治筋、荔枝之核可消疝肿[6]类，皆仿佛近之。”至所论野凫头中有石，即谓石首所化，不知箬鱼[7]、鲨鱼头中皆有小石，恐不能尽化野凫也。

石首鱼，《字汇》一名"鲩"，考注不解何以为鲩。及啖是鱼，玩其头骨，如冰裂纹作棕纹[8]交差状，因悟古人取字之意非泛然也。

《石首鱼赞》：海鱼石首，流传不朽。驰名中原，到处皆有。

【注释】〔1〕温、台、宁、绍、苏、松：分别为今浙江温州、台州、宁波、绍兴，江苏苏州，上海市。

〔2〕吾杭：作者是杭州人，故称"吾杭"。

〔3〕鲞（xiǎng）：原指剖开后晒干的鱼，后泛指片状腌制食品。

〔4〕䲢（téng）：和螣（téng）是同一种鱼，即一种白身红尾的海鱼。

〔5〕石淋：中医语，尿路结石。

〔6〕疝肿：中医语，体内器官肿胀。

〔7〕箸鱼：箸叶鱼，即比目鱼。详见本册《箸叶鱼》。

〔8〕棕纹：纹路分叉交错的棕木纹。作者认为"鲩"的得名与"棕纹"有关。事实上，"鲩"与"稯""嵸"为同源关系，皆有"众多"之义，指石首鱼数量庞大，与赞文中的"到处都有"意义相合。一说"鲩""橦""鬃"为同源关系，皆有"尖头细长"之义。

【译文】石首鱼，又名春来鱼，这是因为它出现在春天的缘故，还被称为"鲩鱼"。《尔雅翼》记载："鲩鱼就是石首鱼。"我又联想到"春来"的意思，那么《江赋》的"鲩鱼顺时而往还"就是在说同一种鱼了。我曾请教渔民，为什么鲩鱼会南北往返，渔民回答说："这种鱼大多群聚在南海中深达二三十丈的海底。石首鱼要产卵，却没有地方可作依托，于是在春天时游入内海，在岸边水浅处产卵。渔民便在这一时节前来捕鱼。"石首鱼一般喜欢把卵产在海边有山泉的地方，所以福建官井洋，浙江楚门、松门等地多见石首鱼。每年开春时，石首鱼从海南出发，抵达广东、福建，及至辗转到浙江温州、台州、宁波、绍兴，江苏苏州，上海等地时，鱼群数量越来越少。入夏时水温逐渐升高，石首鱼便返回海洋中，所以浙江流传着"到了夏至，鱼儿散去"的谚语。但是在福建和广东，四季都有这种鱼。

石首鱼是因为头上的石块而得名的，杭州人在江里捕获它们，所以又称其为"江鱼"，越人则称它为"黄鱼"，福建人称它为"黄瓜鱼"。《尔雅翼》记载："南方人会把石首鱼加工成腌鱼干。"其实只要是海鱼，都能做成腌鱼干，但何以石首鱼就成了腌鱼的代名词呢？因为其他鱼做成的腌鱼，放久了味道都会变差，或者一地人爱吃，另一地的人不爱吃。只有用石首鱼做成的腌鱼，在任何地方都大受欢迎，而且放得愈久愈好吃，所以便成了腌鱼的代名词。《字汇》"鲞"字的条目说："这个字读音与'想'一致，是腌鱼干。"这是不对的，这只是南方人所认为的"鲞"，而世间还有另一种"鲞"。《字汇》本应注明"通俗的写法是'鲞'",却只注明"同'滕'"。再去查"滕"字,又说它同"䲈",然后去查"䲈"字,却说它的读音同"鸠","是一种像虾的海虫",将它的意思讲明白了,却使通俗写法的"鲞"字变得模糊不清。所以我只好将它们全都列举出来,分别加以辨析。

《本草纲目》说:"腌制的石首鱼干可以消食开胃。将其头中的石块磨成粉末或烧成灰服下,可以治疗尿路结石。"又有人说野鸭头里也有块石头,并指出它是石首鱼变成的。据我考证,腊月里出产的食物最为珍贵,这是因为它们性质内敛,便于保存。而石首鱼产自夏历二月,性质发散,石首鱼干反而有消食开胃的作用。这就是石首鱼的奇妙之处,由此越是陈年的石首鱼干越是珍贵。大自然的各种特产,在其出产地往往不被珍视,而珍视它们的地方往往又不出产。石首鱼头里的石头特别坚硬,却能治疗尿结石,这是为什么呢?殊不知,石头虽然质地坚硬,但药性主发散。有人会问:"那么为什么不直接用石首鱼呢?难道整条鱼不能治石淋病,非得只用那块石头吗?"答案是:"这是以石攻石的妙用啊。就像茯苓枝可以治疗筋伤疾病,荔枝核可以消除疝气肿块一样,因其相似,才会相克。"至于人们所说的,头里有石头的野鸭是石首鱼变成的,难道他们就不知道箬鱼、鲨鱼头中都有小石块吗?它们恐怕不能都变成野鸭吧!

石首鱼,在《字汇》里又叫作"鳘",我一直无从考证它为什么叫作"鳘"。直到吃过石首鱼,把玩它的头骨,看到上面有冰块裂痕般的纹理像棕纹一样分叉交错,我才明白古人造字不是随性而为,而是自有其道理。

四腮鲈

【原文】 康熙六年[1],予客松江,得食四腮鲈[2],甚美。其鱼长不过八寸,哆口圆头而细齿。身无鳞,背列白点至尾。腮四叠,赤色露外,此四腮之所得名也。其鱼止一脊骨。性精洁,以海塘石隙为穴,鸡鸣之后出穴,就石唼霜,故惟九月始有,不知何物所化。至正二月,则又变形而无其鱼矣。土人最珍,故谚云:"四腮鲈,除却松江别处无。"席间常与黄雀比美,亦谓之"假河豚"。云捕此鱼者,非网非钓,以一直竹。其末横穿一孔,又插小竹尖,不用饵。但立于海塘石上,垂长竹,而以横竹穿透石隙。有鱼必衔其竹,乃抽而出,得之甚易。

按,今人因《赤壁赋》[3]所云"巨口细鳞,状似松江之鲈",遂指松江斑鲈为四腮鲈,不知松江四腮鲈不但与天下之鲈异,并与松江之鲈亦异。赋内若据张翰所思者[4]而引用,则坡公[5]亦未尝真见四腮鲈也。盖张翰吴人,因秋风思鲈鲙,

□ **四腮鲈**

四腮鲈为松江名产，本名松江鲈，因有四腮而得名，是一种名贵的鱼类。四腮鲈与其他鲈鱼的迥然不同之处，不仅在于形体神态，还在于它生理生态特点：一是有四个腮瓣；二是生活在咸水和淡水之间；三是体态婀娜丰腴。

此正九月方有之四腮鲈也。如系斑鲈，四季皆有，何必秋风哉？鱼不露腮，露腮之鱼惟此种。《字汇》有"鰓"字，疑于此鱼立鰓名也。

《四腮鲈赞》：松江之鲈，名著遐方。但知腮四，谁信食霜？

【注释】〔1〕康熙六年：公元1667年，丁未年。

〔2〕四鳃鲈：详见本册《鲈鱼》。

〔3〕《赤壁赋》：北宋文学家苏轼的著名赋作。此句实际出自《赤壁赋》的姊妹篇《后赤壁赋》。

〔4〕张翰所思者：西晋文学家张翰所思念的莼菜羹和鲈鱼脍。因感应时节，张翰一时之间思念起家乡的莼菜羹和鲈鱼脍，于是弃官还乡。此典出自《世说新语·识鉴》，有成语"莼鲈之思"。

〔5〕坡公：苏轼，号东坡居士，被尊称为"坡公"。

【译文】康熙六年，我客居松江，有幸品尝到四鳃鲈，十分美味。这条四鳃鲈约八寸长，嘴巴张得很大，头部圆润，牙齿细小，身上没有鳞片，背上的白色斑点一直延伸到尾巴。它的鱼鳃四叠，外露的部分为红色，这就是"四鳃鲈"得名的缘由。这种鱼只有一条脊骨，没有鱼刺。它生性喜欢洁净，生活在海塘石隙中，每天早上鸡鸣后出来，舔食石头上的白霜。所以这种鱼只在每年九月出现，不知道是由什么变成的。到了正月和二月间，这种鱼又会变化，不再是鱼的样子。四鳃鲈在当地最为珍贵，所以流传着"自松江以外，鲈鱼无四鳃"的谚语。食客常拿它与黄雀比美，甚至称它为"假河豚"。据说捕四鳃鲈时不用渔网，也不需要垂钓，只需一根直竹就可以了，在竹竿末端穿一个小孔，小孔上插一根小竹尖，不用鱼饵。捕鱼的时候，只需把竹竿垂下，让小竹尖伸到石头缝里即可。只要石缝里有四鳃鲈，它就会咬住竹子，这时候把竹竿轻轻提起来，鱼就到手了。

现在的人凭借苏轼《赤壁赋》里的"巨口细鳞，状似松江之鲈"一句，就认定松江斑鲈为四鳃鲈，殊不知松江四鳃鲈不仅与天下的鲈鱼不同，也和松江本地的普通鲈鱼不同。《赤壁赋》可能引用了张翰的典故，因为苏轼也没有真正亲眼见过四鳃鲈。张翰是吴地人，因秋风起而想念鲈鱼做的生鱼片，而四鳃鲈正是在九月秋天才会有。如果只是四季都有的普通斑鲈，何必因秋风而想念呢？一般的鱼不露出鱼鳃，只有四鳃鲈才露出鱼鳃。《字汇》收录的"鳃"字，很可能就是为这种鱼造的字。

黄霉鱼

【原文】 海中有一种黄霉鱼，形虽似石首而不大，四季皆有。一二寸长即有子，盖小种也，大约亦石首晚生之鱼所传种类。闽人云，"黄霉[1]不是黄鱼种，带柳[2]不是带鱼儿。"似是而非。不知鱼有晚生之种，自成一家，黄霉、带柳，皆其俦[3]也。

《黄霉鱼赞》：黄霉种类，四季相续。头大身细，二寸即育。

【注释】〔1〕黄霉：梅童鱼。
〔2〕带柳：根据《八闽通志》《福州府志》《闽县乡土志》记载，带柳为小带鱼的俗称。
〔3〕俦（chóu）：同类。

【译文】 海中有一种黄霉鱼，外形很像石首鱼，但个头比石首鱼小得多，四季

□ 黄霉鱼

黄霉鱼，外形和石首鱼非常相像。其个头较小，头很大，所以又叫大头梅童，温州有句歇后语：一篓梅童鱼——都是头。黄霉鱼的肉质非常鲜嫩，"冷水梅童赛黄鱼"。

繁生。这种鱼长到一两寸大就会产鱼子，是一种小型鱼，也可能是晚生石首鱼的后代。福建人说："黄霉鱼不是黄鱼的后代，带柳不是带鱼的幼鱼。"这句话似是而非。殊不知，鱼类有晚生的品种，能自成一家，黄霉、带柳都属于这种类型。

红鱼

【原文】 康熙乙亥[1]，福宁海人有得红鱼者，身全绯而翅尾翠色。其首顶微方，翅上有圈纹深绿，俊丽可爱。此鱼不恒见，土人竞玩，得图以识。考《异物志》[2]云："海上有一种红桃鱼，全赤。称为'绯鱼'，亦称'新妇鱼'。"必此也。

《红鱼（一名新妇鱼）赞》：翠袖红衫，朱颜不丑。龙王之媳[3]，龙子之妇。

【注释】〔1〕康熙乙亥：康熙三十四年，公元1695年。

〔2〕《异物志》：即《南州异物志》，三国时期万震编，其中记载了两广、南海以及外国的风土物产。

〔3〕媳：儿媳妇。

□ **红鱼**

红鱼，产自福建福宁州，因全身除了鱼翅和鱼尾为翠绿色以外全是鲜红色而得名。这种鱼非常漂亮，十分惹人喜爱，又因为它较为罕见，所以备受人们珍视。

【译文】 康熙三十四年，有福宁渔民抓到一条红鱼，通身鲜红色，只有鱼翅、鱼尾为翠绿色。鱼头顶部略方，鱼翅上有一圈深绿色的花纹，俊俏可爱。这种鱼不常见，一旦出现，当地人都竞相观赏，并画图记录。我发现《南州异物志》记载："海中有一种红桃鱼，全身红色，名为'绯鱼'，又名'新妇鱼'。"它一定就是这种鱼。

海鲫鱼

【原文】 海鲫鱼，身阔肉厚而骨硬，土人名为"打铁炉"。腌鲜皆可。

《海鲫鱼赞》：河鲫渺瘦[1]，苦束浅岸。游入大海，心广体胖[2]。

【注释】 〔1〕渺瘦：又小又瘦。

〔2〕心广体胖：双关语，本指心胸开阔、和蔼可亲，这里指"海鲫鱼体态较胖"。出自《礼记·大学》："富润屋，德润身，心广体胖，故君子必诚其意。"

【译文】 海鲫鱼，身形宽大，鱼肉肥厚，但鱼骨很硬，当地人叫它"打铁炉"，将它腌着吃或生着吃都可以。

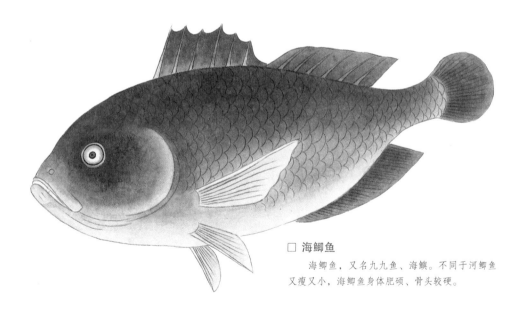

□ 海鲫鱼

　　海鲫鱼，又名九九鱼、海鳊。不同于河鲫鱼又瘦又小，海鲫鱼身体肥硕、骨头较硬。

鲥鱼

【原文】 鲥鱼，《江宁志》[1]中与鲟鱼并载，《杭州志》中与箸鱼并载，广

□ **鲥鱼**

　　鲥鱼，又名迟鱼，被誉为江南水中珍品，古为朝贡之物，与河豚、刀鱼齐名，合称"长江三鲜"。鲥鱼的鳞片亮白如银，且最为娇嫩，捕鱼人一旦触及它的鳞片，它就立即不动了。宋代大文豪苏轼因此而称它为"惜鳞鱼""南国绝色之佳"。

州谓之三鳢[2]之鱼。福、兴[3]、漳、泉亦有鲥鱼，《闽志》亦载。产江浙者，取于江，味美；产闽者，取于海，味差劣，闽中亦不重。鲥者，时也，江东[4]四月有之，而闽海则夏秋冬亦有。《汇苑》云："此鱼鳞白如银，多骨而速腐，是以醉鲥鱼欲久藏，始腌浸时投盐必重。"亦谓之"箭鱼"，以其腹下刺如矢镞[5]。

　　《鲥鱼赞》：弃骨取腴，鱼中罕匹。四月江南，时哉勿失。

【注释】〔1〕《江宁志》：江宁的地方志。江宁，今江苏南京。

〔2〕鳢（lí）：鲥鱼的别称。

〔3〕兴：即兴化，为福建莆田古称。

〔4〕江东：指芜湖至南京长江河段以东地区。

〔5〕矢镞（zú）：箭头。

【译文】鲥鱼在《江宁志》中和鲟鱼记载在一起，在《杭州志》中和箬鱼记载在一起，广州人称它为"三鳢鱼"。福州、兴化、漳州、泉州也出产鲥鱼，《闽志》也有记载。江浙地区的鲥鱼产自长江，味道鲜美；福建的鲥鱼产自大海，味道要差一些，所以福建人并不爱吃。"鲥"，与"时"有关：长江流域东部四月才有这种鱼，福建附近海域则在夏、秋、冬三季都有。据《汇苑》记载，"这种鱼的鳞片亮白如银，鱼刺很多，肉质容易腐烂，所以人们一般将它制成醉鱼来保存，初腌时一定要多放盐"。因为这种鱼腹部下方的尖刺宛如箭头，因此又名"箭鱼"。

比目鱼

【原文】《博物志》云："比目鱼，两鱼并合乃能进。"《汇苑》云："比目不比不行。南越人称为梭鱼。"《字汇·鱼部》曰"鲆"，曰"鲽"，曰"鮙"[1]，并注为"比目鱼"。《尔雅翼》曰："比目形如牛脾，身薄鳞细，紫黑色，半面无鳞，一鱼一目，而无划水。"[2]《江东志》曰："鳒残鱼。"《钱塘志》曰："箬叶鱼。"《南粤志》[3]曰："板鱼。"《福州志》曰："鲽鲛鱼。"名虽异而形则同，而世俗则因《尔雅翼》之说而曰"比目鱼"。

今睹鱼形，与载籍所识不谬，但郭景纯[4]所称"半面无鳞"及"一鱼一目"之说则讹。今此鱼两面皆有鳞，一面皆两目。郭注《尔雅》似未见真鱼而拟议得之。张汉逸曰："此鱼不比不行，必有两身。"然市此者从不见有两鱼并鬻，类皆大小不等，且两目皆一面左生，而无两目右生者。比翼之鸟，虽有其名，罕有见者。比目之鱼，岂寻常可见者？时世俗妄指箬鱼而误认之耳。岂其然哉？

予谓是鱼体薄一片，又似不能独游，而且竖游则目偏，扁游则口偏，苟无相偶，造物者曷如是付畀[5]之不全乎？质之渔人，曰："是无吾闽中官名，原曰'鲽鲨'[6]，土名则又曰'搭沙'。在深水，想非两身不能并游；及入海岸浅处，多系一片贴沙而行，故曰'搭沙'。似乎或分或合，故可一可二。"予谓："此鱼凡网中所得，其目皆系一面左生，何以合游？"渔人曰："目在一面，诚然。其合体而游，或一口向上，一口向下，则鱼目虽在一面，而仍分于两旁，未可知也。"渔人悬拟[7]亦近理，然终无确凭。

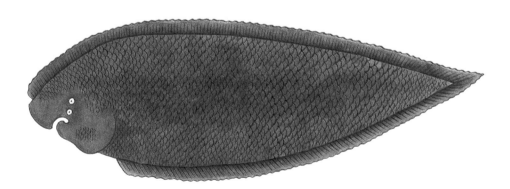

□ 比目鱼

比目鱼，福建人称它为鲽鲨、搭沙。它的身体纤薄，两只眼睛都长在身体左侧。这种鱼在浅滩处贴着沙面前行。

今考《闽志》鳞介条下"鲽鲨"之外，又有"比目"。夫使鲽鲨既即比目矣，又安得更有比目之名？张汉逸曰："然则鲽鲨非比目也明矣。故各省志书虽有异名，亦不曰'比目'。予昔于福州，实见有一种鱼，似鱀鱼^[8]状而甚匾。吾闽中呼此为'比目鱼'，乃真比目也。"但未获图其形。姑存其说，以俟辨者。

《箬叶鱼赞》：鱼状既异，鱼名亦多。俗称比目，谁辨其讹？

【注释】〔1〕鲚（jiè）、鲽、魼（qū）：皆比目鱼的别称，古音相近。另见本册《真比目鱼》。

〔2〕这段引文实际上出自郭璞的《尔雅注》，而非罗愿的《尔雅翼》，作者在书中多次将二者混淆。

〔3〕此处实是指沈怀远所编《南越志》。《南越志》为古代地方志，记载了夏商周至东晋时期岭南地区的风土民俗、建置沿革等内容。

〔4〕郭景纯：即郭璞，见前注。

〔5〕付畀（bì）：给予。

〔6〕鲽鲨：福建本地对比目鱼的称谓。鲽鱼为比目鱼的一种。

〔7〕悬拟：凭空虚构，揣摩想象。

〔8〕鱀（jì）鱼：江豚。

【译文】《博物志》说："比目鱼需要两条鱼合在一起才能前行。"《汇苑》说："比目鱼若非两条合在一起，便不能行动。南越人称其为'梭鱼'。"在《字汇·鱼部》中，"鲚""鲽""魼"的解释均为比目鱼。《尔雅翼》说："比目鱼长得像牛脾，身形单薄，鳞片纤细，呈紫黑色，半面身体没有鳞片，每条鱼只有一只眼睛，没有鳍。"它在《江东志》中为"脍残鱼"，在《钱塘志》中为"箬叶鱼"，在《南越志》中为"板鱼"，在《福州志》中为"鲽鲛鱼"，名字虽然不同，但各自所描述的外形都是一样的，人们一般选用《尔雅翼》中的"比目鱼"一词来称呼它。

今天我们看到的比目鱼，和书中所述并无差别，但是郭璞"半面身体没有鳞片"和"只有一只眼睛"的说法有误。这种鱼全身都有鳞片，而且一面有两只眼睛。郭璞应该是在没有亲眼见过比目鱼的情况下就轻率断言了。张汉逸说："这种鱼如果不是两条相合就无法前行，所以一定是成双成对的。"但是市场上售卖的比目鱼，从没有见过两条一起的，而且个头大小也各不相同，它的两只眼睛都是长在身体左侧，没有长在右侧的。传说中的"比翼鸟"虽然名声在外，却很少被亲眼目睹，与之并称的比目鱼，怎么可能如此轻易就见到呢？人们是把箬鱼错认成了比目鱼。难道真是这样吗？

我看这种鱼的身体只是薄薄一片，不像是能独自游动的样子：若是竖着游动，眼睛只能偏向一边；横着游动，则嘴又得偏向一边。如果不是两鱼合游，而是一条鱼单独游动，造物主难道会给予它这么一副不完全的身体吗？我去问渔民，他们告诉我："在我们福建，这种鱼没有学名，只叫它'鲽鲨'，方言叫'搭沙'。想必是因为它在深水中时，没有两条相合就不能游动；但是到了海岸水浅处，只一条也可以贴着沙面前行，所以称它为'搭沙'。它们好像既可以独立行动，又能成对行动。"我又问："打捞到的鲽鱼，眼睛都长在左侧，怎么能合在一起游动呢？"渔民说："眼睛确实都长在一侧，但它合体的时候，也许是一条嘴向上、一条嘴向下，这样眼睛虽然长在一侧，但仍然可以分布身体两旁。这很难确定。"渔民的揣测虽然合情合理，但没有确凿的证据。

我翻阅《闽志·鳞介》的条目，发现除了"鲽"之外还有"比目鱼"。如果鲽鲨就是比目鱼的话，为什么还会另外记载着"比目鱼"呢？张汉逸说："鲽鲨显然不是比目鱼。各地志书名字各异，却没有一个地方叫它'比目'。我曾在福州看见过一种鱼，外形像江豚，但是鱼身特别扁。我们福建人称它为'比目鱼'，这才是真正的比目鱼。"但我不曾得到这种鱼的绘图，只能姑且把他的说法记录下来，等待后人来辨析。

井鱼

【原文】 井鱼，头上有一穴，贮水冲起，多在大洋，舶人常有见之者。《汇苑》载段成式云："井鱼脑有穴，每嚼水辄于脑穴蹙出，如飞泉散落海中。舟人竞以空器贮之。海水咸苦，经鱼脑穴出，反淡如泉水焉。"又《四译考》[1]载："三佛齐海[2]中有建同鱼，四足，无鳞，鼻如象，能吸水，上喷高五六丈。"又《西方答问》[3]内载："西海内一种大鱼，头有两角而虚其中，喷水入舟，舟几沉。"说者曰："此鱼嗜酒嗜油，或抛酒油数桶，则恋之而舍舟也。"又《博物志》云："鲸鱼鼓浪成雷，喷沫成雨。"《惠州志》亦称："鲸鱼头骨如数百斛[4]，一大孔，大于瓮。"又《本草》称："海狘脑上有孔，喷水直上。"

除海狘已有图外，诸说鱼头容水，予概以井鱼目之，而难于图。今考《西洋怪鱼图》，内有是状，特摹临之，以资辨论。尝读《变化论》[5]，曰："人能变火，龙能变水。"人能变火者，人身三焦五脏之火，无端而生。病皆生于火，故病字从丙[6]。龙能生水者，龙借江湖之水以行雨。其水有限，龙能吞吐变幻而出之，以少为多，以近布远，如星星之火，可以燎原也。

今观建同等鱼，并能生水，可知水族皆能变水，不止于龙也。是以江海泛溢，风起云涌，不崇朝[7]而桑田变成沧海[8]者，宁独龙雨如澍[9]哉？海鱼并乘风潮，从而和之。《说文》云："池鱼满三百六十，则蛟来为长，率之而飞。"海鱼之多，何止亿万？龙之招引而起，以壮风云之气，有断然者。但洪水为灾则天地昏惨，神鬼号呼，民尽为鱼，谁能见之者？既难则论者无据，是以古今载籍多未言及，吾则有以验于安常处顺之日矣。

盖滨海之乡，当夏秋之间，或龙雨未兴，尝有风云疾起，海上诸鳞介皆得逞一技一能以布雨。风起云涌而雨至，风过云散而雨收。一日之间凡数十次，田禾利之。此非龙雨，而海中鱼虫之雨，老农皆能辨之。至于近海之乡，天欲作霖，则雾先起于海而后漫延于山，取《说原》[10]"鼍能吐雾致雨"之语。合之井鱼诸说而证之于图，信乎水族并能变水，世之所论则但称龙云。

《井鱼赞》：鱼头有水，海岛有泉。其味皆淡，妙理难诠。

□ 井鱼

井鱼，头部有孔，能蓄水，吸水后将水从这个孔喷出，咸苦的海水经它喷出就会变得甘甜可口。作者把书籍中凡是头部能蓄水的鱼都称作井鱼，这是不科学的。

【注释】 〔1〕《四译考》：《文献通考·四译考》，主要记载了中国周边各民族的风土民俗。四译，东夷、南蛮、北狄和西戎的合称，泛指外来民族。译通"夷"。"夷"是辱称，所以元清两代改"四夷"为"四译""四彝"或"四裔"。《文献通考》，一部重要的典章文献资料总集，元代马端临著。

〔2〕三佛齐海：今印度尼西亚附近海域。

〔3〕《西方答问》：由意大利传教士艾儒略著，介绍了西方国家的基本风貌。

〔4〕斛：古代容量单位，一斛为五斗，常被用作粮食的重量单位，相当于今天的两百斤左右。

〔5〕《变化论》：即《阴阳自然变化论》，作者不详。这段引文为北宋陆佃《埤雅》所引。

〔6〕病字从丙：作者认为"病"的字义与"丙"有关，丙在天干里对应火，所以病的源头都是火。作者这种说法是错误的，"病"的偏旁"丙"只表音，不表义；真正表义的部分是"疒"，甲骨文形如"病人躺在床上的样子"。

〔7〕不崇朝：不用一个早晨的时间。出自《诗经·河广》："谁谓宋远，曾不崇朝。"其意为：去宋国不算远，只需不到一个早晨的时间。

〔8〕此典为桑田沧海。仙女麻姑曾三次看见大海变为桑田，后多指翻天覆地般的巨大变化。出自东晋葛洪《神仙传》。

〔9〕澍（shù）：及时雨。

〔10〕《说原》：明代穆希文编，记载了许多传说故事、奇异现象。后文"鼍能吐雾致雨"，详见册三《鼍》。

【译文】 井鱼，头上有一个孔，能够将其中蓄水喷出来，一般生活在大洋中，很多水手都见过。《汇苑》引用段成式的记载："井鱼头上有个孔，每每吸水之后，便从这个孔中将水如喷泉一般喷到海中。船上的人拿着空罐争相接水。海水本来咸苦难喝，经井鱼喷出后就变得和山泉一样清甜。"又如《四译考》记载道："三佛齐海中有建同鱼，长着四只脚，没有鳞片，鼻子像象鼻，能够吸水，向上能喷出五六丈高。"《西方答问》也说："西方海洋里有一种大鱼，头上长着两个中空的犄角用来蓄水。如果它喷水到船上，船很可能会被压沉。"有人说："这种鱼嗜酒嗜油，只消扔出几桶酒或油，它就会离开船转向酒和油。"《博物志》记载："鲸鱼翻起的浪声像打雷，喷出的水沫像下雨。"《惠州志》也说："鲸鱼头骨有数百斛的容量，顶上有个比罐口还大的孔。"《本草纲目》说："海狚头上有孔，能向上喷水。"

除了海狚已有绘图，书籍中凡是头部能蓄水的鱼，我都把它们列为井鱼，只是很难具体绘图。如今发现《西洋怪鱼图》有井鱼的画，我特意把它临摹下来，用来辅助说明。我曾读到《变化论》说："人能变出火，龙能变出水。"人能变出火，是因为人的三焦五脏能生火，生病也是因为这个火，所以"病"字里有代表火的"丙"字。

龙能变出水，是因为龙能借助江河湖海的水下雨。龙本身的水还是有限的，但经过吞吐水源，就能增加水的总量，用极少的水变出极多的水，把近处的水送到远处去，就像一点儿小火星就能使整个草原燃烧起来。

我发现建同鱼等鱼类体内都能产生水，由此证明，其实不止神龙能产水，所有水生动物都能产水。正因如此，江海泛滥，风起云涌，使桑田一夕之间变为沧海，这难道仅仅是凭借神龙之力吗？其实普通海鱼也能乘着风浪，配合神龙产水降雨。根据《说文解字》记载，"当池塘里聚集了三百六十条鱼的时候，就会有一条蛟来管理它们，率领它们飞升而去"。更不用说海洋中的鱼，数量又何止亿万呢？毋庸置疑，神龙定会召集它们来壮大风云气势。只不过洪水泛滥的时候，天地无光，神鬼哭号，人们皆葬身鱼腹，谁又能看到神龙率领鱼群的景象呢？既然难以为证，古今典籍也就罕有记载了，而我不过是以自己的想象在脑中绘出了这个画面。

在沿海地区，每逢夏秋之间，有时雷雨未来而狂风大作，这就是海里的水生动物在各尽其能地为海陆产水降雨。风起云涌后大雨倾盆，风过云散后雨停水止，一天之内，这样的降雨会发生几十次，特别益于庄稼生长。这不是神龙降雨，而是海里的鱼虫带来的雨水，有经验的老农就能够分辨出来。在海边地区，将要下雨的时候，会从海边生起云雾，然后蔓延到山中，一如《说原》中"鼍龟吐雾降雨"的传说。现在参照各种井鱼故事，佐以绘图为证，可见水族真的都能变出水来，但是世人都只知道神龙吐雨。

海焰鱼

【原文】　海焰鱼，产宁波海滨，亦名"海沿"。秋日繁生，长仅寸余而细，色黄味美。暮夜渔人架艇，以火照之，则逐队而来，以细网兜之。晒干，味胜银鱼。愈小愈美，稍大则味减矣。

□ 海焰鱼

海焰鱼，又名"海沿"，产自浙江宁波等地。它个头很小，一寸多长，通身黄色，形体纤细。

【译文】 海焰鱼出产于宁波沿海地区，所以也叫"海沿"。这种鱼为黄色，在秋天大量繁殖，只有一寸多长，身体纤细，味道鲜美。渔民在深夜里驾着小船，用火光引诱，海焰鱼便成群结队地赶来，渔民趁机用细网将其一网打尽。把它晒成鱼干来吃，味道比银鱼还要好。这种鱼越小越好吃，长大一点味道就变差了。

马鲛鱼

【原文】 《汇苑》云："马鲛形似鳙，其肤似鲳而黑斑，最腥，鱼品之下。一曰'社交鱼'，以其交社[1]而生。"按，此鱼尾如燕翅，身后小翅，上八下六，尾末肉上又起三翅。闽中谓先时产者曰马鲛；后时产者曰白腹，腹下多白也。琉球国[2]善制此鱼，先长剖而破其脊骨，稍加盐，而晒干以炙之，其味至佳。番舶每贩至省城，以售台湾。有泥托鱼[3]，形如马鲛，节骨三十六节，圆正可为象棋。

蔡日华[4]曰："海中之鱼种类既多，而一种之中又分数种，即土著于海浪，亦不能尽辨。即如马鲛，其名有四五种，而味亦优劣焉。马鲛，头水、身青而有斑。其后有一种曰'油筒'，身带青蓝而无斑，煮之皆油味，逊马鲛一等，即白腹也。又有一种，斑点颇大，色与马鲛同，味又次于油筒焉。又一种曰'青鲯'[5]，与鳔[6]略同，但身长而瘦，味淡不美；马鲛之末又有一种曰'马鲛梭鱼'，身小，状如梭而头尖，味尤薄焉；然则马鲛初生者佳，其后则愈趋而愈下矣。"

《马鲛赞》：鱼交社生，夏入网罟[7]。鲜食未佳，差可为脯[8]。

【注释】 〔1〕交社：即社日节前后，一般在农历二月初，民间多会祭祀土地神。

〔2〕琉球国：曾存在于今琉球群岛的封建政权名，位于我国东海外。明清时期，琉球国为中国的藩属国，甲午战争后被日本强行吞并。

〔3〕泥托鱼：康氏马鲛。

〔4〕蔡日华：作者好友，生平不详。

〔5〕青鲯（zhì）：一种大鱼，不详。

〔6〕鳔（biāo）：鱼名，不详。

〔7〕网罟（gǔ）：渔网。

〔8〕脯（fǔ）：肉干。

【译文】 《汇苑》说："马鲛鱼外形像鳙鱼，表皮像鲳鱼，上面长着黑斑，味

□ **马鲛鱼**

马鲛鱼，又名社交鱼，生活在深海之中。它的表皮像鲲鱼，上面有黑斑，尾巴像燕翅，鳍后有很多小刺，腹部为白色，以海中的小鱼小虾为食，性情凶悍。

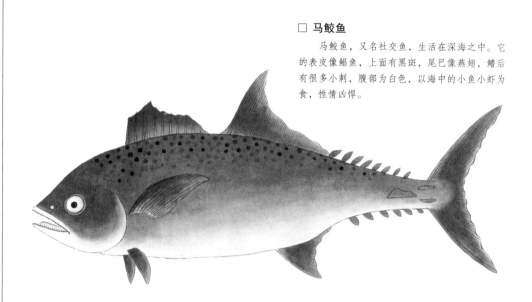

道很腥，是最下等的鱼。由于它在社日节前后大量出现，所以又名'社交鱼'。"这种鱼的尾巴如同燕翅，身后有小翅，上面八只，下面六只，尾巴末端还有三只。福建人把社日节之前出现的这种鱼叫作马鲛，把社日节之后出现的叫作白腹——因为其下腹多为白色。琉球国的百姓擅长烹制这种鱼，他们的做法是先竖着剖开鱼腹，然后剔除脊骨，加少量盐，晒干后烤着吃，味道极好。外国商船把马鲛鱼卖到省城，再销往台湾。还有一种泥托鱼，长得像马鲛，其三十六块节骨十分圆润平整，可以做象棋。

蔡日华说："海鱼种类极多，一种鱼又能细分出若干种类，即便是经常出海的当地人，也不能完全认识。比如，马鲛鱼就有四五种名类，每种味道也不一样。马鲛头部为水蓝色，身体为青色带有斑点；另一种叫'油筒'，身体是青蓝色的，没有斑点，煮熟之后全是油味，比马鲛味道稍差一些，这就是白腹；另有一种，斑点较大，颜色与马鲛相近，但是味道比油筒更差；又有一种叫'青鲅'，外形与鲹相像，但是身体更加狭长纤细，味道非常寡淡，不怎么好吃。马鲛中最末等的叫作'马鲛梭鱼'，身体短小，长得像梭子，头部尖锐，味道最差。马鲛是越早出产的味道越好，越晚产出的味道越差。"

麻鱼

【原文】 闽海有一种麻鱼，其状口如鲇，腹白，背有斑如虎纹，尾拖如魟而有四刺。网中偶得，人以手拿之，即麻木难受，亦名痹鱼。人不敢食，多弃之，盖

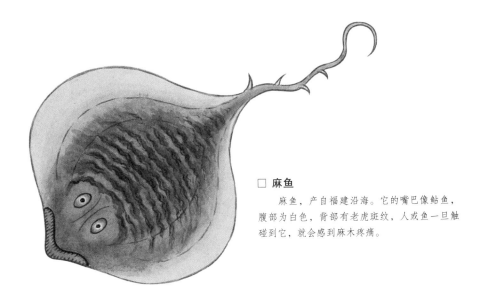

□ **麻鱼**

　　麻鱼，产自福建沿海。它的嘴巴像鲇鱼，腹部为白色，背部有老虎斑纹，人或鱼一旦触碰到它，就会感到麻木疼痛。

毒鱼也。其鱼体亦不大，仅如图状。

　　按，麻鱼，《博物》等书不载，即海人亦罕知其名，鲜识其状。闽人吴日知[1]居三沙[2]，日与渔人处，见而异之，特为予图述之。因询予曰："以予所见如此，先生亦有所闻乎？"曰："有。尝阅《西洋怪鱼图》，亦有麻鱼。云其状丑笨，饥则潜于鱼之聚处，凡鱼近其身，则麻木不动，因而唊之。今汝所述，与彼吻合。"日知曰："得所闻，以实吾之所见不为虚诞矣。"

　　《麻鱼赞》：河豚虽毒，尚可摸索。麻鱼难近，见者咤愕。

【注释】〔1〕吴日知：作者好友，生平不详。
〔2〕三沙：即今福建霞浦县三沙镇。

【译文】　福建有一种麻鱼，嘴巴像鲇鱼，腹部为白色，背上长有"虎纹"，鱼尾与魟鱼尾相仿，不过比魟鱼多了四根刺。人们偶然捞到一条麻鱼，手一碰到它，就会立刻麻木难忍，所以又叫它"痹鱼"。人们因此不敢吃它，怕它有毒，一般都会将它扔掉。正如图中所画，这种鱼的个头不大。

　　作者注：在《博物志》等书中都没有麻鱼的记载，就连渔民也很少有人听说过它的名字，看到过它的样子。福建人吴日知常年住在三沙，与渔民朝夕相处，见到这种鱼后觉得十分惊奇，特意为我画了下来，并问我："我见到的麻鱼就是这个样子，你听说过这种鱼吗？"我回答说："听说过。我曾在《西洋怪鱼图》里面看到过麻鱼的记载，说它样貌丑陋，饿了就会潜藏在鱼类群聚的地方，一旦有其他鱼靠近，就会被它麻痹后吃掉。这和你的描述正好吻合。"吴日知感叹道："听你这么说，看来我的所见不假。"

真比目鱼

【原文】 比目鱼而必曰真，所以为假者辨也。世多指箬鱼为比目，皆缘《尔雅翼》所误。且箬鱼多而比目少，人益罕见，即渔人亦昧之。予图已告竣，正苦欲得一真比目而不可得。及还钱塘，留宿江上青梵庵，董吉甫[1]以箬鱼啖予，因即以比目询，董曰："箬鱼与比目，两种也。箬鱼长扁而二目，网中所得不成双。比目两鱼各一目，身阔尾圆，色味鳞翅并与箬同。"因为予图述。

嗟乎，比目既为世所希见，真假之不辨也久矣。今存其图与说。世有张华、杜预[2]其人，定当为之击节[3]而起。

《真比目鱼赞》：鲽鲽两身，真成比目。取证箬鱼，毋庸再惑。

【注释】〔1〕董吉甫：作者友人，生平不详。
〔2〕杜预：西晋军事家、经学家，博学之士，著有《春秋左氏经传集解》，与张华同朝为臣。
〔3〕击节：打拍子，形容对别人的诗文表示欣赏的激动心情。

【译文】 这里讲的是真比目鱼，所以要和假比目鱼区别开来。世人大多把箬鱼当作比目鱼，这都是受到了《尔雅翼》的误导。况且箬鱼多，比目鱼少，人们很少能看见"真鱼"，即便是渔民也都不太清楚。我将箬鱼图画好了，却愁找不到真比目鱼

□ **真比目鱼**

真比目鱼，长相奇特，只有一只眼睛，总是两条鱼一起出现，相伴而游。其身体扁平，一条背鳍从头部几乎延伸到尾鳍，尾巴圆润，外形与箬叶鱼十分相似。它们栖息在浅海的海床，以小鱼虾为食。

一睹真容。有次回到钱塘，在江上青梵庵留宿，董吉甫请我吃箬鱼，我便趁机向他请教比目鱼的事情，他告诉我："箬鱼和比目鱼是两种鱼。箬鱼身形又长又扁，长着两只眼睛，捕捉到的都没有成对。比目鱼则成对出现，两条鱼各有一只眼睛，身形宽阔，尾巴圆润，颜色、气味、鳞片、鱼鳍等都和箬鱼一样。"然后他随手为我画了一张比目鱼的图来加以说明。

哎呀！世上很难看到比目鱼，所以长久以来很难分辩真假。现在我留下这张绘图和文字，倘若世上还有张华、杜预那样见多识广的学者，一定会大加赞同的。

鳓鱼

【原文】 鳓鱼，考《汇苑》云："腹下之骨如锯可勒，故名。出与石首[1]同时，海人以冰鲞之，谓之冰鲜。"《字汇》不解，但曰"鳓鲞"。闽、粤《志》俱载。

按，此鱼腹下有利骨如刃，头上有骨为鹤身，若翅、若颈、若足，并有杂骨凑之，俨然[2]一鹤，儿童多取此为戏。其嘴昂，其领厚，白甲如银，而背微青，肉内多细骨。凡咸鱼糜烂[3]则难食，独鳓鲞糟醉，以糜烂为妙。然闽地暖甚，腥不耐久藏，温、台次之，杭、绍又次之。姑苏有虾子鳓鲞，更美。至江北则香而不腥，味尤胜。越历南北而食此，定能辨之。

《鳓鱼赞》：腹下有刀，头顶有鹤。有鹤难夸，有刀难割。

【注释】 〔1〕石首：即石首鱼，详见本册《石首鱼》。

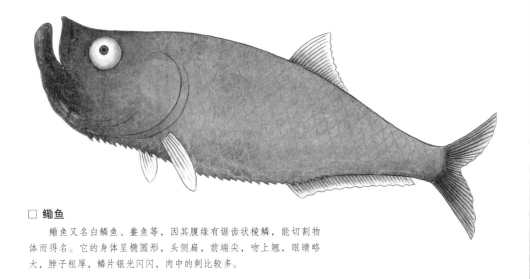

□ **鳓鱼**

　　鳓鱼又名白鳞鱼、鲞鱼等，因其腹缘有锯齿状棱鳞，能切割物体而得名。它的身体呈椭圆形，头侧扁，前端尖，吻上翘，眼睛略大，脖子粗厚，鳞片银光闪闪，肉中的刺比较多。

〔2〕俨然：形容非常相像的样子。

〔3〕糜烂：古代一种烹饪方法，将肉类食材捣碎后蒸煮。

【译文】 鲚鱼。据《汇苑》记载，"鲚鱼下腹部的骨头如锯子般锋利，能够切割物体，所以叫作'鲚鱼'。它与石首鱼一样，都在社日节前后出现，渔民用冰块将晾干的鱼保存起来，称为'冰鲜'"。《字汇》没有解释该字，只收录了"鲚鲞"一词，福建、广东的地方志都有所记载。

作者注：鲚鱼的下腹部骨头锋利如刀，头骨像鹤，如同有鹤翅、鹤颈、鹤足，再和其他杂骨合起来看，完全就像是一只仙鹤，孩子们都爱拿这种鱼骨玩。鲚鱼的嘴巴昂起，脖子粗厚，鳞片亮如白银，背部淡青色，肉里有很多小的骨头。但凡咸鱼，捣碎后都不好吃，唯有酒制的鲚鲞，捣碎后反而更加美味。然而福建气候暖和，腥物不耐久藏，温州、台州的气候较之寒冷，杭州、绍兴则更加寒冷。苏州有虾子鲚鲞，更是美味。江北地区的鲚鲞香气扑鼻，毫无腥味，味道最好。如果尝遍大江南北的鲚鲞，一定能够分辨出其中差别。

鳗腮鱼

【原文】 鳗腮鱼，软滑涎粘，手中难握。划水之中，复有一鳞在其腹下。尾圆而大，背腹之翅皆阔，或海鳗之种类也。《福州志》有"状鳗"，疑即此。

《鳗腮鱼赞》：罢而且软[1]，柔而更弱。本不刚强，却又狡猾。

【注释】 〔1〕罢（pí）而且软：疲软。罢，通"疲"，古音接近。

【译文】 鳗腮鱼，身体又软又滑又有粘液，很难抓到。在它的鱼鳍中，还有一

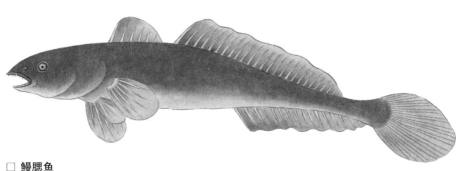

□ **鳗腮鱼**

鳗腮鱼，身体软滑黏粘，背腹的鳍翅宽阔，尾巴圆大。作者认为鳗腮鱼是海鳗的一种，但它与海鳗无鳞片、尾部侧扁的特征并不相符。

层鳞片覆盖着它的下腹部。它的鱼尾又圆又大，背上和腹上的鱼翅都很宽阔，也许它是海鳗的一种。《福州志》所记载的"状鳗"，有可能就是它。

鲈鳗

【原文】 鲈鳗，状如海鳗而白，有鲈斑，皮上隐隐有鱼鳞纹，启之则无。其味甚美，海人宴客以为佳品。

按，鳗无子，大约影漫[1]诸鱼，即肖诸鱼之象。鲈鳗[2]确是鲈种，其肉甚细，食者比之为河豚云。

《鲈鳗赞》：鳗影漫鲈，种传鲈象。其味何如？河豚一样。

【注释】 〔1〕影漫：投射影印成形。作者认为鳗鱼无法自行繁衍，只能模仿其他鱼影印成形，因此得名"鳗"。实际上，"鳗""漫""蔓"等字为同源关系，皆是形容鳗鱼身体修长的样子。
〔2〕鲈鳗：即花鳗鲡，属于鳗鲡科，并非鲈鱼。

【译文】 鲈鳗，外形像海鳗，通身白色，有着鲈鱼一样的斑点，皮上隐约有鱼鳞状的纹路，剖开后纹路消退。这种鱼的味道非常鲜美，渔民将它作为待客佳品。

作者注：鳗鱼没有后代，也许是靠投射影印成形，即复制其他鱼的样子而生。鲈鳗就是一种鲈鱼，肉质细嫩，尝过的人都把它比作河豚。

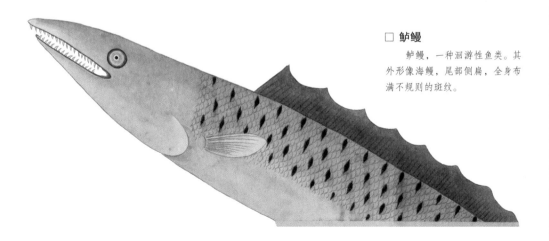

□ 鲈鳗

　　鲈鳗，一种洄游性鱼类。其外形像海鳗，尾部侧扁，全身布满不规则的斑纹。

龙头鱼

【原文】 龙头鱼，产闽海。巨口无鳞而白色，止一脊骨。肉柔嫩多水，亦名

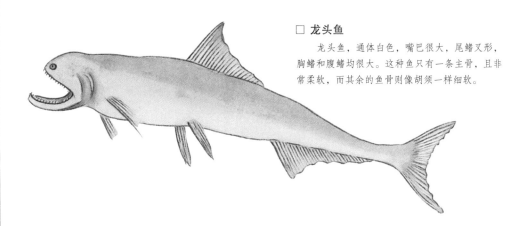

□ 龙头鱼

龙头鱼，通体白色，嘴巴很大，尾鳍叉形，胸鳍和腹鳍均很大。这种鱼只有一条主骨，且非常柔软，而其余的鱼骨则像胡须一样细软。

水淀[1]，盖水沫所结而成形者也。虽略似鲨状，然鲨鱼有子，此鱼无子。食此者，投以沸汤即熟，可啖。

《龙头鱼赞》：尔本鱼形，曷[2]以龙称？只因口大，遂得虚名。

【注释】 〔1〕水淀：意为由水凝结而成的。
〔2〕曷（hé）：何。

【译文】 龙头鱼，产自福建海域。嘴大，没有鳞片，通身白色，只有一根脊骨。其肉质柔嫩，富含水分，所以也叫作"水淀"，大概是因为人们觉得它是水沫凝固而成的吧。龙头鱼虽然长得像刀鱼，但是刀鱼有鱼子，而龙头鱼没有。吃的时候，只需把它放到沸水里烫一下就熟了。

竹鱼

【原文】 竹鱼，细长而绿色，嘴长，尾岐，种小不大，可食。产连江海中。

□ 竹鱼

竹鱼，身体细长，嘴巴扁长，体形很小。但据《岭表录异》和《本草纲目》记载，竹鱼长得像黑鱼（鳢鱼），通体青黑色，鳞下夹杂着红色斑点。

《福州志》载有竹鱼。

《竹鱼赞》：灵山紫竹，浮出海角。年久生苔，变鱼成绿。

【译文】 竹鱼，通身绿色，身体细长，嘴巴修长，鱼尾分叉，个头很小，永远也长不大，可以吃。它产自连江附近海域。《福州志》有竹鱼的记载。

海鳗

【原文】 海鳗，浙、闽、广海中俱有。口内之牙中央又起一道。身无鳞而上下有翅。人畜死于海者，多穴于其腹。海中有巨鳅[1]，无巨鳗。鳗多在海岸，故渔人每得之；海鳅多穴大洋海底，日本外国善取，亦至大边海，渔人从无捕得者。《字汇》云："鳗无鳞甲，腹白而大，背青色。有雄无雌，以影漫鳢而生子，故谓之鳗。"海鳗亦然。然海中杂鱼，似鳗非鳗者甚多，如鳗腮、红鳗[2]、蟳虎等鱼，大约皆因鳗涎而生者也。《本草》："鳗鱼去风。"《日华子》[3]曰："海鳗，平，有毒，治皮肤恶疮、疳、痔等。又名'慈鳗鲡''狗鱼'。"

《海鳗赞》：似鳅嘴长，比鳝多翅。食者疗风，《本草》所识。

【注释】 〔1〕鳅：海鳍，即露脊鲸。详见本册《海鳍》。
〔2〕鳗腮、红鳗：分别见本册《鳗腮鱼》《血鳗》。
〔3〕《日华子》：即《日华子诸家本草》，唐代医药学家日华子所著本草书。书中归纳诸家本草

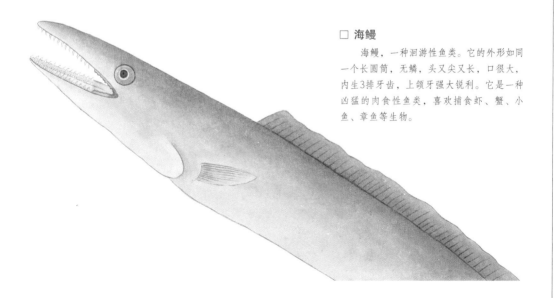

□ 海鳗

海鳗，一种洄游性鱼类。它的外形如同一个长圆筒，无鳞，头又尖又长，口很大，内生3排牙齿，上颌牙强大锐利。它是一种凶猛的肉食性鱼类，喜欢捕食虾、蟹、小鱼、章鱼等生物。

的学术成果，并结合当时的常用药物，全面描述了多种草药的性状和功用。

【译文】 海鳗，在浙江、福建、广东附近海域都有分布。它的嘴里长有一副牙齿，咽喉内隐藏着第二副牙齿，身上没有鳞片，身体上下都长着鱼翅。它经常把海中人畜尸体的腹部作为巢穴。海里有巨型海鳝，却没有巨型海鳗，海鳗多生活在靠岸的地方，所以渔民经常能够捕捞到它；而海鳝大多在海底筑穴，只有日本人善于捕捉它们，但也需要他们前往人迹罕至的深海，寻常渔民根本没有机会可以捕到。《字汇》说："鳗鱼没有鳞片，肚子又大又白，背部青色。只有雄鱼没有雌鱼，因此只能影射复制鳢鱼的样子来繁衍后代，并因此叫作'鳗'。"海鳗也应该如此，但是海里很多其他鱼类长得像海鳗而不是海鳗，如鳗腮、红鳗、蝟虎鱼等，大概都是由鳗鱼衍生而成的。《本草纲目》记载："鳗鱼能治疗风疾。"《日华子》记载："海鳗，药性为中性，有毒，但能治疗皮肤上的恶疮、疳肿、痔瘘等疾病。又叫作'慈鳗鲡''狗鱼'。"

黄鯥

【原文】 黄鯥，似鲨鱼而阔，多刺。与石首同时发，然不甚大。《字汇》"鯥"音"获"，闽人呼此鱼为"黄隻"。

《黄鯥赞》：海鱼如鲨，金翅银鳞。土名黄鯥，方音未真[1]。

【注释】 〔1〕方音未真：方言的字音没有读对。作者认为"鯥（hù）"的字音为"获"〔但《字汇》一书并无"鯥"字，"鯥"应为"鯥（huà）"字〕，因"鯥"在福建方言中读音为"隻（zhī）"，所以作者认为方言不可信。

□ 黄鯥

　黄鯥，外形像鲨鱼，长着银色的鳞片和金色的翅膀。

【译文】 黄鲣鱼，外形像鲨鱼，但身形更宽，刺也更多。它的汛期和石首鱼相同，但数量不是很多。在《字汇》中"鲣"的字音与"獲"相同，福建人把这种鱼叫作"黄隻"。

崔鱼

【原文】 康熙丙子夏月，福宁州鱼市有崔[1]鱼。张汉逸勒予往观而图存之。考之州志，海物中有崔鱼，而诸类书无闻焉。是鱼啄[2]长，确肖崔形，而尾端绿岐。按"鷣"[3]同"鹤"，今《字汇·鱼部》有"鱋"字，不止作大虾解也，亦当同"鹤"，则不让鳐鱼独专美矣。

《崔鱼赞》：白崔入海，追踪鱼乐[4]。误入禹门，脱白挂绿。

【注释】 〔1〕崔鱼：即鹤鱼，颌针鱼。崔为"鹤"的异体字。
〔2〕啄：嘴部。
〔3〕鷣（hè）："鹤"的异体字。
〔4〕鱼乐：鱼类的快乐，出自《庄子·秋水》："子非鱼，安知鱼之乐？"作者认为白鹤为了找寻鱼类的快乐，飞入海中化成了崔鱼。

【译文】 康熙三十五年夏天，福宁鱼市上有人售卖崔鱼。张汉逸极力邀请我一起去看它，于是我顺便就画了下来。我查阅州志，发现其记录的海物中有崔鱼，但是各种类书里却没有一点记载。这种鱼的嘴巴很长，像鹤嘴，绿色的鱼尾分叉。据我考察，"鷣"就是"鹤"，那么《字汇·鱼部》收录的"鱋"字，不只有"大虾"一个义项，还应该有"鹤鱼"的意思。这样的话，像鹤的鱼类就不只锯鳐一种了。

水沫鱼

【原文】 闽海有一种水沫鱼，系水沫结成，柔软而明彻[1]，照见其中若有骨节状，其寔无骨也。不但无骨，而且无肉。就阳曦[2]一照，则竟干如薄纸而无矣。《字汇·鱼部》有"鮢"[3]字，注云："海中鱼，似鲍。"予谓即此鱼可当之。

《水沫鱼赞》：柔如败絮[4]，透若水晶，就日[5]则枯，在水无痕。

【注释】〔1〕彻：通"澈"。
〔2〕阳曦：阳光。
〔3〕鮢（mò）：鱼名，常见于海中，形似鲍鱼。

□ 崔鱼

崔鱼，产自福建福宁州。它的嘴巴像鹤嘴，长达三寸，坚硬而锐利；身体呈圆筒形，较为纤细，头背部至尾柄平直；尾端分叉。

□ **水沫鱼**

　　水沫鱼，轻薄透明，没有骨节，也没有肉，干薄如纸。其体内可见的丝丝缕缕，由水沫凝结而成。

〔4〕败絮：破棉花。

〔5〕就日：放在阳光下。就，靠近。

【译文】　福建有一种水沫凝结成的水沫鱼，身体柔软而透明，透过表皮可以看见里面似乎有骨节，但其实根本没有。这种鱼不仅没有骨头，也没有肉，在阳光下一晒，干透后薄得像纸一样。《字汇·鱼部》收录了"鮄"字，解释是："一种海鱼，像鲍鱼。"但我认为它说的正是这种鱼。

党甲鱼

【原文】　党甲鱼，闽之土名也。活时黄背白腹，毙则色紫。俗名海猪蹄，又

□ **党甲鱼**

　　党甲鱼，又名海猪蹄、厘戬盒，常见于福建沿海。其身体短小，肚子很大，愣头愣脑，身上有明丽的色彩。它们以比自己体形小的鱼、虾、虫及其他鱼类的卵为食。

名厘戥盒[1]，象形也。《闽志》无其名。考《汇苑》，海中一种鱼，类土附而腮红，若虎，善食虾，谓之"虾虎鱼"。疑必此也。土人云："三月多，味亦美。"

《党甲鱼赞》：党甲名土，殊难入谱。腹大口侈，定为虾虎。

【注释】〔1〕厘戥（děng）盒：厘戥，古代专门用来称量金银等贵重物的精密微型秤，以厘为计重单位。为了方便商贾外出携带，每把厘戥配有坚固的木盒加以保护。这种盒子的形状较扁，一端粗，一端较细，呈椭圆形。

【译文】党甲鱼，是福建对它的俗称，活时背部为黄色，腹部为白色，死后则全身变成紫色。它俗称"海猪蹄"，又叫"厘戥盒"，皆是因为它的外形。《闽志》没有关于它的记载。我查阅《汇苑》，里面记载着一种海鱼，外形像土附，两鳃为红色，像老虎一样，喜欢捕食海虾，叫作"虾虎鱼"，很有可能就是党甲鱼。当地人介绍："党甲鱼在三月时数量最多，味道最鲜美。"

麦鱼

【原文】麦鱼，产宁波海涂。色青，长及寸许。四月麦熟即发，故名。潜身海涂泥穴中。最善跃难捕。孩童用足踏于两穴中处，以两手兜于左右乃得，然亦逃去者。其味甚美，鲜干并佳。捕者竭终日之力得千头，不过一斤，故贵重也。宁波黄卜先叔侄啧啧称味不置。

【译文】麦鱼，产自宁波的海边滩涂中。其通身青色，只有一寸多长，常在四月麦熟时现身，并因此得名。麦鱼潜伏在海边淤泥的巢穴中，特别擅长跳跃，所以很难抓到。孩童用脚踩在它的两个巢穴中间，左右手同时捧捉，偶尔能抓到一两只，但它仍有可能逃走。麦鱼的味道特别鲜美，鲜鱼和鱼干都很好吃。捉鱼的人花一天的工

□ 麦鱼

麦鱼，因其个头极小如麦粒，又盛产于麦收季节而得名。这种鱼喜欢生活在以砾石、沙土为底质的河流、湖泊中，擅长跳跃，以小鱼、小虫和水中藻类为食。由于其体形小且难以捕捉，故而十分名贵。

夫，也只能抓到一千头左右，而重量还不到一斤，所以特别贵重。宁波的黄卜先叔侄尝过之后，对它的美味称道不已。

钱串鱼

【原文】 闽中有钱串鱼，身淡青，脊上作深青色。圈纹金黄，内一点黑色。以其圈纹如钱，而且黄，故曰"钱串"，亦名"钱掤[1]"。考诸类书鱼部，无此鱼，独《福州志》载及。

《钱串鱼赞》：摆摆摇摇，游出宝藏。掤一张皮，卖弄钱样。

【注释】 〔1〕掤（bīng）：箭筒盖子。

【译文】 福建有一种钱串鱼，身体为淡青色，脊背颜色较深。它的身上有着金黄色的圆形斑纹，圆心有一点，一个个圈纹就像无数的铜钱，且为黄色，所以得名"钱串鱼"，又名"钱掤"。我翻阅各种类书的鱼类条目，都没有找到这种鱼的记载，唯有《福州志》有所提及。

□ **钱串鱼**

钱串鱼今不可考。这种鱼全身为淡青色，只有脊背为深青色，因身上布满像铜钱一样的圆斑而得名。这些圆斑为金黄色，中间有一个黑点。

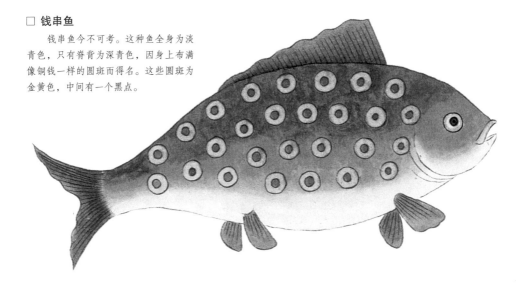

带鱼

【原文】 带鱼，略似海鳗而薄扁，全体烂然如银。鱼市悬烈日下，望之如入武库，刀剑森严，精光闪烁。产闽海大洋。凡海鱼多以春发，独带鱼以冬发，至十二月初仍散矣。渔人借钓得之。钓用长绳，约数十丈，各缀以钓，约四五百，植一竹于崖石间，拽而张之。俟鱼吞饵，验其绳动，则棹舡[1]随手举起。每一钓或两三头不止。

予昔闻带鱼游行，百十为群，皆衔其尾。询之渔人，曰："不然也。凡一带鱼吞饵，则钩入腮，不能脱，水中跌荡不止。乃有不饵者衔其尾，若救之，终不能脱。衔者亦随前鱼之势动摇，后鱼又有欲救而衔之者。然亦不过二三尾而止，无数十尾结贯之事。"浪传[2]之言，不足信也。

台湾带鱼，亦发于冬，大者阔尺许，重三十余斤。康熙十九年[3]，王师平台湾，刘国显馈福宁王总镇[4]大带鱼二，共六十余斤。考诸类书，无带鱼。《闽志》福兴、漳、泉、福宁州，并载是鱼。盖闽中之海产也，故浙、粤皆罕有焉。然闽之内海亦无有也，捕此多系漳、泉渔户之善水而不畏风涛者，架船出数百里外大洋深水处捕之。是以禁海之候，偷界采捕者无带鱼，不能远出也。带鱼闽中腌浸，其味薄，其气腥。至江浙，则干燥而香美矣。《字书·鱼部》有"鯈鱼"[5]，即指带鱼也。

《带鱼赞》：银带千围[6]，满载而归。渔翁暴富，蓬壁生辉[7]。

【注释】〔1〕棹（zhào）舡（chuán）：这里指用桨撑船。

〔2〕浪传：没有根据的传言。

〔3〕康熙十九年：公元1680年，庚申年。

〔4〕刘国显，生平不详。福宁王总镇，福宁州镇王姓总镇。镇，清代军事编制。

〔5〕鯈（yóu）鱼：作者认为"鯈"与"旒（liú）"有关，"旒"是古代冠冕垂下的珠串，因此"鯈"是指长带鱼。

〔6〕千围：带鱼头尾相衔形成的环，足有千人合抱那么宽，指捕获的带鱼数量非常多。

〔7〕蓬壁生辉：双关语，正确写法为"蓬荜生辉"，这里指"被带鱼映亮的船舱内壁"。

【译文】带鱼略似海鳗，但是更加扁平，全身泛着灿烂的银光。市场里的人们把带鱼悬挂在烈日下，使其远远望去如同兵器库一样，两边整整齐齐挂满了刀剑，精光闪烁，熠熠生辉。带鱼产自福建海域，大多数海鱼都是春天萌发，而带鱼在十二月初仍分散在海洋各处，到了隆冬则缓缓聚集，形成渔汛。渔民通过垂钓可以捕获带鱼，不过要用数十丈的长绳才行，绳上得悬挂四五百个鱼钩，在山崖石头缝隙间插一根竹竿，把绳子系在竹竿上甩入水中，等到带鱼吞下鱼饵，绳子就会抖动，这时钓者划动小船回收绳子，每次至少能钓到两三条。

□ **带鱼**

　　带鱼，又名裙带鱼，是一种洄游性鱼类。其身体侧扁如带，体表光滑，为银灰色，背鳍和胸鳍为浅灰色，没有鳞片（鳞片已退化为银膜），至尾部越来越细。这是一种生性凶猛的鱼类，主要以毛虾、乌贼为食。

我以前听说带鱼百十条为一群，聚在一起游动时，会用嘴咬住同类的尾巴，便向渔民求证，得到回答："不对。一条带鱼吞下鱼饵，鱼钩嵌入鳃部使其不得逃脱，它就会在水中不停扭动。于是，没有上钩的带鱼就会咬住它的尾巴，似乎是在搭救同伴，但是怎么也救不下来，自己也随之摇动起来，又吸引其他带鱼前来搭救。但这样最多也不过两三条鱼连在一起罢了，没有数十条那么多。"毫无根据的传言，是不可信的。

台湾带鱼也是冬天现身，大带鱼有一尺多宽，足有三十多斤重。康熙十九年，官兵收复台湾，刘国显送给福宁的王总镇两条大带鱼，共计六十斤。我查阅各种类书，都没有找到带鱼的记载。而《闽志》涉及福兴、漳州、泉州、福宁的部分都有提及带鱼，可见带鱼是福建专有的特产，浙江、广东则很少见。但是福建近海也没有这种鱼，捕捞带鱼的都是漳州、泉州熟识水性、不怕风浪的渔民，他们驾船前往数百里外的海洋深处，才能捕捞到带鱼。所以在禁海时节，越界打捞的渔民不能捕到带鱼，就是因为无法前往远海。福建人都是将带鱼腌制后食用，味道很淡，腥味很重。江浙人则是把带鱼晒干了吃，味道更好。字典里的"鱽"字，就是指带鱼。

血鳗

【原文】 血鳗，通体皆赤，亦名"红鳗"。产闽海大洋中。其状似鳗而细，背翅至尾末，大而有彩色。口上长啄，盘曲为奇，或云在水能直能钩，所以牵物入口也。其肉皆油，不可食，然漳、泉人亦竟有食之者。此物典籍虽缺载，但《字汇·鱼部》有"鰑"[1]字，训赤鲤，明指血鳗也。

《血鳗赞》：龙战于野，其血玄黄。[2]海鲤吞之，遍体红光。

【注释】〔1〕鰑（yì）：即鰑鲤，古书上记载的一种鱼。
〔2〕此句为双关语，出自《周易·坤》，这里指"血鳗像是血红的龙"。玄黄，本指奄奄一息的样子，后引申为颜色。

【译文】 血鳗，通身赤红，又名"红鳗"，产自福建附近海洋中。它外形像海鳗，但是比海鳗细小，背上的鳍翅延续到鱼尾末端，还带有五彩颜色。它的嘴巴非常奇特，修长又弯曲，有人说它的嘴在水中伸缩自如，能把食物卷进嘴里。它的身体全是油脂，不堪食用，但是在漳州、泉州竟然也有人爱吃它。这种鱼在典籍中没有记载，但《字汇·鱼部》有"鰑"字，解释为"赤鲤"，这显然说的是血鳗。

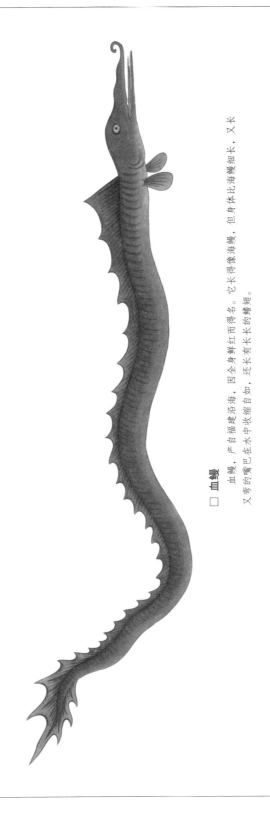

□ **血鳗**

血鳗，产自福建沿海，因全身鲜红而得名。它长得像海鳗，但身体比海鳗细长，又长又弯的嘴巴在水中收缩自如，还长有长长的鳍翅。

针鱼

【原文】 闽海有针鱼，嘴尖而口藏于其下。与竹鱼不同，其色类银鱼。福郡及《福州志》皆有鱵[1]鱼，即此也。而《字汇》"鱵"字，但注曰鱼名。《汇苑》载"针口鱼"，云："首戴针芒，身五六寸，土人多取以为绣针。同'鍼'[2]。"《字汇·鱼部》有"鱵"字。

《针鱼赞》：既有刀鲎，更有尺蛏。龙宫补衮[3]，尤赖鱼针。

【注释】 〔1〕鱵（jiān）：一种古书上记载的鱼，形状像银鱼，嘴像针。
〔2〕鍼同"针"。
〔3〕衮：金文，古代君王的龙袍。

【译文】 福建附近海域有一种针鱼，其上吻部十分尖锐，而真正的嘴藏在吻部下面。和竹鱼不同，它的颜色更接近银鱼。福郡和福州的地方志记载着"鱵鱼"，就是指这种鱼。《字汇》收录了"鱵"字，但只说是鱼名。《汇苑》在"针口鱼"条目中说："这种鱼头上有一根针，身长有五六寸，当地人都把它头上的针取下来当绣针。'针''鍼'意思相同。"《字汇·鱼部》也收录了"鱵"字。

□ **针鱼**

针鱼，又名鱵鱼，常见于福建海域。其个头很小，外形像竹鱼，但通身银白色，因嘴巴细长如针头而得名。这种鱼以浮游生物为食。

跳鱼

【原文】 跳鱼，生闽浙海涂。性善跳，故曰"跳鱼"，亦曰"弹涂"。怒目如蛙，侈口如鳢，背翅如旗，腹翅如棹，褐色而翠斑。潮退则穴处海涂。捕者识其性，多截竹管，布插涂上，类如其穴，潮退以长竿击逐，尽入筒中。苟竹馨南山[1]，则鱼嗟竭泽[2]矣。浙中惟台州炙干者味佳，闽中四季广市，味鲜鹜而无炙干，炙干者味薄。张汉逸曰："一种瘦小者名'海狗'，无肉，人不捕；一种肥大而色白者，名曰'颊'，味薄不美。"按《字汇》"鳋"[3]字曰"鱼，似鳝"，

□ 跳鱼

　　跳鱼，俗称花跳鱼、跳跳鱼、大弹涂鱼。这种鱼头大略扁，两只眼睛像青蛙一样凸出，嘴阔，身体为灰褐色，布满花斑，腹部有吸盘，能附着在礁石上。其生性狡猾，弹跳力极强，喜欢在退潮后的海滩上跳跃。

疑即跳鱼。

　　《跳鱼赞》：尔智善遁，尔遁反踬[4]。入我彀中[5]，怒目而视。

　　【注释】〔1〕竹罄南山：双关语，本指罪恶太深，把南山竹子全部做成竹简也记录不完，这里指"过度伐竹捕鱼不甚可取"。出自李密《檄隋文》："罄南山之竹，书罪未穷；决东海之波，流恶难尽。"有成语"罄竹难书"。

　　〔2〕鱼嗟竭泽：鱼类忧虑湖泽干涸，难以生存。出自《吕氏春秋·义赏》："竭泽而渔，岂不获得，而明年无鱼。"

　　〔3〕鳋（sāo）：一种形似鳟鱼的鱼。但是按照古书记述，鳋鱼并不是跳鱼。

　　〔4〕踬（zhì）：摔跤，被东西绊倒。

　　〔5〕入我彀（gòu）中：落入我的罗网之中。出自《唐摭言·述进士》："天下英雄，入吾彀中矣。"彀，圈套、陷阱。

　　【译文】　跳鱼生长在福建、浙江沿海的滩涂上，善于跳跃，所以叫"跳鱼"，也叫"弹涂"。它的大眼宛如青蛙，大嘴宛如鳟鱼，背翅宛如旗帜，腹鳍宛如船桨。

它通身棕褐色，身上有翠蓝色的斑点。这种鱼退潮后就在滩涂里筑巢，捕鱼人根据它的习性，截取很多竹筒插在滩涂上，模仿成鱼巢的样子，等到退潮后再用长竿驱赶跳鱼，跳鱼就都跳到了竹筒中。如果人类把竹子都做成竹筒来捉鱼，鱼类则将忧虑它们的生存。浙江只有台州的烤跳鱼好吃。福建四季都售卖跳鱼，不过只有鲜鱼，烤干后的味道非常寡淡。张汉逸说："有种小跳鱼叫'海狗'，身上没有什么肉，人们都不捕捉；另一种肥美白色的跳鱼叫'颊'，味道很淡，也不好吃。"《字汇》的"鳋"条目说："这种鱼像鳝鱼。"我认为这可能就是指跳鱼。

空头鱼

【原文】 空头鱼，头硬而空，无鳞无肉，止坚皮包其骨，不堪食。小儿以木击其首，如梆[1]声。腹亦虚，可注水一碗。背黄黑色而腹白。渔人不识其名，强名之曰"空头"。腾云子曰："此鱼产海洋深水中。"

《空头鱼赞》：有鱼头空，来自何方？姑苏出海，游入闽洋。

【注释】 〔1〕梆：梆子，古代打更时敲击的器具。

【译文】 空头鱼的头骨坚硬，内部中空，没有鳞片和鱼肉，只有一层硬皮包裹着鱼骨，不能吃。孩童用木头敲击鱼头，发出的声音就像敲梆子一样。这种鱼的腹部

□ **空头鱼**

空头鱼，产自苏州，游入福建的深海之中。这种鱼的脑袋很硬，里面是空的，肚子里同样空空如也。

是中空的，能够装下一碗水。它的背部为黄黑色，腹部为白色。渔民不认识这种鱼，就直接叫它"空头鱼"。腾云子说："这种鱼生活在深海中。"

鼠鲇鱼

【原文】 鼠鲇鱼，产浙闽海上。头尾全似鼠，身灰白，无鳞而有翅，嘴傍有毛，似鼠之有须。大者不过重二斤，可食。考之《汇苑》云："海中有鱼曰鼠鲇，其尾如鼠而善食鼠。每绐[1]鼠则揭尾于沙涂，鼠见之，以为彼且失水矣。舐其尾，将衔之。鼠鲇即转首厉齿，撮鼠入水以去，狼籍其肉。群虾亦食之。"是即此鱼也。滕际昌[2]曰："鱼形状全类鼠，特少足耳。然在水游行如鼠，多及登泥涂，如蚯蚓曲躬而进，趑趄不前[3]之状亦如鼠，诱鼠而食。虽不及见，想亦宜然。"漳郡陈潘舍曰："此鱼闽海亦有，日则水面浮行，夜尝栖托岩穴。故老[4]相传，寔鼠所化。"

《鼠鲇鱼赞》：鱼而鼠状，无足能行。以尾为囮[5]，包藏祸心。

□ **鼠鲇鱼**

　　鼠鲇鱼，常见于浙江、福建附近海域。这种鱼长得就像老鼠，身体为灰白色，没有鳞片。它们生活在河湖池沼等处，白天多潜伏在水底泥中，夜间则十分活跃，专门诱捕岸上的老鼠，并因此而得名。

【注释】〔1〕绐（dài）：欺骗、欺诈。

〔2〕滕际昌：作者好友，生平不详。

〔3〕趑（zī）趄（jū）不前：犹豫徘徊的样子。

〔4〕故老：德高望重的老人。

〔5〕囮（é）：用活鸟作诱饵的捕鸟方法，这里指鼠鲇鱼诱捕老鼠。

【译文】鼠鲇鱼产自浙江、福建附近海域。它长着和老鼠一样的头和尾，身体灰白，没有鳞片，而有鳍翅，嘴边的毛类似鼠须。这种鱼最大不过两斤重，可以吃。我看到《汇苑》中说："海里有一种叫'鼠鲇'的鱼，尾巴像鼠尾，擅长捕食老鼠。它们经常把尾巴甩到沙滩上诱捕老鼠，老鼠看见后以为同类溺水，就跑去咬住鼠鲇的尾巴，想救它上岸。这时，鼠鲇鱼就猛地转身，将老鼠拖进水中吃掉。而群虾就在旁边吃它捕食后剩下的碎屑。"在《汇苑》中说的应该就是这种鱼。滕际昌说："这种鱼和老鼠完全一样，只是没有四肢。它在水中像老鼠一样游动，游到滩涂淤泥中，就像蚯蚓一样蠕动前行。这种犹豫徘徊的样子也很像老鼠。它诱捕老鼠的事情，虽然我没有亲眼看见，但是能想象应该是这样的。"陈潘舍说："这种鱼福建也有，白天浮在水面游动，晚上就栖息在巢穴里。据老人说，这种鱼是由老鼠变成的。"

头鱼

【原文】头鱼，产闽海。春初繁生，渔人以布网罗之。其色如银，夜中生光，腌鲜皆可食。或谓即鲻鱼苗也。又谓大则能变海中杂鱼。予谓鲻鱼土性[1]，或食杂鱼之涎，有可变之道[2]。

《头鱼赞》：头鱼银鳞，灿烂辉煌。如烹小鲜[3]，于汤有光。

【注释】〔1〕土性：在五行中属"土"。鲻鱼有土性，详见本册《鲻鱼》。

〔2〕可变之道：土壤有孕育万物的特性，而鲻鱼又经常吞食其他鱼类的口水来作为"种子"，所以作者认为它有变化的可能。

□ 头鱼

头鱼，生长在福建海域。其个头极小，据说是鲻鱼的幼苗，又说是长大后会变成别的鱼类。这种鱼通身银色，在夜间能发光，以各种鱼的唾液为食。

〔3〕如烹小鲜：双关语，本指"犹如烹煮小鱼那样容易"，这里指"如果烹煮这种小鱼"。出自老子《道德经》："治大国，若烹小鲜。"

【译文】　头鱼产自福建附近海域，春初大量出现，渔民直接用布作渔网来捕捞。它的体色如同镀银，夜里会发光，既可以腌着吃，也可以鲜吃。有人说这是鲻鱼的幼苗，也有人说这种鱼长大了就会变成海中的杂鱼。我认为鲻鱼属于土性，又吞食杂鱼的口水，确实有变化的可能。

蚝鱼

【原文】　蚝鱼，产下南海[1]中，专食蛎肉。两边有刺各七，在水张之，出水则刺敛于身旁。凡蛎潮来开口，此鱼以气吹之则不能合，以刺拨出其肉啖之。其形长仅四寸，背绿无鳞。"蚝"字注曰蚌属，盖即蛎也，粤人呼"蛎"为"蚝"。

□ **蚝鱼**

　　蚝鱼，生长在南海南部。这种鱼长4寸左右，背部为绿色，腹部为白色，没有鳞片。它们以牡蛎为食。每当涨潮时，它们便往牡蛎张开的两壳中吹气，使其不能闭合，然后把牡蛎肉拔出来吃掉。

《字汇》有"鱲"字，即是鱼。

《蚝鱼赞》：鱲鱼垂刃，蚝鱼横刺。十数几何，二七十四[2]。

【注释】〔1〕下南海：据清代地图，"上北下南"，下南海即南海下部。
〔2〕二七十四：两边各有七根刺，共计十四根。

【译文】 蚝鱼产自南海南部，专以牡蛎为食。它的脊背两边各长有七根刺，在水中张开，出水后就收敛在身旁。每当涨潮时，牡蛎都会张开壳，蚝鱼趁机对它们吹气，使两壳不能闭合，然后用刺把肉拔出来吃掉。这种鱼只有四寸长，背部绿色，没有鳞片。"蚝"在字典里的解释是"蚌类"，也就是牡蛎，广东人把"蛎"称作"蚝"。《字汇》收录的"鱲"字，就是指蚝鱼。

海鳅

【原文】 海鳅，《字汇》从酋不从秋。愚谓酋健而有力也，故曰"酋劲"。是以古人称蛮夷，以野性难驯为酋。今鱼而从酋，其悍可知。即今河泽泥鳅虽至小，亦倔强难死。海鳅之为海鳅，可想见矣。《字汇》惜未痛快解出。《尔雅翼》称："海鳅大者长数千里，穴居海底，入穴则海溢为潮。"[1]《汇苑》载："海鳅长者直百余里，牡蛎聚族其背，旷岁之积，崇十许丈，鳅负以游。鳅背平水则牡蛎岪屼[2]如山矣。"又闻海人云："海鳅斗则潮水为之赤。"愚按：海鳅甚大，多游外洋，即小海鳅，网中亦不易得，难识其状。闻洋客云日本人最善捕，云其形，头如犊牛而大，遍身皆蛎房攒嗒[3]，与《汇苑》之说相符。予因得其意而图其背，欲即以此大畅海鳅之说。

康熙丁卯，偶于山阴道[4]上遇舶贾杨某，三至日本，偕行三日，尽得其说，笔记其事，为十八则。后复访之苏杭舶客，斟酌是非，集为《日本新话》，附入《闻见录》，海鳅之说则绪余也。据洋客云："日本渔人以捕海鳅为生意，捐重[5]，本人数百渔船，数十只出大海，探鳅迹之所在，以药枪标之，鳅身体皆蛎房，壳甚坚，番人验背翅可容枪处投之，药枪数百枝，枪颈皆围锡球令重，必有中其背翅可透肉者，鳅觉之，乃舍窠穴游去。半日仍返故处，又以药枪投之，鳅又负痛去。去而又返，又投药枪如是者三，药毒大散，鳅虽巨，惫甚矣。诸渔人乃聚舟，以竹绠[6]牵拽至浅岸，长数十丈不等。裔肉以为油市之，日本灯火皆用鳅油，而伞扇、器皿、雨衣等物皆需之，所用甚广，是以一鳅常获千金之利。惟肠可食，其脊骨则以为舂臼[7]。其至大者灵异难捕，往往浮游岛屿间，背壳巉崒[8]如

□ 海鳍

　　海鳍的体形巨大，身长达数十里。能够喷水，水飘散在空中，就像下雨一样。它们常常背负着积如山的生物，如牡蛎、蚌类等，远远看去就像一座小岛。因此，渔民见到的往往只是它的背脊，而它的整体模样却无法被人看到。

大山。舶人不识，多有误登其上，借路以通樵汲[9]者。"取舶客之论，以参载籍之所记，可谓伟观矣。

夫海鳅，无鳞甲者也，狡狯之性，必故受阳和，滋生诸壳，以为一身之捍卫。尝闻山猪每啮松树，令出油，以身摩揉，皮毛胶粘，滚受沙土，如是者数数。久之，其皮坚厚如铁石，不但犰人[10]刀镞不能入，即虎狼牙爪亦不能伤。观于海鱼山兽之用心自卫如此，人间勇士可忘甲胄哉？

海鳅之背尝有儿鳅伏其上。海人所得之，皆儿鳅也。海中大物，莫如海鳅。《珠玑薮》云长数千里，予未之信。及阅《苏州府志》，载明末海上有大鱼过崇明县，八日八夜始尽。《事类赋》[11]所载七日而头尾尽者，居然伯仲矣。其余边海州县所志滩上死鱼长十丈不等者，不渺乎小哉？木元虚[12]《海赋》曰："鱼则横海之鲸，突兀孤游，巨鳞刺云，洪鬐插天，头颅成岳，流血为渊。"海人云："舟师樵汲，常误鱼背以为山。"又云："海鳅斗则海水为之尽赤。"此成岳为渊之明验也。

《海鳅赞》：海中大物，莫过于鳅。身长百里，岂但吞舟！

【注释】〔1〕此句《尔雅翼》引自《水经》。《水经》为古代中国记载河道水系的著作，佚名作者。清代胡谓称其"创自东汉，而魏、晋人成之，非一时一手作"。

〔2〕崒（lù）屼（wù）：高高耸立的样子。

〔3〕蛎房攒嘬：蛎房，蛎类，详见册三《蛎黄》；攒嘬，撮嘴，即藤壶，详见册三《撮嘴》。

〔4〕山阴道：今浙江绍兴。

〔5〕捐重：赋税繁重。

〔6〕竹绠（gěng）：用竹子做成的绳子，较长，可做索道、牵船之用。

〔7〕舂臼：石质盆状，用来给米去壳的器具。

〔8〕巉（chán）崒（zú）：高峻陡峭的样子。

〔9〕樵汲：砍柴打水。

〔10〕犰人：猎人。犰是"猎"的异体字。

〔11〕《事类赋》：北宋吴淑所编的百科书，记载了许多风物传说。

〔12〕木元虚：木华，字玄虚，西晋文学家，著有《海赋》。

【译文】海鳅，在《字汇》中"鳅"字写作"鳅"，而不是"鳅"。我认为"健壮有力"，之所以被称为"酋劲"，正如古人用"酋"字来称呼蛮夷一样，是因为"酋"字代表着野性难驯，而"鳅"的字形竟然也有"酋"，可见这种鱼十分强悍。要知道，就算是陆地上的小泥鳅，生命力也很顽强，这海中巨鳅的健壮强大更是可想而知了。可惜《字汇》对它没有给出明确的定义。《尔雅翼》说："大海鳅长数十里，在海底穴居。进巢时海水溢出，从而致使涨潮。"《汇苑》说："海鳅大者身长数百里。牡蛎、藤壶寄居在它的背上，数年之后，可高达十多丈。海鳅就背负这些牡蛎、藤壶游动，当鱼背和水面平齐时，牡蛎藤壶堆看起来就像一座小山。"我听渔民说："海鳅互相厮斗时，潮水会被染红。"作者注：海鳅体形极大，多在外海深水中活动。即便小一点的海鳅也很难被捕捉到，所以人们不太了解它的形貌。我听海外客商说，日本人最擅长捕海鳅，他们称海鳅体形巨大，头比牛犊还大，全身都是牡蛎和藤壶，这便与《汇苑》的描述相符。于是我领会大意，画出了大致的样貌，想借此让大家对这种鱼有所了解。

　　康熙二十六年，我在山阴道偶遇商人杨某，他曾去过日本三次。我与他同行三日，听他讲述他在日本的所见所闻，共记下来十八条。这之后，我又请教苏杭地区的船客，斟酌真假，汇集成了《日本新话》一书，附在《闻见录》中，其中有一小部分，就是关于海鳅的见闻。据客商说，日本渔民以捕捞海鳅为业。因为赋税繁重。每数百艘渔船中，就有几十艘是出海寻找海鳅踪迹的，他们还用浸毒的长枪狩猎海鳅。海鳅身上的蛎类十分坚固，渔民会瞄准其背翅上没有蛎类附着的地方投掷。长枪都配有锡球增加重量，一次投数百支，总有能击中背翅并扎进肉里的。海鳅感到疼痛，便离开巢穴向外游去，半日之后再返回；此时再用毒枪投刺，海鳅便又逃走。如此反复多次，海鳅所中之毒发作，尽管它体形庞大，也已奄奄一息了。渔民便把渔船靠拢海鳅，用绳子牵着它到达浅岸处。他们捕捉到的海鳅长达几十丈不等。人们将它的肉割下来炼油，然后在市场上售卖，日本灯火所用都是海鳅油。至于各种器物如雨伞、雨衣、扇子、器皿等，也都需要用到海鳅油。由于海鳅油用途很广，所以捕捞一条海鳅就能收获巨大的利润。海鳅只有肠子可以吃，它的脊椎骨可以被加工成舂臼、捣盆。巨型海鳅往往具有灵性，难以捕捉，在岛屿间往来游动。它们的后背宛如高山，经常让水手误以为是小岛而走到上面去砍柴打水。根据水手的说法，再参考典籍的记载，海鳅真算得上是神奇之物。

　　海鳅虽然表皮没有鳞片，但以它狡猾的天性，一定会沐浴阳光，使背上长出一层坚硬的贝类，以便保护自己。我曾听说，山中野猪会啃咬松树，使其出油，然后用身体蹭满松油，并在沙土中打滚，使其具有黏性的皮毛粘了一层沙土，多次反复之后，这层沙土就像铁石一样坚硬，不但猎人的刀枪箭矢不能穿透，就算是老虎豺狼的利爪尖牙，也不能伤害它分毫。海鱼山兽都这样用心自卫，我们人类勇士难道能忽视铠甲的防护吗？

　　海鳅的背上经常有它的幼崽，渔民捕捉到的都是小海鳅。海中没有比海鳅更大的生物了，《珠玑薮》说它长达数千里，我有所怀疑。但《苏州府志》说，明朝末年，海上有大鱼游过崇明县，人们经过八天八夜才将它从头看到尾，这居然和《事类赋》所记载的"七天七夜见头尾的大鱼"惊人般地一致。这样看来，边海地区地方志记载的那些十几丈的死鱼搁浅在海滩上，比起海鰌也就太渺小了。木华《海赋》说："巨鲸横行海上，独自遨游；鳞片巨大，直刺云霞；鬐毛挺拔，插入天际；头颅高耸，仿佛高山；海鰌受伤，积血成渊。"海民说："水手要找地方砍柴打水，常常把鱼背误认为山。"他们又说："海鰌厮打时，海水都会被流出的鱼血染红。"这两条传言足能证明，上述所谓的"头颅像山、流血成渊"，并没有夸大其词。

蛟

【原文】《说文》云："蛟，龙属也。无角曰'蛟'。池鱼满三千六百，蛟来为之长，能率群鱼而飞。置笱于水，则蛟去。"字书云："蛟，无角，似蛇，颈上有白婴[1]，四脚。"郭璞云："蛟，大数十围，卵生，子如一二斛，能吞人。"张揖[2]云："蛟状鱼身而蛇尾，皮有珠。"《广雅》[3]载五种龙："有鳞曰'蛟龙'，有翼曰'应龙'，有角曰'虬龙'，无角曰'螭龙'，未升天曰'蟠龙'。"《述异记》[4]曰："虺五百年化为蛟，蛟千年化为龙，龙五百年为'角龙'，又五百年为'应龙'。"又曰："龙珠在颌，蛟珠在皮。"愚按，今世画家多画龙而鲜画蛟，即人意想中亦止识龙之为龙，而未解蛟之为蛟果何状也。考诸书，蛟无角，鱼身而蛇尾。其状虽如此，然犹未悉也。尝闻蛟起陵谷，必有洪水横流，地陷山崩，随风雷而出。乘牸[5]者必坏田庐，圮桥梁，漂没禾苗人畜。往往人多有见之者，云其状似牛首，初出局促如牛体，入江河则长大，身尾鳞爪如龙身矣。《述异记》所云"虺五百年化为蛟"，正此物也。夫虺焉能化蛟？其说见雄与蛇交变化[6]所致也。兹不多赘。

大约蛟有蛟种，变蛟者又是一种，如龙自有龙种，而变龙者又是一种。郭璞云：蛟卵生，可知蛟自有种类矣。而《述异记》"蛟千年化龙"，则蛟又能为龙矣。由蛇而蛟，由蛟而龙，积累之功，多历年所然后至此。譬之学人，由凡民而入贤关，由贤关而登圣域，岂一朝夕卤莽灭裂之所能几及乎？"龙珠在颌"，所谓骊龙颈下珠是矣。"蛟珠在皮"，疑未是，必因张揖所云"皮有珠"而误拟也。大约蛟无鳞，缀珠纹于皮，如鲨鱼皮状，故解鲨者亦云皮有珠，非珍珠之珠也。《广雅》："有鳞曰'蛟龙'。"可知无鳞但称蛟，有鳞则蛟而龙矣。此说当俟高明再辨。

□ 蛟

蛟，外形像蛇，有四只脚，有鳞片，没有犄角，有时会悄悄地隐居在离人类居远的池塘或河流。传说蛟得水便能兴云作雾，腾踔大空，蛟是龙的一种。蛟栖息在湖等渊等聚水处，有时恶蛟甚至还会吞食人畜，使人们十分忌惮。《山海经》说，郭璞谓蛟能吞人，恶蛟蛇性鹰眼未化，或致吞人畜，如鳄鱼然，验于周处之斩蛟[7]可知矣。古称蛟龙非池中物，谓浅水不能留恋蛟龙也，乃《说文》云"池鱼满三千六百，则蛟来为之长"，何与？盖为长者欲率群鱼而飞，以归江海，非为池中之长也。蛟引鱼去，其迹虽无人见，然畜池鱼者往往值大风雨多失去，似必有神物以挟之而俱去也。蛟龙虽不恋恋于池中，然在海中，大约龙有龙之潭，蛟有蛟之穴，疑必就海山有淡水涌出处聚之。吾浙宁波海口有蛟门，两山并峙，其下亘古以来为蛟之宅穴。凡海舟过此，舵师必预戒，一舟莫溺、莫语、莫谑笑，否则蛟觉必起，波漩浪卷，舟立危矣。蛟之有穴，不昭然可信哉？昔孙思邈[8]之善画龙也，必见真龙，始肖其形。兹未见蛟而图厥状，以俟得亲见蛟者辨正之。

《蛟赞》：蛟首无角，蛟身无鳞。修成鳞角，嘘气成云。

【注释】〔1〕婴：逆鳞。

〔2〕张揖：三国时期魏人，字稚让，撰写《埤仓》《古今字诂》，皆佚，今存《广雅》。

〔3〕《广雅》：我国最早的百科词典，张揖仿照《尔雅》体裁编纂的训诂学汇著，大大拓展了《尔雅》的收录范围，相当于《尔雅》的续篇。

〔4〕《述异记》：南朝梁任昉编，记载了许多鬼神方蛟故事。后文有"虺（huǐ）五百年为蛟"，虺，一种毒蛇，民间传说这种蛇经过五百年，就能飞升为蛟龙。

〔5〕乘忤：性格暴躁恶劣。

〔6〕雉与蛇交变化：出自明鲁至刚《俊灵机要》："正月蛇与雉交生卵，遇雷即入土数丈，为蛇形，二三百年能升腾；如卵不入土，但为雉耳。"详见册三《海市蜃楼》。

〔7〕周处之斩蛟：出自《世说新语》："（周）处又入水击蛟……竟杀蛟而出。"周处，吴国鄱阳太守周鲂之子，年少靠家世和力气欺负邻里，与白虎、恶蛟并称"三害"。后来他痛改前非，为家乡铲除了白虎和恶蛟。

〔8〕孙思邈：唐代著名医药学家，善谈老庄及百家之说，唐太宗、唐高宗曾欲招之，辞不就，著有《千金要方》。

【译文】《说文解字》说："蛟属于龙类，没有犄角的龙就叫蛟。池塘里的鱼聚满三千六百条，就会有一条蛟来管理它们。蛟龙能带着群鱼飞升而去，但如果在水中放一具竹篓，它就会离开。"字典上说："蛟没有角，外形像蛇，有四只脚，脖子上有一个白色逆鳞。"郭璞注释："蛟龙有数十人合抱那么粗，卵生，它产的蛋大概有一二斛那么大，能吃人。"张揖注释道："蛟，鱼身蛇尾，皮下有珠。"《广雅》记载了五种龙："有鳞片的是'蛟龙'，有翅膀的是'应龙'，有角的是'蛇龙'，无角的是'螭龙'，未升天的是'蟠龙'。"《述异记》说："虺蛇修行五百年会变成蛟，蛟修行一千年会变成龙，龙再修行五百年会变成角龙，角龙修行五百年又变成应龙。"又有记载说："龙珠长在下颌上，蛟珠长在皮下。"我感觉现在的画家，画龙的多，画蛟的少，这说明人们只能想象出龙的样子，而想象不出蛟的样子。我翻阅很多资料，才知道蛟没有角且鱼身蛇尾，虽然大体形态如此，但是细节仍无详述。我听说蛟在山谷中腾飞，会导致洪水泛滥、地陷山崩、风雷大作，凶猛暴躁的蛟龙，甚至会破坏田地、推倒房屋、摧毁桥梁，淹没庄稼和人畜。有亲眼目睹过这般场景的人，说蛟的头像牛头，刚出现时身体短小像牛身，进入江河后就会变长，这时身体上下鳞爪已经很像龙了。《述异记》所说的"虺修行五百年变成的蛟"就是此物。也许会有人怀疑虺怎么能变成蛟呢？关于变化的过程，我在野鸡和蛇交配那一部分中已经说过了，这里不再赘言。

也许蛟有原生的蛟，还有后来变成的蛟，就像龙有原生的龙，也有后来变成的龙。郭璞说"蛟是卵生的"，可知有一种原生的蛟。《述异记》说"蛟修行千年变成龙"，那么蛟能变成龙也是有依据的。蛇化作蛟，蛟化作龙，这是经年累月修行积累的成果。就像求学之人从凡人到贤人再到圣人的提升，哪里是一朝一夕可以达到呢？"龙珠在颌"，指的是骊龙颌下的宝珠。而"蛟珠藏在表皮"的说法，恐怕不准确，大概只是根据张揖"皮有珠"的说法杜撰的。因为蛟没有鳞片，皮肤上只有鲨鱼皮般的珠纹，所以也有人说"鲨鱼皮有珠"。这样说来，"皮有珠"的"珠"，并不是珍珠，只是珠纹而已。《广雅》说："有鳞片的可称'蛟龙'。"可知蛟无鳞，有鳞的蛟已经化作了龙。这个说法尚待有识之士加以证明。

郭璞说蛟能吞人，是因为恶蛟身上蛇的习性和鹰的视力还没有退化，有时就会像鳄鱼一样吞食人畜，周处斩蛟的故事就是最好的证据。古人传说蛟龙不是苟活在池塘中的生物，这是在说蛟龙不愿在浅水流连徘徊。然而《说文解字》称，"池塘里的鱼聚满三千六百条就会有一条蛟来管理它们"，这又是什么道理呢？大概是因为蛟作为鱼类修行的前辈，想要带着群鱼飞升，回归江海之中，并不只愿做池鱼的首领。虽然没有人看到过蛟带领群鱼飞升，但风雨大作时，养殖在池子里的鱼类经常失踪，像是有神奇的生物裹挟着带走了它们。蛟龙虽然不喜欢住在池塘中，但在海中应该既有龙潭也有蛟穴，蛟的巢穴可能就在海山附近有淡水的地方。浙江宁波入海口有蛟门，两岸高山互相对峙，山下自古以来都是蛟穴。凡是舟船经过此处，舵手会让游客高度戒备，禁止全船的人小便、言语、嬉笑、打闹，以免惊动搅扰到蛟龙。否则，波涛汹涌，巨浪翻腾，船只就危险了。这样来看，蛟有蛟穴这一事实，岂不是确凿无疑了吗？古人孙思邈善于画龙，一定是因为见过真龙，才能画出准确的形象。而我没有见过真正的蛟，所以只画了大概的样子，留待能亲见蛟的后人指正了。

龙鱼

【原文】 龙鱼,产吕宋[1]、台湾大洋中。其状如龙,头上一刺如角,两耳,两髯而无毛,鳞绿色,尾三尖而中长,背翅如鱼脊之旗,四足,爪各三指,而胼如鹅掌。然网中偶然得之,曝干可为药。康熙二十六年,漳州浦头地方网户载一龙鱼,长丈许,重百余斤。城中文武俱出郭视之。舁[2]之上涯,盘于地中亦活,喜食蝇,每开口吸食之。考《闽志》有龙虾而无龙鱼,似乎近年大开海洋始可得也。《高州[3]府志》:"海中有鱼似龙,曰'龙鲤'。"与此迥异。又峨眉山及太姥山[4]池中并有龙鱼,如蜥蜴状,绿背岐尾而有四爪。名胜之区要,亦神龙之所幻迹也。

此图屡经易稿,后遇漳郡陈潘舍,始考验得实。

《龙鱼赞》:鱄鳙鮇鲸[5],鱼状皆有。更变龙形,凡类难偶。

【注释】 〔1〕吕宋:今菲律宾。

〔2〕舁(yú):合力抬起。原文作"界",形近致误,今改。

〔3〕高州:今广东茂名高州市。

〔4〕峨眉山、太姥(mǔ)山:分别位于今四川峨眉山市、福建福鼎市。

□ **龙鱼**

龙鱼,生长在吕宋、台湾附近海域。其体形巨大,长得像龙,离开水也能活,头上长刺,有两只耳朵、两缕长须,身披绿色的鳞片,脊背上有鱼类一样的鳍翅,有四只脚,尾部分叉,喜欢吃苍蝇。

〔5〕鰢（mǎ）鱳（lù）鮇（fèi）鱭（zhì）：作者认为这些是形似马、鹿、狗、猪的海鱼。

【译文】 龙鱼，产自吕宋，以及台湾地区附近海域。外形如龙，头上有一根像角的刺，有两只耳朵和两缕长须，皮上没有毛。它的鳞片为绿色，鱼尾有三个分叉，身体修长，背上的鳍翅同鱼类一样，有四只脚：每只脚有三个趾头，有鹅掌一样的蹼将趾头连接起来。偶尔有人捕获到龙鱼，将它晒干后做成药物。康熙二十六年，漳州浦头渔民捕得一条龙鱼，有一丈多长，一百多斤重，城中官员都出城观看。人们把它放到岸边，它盘绕在地上也能成活，喜欢吃苍蝇，张开嘴就能捕食到苍蝇。我翻阅《闽志》，里面记载着龙虾，却没有龙鱼，它似乎是近几年广捞海鱼才被发现的。《高州府志》说，"海中有一种像龙的鱼，叫作'龙鲤'"，但是它和龙鱼的特征完全不同。峨眉山和太姥山池里面也有龙鱼，长得像蜥蜴，背部绿色，尾部分叉，有四只爪子。看来风景名胜也多是神龙出没的地方。

此图经过我多次修改，后来见到漳州陈潘舍，才得以证实。

人鱼

【原文】 人鱼，其长如人，肉黑发黄，手足、眉目、口鼻皆具，阴阳〔1〕亦与男女同。惟背有翅，红色，后有短尾及骈指，与人稍异耳。粤人柳某曾为予图，予未之信。及考《职方外纪》，则称此鱼为"海人"。《正字通》〔2〕作"鯬"，云即鰒鱼〔3〕，其说与所图无异，因信而录之。此鱼多产广东大鱼山、老万山〔4〕海洋。人得之亦能著衣饮食，但不能言，惟笑而已。携至大鱼山，没入水去。郭璞有《人鱼赞》。《广东新语》〔5〕云："海中有大风雨时，人鱼乃骑大鱼，随波往来，见者惊怪。"火长〔6〕有祝云："毋逢海女〔7〕，毋见人鱼。"

《人鱼赞》：鱼以人名，手足俱全。短尾黑肤，背鬣指骈。

【注释】 〔1〕阴阳：生殖器。

〔2〕《正字通》：一部按汉字形体分部编排的字书，作者为明末国子监张自烈。

〔3〕鯬（rén）、鰒（yì）：可能是儒艮，属于海牛目，海洋哺乳动物，形体像鱼，前肢像人手。

〔4〕广东大鱼山、老万山：大鱼山，今香港大屿山岛；老万山，今珠海大万山岛。

〔5〕《广东新语》：清代屈大均编，记载着许多广东的物产民俗，全书共二十八卷，每卷叙述一类事物，包括天地、山水、虫鱼等。

〔6〕火长：又称舟师，类似今天的船长。

□ **人鱼**

　　人鱼最早是作为鲛人出现在《山海经》中的，说它是一种人头鱼身、长着四只脚的鱼。根据作者描述，人鱼与人十分相似，但它的背上有红色的翅膀，有短尾巴。传说出海遇到人鱼是不祥之兆。

　　〔7〕海女：传说中海里的妖怪。

　　【译文】　人鱼，身子像人一样长，黑中泛黄，长着手足、眉目和口鼻，性器也与人类相同。但它背上有红色的鳍翅，后面有短尾，指头也是连在一起的，与真正的人略有区别。广东柳某曾经为我画过人鱼的图，当时我并不相信，等到读了《职方外纪》，才发现里面的"海人"就是这种鱼。在《正字通》中"魜"字被解释为"鯪鱼"，它的说法正好与柳某那张图相符，我这才相信了他的话。这种鱼产自广东大鱼山、老万山附近海域。有人捉到人鱼，发现它们也会穿衣、饮食，但是只能笑，不能说话，把人鱼带到大鱼山附近，它就跳入水中不知踪迹了。郭璞写过《人鱼赞》。《广东新语》说："海中有暴风雨时，人鱼会骑着大鱼，在波浪中往来。看见的人都很惊诧。"当地船长每逢出海都要祈祷："不要遇见海女，不要碰到人鱼。"

　　刺鲇

　　【原文】　鲇本无刺，闽海变种之鲇则有刺，大约与有刺之鱼接则生刺矣。闻海中无名之鱼，多非本鱼所育，尽属异类之鱼互相交接。此海鱼诡异状貌之所以难辨而难名也。

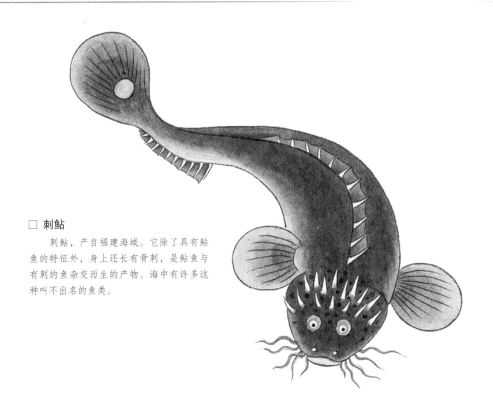

□ 刺鲇

　　刺鲇，产自福建海域。它除了具有鲇
鱼的特征外，身上还长有骨刺，是鲇鱼与
有刺的鱼杂交而生的产物。海中有许多这
种叫不出名的鱼类。

《刺鲇赞》：曰鰋曰鮧，鲇之别名。[1]今更号刺，种类变生。

【注释】〔1〕鰋（yǎn）、鮧（tí），皆为鲇鱼的别名。

【译文】鲇鱼本来没有刺，福建海域的变种鲇鱼才有刺，大概是与有刺的鱼杂
交，才生出的骨刺。我听说海中叫不出名的鱼，都不是纯种的鱼，而是不同鱼杂交的
产物。这就是海鱼种类繁多，模样诡异，难以识别的原因。

螭虎鱼

【原文】螭[1]虎鱼，产闽海大洋。头如龙而无角，有刺，身有鳞片，金黄
色。四足如虎爪，尾尖而不岐，长不过一二尺。无肉，不可食。其皮可入药用，
漳、泉药室多有干者。贾人常携示四方，伪云小蛟，谬矣。

　　按，螭之名最古，垂拱之服[2]，螭绣[3]与山、龙、藻、火并光史册，及后三
代[4]，鼎彝[5]诸器，多镂螭象。今《尔雅》诸书，独详蜥蜴、守宫、蝶蝘、蝘蜓
之名，而于螭则置弗道，可为缺典。惟《字汇》："螭音'鸱'，似蛟无角，似龙

而黄。"似矣。又《篇海》云:"虎蝚^[6]似蜥蜴、水虫,似龙,出南海。"则海螭又当名"虎蝚"。

《螭虎鱼赞》:钟彝垂象,螭列图书。九鼎沦水^[7],螭亦为鱼。

【注释】 〔1〕螭(chī):传说中一种无角的龙。

〔2〕垂拱之服:古代帝王的礼服。衣绣十二章纹,即《尚书·益稷》所载:"予欲观古人之象,日、月、星辰、山、龙、华虫,作绘;宗彝、藻、火、粉米、黼(fǔ)黻(fú)、绣绣,以五彩彰施于五色,作服……"垂拱,形容统治天下毫不费力,这里指帝位。

〔3〕螭绣:螭龙的花纹。作者认为"螭绣"就是"绣绣",是上古十二章纹之一。这种说法是错误的,"螭""绣"虽然古音接近,但"绣绣"只是泛指华丽刺绣,不特指螭龙花纹。

〔4〕三代:上古夏、商、周三代。

〔5〕鼎彝:古代祭祀用的青铜礼器。

〔6〕蜥蜴、守宫、蝾蝾、蝘蜓和虎(hǔ)蝚(hóu)这五种爬行生物,除蝾蝾为蝾螈属外,其他都为蜥蜴属。

〔7〕九鼎沦水:相传大禹划分天下为九州,并铸九个大鼎,后不知所踪,传说九鼎沉入彭城泗水,所以称"九鼎沦水"。

【译文】 螭虎鱼产自福建大洋。它的头就像没有犄角的龙,身上有刺,披着金黄色的鳞片,四只脚像虎爪,尾巴尖细但不分叉,身长不过一两尺。螭虎鱼没有太多肉,不能吃,但表皮可以入药,漳州、泉州两地药房多有这种鱼的干皮。商人经常带出去给各地的人看,把它标榜为"小蛟",这样真是大错特错。

作者注:螭的名号十分古老,在古代帝王的礼服上,绣着"螭绣"、山、龙、藻、火等花纹,它们熠熠生辉,永垂史册。到了夏商周三代,制作钟鼎大器时,一般也会镂刻螭的形象作为装饰。现在《尔雅》等字典,只详细记载蜥蜴、守宫、蝾蝾、蝘蜓,唯独不谈及螭,可以说是一种缺憾。只有《字汇》上记载着:"螭,读音与'鸱'字相同。像蛟但没有犄角,像龙但颜色更黄。"这个记载比较准确。《篇海》也记载:"虎蝚像蜥蜴,是一种水虫,也很像龙,产自南海。"那么海螭应该还有个名字叫"虎蝚"。

神龙

【原文】 龙。《说文》:"象形。"《生肖论》:"龙耳亏听^[1],故谓之龙。"梵书名"那伽"^[2]。《尔雅翼》,"龙有九似。头似驼,角似鹿,眼似兔,耳似牛,项似蛇,腹似蜃,鳞似鲤,爪似鹰,掌似虎"是也。此绘龙者须知之。图中之

□ **蠵虎鱼**

蠵虎鱼，生活在福建海域。它的头像虎头，没有犄角，身上覆盖着金色的鳞片；四只脚像虎爪；身子约两尺长，身上没有什么肉，不能吃。它的皮晒干后可以入药。

□ 曲爪虬龙

　　曲爪虬龙，龙的一种，头上有角，因龙
爪盘曲如虬枝而得名。《山海经》说它是一
种瑞兽，长着两只角。《说文解字》又说它
没有角。而《抱朴子》则称，母龙为蛟，子
龙为虬（蚪），虬龙为鱼身蛇尾，表皮上长
着珠子一样的东西。

龙虚悬，康熙辛巳[3]，德州[4]幸遇名手唐书玉[5]补入，盖宋式也，正得九似之
意。又，闽中尝访舶人云：龙首之发，海上游行，亲见直竖上指，阳刚之质如此。
今之画家或变体作垂发者，谬矣。

　　《广东新语》："南海，龙之都会[6]。古人入水采珠者，皆绣身面为龙子，
使龙以为己类，不吞噬。"今日龙与人益习，诸龙户悉视之为螈蜓[7]矣。新安有
龙穴洲[8]，每风雨即有龙起，去地不数丈，朱鬣金鳞而目烨烨如电。其精在浮
沫，时喷薄如瀑泉，争承取之，稍缓则入地，是为龙涎[9]。

　　《神龙赞》：水得而生，云得而从[10]。小大具体，幽明并通。羽毛鳞介，皆
祖于龙。神化不测，万类之宗。

　　【注释】　〔1〕龙耳亏听：出自《本草纲目》所引《生肖论》，文中认为龙的听力不好，所以
后世把听力缺陷者称为聋（龙）子。《生肖论》一书已佚。

　　〔2〕那伽：此为梵语音译，印度传说中的一种似蛇的精怪，居于水中、地下的宫殿，具有行雨控
水的能力。

　　〔3〕康熙辛巳：康熙四十年，公元1701年。

□ 神龙

神龙出自《山海经》，是一种象征祥瑞的神兽，为鳞虫之长。龙的最大特点是"九似"：角像鹿、头像驼、眼像兔、项像蛇、腹像蜃、鳞像鱼、爪像鹰、掌像虎、耳像牛（存有争议）。龙飞行于海上时，其胡须和毛发都是竖直向上的。

〔4〕德州：今山东德州。

〔5〕唐书玉：画师，生平不详。

〔6〕都会：都市，都城。

〔7〕龙户悉视之为螺蛳：双关语，本指神龙不屑螺蛳的嘲笑，作者反用典故代指"龙穴附近的百姓把神龙视为螺蛳"。螺蛳嘲龙，出自扬雄《解嘲》："以鸱枭而笑凤凰，执螺蛳而嘲龟龙。"其意为：像猫头鹰、壁虎那样低俗的动物，却敢嘲笑凤凰、龟龙那样的神物。

〔8〕新安有龙穴洲：新安即新安县，置县于公元1573年，时辖地今深圳及香港，县治位于今南山

区南头；龙穴洲引自《新安县旧志》，"在县西北四十里三门海中"。

〔9〕龙涎：神龙的口水，也叫龙漦（chí）。古代认为神龙的口水是吉祥之物。

〔10〕云得而从：龙出现时会伴有云气，出自《周易·乾》："云从龙，风从虎。"

【译文】 龙。《说文解字》认为"龙字象形"，《生肖论》认为"龙听力不佳，所以称它为'龙'"。龙在梵语中名为"那伽"。《尔雅翼》记载："神龙有九处地方像其他生物——头像骆驼，角像鹿，眼像兔，耳朵像牛，脖子像蛇，肚子像蜃，鳞片像鲤鱼，指爪像鹰，掌心像虎。"这是画龙的画家必须要知道的。这本书中的神龙画像原本还悬而未决，凑巧康熙四十年，我在德州遇见了知名画家唐书玉，他亲自补上了这张图。其中的龙运用了宋式画龙的手法绘制，很注重"九似"的要点。我在福建时，曾求问船员，他们告诉我："神龙在海上飞行时，我们看见它的胡须毛发都竖直向上，阳气旺盛之至。"现在的画家，都错把神龙的胡须毛发画成了下垂的样子。

《广东新语》记载："南海是神龙的都城，古代入水采集珍珠的人都文身化装，假扮成龙崽，让龙误认为是同类，以免被其吞食。"现在的人们，对神龙的了解日益深入，常与神龙打交道的百姓，都已经把神龙视为蜻蜓一般了。新安的龙穴洲每次刮风下雨，便有神龙腾飞而起，它们离地才不到数丈，朱红色的鬣毛、金灿灿的鳞片、炯炯发光的龙眼，都清晰可见。它们的精华聚集在浮起的水沫之中，有时像喷泉一样喷发，人们就争着用器物去接，动作稍微慢一些，就会渗入地下，这就是传说中的龙涎。

曲爪虬龙

【原文】 曲爪虬龙，系明嘉靖末蒲人名手吴彬〔1〕所写，今存有画，在支提山〔2〕。张汉逸见过，特为予图，以为此非龙也，殆虬而龙者乎？

按，龙之名有"飞、应、蛟、虬"等类不一，此必虬龙也。何以明之？今松柏之古干夭矫离奇者，不曰"蛟枝"，而曰"虬枝"，图内四爪盘曲之势正相类，予故目为虬龙。《字汇》注"虬"谓"龙之无角者"，今其首虽丰而非角。欧阳氏〔3〕曰："从丩，相纠缭也。"此龙正得其状。俗作"虬"。

《曲爪虬龙赞》：虬爪屈曲，未生尺木。他日为龙，飞腾海角。

【注释】 〔1〕吴彬：明末著名画家，福建莆田人。
〔2〕支提山：今福建宁德市支提寺。

---

〔3〕欧阳氏：南宋欧阳德隆，著有《押韵释疑》，此书完善了《礼部韵略》。

【译文】　曲爪虬龙，是明朝嘉靖末年著名画家吴彬所描摹的一张画，现存于支提山。张汉逸曾见过这幅画，专门临摹下来给我看，并说这不是原生的龙，而是虬龙。

作者注：龙类的名目有"飞龙、应龙、蛟龙、虬龙"等，画中的便是虬龙。有什么证据吗？人们把那些古老盘曲的松柏树枝称作"虬枝"，而不是"蛟枝"，这正好和图中龙爪盘曲的样子很像，所以我认为这就是虬龙。《字汇》认为"虬"是"无角的龙"，而画中龙的脑袋虽然饱满，却没有犄角。欧阳氏说："'虬'字与'丩'相关，是互相纠缠的意思。"这种龙正好符合该描述。"虬"的俗字写作"虬"。

盐龙

【原文】　鳞虫三百六十属，而龙为之长，故诸鱼必统率于龙。然龙神物也，岂可与凡类伍？有盐龙焉，亦海错中之一物也。长仅尺余，头如蜥蜴状，身具龙形，产广南大海中，必龙精余沥之所结也。考诸类书，惟《珠玑薮》载盐龙云。

粤中贵介[1]尝取以贮于银瓶，饲以海盐。俟鳞片出盐，则收取啖之，以扶阳道。龙，阳物也，其性至淫，无所不接，则无所不生，如与马接则产龙驹，与牛接则产麒麟是也。匪但此也，龙生九种不成龙，如蒲牢、嘲风、霸下、狴犴等类[2]，似兽非兽、似鸟非鸟、似龟非龟、似蛇非蛇，是皆龙种也。则龙之为龙，不但为鳞虫之长，而尤为庶类之宗。故《淮南鸿烈》[3]解曰："万物羽毛鳞介皆祖于龙。"岂虚语哉！盖《鸿烈》之文出于汉儒，汉儒去古未远，必得古圣精义。

《易》曰："有天地然后有万物，有万物然后有男女。"但天地之初，阴阳有气，而品汇无迹。使无一神物介绍于天人之间，吾知巨灵有手，必不能物物而付之以形。龙则能幽能明，能大能小，其母万物也宜乎？观于龙马负图[4]而天人之理贯，则龙不但代天任股肱[5]，而且为天司喉舌矣。所以自有天地千万年以来，造物主宰制群动，凡水旱灾祲[6]、和风甘雨、屈伸消长，所不能屑屑于其间者，意常授之龙。此龙之于世，所以显造化之元微，而运鬼神不测之妙用者也。故天地之初，未生万物而先生龙，自应尔尔。吾尝读《易》，更有以知之矣。《易》卦六十四，取象于羽毛鳞介者不一，而《屯》《蒙》以上[7]，独以六龙系之，《乾》万物祖龙，昭然在《易》。故曰"汉儒之文，必得古圣精义"者，此也。

《盐龙赞》：上不在天，下不在田[8]。托迹在海，意恋乎盐。

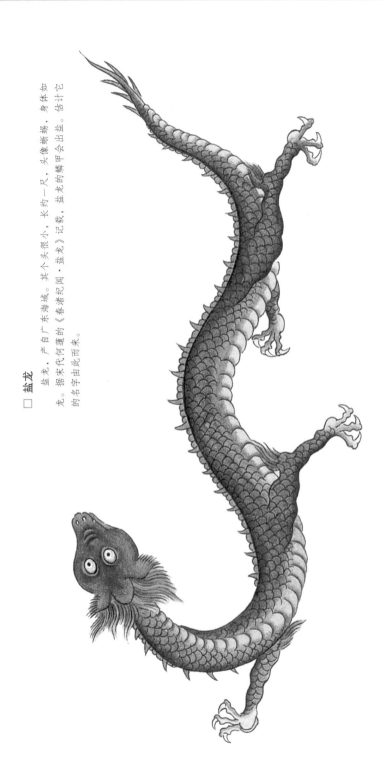

□ 盐龙

盐龙，产自广东海域。其个头很小，长约一尺，头像蜥蜴，身体如龙。据宋代何薳的《春渚纪闻·盐龙》记载，盐龙的鳞甲会出盐。估计它的名字由此而来。

【注释】 〔1〕贵介：贵家公子。

〔2〕蒲牢、嘲风、霸下、狴（bì）犴（àn），都是传说中龙的后代。明代以来文人杜撰出所谓"龙生九子"的传说，附会九种奇兽，分别是：囚牛、睚（yá）眦（zì）、嘲风、蒲牢、狻（suān）猊（ní）、蚣蝮、狴犴、赑（bì）屃（xì）、螭吻。

〔3〕《淮南鸿烈》：即《淮南子》，西汉淮南王刘安及其门客辑录，书中包括阐发哲理、养生修道、古代神话、寓言故事等内容。鸿烈，指伟大的功业。

〔4〕龙马负图：出自《尚书大传》："王者有仁德，则龙马见。伏羲之世，龙马出河，遂则其纹以画八卦，谓之河图也。"传说伏羲根据龙马进献的河图洛书创造了八卦，后成为中华文明起源的象征。《尚书大传》为《尚书》最早的传文，旧提西汉伏生撰。

〔5〕股肱：大腿和胳膊，代指得力助手。

〔6〕灾祲（jìn）：灾祸。

〔7〕《屯》《蒙》以上：《周易》的前四卦《乾》《坤》《屯》《蒙》，都取象于龙，卦辞借神龙来表达意义。

〔8〕上不在天，下不在田：双关语，出自《周易·乾》"见龙在田""飞龙在天"两句，这里指盐龙"既不在天，也不在田"。

【译文】 鳞类多达三百六十种，其中神龙为首领，一切鱼类都接受神龙的统率。但龙是神兽，又怎么会与平凡的动物为伍呢？有一种盐龙，为海洋众生之一种，长不过一尺，头如蜥蜴，身体像龙，产自广东海域，必定是真龙的精血残液凝聚而成的。我翻阅各种类书，只有《珠玑薮》记载着盐龙。

广东的大户人家会用银瓶饲养盐龙，只需要用海盐喂食即可。等到盐龙鳞片上结出盐晶，就取来服食，可以壮阳。龙是至阳的生物，生性好淫，没有与它不可交配的物种，所以它能和所有生物结合产下后代，比如和马交配就会生出龙驹，和牛交配就会生下麒麟。非但如此，龙生九子都不成龙，比如蒲牢、嘲风、霸下、狴犴等兽，似兽非兽、似鸟非鸟、似龟非龟、似蛇非蛇，这就是龙滥交的结果。这样看来，龙之所以为龙，不仅由于其为万物之长，还因为它是不少普通物种的祖先。所以《淮南鸿烈》称："所有生物都把龙作为祖先。"这难道是在骗人吗？《淮南鸿烈》的文字出于汉儒之手，汉儒离上古时代尚不远，必定传承了圣人的精辟义理。

《周易》说："先有天地，然后孕育出万物；有了万物，然后分别出男女。"天地诞生之初，还处于最原始的状态之中，各种物类都尚未显露形迹。如果没有一种神物沟通天地，那么就算自然的力量再强大，也无法把气赋予形体变成万物。龙能潜形，也能显身；能变大，也能变小，这种神物正适合当万物之祖。上古有龙马进献河图洛书的传说，由此可知龙不仅代替上天在人间行使职责，同时也是上天的喉舌，传达他们的旨意。所以自从天地诞生以来，造物主主宰各种生灵，而所有的水涝旱灾、和风惠雨、繁衍消亡，这些上天不屑于亲力亲为的事情，都由神龙代劳。神龙在人间，就是为了显示上天深远玄妙的神意，发挥常人难以理解的神力。所以宇宙诞生之初，最先有神龙，然后才有万物，其中的寓意正是如此。我曾攻读《周易》，更加明白这个道理。《周易》有六十四卦，各自取象于自然界的万物众生，但是最开头的《屯》《蒙》等四卦都与神龙有关，《乾》卦更是明确表达了"万物以龙为祖"的意思，所以我才说："汉儒的著作，必定传承了圣人的精辟义理。"

海鳝

【原文】 海鳝，色大赤而无鳞，全体皆油，不堪食。干而盘之，悬以充玩而

□ 海鳝

海鳝，个子大的又称油龙。其通体红色，没有鳞片，没有肉，全身都是油脂，不可食用。在风干后，人们把它当作把玩之物。

已。大者粗如臂，长数尺，亦赤。张汉逸曰："大者名'油龙'。亦有嗜食者，云亦肥美。"《字汇·鱼部》有"鮹"字，注称海鱼，形似鞭鞘；更有"鯿"字，宜合称之为"鯿鮹"[1]，则海鳝之状确似也。

《海鳝赞》：剑自龙化[2]，舄作凫迁[3]。鳝跃道傍，变珊瑚鞭。

【注释】〔1〕鯿（biān）鮹（shāo）：鮹鱼，即鳞烟管鱼。

〔2〕剑自龙化：宝剑是神龙化成的。出自《晋书·张华传》："（莫邪）剑忽于腰间跃出堕水，使人没水取之，不见剑，但见两龙各长数丈，蟠萦有文章，没者惧而反。须臾光彩照水，波浪惊沸，于是失剑。"张华遣雷焕找到了传说中的宝剑干将、莫邪，雷焕将干将赠予张华，自留莫邪。后张华遇害，干将佚失。雷焕卒后，其子雷华白佩莫邪过延平津（在今福建南平）时，莫邪跃出剑鞘落水，须臾水中现两龙，于是干将、莫邪化龙而去。

〔3〕舄（xì）作凫迁：把木鞋变成野鸭来代步。出自《后汉书·王乔传》："（王）乔有神术，每月朔望常自具诣台朝。帝怪其来数，而不见车骑，密令太史伺望之，言其临至，辄有双凫从东南飞来。于是候凫至，举罗张之。但得一只舄焉。"舄，木鞋；凫，野鸭。

【译文】海鳝，颜色深红，没有鳞片，全身都是油脂，不能吃。把它风干后盘绕挂起来，可以当作把玩之物。大海鳝有成人手臂那么粗，长达数尺，全身红色。张汉逸说："大海鳝被称为'油龙'，但竟然也有人爱吃，还声称它很肥美呢。"《字汇·鱼部》收录的"鮹"字，解释为一种外形像鞭鞘的海鱼，此外还有一个"鯿"字，所以二者应合称"鯿鮹"，其描述与海鳝的样子很相似。

海蛇

【原文】海蛇，生外海大洋，形如蛇而无鳞片，如鳗体状。其斑则红黑青黄不等。至冬春雨后晴明，多缘海崖受日色，遇人见则跃入海。澎湖、台湾海中甚多，台湾民番皆食之。然其状不及见。康熙己卯，张汉逸姊丈金华香[1]室有干海蛇二条，云为琉球人所赠，可为治疯之药。其蛇头圆而有鳞纹，一如蛇状，奈皮脱不知其色。海人语以斑点色，因为图之。台湾海蛇另是一种也。

《海蛇赞》：古昔龙蛇，驱放之沮[2]。至今海表，尚存其余。

【注释】〔1〕姊（zǐ）丈金华香：张汉逸的姐夫，生平不详。姊丈，姐夫。

〔2〕沮：沮洳（rù），低洼潮湿之地。

【译文】海蛇，生活在外海大洋中，外形像蛇但没有鳞片，长得像鳗鱼。它身

□ 海蛇

海蛇，产自外海深水中。它有蛇的样子，头部圆润，身体十分粗大，没有鳞片，更像巨型海鳗。海蛇的种类繁多，颜色也各异，身上均有五颜六色的斑纹。

上布满了红、黑、青、黄各色斑点。冬春季节，在雨后放晴时，海蛇常靠近海岸，浮出水面晒太阳，看见人便又跳回海中。澎湖、台湾海域多见海蛇，台湾民众经常吃它。我没有亲眼见过海蛇，直到康熙三十八年，在张汉逸的姐夫金华香房间里看见了两条干海蛇，据说是琉球人赠送的。将它加工为药物，能治疗疯病。海蛇头部圆润，身上长有鳞纹，和普通的蛇如出一辙。无奈干蛇的表皮已经脱落，我无从得知它的皮色，多亏渔民为我描述，我才得以把它画下来。台湾海蛇则是另外一种。

刺鱼

【原文】 刺鱼，产闽海。身圆无鳞，略如河豚状而有斑点。周身皆刺，棘手难捉，亦不堪食，时干之为孩童戏耳。大者去其肉可为鱼灯。《字汇·鱼部》有"鯯"[1]字，疑即此鱼也。

《刺鱼赞》：虎豹在山，不采蒺藜[2]。海鱼有刺，可制鲸鲵[3]。

【注释】 〔1〕鯯（zhì）：鱼名。
〔2〕蒺藜：一种草本植物，果实呈球状，有刺。
〔3〕鲸鲵：大鱼之名，雄曰鲸，雌曰鲵。

□ 刺鱼

　　刺鱼，常见于福建海域，因为身上披满了硬而尖的硬棘而得名。其身体短圆，稍扁平，尾部短小，没有鳞（已经变成了棘刺），背鳍和臀鳍都很短。这种鱼冲杀力极强，大多数鱼类见到它都会绕道而行，连鲨鱼也对它忌惮三分。

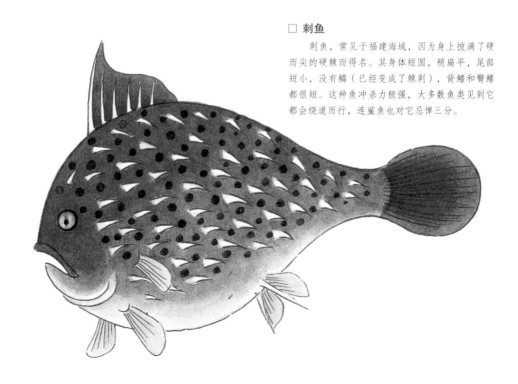

【译文】 刺鱼，产自福建海域。它的身体接近圆形，没有鳞片，略似河豚，但身上有斑点。它全身长满了尖刺，难以捕捉，也不能吃，只能晒干了给孩童当玩物。大刺鱼可以把肉剔去，做成鱼灯。《字汇·鱼部》收录的"鯻"字，可能就是指刺鱼。

鳄鱼

【原文】 鳄鱼，类书及《字汇》云，似蜥蜴而大，水潜，吞人即浮。《潮州志》载："府城东海边有鳄溪，亦名恶溪，有鳄鱼，往往为人害。鹿行崖上，群鳄鸣吼，鹿大怖，落崖，鳄即吞食。"《珠玑薮》载："鳄鱼一产百卵，及形成，有为蛇、为龟、为鲛鲨种种不同之异。"韩昌黎[1]有《祭鳄文》，亦恶其为人物害也。其文后注："鳄鱼尾上有胶，水边遇有人畜，即以尾击拂之，即粘之入水而食。"诸说如此。其鱼狞恶难捕，其真形不可得见。

康熙己卯春，闽人俞伯谨[2]云曾于安南国[3]亲见。细询，其详述："自康熙三十年[4]，表兄刘子兆为海舶主人，自闽载客货往安南贸易，携予偕往。自福省三月二十五日开船，遇顺风，七日抵安南境，二十四日进港登岸，游其国都。见番人皆披发跣足[5]。适安南番王为王考作周年，令各府及各国献异物焚祭，以展孝思。时东坡蔗地方献犀牛，其角在鼻，体逾于水牸[6]而尾长，尾上毛大如斗，身有斑驳，如松皮状而黑灰色。又所属新州府官献长尾猴，其猴身上赤下黑，尾长尺余。又浦门府官献乳虎十三头，仅如狗大而色黄。惟占城国[7]贡鳄鱼三条，各长二丈余，以竹篾作巨筐笼之，尚活。其鱼金黄色，身有甲如鱼鳞，鳞上生金线三行。口方而阔，有两耳，目细长可开阖。四足短而有爪，尾甚长，不尖而扁。牙虽刺而无舌。逢人物在水崖，则以尾拨入水吞之。所最异者，两目之上及四腿之傍，有生成火焰，白上衬红如绘。将祭之日，欲焚诸物，诸番臣以犀牛有角可珍、长尾猴具有灵性，俱不伤人，焚之可惜。番王令放其猴于山、犀牛养于浦村港口，令牧人日给以刍[8]。惟鳄鱼及乳虎舁至淳化地方，架薪木焚祭。远近聚观者数万人。此日畅玩，是以得备识鳄鱼形状。"即为予图，并记其事。

愚按，龙称神物，故被五色而游，而《诗》亦曰："为龙为光。"[9]故绘龙者每增火焰，非矫饰也。今鳄体有生成赤光，俨类龙种，但其性恶戾，特龙种之恶者耳。其所生种类，亦必不善。海中有钩蛇，其尾有钩，魟鱼尾如蝎而有毒，鲛鲨之大者能吞人、吞舟。参之《珠玑薮》之说，宁皆非鳄之余孽乎？此予所以于

□ 鳄鱼

鳄鱼，长得像大蜥蜴，平时潜伏于水中，一旦觉察到有人畜靠近，就会用它带胶的尾巴将猎物扫下水，然后粘住拖来吃掉。由于很少有人目睹鳄鱼的真颜，所以人们认为它是龙的一种，而它在各种古书上的具名也为鼍龙、土龙、猪婆龙等。

魟鱼、鲨鱼之上，而必以鳄统之也。

张汉逸曰："存翁著此图，考于古者，既稽之芸简；访于今者，又询于刍荛[10]，故每能以其所已知者，推及其所不及知者。如鳄身光焰，群书不载，不经目击者，取证何由详悉如此？"予曰："一人之耳目有限，千百人之闻见无穷。蜥蜴之状、掉尾之说、吞人畜之事，凭乎人之所言，更合乎书之所记，信乎不谬。"

《鳄鱼赞》：鳄以文传，其状难见。远访安南，披图足验。

【注释】〔1〕韩昌黎：韩愈，字退之，郡望昌黎，唐代文学家。韩愈任潮州刺史时，有感于当地鳄鱼肆虐，危害人畜，写下《祭鳄鱼文》，祈求鳄鱼退散。潮州，今广东潮州市。

〔2〕俞伯谨：福建人，作者友人，家族经商，刘子兆是其表兄。

〔3〕安南：此为越南北部古国之称。安南之名始自唐调露天年（679年）交州都督府改为安南都护府。

〔4〕康熙三十年：公元1691年，辛未年。

〔5〕披发跣（xiǎn）足：散发赤脚。

〔6〕水牯（gǔ）：水牛。

〔7〕占城国：今越南南部。

〔8〕刍：这里指割草喂犀牛。

〔9〕为龙为光：出自《诗经·蓼萧》："既见君子，为龙为光。"其意为：见到了周天子，感到荣幸又光荣。作者据此强行认为龙类带有五彩神光。

〔10〕刍荛（ráo）：割草砍柴，代指割草、砍柴的人，即普通百姓。

【译文】鳄鱼，各种类书和《字汇》都说鳄鱼长得像大蜥蜴，平时潜伏在水中，捕食时会浮出水面。《潮州志》记载："府城东海边上有一条鳄溪，又叫恶溪，有鳄鱼栖息在此，经常伤人。小鹿在山崖行走，崖下鳄鱼群聚吼叫，小鹿被吓得掉下山崖，于是就成为了鳄鱼的美食。"《珠玑薮》记载："鳄鱼一次可产下一百枚卵，孵化出蛇、龟、鲛鲨等各种不同的生物。"韩愈著《祭鳄鱼文》，正是有感于鳄鱼害人而作，文后注释："鳄鱼尾巴上有一种粘胶，在水边看到人畜，便用尾巴拍打他们，使其被粘住，然后将他们拖下水吃掉。"以上就是关于鳄鱼的记载。由于鳄鱼十分凶恶，难以捕捉，所以人们无从得知它真正的模样。

康熙三十八年春天，福建人俞伯谨自称曾在安南见到过鳄鱼。在我的追问下，他告诉了我事情的详细经过："康熙三十年，我表哥刘子兆当上船长以后，常从福建出发，运送客人和货物到安南。有一次我同他一起前往。三月二十五日从福建出发，借助顺风，七天便抵达了安南境内，二十四天后才靠岸。船停靠在港口后，我登岸游览安南国都，发现那里的国民都披头散发，赤裸着脚。适逢安南国王为父亲做周年，要求各地及周围各国进献宝物作为祭品，用以寄托孝亲之思。当时东坡蔗地方官献上了犀牛，其鼻子上长着一只犄角，体形比水牛大，尾巴也更长，尾毛像斗那么大，身上满是斑驳的痕迹，皮肤像是松皮，全身黑灰。还有新州地方官献上了一只长尾猴，其上身红、下身黑，尾巴有一尺多长。浦门地方官献上了十三头黄色虎崽，仅有小狗那么大。占城国进献了三条鳄鱼，每条鳄鱼长两丈多，关在大竹笼里，皆为活物。它们通身金黄色，有鱼鳞般的甲壳，还有三行金线。这些鳄鱼的头方正宽阔，有一对耳朵，眼睛细长，可以开合；四肢短小，有爪子，尾巴扁平而长。它们牙齿锋利但没有舌头，遇到水边的人畜，就用尾巴拨入水中吞食。最为神奇的是，它们眼睛之上以及四肢旁燃烧着白红相间的火焰。祭祀那天需要焚烧祭品，安南群臣进言说，犀牛鼻上的角十分珍贵，长尾猴颇通灵性且不伤人，把它们烧掉都很可惜。于是安南国王命令把长尾猴放归山林，把犀牛养在浦村港口，让人每天喂食，只把鳄鱼和小老虎运到淳化地区焚烧。当时有数万人从远近赶来围观，我正好在那附近游玩，也看到了鳄鱼的样子。"之后俞伯谨为我画了一张图，记录下了当时看到的鳄鱼的样子。

作者注：龙是一种神物，身披五色彩光，在《诗经》里也有一句"为龙为光"。所以人们画龙，经常会加上火焰，其实并没有过分夸张。可是，鳄鱼竟然也能发出红光，俨然是龙类的后代。不过它们性情凶恶，就算是神龙后代，也应该是恶龙的后代吧！而鳄鱼的后代，自然也好不到哪里去：海中有一种钩蛇，鱼尾有一只钩子；虹鱼的尾巴像蝎尾一样，且有剧毒；大鲛鲨能吞食人类乃至船只。按照《珠玑薮》的记载，这些鳄鱼的后代，不都是一些孽种吗？这就是我把鳄鱼记载在虹鱼、鲨鱼之前的原因。

张汉逸问："存庵，你画《海错图》时，考察古书中已有的记载，又遍访今人的记述，所以才能以自己的知识为基础，来推测自己尚不清楚的事情。但鳄鱼身有光焰这种事，书中没有记载，又没有找到目击者，你是如何了解得如此清楚的呢？"我回答说："一个人所能了解的事，固然是有限的，但是千百个人所了解的事，就无穷无尽了。比如鳄鱼长得像蜥蜴、摇动尾巴来捕猎、吞食人畜这些事，原本就是通过人们的见闻所了解的，但它又与书中的记载相符，所以我才能确认无误。"

册二

　　本册所收录物种有鳞类、毛类和裸类。自锦魟至蛇鱼，共列79个条目，不但包含了魟鱼、鲨鱼、海豹、海牛等广为人知的生物，也囊括了龙肠、泥钉、泥刺等难以名状的生物，更有龙虱、朱蛙、海蜘蛛等富有传奇神秘色彩的生物。由册一进入册二，声色渐开，耳目顿明，直令人心驰神往，如临其境。

锦魟

【原文】锦魟，背有黄点，斑驳如织锦。《福宁州志》有锦魟。

《锦魟赞》：金吾[1]不禁，刁斗[2]无声。魟飞月下，衣锦夜行[3]。

《青魟赞》：诸魟服色，惟锦最新。黄绿而外，嗟尔降青[4]。

【注释】[1]金吾：本指金吾鸟，后指京城职掌守夜的禁军，汉代有官职"执金吾"。

[2]刁斗：古代军中打更器具，刁斗响后，即开始宵禁。

[3]衣锦夜行：夜里穿着绫罗绸缎出来散步。出自《史记·项羽本纪》："富贵不归故乡，如衣锦夜行，谁知之者。"

[4]嗟尔降青：双关语，本指黄魟、绿魟之外还有一种青魟，这里指"被降职为青袍小官"。此外，作为前朝遗民，作者也有可能借此表现出自己反清复明的愿望。因为在他看来，魟鱼本来就是恶类孽种（详见册一《鳄鱼》），他或许是用锦魟"衣锦夜行"代指卖国求荣、用青魟"嗟尔降青"代指变节投敌。

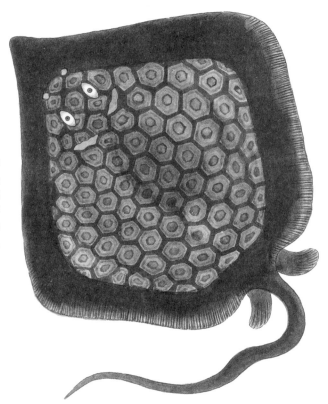

 锦魟

　　锦魟，产自福建海域。它的个头较小，头是尖的，身体就像大槲树的叶子，嘴巴长在下巴下面，眼睛长在耳朵后面，没有鳞片，身上布满织锦纹般的斑点。

【译文】 锦魟，背上长有黄色斑点，就像斑斓的织锦。在《福宁州志》中有锦魟的记载。

黄魟

【原文】 黄魟，色黄。其味甚美，青魟之所不及也。尾亦有刺，螫人最毒。海人所谓"黄魟尾上针"[1]，正指此也。外方人以为黄蜂尾上针，误矣。

《黄魟赞》：普陀南岸，莲花有洋[2]。经霜荷叶，到处飘黄。

【注释】 〔1〕黄魟尾上针："魟""蜂"声母相近、韵母相同，且外地很少有黄魟鱼，因此误传为"黄蜂"。

〔2〕莲花有洋：即莲花洋，位于今舟山本岛与普陀山之间。

【译文】 黄魟鱼，即为黄色，味道极其鲜美，连青魟也比不上它。它的尾巴上有毒刺，毒性最为强烈。渔民常说"黄魟尾上针"，指的就是这种毒刺。外地人不了解情况，都以为这里是指黄蜂尾巴上的针，错也。

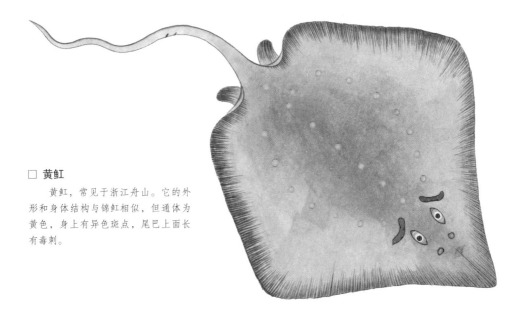

□ 黄魟

　黄魟，常见于浙江舟山。它的外形和身体结构与锦魟相似，但通体为黄色，身上有异色斑点，尾巴上面长有毒刺。

绿魟

【原文】 绿魟，一名"缸片魟"。其肉厚而粗，味亚诸魟。

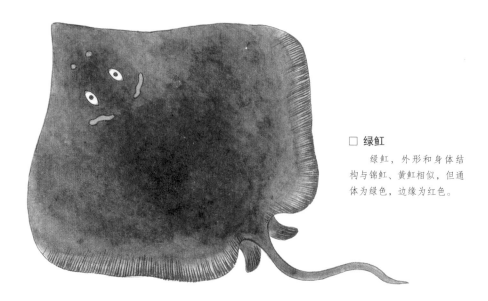

□ 绿魟

绿魟，外形和身体结构与锦魟、黄魟相似，但通体为绿色，边缘为红色。

《绿魟赞》：银海碧盘，浮沉徜徉。似鳖敛足[1]，只嫌尾长。

【注释】 〔1〕敛足：缩回了脚。

【译文】 绿魟，又名"缸片魟"。它的肉质厚硬粗糙，味道不及其他魟鱼。

鸡母魟

【原文】 鸡母魟，其形如母鸡张翼状，土名"冬鸡母"。体作云头式，尾三楞，皆有短刺，不螫人。其肉煮之能冻[1]。

《鸡母魟赞》：形如翼卵，势若抱雏。难作牝鸣[2]，亦乏爪孚[3]。

【注释】 〔1〕冻：动物的肉、脂肪，经熬煮、烹调冷却后形成的果冻状物体。

〔2〕牝（pìn）鸣：母鸡叫。牝，雌性。

〔3〕爪孚：雌鸟用爪孵卵。孚，金文形体，形如"用手抓了一个人"，作者此处是说"母鸡用爪子孵卵育雏"，其观点出自五代宋徐锴《说文解字系传》，"鸟抱恒以爪反覆其卵也"。

【译文】 鸡母魟，外形像一只张开翅膀的母鸡，因此有俗名"冬鸡母"。它的身体呈云头状，尾巴有三条棱边，上面长着小刺，不扎人。它的肉经熬煮后可以结成肉冻。

□ 鸡母魟

　　鸡母魟，又名"冬鸡母"，因其样子像一只张
开双翅的母鸡而得名。它的身体呈云头状，尾巴上
布满小刺，但不扎人。

魟腹

【原文】　凡黄魟、青魟、锦魟，腹形皆同。其口并在腹下，口之上复有二腮
孔如钩，尾闾[1]之孔亦大。其鱼虽匾阔，而肚甚狭促，周身细脆骨绕之如鲨翅而
无筋，亦鲜肉也。凡魟亦系胎生，青者生青，黄者生黄，一育不过三五枚。以其
腹窄，故不多。亦不能如鲨鱼朝出而暮入[2]也。生出即能随母鱼游跃，以栖托于
腹背之间。

　　《魟腹赞》：背目腹口，上下各异。一身之中，遥隔天地。

【注释】　〔1〕尾闾（lú）：中医语，尾闾穴，位于尾骨与肛门之间。
　　〔2〕鲨鱼朝出而暮入：鲛鱼的幼崽白天从母亲腹中出来，晚上又回到母亲腹中。出自东汉杨孚
《交州异物志》："鲛之为鱼，其子既育，惊必归母，还其腹。小则入之，大则不复。"关于这个传
说，有鲨、鲛、鲳（cuò）三个版本，详见本册《花鲨》。

【译文】　黄魟、青魟和锦魟的腹部形状相似，它们的嘴都长在下腹部，嘴上都
有两个像钩子一样的腮孔，尾巴根部的孔穴都很大。魟鱼身形虽然扁平宽阔，但是腹
内空间很小，全身环绕着细脆的鱼骨，就像鲨翅，但没有筋。这几种魟的味道也很鲜

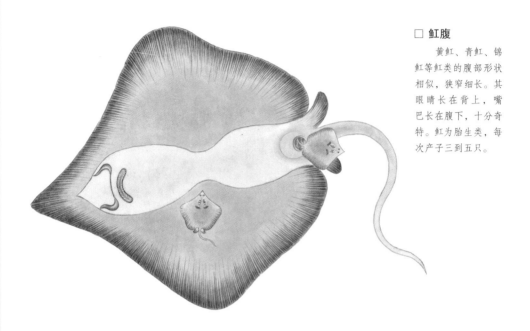

□ **虹腹**

黄虹、青虹、锦虹等虹类的腹部形状相似，狭窄细长。其眼睛长在背上，嘴巴长在腹下，十分奇特。虹为胎生类，每次产子三到五只。

美。虹鱼都是胎生，青虹生青虹，黄虹生黄虹，每胎不过三五只，这是因为它们的肚子太小，所以产子数量不多，这些幼崽也不能像鲨鱼那样早晚进出母亲的肚子。虹鱼幼崽刚生下来，就能够随着母亲出游，并栖息在母亲的腹部和背部之间。

珠皮虹

【原文】 珠皮虹，大者径丈，其皮可饰刀鞬[1]。今人多误称鲨鱼皮，不知鲨皮虽有沙[2]不坚，无足取也。

《珠皮虹赞》：虹背珠皮，寔饰刀剑。误指为鲨，前人未辨。

【注释】〔1〕刀鞬（jiàn）：鞬，箭囊；刀鞬，泛指兵器。
〔2〕沙：鱼皮上粗糙的沙状颗粒。正因为有这种颗粒，所以鱼皮常被用来装饰刀把等处，以增加摩擦力。

【译文】 个头大的珠皮虹，直径可达一丈，它的皮可以用来装饰兵器。现在的人经常将珠皮虹皮误认为是鲨鱼皮，殊不知鲨鱼皮虽然也有沙状颗粒，但并不坚固，无法用来装饰兵器。

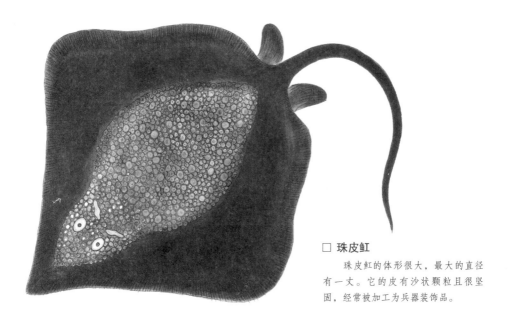

□ 珠皮魟

　　珠皮魟的体形很大，最大的直径
有一丈。它的皮有沙状颗粒且很坚
固，经常被加工为兵器装饰品。

燕魟

【原文】　《临海异物志》[1]："鸢鱼似鸢，燕鱼似燕，阴雨皆能高飞丈余。"燕鱼即燕魟也，鸢鱼无考。燕魟，《福州·鳞介部》亦称"海燕"，《泉州志》作"海鱼燕"，《字汇》无"鱼燕"字。《兴化志》云："此鱼如燕，其尾亦能螫人。"福州人食味重此。此鱼黑灰色有白点者，亦有纯灰者。腹厚而目独生两旁，喙尖出而口隐其下。目上两孔是腮，甚大。能食蚶。《字汇·鱼部》有"鲋"字，疑指燕魟也。

　　《燕魟赞》：鳙须为帘，瑇瑁[2]为梁。燕燕于飞[3]，海底翱翔。

【注释】　〔1〕《临海异物志》：即《临海水土异物志》，三国时期沈莹编，书中记载了东南沿海及台湾的风土物产。

　　〔2〕瑇（dài）瑁：即玳瑁。详见册三《玳瑁》。

　　〔3〕燕燕于飞：燕子飞翔。出自《诗经·燕燕》："燕燕于飞，差池其羽。"于，往。

【译文】　《临海异物志》说："鸢鱼长得像鸢鸟，燕鱼长得像燕子，它们在阴雨天都能飞到万里高空。"燕鱼就是燕魟，但鸢鱼尚不清楚是什么鱼。燕魟在《福州志·鳞介部》中写作"海燕"，在《泉州志》中写作"海鱼燕"，《字汇》没有收录"鱼燕"字。《兴化志》说："这种鱼像燕子一样，它的尾巴能扎人。"福州人爱吃燕

□ 燕魟

燕魟，产自福建泉州等地。它的外形像燕子，大多为黑灰色带白色斑点，少数为纯灰色。它的腹部肥大，眼睛长在头的两侧，两鳃长在眼睛上面，口器则隐藏在尖利的嘴巴下面。

魟。这种鱼一般呈黑灰色且有白色斑点，有的也通身纯灰色。燕魟腹部肥厚，眼睛生在两边，吻部尖锐突出，嘴巴隐藏在吻部下面。它的眼睛上面有两个大孔，那是它的鳃。燕魟主要以蚶类为食，所以我认为《字汇·鱼部》中的"鲋"就是指燕魟。

鳞魟

【原文】鳞，小魟也。张汉逸曰："大则为水盖。"然考《闽志》，水盖与鳞两载。《字汇·鱼部》无"鳞"字。此魟专取其小如马蹄鳖之意，其形如鼈，疑为"鳖"字之讹[1]。干之为金丝鳖，海品之最美者。或云腹下有肉一片最佳，真"金丝"也，渔人识而先取之。骊珠[2]已为窃去，今市卖之金丝鳖，特骊龙之鳞爪耳。

《鳞魟赞》：鱼如铁铫[3]，鳖作金丝。不可大受，而可小知[4]。

【注释】〔1〕作者认为上文中的"鼈"字是"鳖"字的错别字。事实上，"鼈"是"鳖"的异体字。

〔2〕骊珠：传说骊龙颔下藏着一颗宝珠。出自《庄子·列御寇》："夫千金之珠，必在九重之渊，而骊龙颔下。"

〔3〕铫（diào）：一种小水壶。

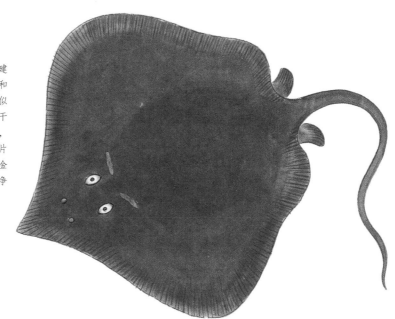

□ 鱄魟

　　鱄魟，产自福建海域，是一种外形和大小都与马蹄鳖相似的小型魟。鱄魟晒干后就是"金丝鲞"，但据说它腹下的一片肉才是真正的"金丝"，所以渔民都争相收取。

　　〔4〕不可大受，而可小知：双关语，本指不能从小处去了解一个君子，而要委以重任才能了解。这里指"鱄魟虽然在魟类中体形较小，但是较其他魟类贵重得多"，化用自《论语》"君子不可小知，而可大受也"。

　　【译文】　鱄魟是一种小魟鱼。张汉逸说："大鱄魟就是水盖鱼。"然而，我发现《闽志》中的水盖鱼和鱄魟是分开记载的。《字汇·鱼部》没有收录"鱄"字。这种鱼在外形和大小上和马蹄鳖一样，将它晒干后就是金丝鲞，最美味的海鲜制品。都说鱄魟鱼腹下的一片肉品质最好，是真正的"金丝"，所以识货的渔民早就提前将它取走了。现在市场上售卖的金丝鲞，不过是骊龙的鳞片和爪子，最珍贵的"骊珠"早已被盗走了。

海鳐

　　【原文】　海鳐，其形如鹞，两翅长展而尾有白斑，亦名"胡鳐"。《尔雅翼》及《字汇》作"文鳐"，并指飞鱼，不知魟鱼中乃别有鳐鱼。鳐鱼不曰"鹞"而必曰"鳐"者，为鱼存鳐名也。此鱼红灰色，目上有白点二大块，亦有斑白点。

　　《海鳐赞》：海马乘猎，海狗随行。海鳐一飞，海鸡群惊。

□ 海鳐

　　海鳐，外形像鹞鹰，有两只翅膀，身体为红灰色，尾巴细长且有白色斑点，鱼眼上也有白斑。

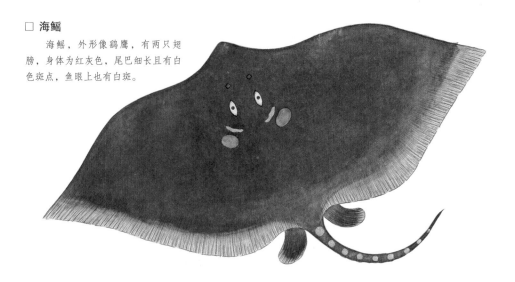

　　【译文】　海鳐，长得像鹞鹰，两只长长的翅膀展开着，尾巴上有白斑，又名"胡鳐"。《尔雅翼》和《字汇》将其写作"文鳐"，解释为飞鱼，却不知道魟类中另有一种鳐魟。鳐鱼的"鳐"不写作"鹞"而是写作"鳐"，正是为了保存鱼类中"鳐"的名字。鳐鱼为红灰色，鱼眼上有两块大白斑，有的却是小斑点。

虎头魟

　　【原文】　虎头魟，形如虎头而不尖。背有沙子一条，直至于尾。海中偶有，味不堪食。

　　《虎头魟赞》：魟有燕颔[1]，又有虎头。鱼王而下，尔公尔侯。

　　【注释】　〔1〕燕颔：下巴为燕形，形容相貌威武。

　　【译文】　虎头魟，外形像虎头，十分圆润。它的背上有一条颗粒状凸起，一直延伸到尾部。这种鱼在海中十分少见，味道也不好。

魟鱼

　　【原文】　按：魟鱼，其种类不一，曰青、曰黄、曰锦、曰燕、曰鲼，繁生浙闽海中。小者如掌，大者如盘如匝，至大者如蒲团[1]如米箕[2]，重六七十斤、八九十斤不等。有"水盖""斑车""牛皮"之名，皆大魟也。诸魟鱼并有刺，

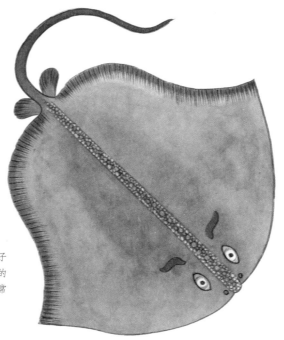

□ **虎头魟**

　　虎头魟，下巴为燕形，身子像虎头，背部有一条沙砾状的长条贯穿头尾，十分威武，常有群鱼相伴，如同鱼王一般。

　　而鱼市见者则无。询之鱼贾，曰："魟鱼之刺在尾后，距尾根二寸许。渔人捕得，先以铁钩钩其背，摘去毒刺，投于海，然后分肉入市。"其刺有二，一长一短。长者有倒须小钩，甚奇。其毒刺螫人身发寒热连日，夜号呼不止。以其刺钉树，虽合抱松柏，朝钉而夕萎，亦一异也。

　　魟鱼，《尔雅》及诸类书不载，韵书亦缺，盖其字不典，不在古人口角[3]也。匪但经史中无此，即诗赋内亦罕及。独《汇苑》因《闽志》采入。《字汇》注魟鱼曰，"鱼，似鳖"，义尚未尽。《尔雅翼》解鲛鱼曰："似鳖，无足有尾"，此正魟状也。而又曰："今谓之'鲨鱼'，则展转[4]相讹矣。"不知古人典籍虽鲜"魟"字，然《江赋》鱝鱼[5]注曰"口在腹下而尾有毒"，尤为魟鱼传神写照。昔人既不解魟，又失详[6]"鱝"义，尝执"鲛鲨"二字以混魟鱼，致使诸书训诂[7]一概不清，每令读者探索无由，多置之不议不论而已。

　　渔人称燕魟固善飞，而黄魟、青魟、锦魟亦能飞。尝试而得之网户，凡捕魟者，必察海中魟集之处下网，相去数十武[8]，候其随潮而来，则可入我网中。有昨日布网，今日潮候绝无一魟者，因更搜缉之，则魟已遁去矣，或相去数十里不等。盖魟鱼聚水有前驱者，遇网则惊而退，乃与群魟越网飞过。高仅一二尺，远不过数十丈，仍入海游泳而去，又聚一处。渔家踪迹得之，乃移船，改网更张，遂受罗取。往往如此，是以知其能飞也。大约燕缸善飞鼓舞，青、黄、锦相继于后。取渔人之言，而合之《珠玑薮》之说，似不诬矣。

【注释】〔1〕蒲团：蒲草编成的坐垫。

〔2〕米箕：竹条编成的簸箕。

〔3〕口角：本指嘴边，这里指经常讨论的内容。

〔4〕展转：辗转，流传的过程。

〔5〕鳍（fèn）鱼：生活在暖温带及热带海岸线水域中的一种鱼类。

〔6〕失详：缺少详细的了解，这里指不了解。

〔7〕训诂：对古籍中的字词进行解释。

〔8〕武：古代六尺为"一步"，半步为"一武"。

【译文】作者注：缸鱼种类繁多，有青缸、黄缸、锦缸、燕缸、鲫缸等。缸鱼大多产自浙江、福建附近的海域中。小的缸鱼只有巴掌大，大的像盘子、水瓢那么大，甚至还有蒲团、米箕般大的，重达六七十斤、八九十斤不等，大缸鱼俗称"水盖""斑车""牛皮"等。缸鱼都长着尖刺，但是市场上的缸鱼却没有刺。我曾询问鱼商，他们告诉我："缸鱼刺长在离尾巴根部两寸多的地方。我们捕到缸鱼后，先用铁钩钩住鱼背，摘去毒刺扔到海中，再将鱼拿到市场上售卖。"缸鱼有两种刺，一种长的，一种短的，长刺上还有倒钩，非常奇特。如果有人被缸鱼的毒刺扎到，就会反复发热和发冷，夜晚更是哀号不止。即使是合抱粗的松柏，在被毒刺扎到后，也会在一天之内枯萎，这也是一大怪事。

缸鱼在《尔雅》和各种百科书中都没有记载，韵书也没有记录，大概是因为这个字不典雅，所以不为古人所用。不仅在经史典籍中没有这个字，就连诗赋中也很少看到，唯有《汇苑》在引述《闽志》时录入了这个字。《字汇》中"缸"的解释为"一种像鳖的鱼类"，但字义并不明确。《尔雅翼》把"鲛鱼"解释为"就像没有四肢但有尾巴的鳖"，这正符合缸鱼的外形特征。《尔雅翼》又称："现在也叫它作'鲨鱼'。"这便是以讹传讹了。殊不知虽然在古代典籍中很少出现"缸"字，但《江赋》中关于鳍鱼的描述为"口器位于鱼下腹，鱼尾有毒"，正是对缸鱼特征的传神写照。从前人们不了解缸鱼，也不了解"鳍"的字义，就用"鲛鲨"给缸鱼冠名，导致各种书籍中的解释模糊不清，令读者难以辨别，只好"不求甚解"了。

渔民说，燕缸固然能飞，但黄缸、青缸、锦缸也能飞。我也从捕鱼者那里听说，每当捕缸鱼的时候，人们都会先找到海中缸鱼的聚集处，在距其数十步的地方下网，只需等到涨潮，虹鱼就会自投罗网。有时前一天下网，第二天没有捕到鱼，便要重新寻找虹鱼的踪迹，因为它们一般已经逃出几十里远了。它们聚集时，游在最前面的虹鱼，触碰到渔网便惊动后退，会与其他虹鱼一起飞跃渔网。它们飞跃不过一两尺高，几十丈远，然后便重新入水游走，再寻找地方聚集。渔民循着踪迹找来，再驾船到合适的位置下网，就又能捕捉到虹鱼了。它们每次皆是如此，由此断定虹鱼能飞。大概是作为飞跃能手的燕虹在前面引领鼓舞，青虹、黄虹和锦虹紧随其后，一跃而起。根据渔民所说，再加上《珠玑薮》的记载，诸虹鱼能飞的事似乎不假。

赤鳞鱼

【原文】 闽海有小红鳗，永不能大。土人名为"赤鳞鱼"，鱼品之最下，不堪食。又一种可食，似赤鳞而色白。

《赤鳞鱼赞》：龙宫夜晏，万千红烛。烧残之余，流泛海角。

【译文】 福建附近海域中有一种小红鳗，永远都长不大。当地人又称它为"赤鳞鱼"，是最下等的鱼，不能吃。另有一种鱼，长得像小红鳗，通体白色，可以吃。

□ **赤鳞鱼**

　　赤鳞鱼，即小红鳗，产自福建附近海域，是一种永远也长不大的小型鱼。

花鲨

【原文】 海人云："凡鲨鱼生子，虽有卵如鸡蛋黄，然仍自胎生。"予未之信。近剖花鲨，果有小鲨鱼五头在其腹内。有二绿袋囊之，傍尚有小卵若干，或俟五鱼育，则又生也。海人又谓："凡鲨生小鱼，小鱼随其母鱼游泳，夜则入其母腹。故鲨尾闾之窍亦可容指。"考之类书，云："鲛鲨，其子惊则入母腹。"又《汇苑》称："䲟鱼生子后，朝出索食，暮皆入母腹中。"䲟鱼疑亦鲨也。《字汇》未注明。予奇此事，每欲与博识者畅论而无由。盖鱼在海中，入腹出胎，谁则

□ 花鲨

花鲨，体形庞大，腹部为白色，背部为灰黑色，从背至尾部有一条长方形的白色圆斑带。

这种鱼为胎生类，母花鲨总像母鸡保护雏鸡，母燕保护小燕一样，护在小花鲨身畔。

见之？徒据渔叟之语与载籍所论，终难凭信。今剖花鲨之腹而得五儿鱼，其理确然，不烦犀照^[1]，予故图而述之，并可验虎锯、青犁等鲨之无不皆然。予序所谓"鳎胸穴子，比燕翼而尤深"，盖指此也。《字汇·鱼部》有"鮈"字，指江豚能育子也。然又有"蒟籍"^[2]二字，音义并同。观此鲨儿鱼尝出入其腹中，则二字实藏鱼于腹，制字不虚，必有着落如此。

《花鲨赞》：如鸡伏雏，似燕翼子。花鲨胎生，诸鲨类此。

【注释】〔1〕犀照：点燃犀牛角来照明，代指犀利独到的眼光。古人认为，犀角燃灯可以照见平常看不见的妖物，出自《晋书·温峤传》："至牛渚矶，水深不可测，世云其下多怪物，峤遂毁犀角而照之。"

〔2〕鮈（jú）、蒟、籍：皆江豚的别称。蒟、籍，同鮈。作者认为"鮈""蒟""籍"与"鞠"为同源关系，皆有"养育"之义；实际上，"鞠"的"养育"之义，是从"穀""乳"等字同音假借而来的，并非本义。上述别名，都是形容江豚"体态圆润"，而非"善养幼崽"。籍，实出自清吴任臣《字汇补》。《字汇补》是在《字汇》的基础上增补的，大量添加俗字。

【译文】渔民说："鲨鱼皆生育幼崽，即便有鸡蛋一样的鱼卵，仍属胎生动物。"我曾对此表示怀疑，但最近剖开一条花鲨的肚子，发现里面竟然真有五条小鲨鱼。只见两只绿色的肉囊包裹着小鲨鱼，旁边还有若干鱼卵，也许在这五条小鱼长成后，还会再产新胎。海民还说："刚出生的小鲨鱼白天会随着母亲一起出游，晚上又回到母亲肚子里。所以鲨鱼尾巴的孔穴宽得可以放进手指。"我发现类书上面记载："小鲛鲨受惊后，会躲进母亲的肚子里。"《汇苑》也称："鳎鱼的幼崽早上外出觅食，晚上躲进母亲体内。"我怀疑"鳎鱼"就是鲨鱼，但是《字汇》中没有明确的解释。我觉得这件事十分蹊跷，常想与那些见多识广的人讨论，但苦于没有机会。鱼类生活在海洋中，就算从母腹中出入，又有谁看得见呢？仅凭渔民的说辞和书中的记录，始终难下定论。如今从鲨鱼剖开的肚子中找到了五只幼崽，便是证据确凿了，不劳点燃犀角明灯，我特意将它画下来，并用它验证虎锯、青犁等鲨鱼，无一不是如此。我在序文中说"鳎鱼胸腹养育幼崽，比周武王更加关心子孙后代"，就是形容鲨鱼护子。《字汇·鱼部》收录有"鮈"字，意思是江豚能养育后代。又有"蒟""籍"二字，与"鮈"音义相同。看到小鲨鱼能出入母亲的肚子，才知道这两个字是"鱼藏在肚子里"的意思。古人造字从来不虚构，必定有据可依。

青头鲨

【原文】 青头鲨，头大而齿利，亦名"圆头"。其肉粗少油，与硬鼻鲛皆可为鲞。汀、建、延、邵[1]各郡山乡多珍之。云头、双髻、犁头、面条等鲨，不堪为鲞，止堪鲜食，盖肉嫩不易干，且有油难燥。诸鲨腌鲜之别，讨海者[2]具述如此。

青头鲨食诸水族，即海人濯足[3]于水，常为啮去。

《青头鲨赞》：青鲨状恶，无所不啖。泅水弄潮，亦受其害。

【注释】〔1〕汀、建、延、邵：分别为福建汀州、建宁、延平、邵武府，即今福建长汀、建瓯、南平、邵武市。

〔2〕讨海者：闽南方言，泛指渔民。

〔3〕濯（zhuó）足：洗脚。濯，清洗。

【译文】 青头鲨，头大，牙齿锋利，又名"圆头"。它的肉质粗糙，少油脂，可以像硬鼻鲛那样做成腌鱼干。汀州、建宁、延平、邵武的百姓都很爱吃青头鲨鱼干。云头、双髻、犁头、面条等鲨鱼不能做成腌鱼干，只能鲜食，因为它们的肉质软嫩不易晒干，而且富含油脂。关于各种鲨鱼的鲜吃、腌吃的区别，是我特意请教海民后写下的。

青头鲨捕食各种水生动物，就连海民在水边洗脚，也经常被它咬断腿脚。

剑鲨

【原文】 剑鲨略如锯鲨，鼻甚长，两旁有齿各三十二；剑鲨鼻稍短，两旁不列齿，其形如剑而甚利，渔人莫敢撄其锋。但锯鲨，类书及《粤志》有其名，剑鲨无其名，惟《汇苑》载："剑鱼，一名'琵琶鱼'。"《闽志》有琵琶鱼，疑即此也。询之鱼户张朝禄，云："剑鲨肉易腐，肉不堪食，网中亦罕得。"滕际昌曰："此鱼乐清[1]海上甚多。网中得生者，其剑犹能左右挥划，人多怖之。"谢若愚曰："予年九十三，闽中见此鱼不过一二次，比之锯鲨为少，故其名不著。"今得传其状，"青萍结绿[2]，将长价于薛、卞之门"矣。

《剑鲨赞》：虾兵蟹将，掼[3]甲拖枪。鱼头参政，剑赐尚方[4]。

【注释】〔1〕乐清：今浙江温州乐清市。

〔2〕青萍、结绿：出自李白《与韩荆州书》："庶青萍、结绿，长价于薛、卞之门。"其意为：即便是青萍这样的宝剑、结绿这样的美玉，也要通过识物的薛烛、卞和，才能提高自己的身价。青

□ **青头鲨**

青头鲨，头大身小，又名"圆头"。它的牙齿锋利无比，面目狰狞，无所不吃。不管是海中生物还是渔夫，一旦遇到它都难免遭殃。

□ 剑鲨

剑鲨，因外形像一把利剑而得名。它的鼻子稍长，没有牙齿。它的"剑突"异常锋利，令人忌惮，难以触碰。这种鲨鱼十分稀少，难以见到。

萍，传说中的名剑。结绿，与和氏璧齐名的美玉。

〔3〕掼（guàn）：身穿。

〔4〕尚方：尚方宝剑。此为古代帝王御用的宝剑，常赐给心腹大臣，持剑者可以代表皇帝行使权威。

【译文】 剑鲨有点像锯鲨，锯鲨的鼻子很长，两边各有三十二颗牙齿；剑鲨的鼻子则稍短，两边没有牙齿，外形如同锋利的宝剑，渔民都不敢触碰它的锋利部位。在百科书和《粤志》中有锯鲨的记载而没有剑鲨的记载，只有《汇苑》说："剑鱼，也叫'琵琶鱼'。"我认为剑鲨就是《闽志》记载的琵琶鱼。我曾询问渔民张朝禄，他告诉我："剑鲨的肉很容易腐烂，也不能吃，很难捕到。"滕际昌说："乐清附近的海上有很多剑鲨。活的剑鲨被渔网网住以后，仍然挥舞着'宝剑'，令人畏惧。"谢若愚说："我活了九十三岁，只在福建见过剑鲨一两次，比锯鲨罕见多了，所以很不出名。"如今我知道了它的模样，无异于青萍宝剑得遇薛烛、结绿美玉得遇卞和呀！

青鳗

【原文】 青鳗，如鳗而细，其啄甚长，红色。其身透明能照见骨节，皆油也，不堪食。海滨儿童干而悬之以为戏。按《临海异物志》称，"鸢鱼似鸢，燕鱼似燕。阴雨皆能高飞丈余"。今考鸢之为鸟，身小而黑绿，啄长而赤；崔鱼啄长而身亦长狭，则青鳗当作鸢鱼矣。然必验此鱼能飞，则始可定评矣。

《青鳗赞》：海有鸢鱼，无从访画。青鳗鸟啄，疑为鸢化。

□ **青鳗**

青鳗，身形细长，赤红色的嘴巴又长又尖，绿色的身体透得可以看见鱼骨。它没有肉，只有油脂，所以不能吃。人们怀疑这种鳗鱼是由蛮变成的。

【译文】 青鳗，身形比一般的鳗鱼细长，嘴巴为红色，也很长，通体晶莹剔透，可以看见鱼骨。由于它体内全是油脂，所以不能食用。海边的孩童经常将它晒干后当作玩物。根据《临海异物志》记载，"鸢鱼长得像鸢鸟，燕鱼长得像燕子，它们在阴雨天都能飞到几丈高空"。现据考证，鸢鸟身形瘦小，全身黑绿，嘴巴细长赤红；崔鱼的嘴巴和身体也比较细长，那么青鳗必定就是鸢鱼了。然而，还得证明青鳗真的能飞，我才可以卜定论。

海舡钉

【原文】 宁波海上有鱼曰"海舡钉"，色青，身圆而肥，直如钉，故名。出冬月，味鲜。其目珠虽置暗室有光。

【译文】 宁波附近海域有一种叫作"海舡钉"的鱼，通体青色，身体圆润肥厚，直如钉子，并因此得名。这种鱼出产于冬天，味道鲜美。将它的眼珠放在黑暗的房间里，仍可以闪闪发光。

□ 海舡钉

海舡钉，产自浙江宁波海域。它通体青色，身体圆肥笔直，眼珠在黑暗的地方会发光。这种鱼在冬天繁生，味道鲜美。

锯鲨

【原文】 《说文》云："鲛鲨，海鱼，皮可饰刀。"《尔雅翼》云："鲨有二种，大而长，啄如锯者名'胡沙[1]'，小而粗者名'白鲨'。"今锯鲨鼻如锯，即胡鲨也。《字汇》"鯺"但曰鱼名，疑即锯鲨也。此鲨首与身全似犁头鲨

□ 锯鲨

锯鲨，主要产自福建海域。它的头和身子像犁头鲨，鼻子像锯子，因此得名"锯鲨"。它的鼻子很长，约占身体的三分之一。它惯习将它的鼻子折断，悬挂在家中作辟邪之物。

状，惟此锯为独异。其锯较身尾约长三之一，渔人网得必先断其锯悬于神堂以为厌胜[2]之物。及鬻城市，仅与诸鲨等，人多不及见其锯也。《汇苑》载"鲹鱼"注云："左右如铁锯。"而不言鼻之长。总未亲见，故训注不能畅论。至《字汇》则但曰鱼名，尤失考较也。渔人云："此鲨状虽恶而性善，肉亦可食。"又有一种剑鲨，鼻之长与锯等，但无齿耳。以其状异，故又另图。其剑背丰而傍薄，最能触舟，甚恶。《汇苑》云："海鱼千岁为剑鱼，一名'琵琶鱼'。形似琵琶而喜鸣，因以为名。"考《福州志》锯鲨之外有琵琶鱼，即剑鲨也。

《锯鲨赞》：海滨虾蟹，生活泥水。鲨为木作[3]，铁锯在嘴。

【注释】 〔1〕沙：通"鲨"。

〔2〕厌（yā）胜：一种古代巫术，用法术诅咒或祈祷，以达到制服人或物的目的。厌，通"压"，镇压。

〔3〕木作：木匠。

【译文】 《说文解字》记载："鲛鲨是一种海鱼，它的皮可以用来装饰刀具。"《尔雅翼》说："有两种鲨鱼，一种体大身长、吻部像锯子的，叫作'胡鲨'；一种体小身粗的，叫作'白鲨'。"据我观察，锯鲨的鼻子就像锯子，正是"胡鲨"。《字汇》收录了"鲹"字，只解释其为鱼名，我认为它可能就是"锯鲨"。锯鲨的头和身体非常像犁头鲨，只是它的"锯子"更加奇特。这把"锯子"约占其身体全长的三分之一，渔民捕到锯鲨后，必定先折断"锯子"，挂在祠堂中作为辟邪之物。所以卖到市场上的锯鲨，与其他鲨鱼没有什么区别，人们大多看不到它的"锯子"。《汇苑》对"鲹鱼"的解释是"两侧像铁锯"，但没有说明它鼻子很长的特征。我一直没有亲眼见过锯鲨，所以对这个解释难以理解。《字汇》只说它是"鱼名"，完全没有办法考证。渔民说："这种鲨鱼虽然面目丑恶，但是性情温驯，肉也可以吃。"另有一种剑鲨，鼻子和锯鲨的一样长，但是没有两边的锯齿。由于它的外形很奇特，所以我单独画了一张图。这种鱼的剑背宽阔，两边锐利，很容易将船碰翻，令人生厌。《汇苑》记载："普通海鱼修行千年，能变成剑鱼，又叫'琵琶鱼'，因外形像琵琶而得名。"我翻阅《福州志》，发现除了锯鲨，还单独记载着琵琶鱼，也就是剑鲨。

梅花鲨

【原文】 康熙戊寅，考访鲨鱼，渔人以梅花鲨为予述其状。缘鱼市既不及见，而书传内从无其名，未敢遽信，存而不论者久矣。己卯之夏，图将告成，有客

□ **梅花鲨**

　梅花鲨，约五六尺长，外形与一般鲨鱼差不多，不同的是从它的脊背到尾部缀有一排白色的五瓣梅花，排列得十分整齐，连背鳍上也有一朵梅花，十分漂亮神奇。

自南路海岸来，述所见有梅花鲨：鲨形与诸鲨同，独背上一带五瓣梅花，白色排列井井。背翅更有一花，岐尾上有二花，其鱼大五六尺。予闻而喜与前说相符，更以其图询诸渔叟，皆曰："然。其肉可食。"因即为之附图，而叹造化之工巧，乃至于此。《字汇·鱼部》有"鮼"[1]字，或指此。

《梅花鲨赞》：鱼游春水，沾浪裹梅。龙门探花[2]，衣锦荣归[3]。

【注释】 〔1〕鮼（móu）：鱼名。

〔2〕探花：本指古代殿试第三名，这里指"梅花鲨身上的梅花图案"。

〔3〕衣锦荣归：功成名就，衣锦还乡。出自《史记·项羽本纪》："富贵不还乡，犹锦衣夜行。"

【译文】 康熙三十七年，我曾试图考证鲨鱼，有渔民向我描述了梅花鲨的样子。因为没有在市场上见过这种鱼，也不曾在书中看到相关记载，所以我未敢轻易取信，此事搁置了很久。康熙三十八年夏天，《海错图》即将完成，有客人从南方沿海地区前来拜访，告诉我他曾亲眼见过梅花鲨：梅花鲨的外形和普通鲨鱼差不多，只是背上多了一排五瓣梅花的图案。这些白色梅花排列得整整齐齐。它的背部、鳍翅上各有一朵梅花，分叉的鱼尾上有两朵梅花，全身约有五六尺长。我听说后很高兴，因为他的描述和我从前听说的完全相符。我又拿着这张图去向老渔民求证，他们都说："梅花鲨就是这个样子，它的肉还可以吃。"我便把这张图附在这篇文字中，同时不禁感慨造物主的神奇，竟能创造出如此奇妙的生物。《字汇·鱼部》收录的"鮼"字，可能就是指梅花鲨。

潜龙鲨

【原文】 潜龙鲨，青色而有黄黑细点。头如虎鲨而圆，口上缺裂不平。背皮上有黄甲，六角如龟纹而尖凸，长短共三行。其肉甚美，切出有花纹，故比之龙云。

闽海尚少，偶然网中得之，渔人兆多鱼之庆，一年卜吉。大者入网即毙，小而活者，渔人往往放之。此鱼浙海无闻，广东甚多。其味美冠诸鱼，渔人往往私享，不售之市。即有售者，亦脔分其肉，即闽人亦不获睹其状。予访此鱼，凡七易其稿。续后福宁陈奕仁[1]知其详，始订正。然黄甲六角而尖起，平画失其本等。今特全露背甲，使边旁侧处斜，显其尖。即正面亦于色之浅深描写形之高下。画虽不工，而用意殊费苦心，识者辨之。张汉逸谓此鱼即鲟鳇之类。然鲟鱼鼻长，口在腹下，今此鱼不然。

屈翁山《广东新语》载潜龙鲨甚详。

□ 潜龙鲨

潜龙鲨，多见于广东海域。其通身青色并布满黄黑色的小圆斑，背部有三行尖锐凸起的六边形龟纹甲片，极其华美靓丽。人们将其视为神龙，谁捕到它，便认为此当年会捕鱼大丰收。

《潜龙鲨赞》：肉美称龙，甲黄比钱。网户得之，卜吉经年[2]。

【注释】〔1〕陈奕仁：作者友人，生平不详。

〔2〕卜吉经年：持续多年占卜吉兆。经年，多年。

【译文】潜龙鲨，全身青色，间杂黄黑色的细小斑点；头部形似虎鲨，但更加圆润，嘴上有数道大小不一、凹凸不平的裂口；背皮上有六边形的黄色甲片，很像龟纹，同时排布着三行长短尖刺。它的肉质鲜美，切开能看到纹路，因此被比作神龙。

潜龙鲨在福建海域比较罕见，人们偶然捉到一条的话，便将它视为年内捕鱼大丰收的吉兆。大潜龙鲨入网就会死，而那些活的小潜龙鲨，往往被渔民放归海洋。这种鱼在浙江海域也不曾见过，但在广东十分常见。它的肉在诸类鱼中最为鲜美，渔民经常私藏独享，不拿到市场上售卖。即便市场上有这种鱼，也是切好的肉块，当地人很难一睹这种鱼的全貌。在考察它的本来面貌时，我曾经修改了七次画稿，幸亏后来遇到了福宁人陈奕仁——他曾亲眼见过潜龙鲨——才使画稿最终定稿。但是平面作画，难以画出尖锐凸起的甲片，我只好想方设法将其背甲全部露出来，让它侧斜，表现出尖尖的样子，同时还在正面用不同深浅的颜色来显示高低。虽然我画得不怎么好，但也颇费了一番功夫，希望有识之士能够明察。张汉逸说，这种鱼属于鲟鳇。但是鲟鱼的鼻子很长，嘴巴也长在下腹部，与潜龙鲨的样子并不相像。

屈大均的《广东新语》对潜龙鲨有详细的记载。

黄昏鲨

【原文】黄昏鲨，头亦如云头，但色白灰，而背有白点。其鱼大者长四五尺，其肉不美，渔人不乐有也。

《黄昏鲨赞》：夕阳真好，惜近黄昏[1]。唐人诗意，鱼窃其名。

【注释】〔1〕夕阳真好，惜近黄昏：此句化用唐代李商隐《登乐游原》中的诗句："夕阳无限好，只是近黄昏。"所以作者说这种花纹如有唐人的诗意。

【译文】黄昏鲨，头呈云头状，通体灰白，背上有零星白斑。大的黄昏鲨长达四五尺，肉质不好，渔民并不热衷于捕捞它。

犁头鲨

【原文】犁头鲨，嘴尖，头阔如犁头状。其身翅与诸鲨同，肉亦细。按犁头

□ 黄昏鲨

　　黄昏鲨，头部像集云，全身灰
白色，背部分布着稀疏的小白斑。
这种鱼体形较大，但肉质不佳，因
而不受渔民欢迎。

及云头、双髻，其口皆在腹下，腮左右各五窍，鼻窍上下相通。尾间之窍并大，故
皆胎生。

　　《犁头鲨赞》：鲨名犁头，确肖农器。海变桑田[1]，鲛人是利[2]。

【注释】 〔1〕海变桑田：本指沧海桑田、物是人非，这里指"犁头鲨像是生活在海中的
农具"。

　　〔2〕是利：有利可图。

【译文】 犁头鲨，嘴巴尖尖的，脑袋宽阔，看起来好像一个犁头。它的身体、
鳍翅与其他鲨鱼没有什么差别，肉质也很细腻。据我考证，犁头鲨、云头鲨、双髻鲨
的嘴巴都长在下腹部，左右各有五个鳃孔，鼻腔内部相通。它尾巴上的孔穴很大，由
此可知为胎生动物。

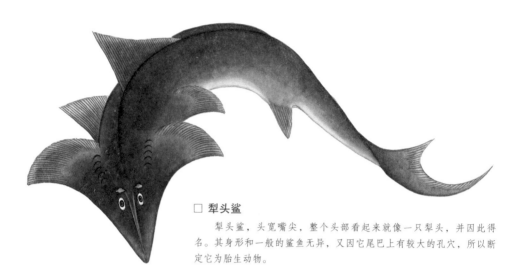

□ **犁头鲨**

犁头鲨，头宽嘴尖，整个头部看起来就像一只犁头，并因此得名。其身形和一般的鲨鱼无异，又因它尾巴上有较大的孔穴，所以断定它为胎生动物。

云头鲨

【原文】 云头鲨，头薄阔一片如云状，虽似双髻而色稍黑，较双髻为略大，大亦止三斤内外。又名"黄昏"，其味不甚美。按鲨中云头、双髻，其状可为奇矣，而《尔雅翼》不载，止云"鲨有二种"，而诸类书亦因略之，盖著书先贤多在中原，实未尝亲历边海，不得亲睹海物也。张汉逸曰："鲨名甚多，匪但中原人士不及知，即吾闽中亦不能尽识。"

予老于海乡，略知一二，请于双髻、云头而外，更为举而辨之。如《尔雅翼》所云："大者为胡鲨，谓长喙如锯，则指锯鲨矣。"不知胡鲨自有胡鲨，非锯鲨也。胡鲨最大者可合抱。其色背青而肚纯白，其肉亦白，无赤肉夹杂者，名"白胡"，最美。头鼻骨皆软，肥脆，其翅极美，肚胜猪胃，闽省人多切以为脍，为下酒佳品。又有水鲨，状如胡鲨，但肉不坚，烹之半化为水，名"破布鲨"，价廉于胡。又有油鲨，肉多膏，烹食胜他鲨，而总以潜龙鲨为第一。

《云头鲨赞》：鲨首云冲，腾起虚空。问欲何为，曰予从龙[1]。

【注释】〔1〕从龙：云气跟随神龙。出自《周易·乾》："云从龙，风从虎，圣人作而万物睹。"

【译文】 云头鲨，头部宽扁，外形像一片云朵，虽然又像双髻鲨，但颜色略深、体形略大——最大的云头鲨也不过三斤左右。云头鲨又名"黄昏"，味道不怎么好。据我观察，云头鲨、双髻鲨可以算是十分奇特的鲨鱼了，但在《尔雅翼》中却没

有记载，只说鲨鱼有两种，各种百科书也记载得很简略，大概是因为著书的先贤多在中原，没有亲眼见过海洋，无法考证海洋中的各种生物。张汉逸说："鲨鱼的名目繁多，不仅内陆的人很难认全，就连我们福建人也认不全。"

我在海边生活多年，也算对鲨鱼略知一二，就让我对双髻、云头以外的鲨鱼介绍一番吧。例如，《尔雅翼》记载："大的鲨鱼为胡鲨，它的嘴巴像长铁锯，即锯鲨。"难道它不知道胡鲨和锯鲨是两种不同的生物吗？最大的胡鲨有两个人合抱那么粗。另一种背色微青，下腹和肉质纯白，没有红色夹杂的鲨鱼，叫作"白胡"，味道最好。它的头鼻处皆为软骨，肉质肥嫩、骨头软脆，鳍翅尤为鲜美，鱼鳔更是远胜猪肚，福建人大多将它生切成片吃，是下酒的好菜。还有一种水鲨，长得像胡鲨，但是肉质松散，烹饪到一半就会化入水中，并因此得名"破布鲨"，价格也比胡鲨便宜。还有一种油鲨，肉富含油脂，味道比其他鲨鱼好。但总的说来，潜龙鲨是鲨鱼中最美味的。

双髻鲨

【原文】双髻鲨，亦如云头而小。身微灰色而白，不易大。肉细骨脆而味美。

□ **双髻鲨**

　　双髻鲨，常见于浙江温州。其通体浅灰白色，样子就像云头鲨，但比云头鲨个头小，是一种长不大的鱼。

《双髻鲨赞》：龙宫稚婢，头挽双髻。龙母妒逐，不敢归第[1]。

【注释】〔1〕第：宅第。

【译文】 双髻鲨，外形长得像云头鲨，但体形更小。其通体略泛灰白色，一般长不大。它的肉质细腻软滑，骨头酥脆可口，味道鲜美。

方头鲨

【原文】 方头鲨，如凿形而头方。产温州平阳海中。亦广有而大，有重三百斤者。闽中罕有。同一海也，而鱼类不同若此。

《方头鲨赞》：鲨现方头，生民何幸！海不扬波，四方平定。

【译文】 方头鲨，外形像榫眼，头部方正，盛产于温州平阳附近海域。这种鱼大多体形硕大，有重达三百斤的。这种鱼在福建很少见。虽为同一片海洋，鱼类的差异竟如此巨大。

□ 方头鲨

　　方头鲨，因头为方形而得名，外形就像一把凿子。它的体形庞大，一般重三百多斤。这种鱼大多生长在温州平阳附近的海域，而福建地区则极为少见。

白鲨

【原文】 白鲨，身白，背有黑点，而翅微红。产闽海，其味美。一名"武夷鲨"。志书无其名，不知何所取义也。《尔雅翼》止称鲨有二种，曰"胡鲨"，曰"白鲨"。鲨名甚多而此独见知于古人，何其幸也！

《白鲨赞》：诸鲨皆黑，尔色独白。郭璞见知，其名在昔。

【译文】 白鲨，身体洁白，背上有黑点，鱼翅微微泛红。产自福建海域，味道

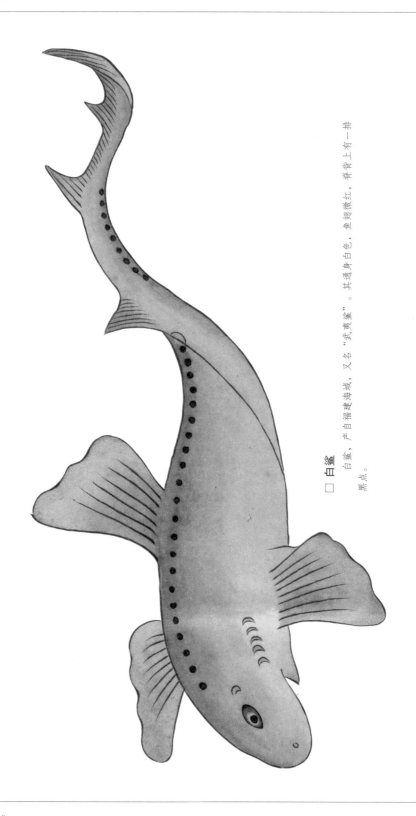

□ 白鲨

白鲨，产自福建海域，又名"武夷鲨"。其通身白色，鱼翅微红，脊背上有一排黑点。

鲜美，又名"武夷鲨"。在地方志中找不到"白鲨"的记载，难以探究这个名字从何而来。《尔雅翼》只记载了两种鲨鱼，即胡鲨和白鲨。鲨鱼的名目如此之多，唯有白鲨被古人所熟知，这是多么幸运的事啊！

猫鲨、鼠鲨

【原文】 猫鲨，头圆，身有黑白点如豹纹。此鲨至难死，离水数日肉难腐，挞[1]之尚能作声[2]。

鼠鲨，嘴尖，略如鼠。

《猫鲨鼠鲨共赞》：猫鲨如猫，鼠鲨如鼠。海底同眠，何难共乳？

【注释】〔1〕挞（tà）：鞭打。

〔2〕尚能作声：指猫鲨尸体尚未腐烂，仍然僵直，鞭打时仍有响声。

【译文】 猫鲨，有着浑圆的头部，身上长有豹纹般的黑白色斑点。这种鲨鱼生命力顽强，难以死去，离水数天都不会腐烂，用鞭子抽打它，它的身体还会作响。

鼠鲨，嘴部微尖，外形略似老鼠。

龙门撞

【原文】 龙门撞，亦鲨鱼之名，其背黑白相间，其肉嫩，甚美。张汉逸曰："此鱼即鲔也。"《诗》，"鳣鲔发发"[1]，指河中之鱼也。今此鱼不止在海，必能入河，入河则可达龙门矣，故曰"龙门撞"。

《龙门撞赞》：沧溁[2]大海，任从鱼跃。不撞龙门，焉能腾达？

【注释】〔1〕鳣（zhān）鲔（wěi）发发：鳣鱼、鲔鱼繁盛众多的样子。出自《诗经·硕人》："施罛（gū）濊（huì）濊，鳣鲔发发。"

〔2〕沧溁：水面辽阔的样子。

【译文】 龙门撞，也是一种鲨鱼，鱼背黑白相间。其肉质滑嫩而鲜美。张汉逸说："这种鱼正是鲔鱼。"《诗经》所说的"鳣鲔发发"，是指一种黄河中的鱼。可知不仅海里有这种鱼，黄河里也有，那么它必定能逆流而上，游入黄河，跳过龙门，所以得名"龙门撞"。

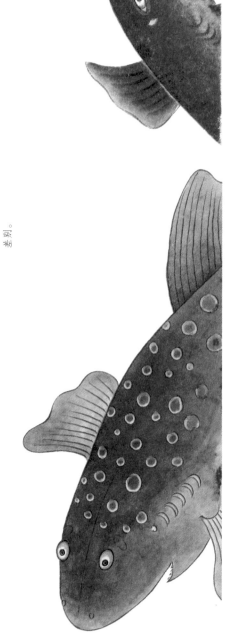

□ 猫鲨（左）、鼠鲨（右）

猫鲨，头圆，身体灰黑色，脊背上分布着着豹纹一样的黑白斑点。这种鲨鱼生命力极为顽强。

鼠鲨，因长得略像老鼠而得名。它的嘴巴有点尖，身体与一般鲨鱼没有差别。

□ 龙门撞

龙门撞，即鲔。其最大的特征是脊背上有黑白相间的纹路。据说这种鲨鱼能游过黄河，跳过龙门，并因此得名。

跨鲨

【原文】 跨鲨，诸书不载。访之闽海渔人，云："海中至大之鲨也，有白跨、黑跨二种。白跨尤大，头如山岳，可四五丈，身长数十丈，出没于大洋中，可以吞舟。其次亦长三五丈不等。头身俱有撮嘴生其上，触物如坚甲之在身，网罟所不能罗。即初生小鲨，亦重五六十斤。或有随潮误厄于浅滩者，渔人往往取其油以为膏火之用，不堪食也。"鲨曷以"跨"名？以其在海常昂首跃起，悬跨于洪波巨浪中，如筋斗状头尾旋转于水面。或百十为群，前鲨翻去，后鲨踵至[1]。白浪滔天，山岳为之动摇，日月为之惨暗。渔舟遥望，往往惊怖。

愚按，熊肥则常上高树而自堕于地者数数，名曰"跌肥"，非此则气血胀满难堪矣。今大鲨不顺水而游，乃鼓勇而跨，或亦与跌肥之意同。熊鹤伸引[2]似符道家修养法，并能寿，而鲨亦肖之，是以能永年为海中大物也。《汇苑》：吞舟之鱼曰摩竭。"摩竭二字或于跨鲨用力拟议，亦未可知。《字汇·鱼部》有"鳍""鲦"[3]字。

《跨鲨赞》：熊伸鹤引，修炼有候。跨鲨效之，必得其寿。

【注释】 〔1〕踵至：紧跟前者脚后，形容紧密连续的样子。踵，脚后跟。
〔2〕熊鹤伸引：古人模仿熊伸展身体和鹤伸长脖子的动作，以此延年益寿。

□ 跨鲨

跨鲨，海中的庞然大物，小的至少三五丈，大的甚至可以吞下舟船。跨鲨的头和身上都寄生着许多贝类，坚硬无比，渔民根本捕捉不到它。这种鲨鱼常在海中奋力抬头，高高跃起，并因此而得名。

〔3〕鮬（kū）、鯆（bū）皆为鱼名。

【译文】跨鲨，在各种书籍中都找不到关于它的记载。我向福建渔民请教，他们告诉我："海中体形庞大的鲨鱼有白跨、黑跨两种。白跨尤其巨大，头颅像山丘一样，大概高四五丈，身长也有几十丈，出没于深海大洋之中，甚至可以吞下舟船；小一点的也长达三五丈不等。跨鲨的头身寄生着大量的贝类，如同披上了一层坚硬的护甲，渔网根本网不住它。即使是刚出生的幼崽，也有五六十斤重。偶尔看到的浅滩上的跨鲨，那是被潮水冲到岸边来的。这种鱼不能吃，只能熬成鱼油，用来燃烧照明。"鲨鱼为什么要以"跨"字来命名呢？这是因为它在海中经常奋力抬头，高高跃起，飞跃在洪波巨浪之上，在水面上头尾旋转，就像翻筋斗一样。有时上百条跨鲨聚集成群，上一条刚翻越过去，后面又接着跃起，激起的巨浪直达天际，山岳为之震颤，日月为之黯淡。渔船上的人远远望去，往往心惊胆战。

作者注：肥硕的熊经常爬上高树，然后无数次从树上摔下来，称为"跌肥"，若非如此，它就会血气膨胀，浑身难受。现在这种大鲨鱼不顺流游泳，而是奋勇腾跃，或许与熊"跌肥"的原理相同。熊、鹤的伸引行为看起来很像道家的养生术，可以延年益寿，这种鲨鱼效仿它们，为的是长生不死，成为海洋中永生的庞然大物。《汇苑》记载："能吞下舟船的大鱼叫作'摩竭'。""摩竭"二字说不定就是形容跨鲨奋力腾跃的样子。《字汇·鱼部》收录有"鮬""鯆"二字。

瓜子肉

【原文】鲱鱼[1]初生曰"瓜子肉"，以盐腌之，称海物上品。闽人云其味甚美。正取其小而不成鱼，故以瓜子肉比之。《字汇·鱼部》有"鮇"字，鱼之未成者也。此鱼可以配"鮇"字。

《瓜子肉赞》：鱼未成鱼，小称瓜子。头大尾尖，取其所似。

【注释】〔1〕鲱（zhuó）鱼：鱼名。

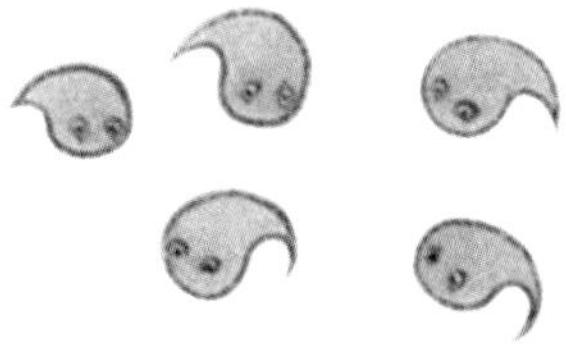

□ 瓜子肉

瓜子肉就是鲱鱼的幼体，因头大尾尖像瓜子而得名。人们一般将它用盐腌了吃，十分美味。

【译文】 刚出生的鲼鱼即被称作"瓜子肉"，用盐腌制后，就成为海产中的珍品。福建人都称它的味道十分美味。又因为它体形小，尚未长成鱼形，所以把它比作"瓜子肉"。《字汇·鱼部》收录的"鯀"字，意为没有长成的小鱼，刚出生的鲼鱼正好与它相符。

掏枪

【原文】 鲼鱼半大，长二三寸者，背虽有刺，而皮尚无沙，名"掏枪"，如负枪也，亦可食。《泉州志》载有枪鱼，或即是欤？

《掏枪赞》：掏枪戍海，日夜荷戈。比之赪尾[1]，我劳如何[2]。

【注释】 〔1〕赪（chēng）尾：鱼的红尾巴，代指劳苦奔波的百姓。出自《左传·哀公十七年》："如鱼赪尾，衡流而方羊。"其意为：国家将亡，百姓如同红尾鱼，随波逐流，难以自安。赪，红色。

〔2〕我劳如何：我如此辛苦，又能怎么办？出自《诗经·绵蛮》："道之云远，我劳如何。"其意为：路途遥远，颠沛流离，别无他法。

【译文】 鲼鱼半大尚未成熟时，两三寸长。它背上虽然长着尖刺，但表皮光滑，没有沙状凸起。它的样子就像背着一把长枪，所以俗称"掏枪"。它的肉可以吃。《泉州志》记载的枪鱼，也许就是在说这种鱼吧！

□ 掏枪

　　掏枪，即半大的鲼鱼，因为它的样子看起来像背着枪而得名。

鲼鱼

【原文】 鲼鱼亦鲨类也，背腹有刺而皮上有硬沙，肉甚美，长不过六七寸。木师、矢人多取其皮以为磨镖[1]之用。连江陈龙淮《海鱼赞》[2]所谓"鲼鱼镖

□ 鲯鱼

鲯鱼，一种背腹部长刺的鱼，只有六七寸长，产自福建海域。它的表皮因有许多细小的沙状颗粒，所以常被用来打磨工具。

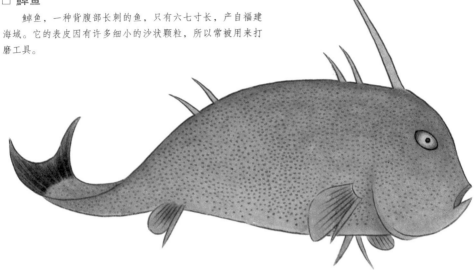

皮，荷戈藏匕"是也。此鱼皮沙细不堪饰刀，止堪代砻错之资。产闽海而《闽志》无其名，《尔雅》、类书亦缺载。《字汇》"鲯"音"卓"，但注曰鱼名，亦不详载何鱼。《字汇》又载"鳟"字，云亦鲛也，《汇苑》称其子"朝出暮入"。疑"鲯"本"鳟"字[3]，或陈龙淮误称为"鲯"，亦未可知。

盖凡鱼之得名，大半多因字立义，如鮔，锯也，即锯鲨也；鲼，愤也，即虹鱼别名，其刺怒则螫物；鲨，沙也，皮上有沙；鲥，时也，鲥以四月至；鬃，棕也，石首鱼本名鬃首，头骨有纹如棕纹交差；䲅，即河豚也，背上有纹如印；鲇，黏也，鲇鱼多涎善黏；鲸，京[4]也，大也，鲸为海中大鱼；鲚，刀也，即鲚鱼，其形如刀。皆因字取义。然则鳟，错也，其皮可代磨错之用。庶几于义不悖。

《鲯鱼赞》：鱼头参政，甲胄[5]在身。出入将相，吞吐丝纶。

【注释】〔1〕磨鑢（lù）：与后文的"砻错"皆为打磨的意思。鑢，本义是"打磨金属"；错，本义是"打磨玉石"。"鑢""错"古音接近，故相通。

〔2〕陈龙淮《海鱼赞》：应为《海错图赞》。陈元登，字龙淮，福州连江人，著有《渔村诗文集》《海错图赞》等。《海错图赞》，清初博物学笔记，主要以四字韵语形式介绍海洋生物，多为聂璜引用，今存苏州大学图书馆。

〔3〕作者怀疑"鲯"字本应是"鳟"字。实际上"鲯""鳟"古音接近，可互通。

〔4〕京：巨大。京的甲骨文形象如"高大的塔楼建筑物"，引申为"高大，巨大"之义。

〔5〕甲胄：铠甲和头盔。

【译文】 鲯鱼也是一种鲨鱼，背部和腹部都长着尖刺，表皮有坚硬的沙状凸起，鱼肉鲜美，身长仅六七寸。木匠和制箭人常用这种鱼的表皮来打磨工具。正如连江陈龙淮在《海错图赞》中所说的"鲯鱼有皮如砂纸，背着长戈与匕首"。这种鱼表皮的颗粒过于细小，不能装饰兵器，只能用来打磨器具。它产自福建附近海域，但是在《闽志》里面没有记载，《尔雅》里也没有记载。《字汇》收录的"鲯"字，读作"卓"音，只解释为是一种鱼类，并没有详细说明是一种什么鱼。《字汇》同时还收录了"鯌"字，解释为一种鲛，《汇苑》称这种鲛"幼崽早上从母亲腹部出来，夜晚又回到母亲体内"。我怀疑"鲯"字本是"鯌"字，说不定是陈龙淮将它错称为"鲯"。

鱼类的名字，大多可以依据字形来推测其含义。比如"鲲"意为"锯"，说的是锯鲨；"鲼"意为"愤怒"，说的是虹鱼发怒时会用刺扎人；"鲨"意为"沙"，说的是鲨鱼皮上有沙状凸起；"鲥"意为"时"，说的是鲥鱼每年准时在四月出现；"鲰"意为"棕"，说的是石首鱼本名为"鲰首"，头骨中有交错的棕纹；"鲫"说的是河豚背上有印章般的花纹；"鲇"意为"黏"，说的是鲇鱼身上会分泌大量黏液；"鲸"意为"京"，是巨大的意思，鲸鱼正是海中的大鱼；"鲌"意为"刀"，说的是鲨鱼的样子像一把弯刀。由此可见，鱼名都是与偏旁字义有关的。这样的话，"鯌"字依据的就是"错"字，鯌的表皮可以用来打磨东西，这大概也符合道理。

虎鲨

【原文】 《汇苑》云："海鲨，虎头，体黑纹，鳖足，巨者重二百斤。尝以春晦〔1〕陟于海山之麓，旬日而化为虎。惟四足难化，经月乃成。"或谓："虎纹直而疎〔2〕且长者，海鲨所化也；纹短而炳炳成章者，此本色虎也。"按，海鲨多潜东南深水海洋，身同鲨鱼而粗肥。头绝类虎，而口尤肖。凡虎口之宽，雌者直至其耳，今虎鲨大口正像之。口内有长牙四，类虎门牙，其余小齿满口，上下凡四五重。闻海中巨鳅之牙亦然。

海人云："虎鲨在海，无所不食，诸鱼咸畏。其牙至利，舟人或就海水濯足，每受虎鲨之害。然牙虽利，又最惜牙。网罟罗其身，彼常肆力冲突，漏网而去。若网绳偶牵其牙，则不敢动，听渔人一举而起矣。其肉亦可食。"验止有翅而无鳖足状，《汇苑》不知何所据也。变虎之说，果真多有人见之。盖其身大力猛，有可变

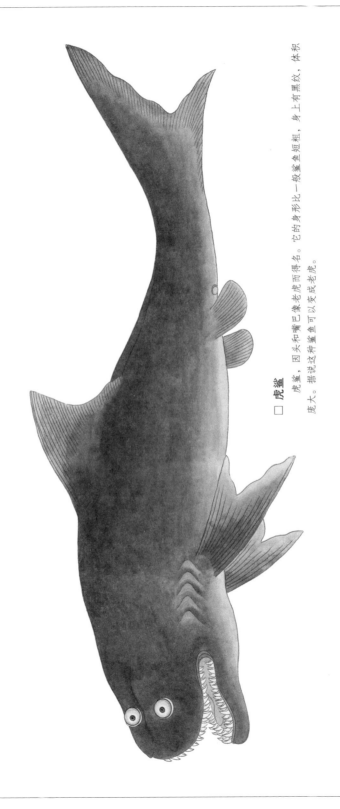

□ **虎鲨**

虎鲨，因头和嘴巴像老虎而得名。它的身形比一般鲨鱼短粗，身上有黑纹，体积庞大。据说这种鲨鱼可以变成老虎。

之象。《本草》缺载虎鲨，遂以鱼虎亦能变虎。不知鱼虎最大不过六七寸，其能变虎乎？谬甚矣！康熙二十七年[3]七月，嘉兴乍浦[4]海滩上有虎鲨跌成黑虎，形成之后遂走，入胜塘关桥。人聚众逐之，无所遁逃，避入东厕遂死。乍浦多有虎鲨变虎之事，其事不一。

《广东雷州[5]志》载："鲨鱼有三种，虎、锯而外，更有鹿鲨。"未识其状，不及图。《山东文登志》载："海牛岛，在县东海中。海牛无角，长丈余，紫色，足似鳖，尾若鲇鱼。性最疾，见人则飞赴水。皮堪弓鞬，脂可燃灯。又有海驴岛，与海牛岛相近。海驴常以八九月上岛产乳。其皮可以御雨。又有海狸，亦上牛岛产乳，逢人则化为鱼入于水。"登州[6]又有海狗。《四译考》载："朝鲜海中产海豹，北塞海洋亦产海豹、海狗、海驴、海牛。而海獭、海猪、海象更莫不有焉。台湾大洋中有海马，形如马，作马鸣。其骨与牙可治血[7]。"此予序中之所谓"山之所产，海常兼之"。历历可举以验者如此。然虽不及见，亦必访图并采其说以附于此。

《虎鲨赞》：鱼以虎始，还以虎终。出乎其类，更化毛虫。[8]

【注释】〔1〕春晦：春天的夜晚。

〔2〕踈：古同"疏"。

〔3〕康熙二十七年：公元1654年，戊辰年。

〔4〕乍浦：今浙江平湖东南乍浦镇，元时即为港口。

〔5〕雷州：雷州府，明清时广东十府之一，治所在今雷州市。

〔6〕登州：旧地名，位于今山东烟台。文登为其属地。

〔7〕治血：治疗血证。血证，中医语，一种出血性疾病。

〔8〕这句话的意思是，鱼虎是鳞类的开篇，虎鲨是鳞类的末篇。作者在《跋文》中把万物分为"羽、毛、鳞、裸、介"五类，本篇为鳞类的最后一篇，以下开始为毛类部分。

【译文】《汇苑》说："海鲨长着老虎一样的头、乌龟一样的脚，身上有黑纹，大的重达两百斤。它在春天的夜晚登上海山山顶，十天左右就会变成老虎。但是它的四只脚成形较慢，需要一个多月才能化成虎脚。"还有人说："老虎中斑纹稀疏长直的，就是由海鲨变成的。而斑纹较短、色泽鲜艳的，才是原生的老虎。"据我考证，海鲨大多潜伏在东南深海中，身体类似鲨鱼，但较之短粗。它的头部特别像老虎，尤其嘴部更加神似：虎口宽阔，雌虎嘴角更是直达双耳，而虎鲨的大嘴也是如此。海鲨口中有四颗长齿，像是老虎的门牙，其余满口为小齿，上下共四五层。听说海中大鲸也有这样的牙齿。

渔民说："虎鲨在海中无所不食，以至于其他的鱼类都惧怕它。虎鲨的牙齿十分锋利，经常有水手坐在船边洗脚而被虎鲨咬断了腿脚。它虽然牙齿锋利，却最爱惜牙齿，当渔网罩住全身，它会奋力挣扎，挣破渔网逃走，但如果网绳套住了它的牙齿，它便不敢动弹，任由渔民摆布。虎鲨的肉可以吃。"据我考证，虎鲨只有鳍翅，没有龟脚，不知《汇苑》的记载有何根据。不过变成老虎的说法，倒是有不少人亲眼见过，虎鲨身大力猛，也确实具备变成老虎的客观条件。《本草纲目》中没有虎鲨的记载，便说鱼虎能变成老虎，殊不知鱼虎最大不过六七寸，怎么能变成那么大的老虎呢？实在是错得离谱呀！康熙二十七年七月，嘉兴乍浦海滩上的一只虎鲨变成了黑虎，它成形后迅速逃跑，至胜塘关桥，遭到人们的围追堵截，无路可逃之际，逃窜到茅厕中淹死了。乍浦还有许多虎鲨变成老虎的故事，众说纷纭。

据《广东雷州志》记载，"鲨鱼共有三种，在虎鲨、锯鲨之外，还有一种鹿鲨"。我不知道鹿鲨的样子，所以没有画出来。据《山东文登志》记载，"在县城东边海域中有海牛岛。岛上的海牛没有长角，身长一丈多，身体紫色，脚像乌龟，尾巴像鲇鱼。海牛行动迅速，身手敏捷，看见人便飞快入水。海牛皮可以做弓弦，身上的油脂可以做灯油。附近还有一处海驴岛，有海驴经常在八九月上岛繁殖。海驴皮可以防水遮雨。有一种海狸也会到海牛岛上繁殖，遇见人类会变成小鱼遁入水中"。除了这些记载外，还记载了登州有一种动物叫海狗。《四译考》记载："朝鲜海中出产海豹，塞北海中也有海豹、海狗、海驴、海牛等，而海獾、海猪、海象更是十分常见。台湾海中则有外形和叫声像马的海马。海马的骨头和牙齿能够治疗血证。"这就是我在序中说"山林中的动物，在海中也有相应的品种"的缘故。上述种种都是有明确记载的，虽然我现在尚未亲眼看见，但将来一定会找到实物描摹下来附在这里。

鲨变虎

【原文】 非鳞非介而有毛者为毛虫，虎亦毛虫中之一物也，而海虎之变自鲨，特有异焉。虎虽称山君，毛虫三百六十属，又以鳞为之长[1]。鳞，龙种也。龙与牛交而生麒麟，麟不世出，而虎则常有。世间应天地风云气象者，莫如龙虎，龙能与诸物交，无所不生，诸物亦能受龙之交而不相忤。虎不能与诸物交，即母虎止交一次，不复再交，使母虎乐交，生息若牛马，物之受害者必多。恶类不使繁生，此造化之作用也。况"虎生三子，必有一豹"[2]，豹反能伤虎，小虎畏之。生至三则仍若有以克制之，造物总不使虎类盈满天地间之明验也。然虎虽不繁生，而人物变虎之事，则又往往见于载籍。如牛哀病七日，而化为虎[3]；又宣城太守

□ **鲨变虎**

　　老虎不热衷于交配，所以繁殖并不旺盛。但是根据作者的说法，人类和其
他动物都能变成老虎，而鲨鱼变成老虎的故事也被亲历的人记录了下来。

　　封邵，化虎食郡民[4]；又乾道五年，赵生妻病头风，忽化为虎头[5]；又云南彝民
夫妇食竹中鱼，皆化为虎。而予《见闻录》中所著《虎卷》，近年以人变虎之事尤
不一，而鲨鱼化虎之事附焉，兹可述而证之。

　　顺治辛丑[6]武甲黄抡，嘉兴人也，康熙二十年[7]为福宁州城守。述其先人于
明嘉靖间，一日过嘉兴某处海涂，忽见有一大鱼跃上崖，野人欲捕之，以其大，难
以徒手得，方欲走农舍取锄棍等物，而此鱼在岸跌跃无休。逾时，诸人执器械往观
之，则变成一虎状，毛足不全，滚于地不能行，莫不惊异。有老人曰："尝闻虎鲨
能变虎，人不易见，故不轻信，今此虎正鲨所幻也。"令众即以锄棍木石击杀之，
虑其足全则逸去，必伤人矣。四明宋皆宁[8]纪其事如此。

　　予又尝闻赤练蛇善化鳖，故鳖腹赤者禁食。其变也，多在暑月，有人常见，自
树上团为圆体，坠下地跌数十次成鳖形，其变全在跌。鲨之变虎也亦必跌，可以互
相引证。《字汇·鱼部》有"鮋"字，凡鱼之变化者，皆可以此"鮋"统之。

　　《鲨变虎赞》：以鱼幻兽，四足难生。丹青搁笔，画虎不成。

　　【注释】　〔1〕鳞为之长：作者认为"羽、毛、鳞、裸、介"五类生物，有高低贵贱之分，而
象征海洋的鳞类则是至高无上的，神龙更是鳞类的领袖、万物的祖先。

　　〔2〕虎生三子，必有一豹：出自周密《癸辛杂识》："谚云：'虎生三子，必有一彪。'彪最犷

恶，能食虎子也。"彪，一种介于虎与豹之间的猛兽，此处作者可能误写为"豹"。

〔3〕此典出自《淮南子》："昔公牛哀转病也，七日化为虎，其兄掩户而入觇（chān）之，则虎搏而杀之。"公牛哀，春秋鲁国人，传说他病了七天后变为老虎，吃掉了前来探病的哥哥。

〔4〕此典出自任昉《述异记》："汉宣城郡守封邵，一日忽化为虎，食郡民。民呼曰：'封使君。'因去，不复来。故时人语曰：'无作封使君，生不治民死食民。'"宣城，今安徽宣城市。

〔5〕此典出自洪迈《夷坚志》："乾道五年八月，衡湘间寓居赵生妻李氏，苦头风，痛不可忍，呻呼十余日。婢妾侍疾，忽闻咆哮声甚厉，惊视之，首已化为虎。"南宋乾道五年，公元1169年。

〔6〕顺治辛丑：公元1661年，辛丑年。

〔7〕康熙二十年：公元1681年，辛酉年。

〔8〕四明宋皆宁：作者友人，浙江宁波人。四明为宁波别称。

【译文】 在生物中既不属于鳞类，也不属于介类，却长着体毛的，就是毛类，老虎也是毛类的一种，所以鲨鱼变作老虎，是一件特别神奇的事情。虽然老虎是山中之王，但是各种毛类把鳞类中的神龙奉为领袖。龙和牛交配生出麒麟，麒麟并不常见，而老虎却十分常见。这世上最能感应天地风云变幻的生物，莫非龙和虎了。龙能和任何物种交配，并留下自己的后代，其他物种也不抗拒与龙交配。但老虎不能与其他生物交配，甚至雌虎一生只交配一次，如果老虎热衷于交配，其子孙后代将多如牛马，那要使多少生灵遭受虎害啊！不使恶虎繁衍过多，正是造物主的用意。更何况，老虎一胎生三只幼崽，其中必定会有一只豹子，从而伤害其他虎崽，使之恐惧难安。老虎一胎生三只幼崽，便有其他物种来克制老虎为害，这恰恰证明，造物主不愿看到天地间充斥着害人的恶虎。虽然老虎繁衍不多，但是在书中却有不少人类和其他动物变成老虎的记载，比如：有个叫公牛哀的人，生病七天后变成了老虎；宣城太守封邵变成老虎，残害百姓；乾道五年，赵生的妻子患了头风，头忽然变成虎头；云南彝民夫妇吃了竹中鱼后变成老虎。我在《见闻录·虎卷》里记述了各种各样的人化成老虎的事件，现在把鲨鱼化成老虎的事件附在后面，以作佐证。

顺治辛丑年的武举进士黄抡，嘉兴人，于康熙二十年时任福宁州城守。他声称自己的祖先在明朝嘉靖年间某日，路过嘉兴某处海滩时，看到一条大鱼跳上了岸。人们想捉住这条鱼，但由于它体形庞大，难以徒手控制，便跑去附近农舍寻找锄头、棍棒等工具，留下这条鱼在岸上不断挣扎。等到人们拿着器具回来时，这条鱼已经变成了一只老虎，毛发、四肢还没有完全生成，在地上打滚，无法正常行走。人们无不惊骇万分。有老人说："我曾经听说虎鲨能变成老虎，但是由于难得一见，一直不肯相信。现在看来，虎鲨果然能变成老虎。"他担心这只老虎四肢长全后会残害百姓，便召集大家用锄头、木棍把它打死。上述据四明人宋皆宁所记。

我又听说赤练蛇会变成鳖，所以人们不会吃腹部发红的鳖。这种变化大多发生在夏季，经常有人亲眼看见。赤练蛇会先在树上团成圆形，然后跌在地面，如此反复摔几十次，就变成了鳖。这种变化，必定发生在摔的过程中，而虎鲨变虎的变化，同样也发生在摔的过程中，这是可以互相证明的。《字汇·鱼部》收录有"鮠"字，凡是可以变化的鱼，都可以统称为"鮠"。

海豹

【原文】 康熙三十一年[1]，福宁州南镇[2]海上渔舟网得海豹，约长二尺余。黑绿色，腹白，身圆，首如豹，有二耳。尾黄白相间，体是鱼皮状而无毛。口中齿如虎鲨，无须。背有圈纹如钱。四足软而无爪。起网运至家，尚活，乡人齐玩不已。置之于地，四足软弱不能行。众皆异之，虽老于海上者从未之见。土人以其似虎也，遂以海老虎名。有识之者曰："非虎也，此海豹也。"现有钱纹，非豹而何？况其尾亦系豹尾式，乌得[3]谬指为虎乎？

愚按，朝鲜有海豹皮充贡，今此豹未卜是否。后闻海人不敢食，复投之海，则四足履水而去。

《海豹赞》：不识有钱，误认作虎。失势难行，观者如堵。

【注释】 〔1〕康熙三十一年：公元1692年，壬申年。
〔2〕福宁州南镇：今福建福鼎南镇村。
〔3〕乌得：怎么能。

□ **海豹**

　　海豹，身体浑圆为墨绿，背上长满钱纹，腹部为白色，尾巴黄白相间。它的头像豹头，有两只耳朵，皮像鱼皮，牙齿像虎鲨齿，四只脚在陆地上柔软无力，在水中则能行走如常。

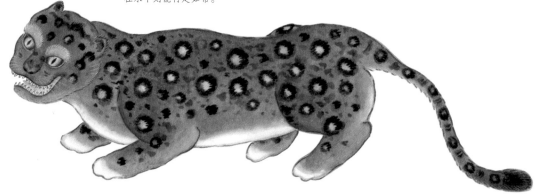

【译文】 康熙三十一年，福宁州南镇海域的渔民网到了一只海豹，体长约两尺。其身体为墨绿色，腹部为白色，身体圆滚滚的，头如豹头，长着两只耳朵。它的尾巴黄白相间，皮像鱼皮，光滑无毛，牙齿像是虎鲨的牙齿，没有胡须，背上有铜钱一样的圆形斑纹，四只脚柔软没有爪子。当有人把它捞上来运回家时，它还活着，引来当地人竞相围观。人们把海豹放到地上，只见它四只脚软弱，不能行走。围观者都很惊奇，就连捕了一辈子鱼的老渔民也不认识它为何物。因它长得像老虎，当地人便叫它"海老虎"。有认识它的人说："这不是老虎，这是海豹。"它身上长满钱纹，不是豹子又是什么呢？而且它的尾巴也像豹子尾巴，怎么还能错认为是老虎呢？

作者注：朝鲜曾经进贡过海豹皮，但不知道这只海豹是不是朝鲜进贡的品种。我后来听说人们不敢吃这只海豹，又把它扔回海中，它便四只脚踏水离开。

鹿鱼化鹿

【原文】 海洋岛屿，惟鹿最多，不尽鱼化也。广东海中有一种鹿鲨，或即是化鹿之鱼乎？询之渔人，渔人不知也，但云鹿识水性，常能成群过海，此岛过入

□ 鹿鱼化鹿

据《汇苑》记载，鹿鱼头上长着鹿角，外形和体色都与梅花鹿相似，据说它每到春夏季节就会跳到陆地上变成鹿。

彼岛。角鹿头上顶草，诸鹿借以为粮。至于鹿鱼，虽有其名，网中从未罗得，又焉知其能化鹿乎？予考《汇苑》云："鹿鱼头上有角如鹿。"又曰："鹿子鱼，赪色，尾、鬣皆有鹿斑，赤黄色。南海中有洲，每春夏此鱼跳上洲化为鹿。"据书云在南海，宜乎闽人之所不及见也。考《字汇·鱼部》有"鱡"字，为鱼中之鹿存名也。

《鹿鱼化鹿赞》：鱼鱼鹿鹿，两般名目。网则可漏，奈林中逐。

【译文】 在海岛之上，鹿最多，但不全是海鱼变成的。广东海中有一种鹿鲨，或许就是能变成鹿的鱼吧？我曾向渔民请教，他们对此也一无所知，只说鹿会游泳，经常成群结队地在海洋中穿行，从一个岛到另一个岛，角鹿会顶着干草作为鹿群的口粮。至于鹿鱼，虽然有其名目，但是从来没有捉到过，又怎么知道它能否变成鹿呢？我发现《汇苑》记载："鹿鱼的头上长着像鹿角一样的东西。"《汇范》又说："鹿子鱼，身体红色，在尾巴和背鬣上有梅花鹿一样的赤黄色斑点。南海有一座海岛，每年春夏两季会有鱼跳上岛变成鹿。"书上既然说鹿鱼是在南海，那么福建人没见过它也就不足为奇了。《字汇·鱼部》收录的"鱡"字，应该就是为鹿鱼而准备的。

海鼠

【原文】 海鼠，灰白色，穴于海岩石隙。能识水性，潮退则出穴觅食。此鼠鲇鱼[1]之所以能见狎也。

《海鼠赞》：鼠不穴社[2]，乃栖海边。鼠鲇与邻，宁不垂涎。

【注释】 〔1〕鼠鲇鱼：一种长得像老鼠的鲇鱼，以老鼠为食，详见册一《鼠鲇鱼》。
〔2〕鼠不穴社：不以社庙作为巢穴的老鼠。常以社鼠——将社庙作为巢穴的老鼠，比喻仗势作恶、有恃无恐的小人。出自《晏子春秋·内篇问上》："夫社，束木而涂之，鼠因而托焉，薰之则恐烧其木，灌之则恐败其涂。此鼠所以不可得杀者，以社故也。"在前文《鼠鲇鱼》中，鼠鲇鱼以鼠为食，此处指连鼠鲇鱼亦不敢食这种海鼠。

□ 海鼠

海鼠，长得像鼠，居住在海边的石缝中，识得水性，与鲇鱼交好。

【译文】 海鼠的身体为灰白色，将巢筑在海边岩石的缝隙中。海鼠善于游泳，每天退潮后才外出觅食。这正是它能和鼠鲇鱼和平相处的原因。

海驴

【原文】 海驴，全是驴，山东海上常有之。《登州志》载："海驴岛与海牛岛相近，海驴常以八九月上岛产乳，其皮可以御雨。海牛无角而紫色，长丈余，足似龟。"《海语》[1]载："海驴多出东海，状如驴。舶人有得其皮者，毛长二寸，能验阴晴，用以为褥，能别人之善恶。"又《明纪》[2]载："刘马太监[3]从西番得一黑驴进上，能一日千里，又善斗虎。上取虎城[4]牝虎与斗，一蹄而虎毙。又令斗牡虎，三蹄而虎毙。后取斗狮，被狮折其节，刘大恸。盖龙种也。"

《海驴赞》：黔地难求[5]，海岛可遘[6]。龙种更奇，能与虎斗。

【注释】 〔1〕《海语》：明人笔记，黄衷著，根据舟师商人的真实经历，记载了许多南海的风土特产。

〔2〕《明纪》：清代陈鹤所著的一部简略的编年体明史。

〔3〕刘马太监：即刘永诚，明代景泰年间御马监太监，骁勇善战，多有军功，被边民称为"马儿太监"。

〔4〕虎城：明代宫廷养虎之地，在今北京海淀区西苑。

〔5〕黔地难求：化用"黔驴技穷"，代指"黔地找不到好驴"。出自柳宗元《黔之驴》。

〔6〕遘（gòu）：遇见。

□ 海驴

海驴，它的样子就像陆地上的驴。它的毛有两寸长，可以测晴雨。

【译文】 海驴长得和陆地上的驴一模一样，常见于山东附近海域。《登州志》记载："海驴岛紧挨海牛岛。八九月份，经常有海驴上岛繁殖。海驴皮可以防雨。在海牛头上没有角，其通身紫色，长一丈多，四肢类似龟足。"《海语》记载："海驴多见于东海，外形像驴。有的船员收藏了海驴皮，皮上茸毛有两寸长，并可通过观察茸毛来判断天气的阴晴。将海驴皮用作褥子还可以辨别人的善恶好坏。"《明纪》记载："太监刘永诚从西洋买到一头黑驴，进献给皇帝。这头驴身体强壮，一天能跑上千里路，还能和老虎搏斗。皇帝在虎城选了一头雌虎与这只驴搏斗，没想到雌虎被驴一蹄踢死。皇帝又选了一头雄虎，也被驴三蹄踢死。之后又牵来狮子与它搏斗，它的腿被狮子咬断关节，刘太监目睹后心疼痛哭。这头驴子大概是神龙的后代吧。"

海獭

【原文】 海獭，毛短黑而光。形如狗，前脚长，后脚短。康熙二十七年三月，温州平阳徐城守好畜野兽，乳虎、鹿、兔，无不取而养饲之。其日兵汛守[1]海边，见沙上有狗脚迹，知必有獭。凡獭在海，日潜而食鱼，夜多登岸。乃张网于海岸俟之。至夜果有一獭入其彀中，乃笼送营主，日饲以鱼，养至二年颇驯。

愚按，獭善水性，故能入水，狗不能没水。近闻京都有捕鱼之狗，疑狗母与獭接而生之狗，故有獭性。亦犹搏虎之犬，犬与狼接而生，遂易犬性。物理新奇，即此二端可补入《续博物志》[2]。

《海獭赞》：殃民者盗，害鱼者獭。[3]盗息獭除，民安鱼乐。

【注释】 〔1〕汛守：观测水势的岗位。

〔2〕《续博物志》：文言笔记体小说，旧题晋代李石著，实际成书于北宋。此书是继张华《博物志》之后又一部博物学著作。

〔3〕殃民者盗，害鱼者獭：祸害百姓的是大盗，残杀鱼类的是水獭。出自《孟子·离娄上》："为渊驱鱼者，獭也；为汤武驱民者，桀与纣也。"

【译文】 海獭，皮毛较短，黝黑光亮。它长得像狗，前肢长，后肢短。温州平阳的徐太守喜欢蓄养野兽，圈养过小老虎、鹿、兔子等。康熙二十七年三月某日，他的部下在观测水势时，发现沙滩上有狗的足迹，知道附近一定有海獭出没。海中的水獭，白天潜伏在海里捕鱼吃，晚上经常上岸活动。士兵便在岸边设下陷阱，晚上果然抓住了一只海獭。他用笼子把海獭关起来，送到圈养动物的地方。两年后，海獭变得十分听话。

□ 海獭

海獭，样子像狗，前脚比后脚长，皮毛短而黑亮。它的水性极佳，善于捕鱼，是海中鱼类的天敌。

作者注：海獭水性很好，能潜入深水，而狗不能潜水。最近听说京城有能捕鱼的狗，我怀疑它是母狗与海獭的后代，因此遗传了海獭的一部分特性。有一种狗能与老虎搏斗也是这个原理，那是因为在狗与狼杂交后狗的习性发生了改变。世界就是如此奇妙！这两件事甚至可以添加到《续博物志》中。

海狤

【原文】《本草》谓："海狤生大海中，候风潮出，形如豚。鼻中有声，脑上有孔，喷水直上，百数为群。人先取其子系之水中，母自来就，其子千百为群，随母而行。其油照樗蒲[1]则明，照读书及绩纺则暗，俗言懒妇所化。"又云其肉作脯，一如水牛肉，味小腥耳。皮中肪摩恶疮，杀犬马瘤疥虫[2]。

今考验海狤，形全似鱼。背灰色无鳞甲，尾圆而有白点，腹下四皮垂垂，似足非足，若划水然。目可开合，其体臃肿圆肥长可二三尺，绝类公庭所击木枋[3]。《篇海》《字汇》注鱼字曰："兽名，似猪，东海有之。"疑即此也。然既云是猪，其体仍是鱼形，何欤？询之渔人，曰："海狤实鱼形非猪形也。不鬻于市，人多不识。网中得此，多称不吉，恶之。其肉不堪食，熬为膏烛[4]，机杼[5]不污。腹内有膏两片，绝似猪肪。其肝、肠、心、肺、腰、肚全是猪腹中物，皆堪食，而肚尤美，惟肝味如木屑差劣。予谓海鱼如燕虹、鹦鹉鱼、雀鱼、鼠鲇鱼，肖形者不一，而多在外，惟海独肖猪形于内。不经考核，但睹外状，何由信之？即古人注鱼字为兽，曰"似猪"，亦不详所以似猪之实。且注又谓此鱼有毛，干之可以验潮候，益非矣。今此鱼无毛，岂别有一种有毛之独鱼乎？海独好风，水中头竖起，向风耸拜而复潜，潜而复起，随浪高下不定。渔人偶得，知必有大风将至，亟收舶撤网避之。

懒妇所化者，非真。化自懒妇也，特戏言耳。头中有孔能喷水，曾询之海人张朝禄，云果然，似乎其腮在顶也。考《字汇·鱼部》有"鲵"字，以明鱼中之麑而非兽中之麑也。《字汇》注未注明，今为证出。

《海独赞》：海独如猪，殊难信书。考验得实，始知为鱼。

【注释】〔1〕樗（chū）蒲：古代赌博用具，类似今天的骰子。这里泛指赌博等娱乐活动。
〔2〕犬马瘤疥虫：即犬疥、马疥，狗和马身上常见的皮肤病，会传染人类。
〔3〕木柝：打更、击鼓用的木梆子。
〔4〕膏烛：油脂做成的蜡烛。
〔5〕机杼：织布机。

【译文】《本草拾遗》记载："海独生活在大海中，在风潮大作时现身，外形像猪。它的鼻孔会发出声音，脑袋上有孔穴，可以将水喷到天上，一般数百条海独群

□ 海独
　　海独，身体肥圆似猪，但外形却像一条鱼。它的鼻孔能发声，脑袋上有孔穴能喷水，有鱼鳍而没有鳞，一般为几百只一起群聚生活。

聚生活。渔民先把小海狶用绳子系住，投到水中，不久就会有母海狶赶过来，身后跟着成千上百只小海狶。用海狶的油脂点灯照明，如果进行博戏，灯光就比较亮；如果读书学习，灯光就比较暗，所以人们都传言海狶是懒妇变成的。"书上还介绍道，海狶肉干的味道像水牛肉，只是多了一点腥味。用其鱼皮中的脂肪擦拭恶疮，有消毒治病的功效。

据我观察，海狶像鱼。它的背部为灰色，没有鳞甲，尾巴圆润略带白斑，腹部四周表皮下垂，不像是手脚，更像是鱼鳍。它的眼睛可以开合，身体臃肿肥圆，有二三尺长，长得特别像衙门里击鼓的木槌子。《篇海》《字汇》解释这个字的时候说："这是一种生活在东海里的野兽，长得像猪。"我怀疑这就是海狶。但是既然"长得像猪"，为什么身体还是鱼的形状呢？我曾请教渔民，他们告诉我："海狶确实长得像鱼，而不像猪。因为在市场上没有这种东西售卖，所以人们都不了解真实的情况。渔民若是捕到海狶，便认为这是不吉之兆，对它十分嫌弃。海狶的肉不能吃，将它熬成鱼油，为夜间纺织照明，产生的油烟不会弄脏织布机。它肚子里有两块猪油般的脂肪，其他内脏诸如心肝脾胃肾等，也都和猪的内脏一样。这些内脏可以吃，肚尤其好吃，但是肝的口感就比较差了，吃起来像木屑一样。"我以为海鱼里燕魟、鹦鹉鱼、鹤鱼、鼠鲇鱼等等，各自形似不同的生物，只是形体相似罢了。只有海狶最为奇特，说它"像猪"，却是内脏器官相似。如果没有详加考察，只观察它的外观，又有谁会相信这件事呢？就像古人把一种鱼解释成长得像猪的野兽，却不清楚海狶像猪的详情一样，甚至还解释说海狶长着茸毛，而且茸毛在晒干后可以用来判断潮汐，这就更不对了，我亲眼看见海狶没有长毛，难道另有一种长毛的海狶吗？海狶喜欢风，刮风时它会在水中抬起头，不断逆风耸立叩拜，再潜入水中，随着风浪在水中起伏不定。渔民偶然看到江狶拜风，就知道将有大风过境，便马上收起渔网返航避风。

上面说到海狶是懒妇化成，只是戏言，不必当真。我请教海民张朝禄，海狶头顶是否有能喷水的孔穴，他说确实有，那似乎是海狶长在头顶的鳃。《字汇·鱼部》收录着"鱙"字，证明海狶确实是鱼类中的"猪"，而不是陆地上的猪。在《字汇》上没有详细解释，所以我特意进行了补充。

野豕化奔鲟

【原文】 野豕，大者如牛，甚猛。疑即所谓"封豕"[1]是也。一名"懒妇"，好食禾稻。以机杼织纴之器置田间则去。牙长六七寸，辄入海化为巨鱼，状如蛟螭而双乳垂腹，名曰"奔鲟[2]"。

□ 野豕化奔鰒

野猪为猛兽，其獠牙足有六七寸长。它下到海里就变成了形似蛟龙的大鱼，一对乳房垂在肚子上，人称"奔鰒"。

愚按，此物在海，与龙交而生龙，母以子贵，疑即所谓"猪婆龙"[3]者是也。

《野豕化奔鰒赞》：野豕牙长，耻居山乡。化为奔鰒，任其徜徉。

【注释】〔1〕封豕：传说中的大野猪。出自《左传·定公四年》："吴为封豕、长蛇，以荐食上国。"意思是吴人用封豕和长蛇祭祀天神。

〔2〕鰒（fū）：鱼名。

〔3〕猪婆龙：鳄鱼的别称。

【译文】 野猪，较大的体形如牛，十分凶猛。我怀疑这就是传说中的"封豕"。它又被称为"懒妇"，喜欢吃禾苗、稻谷。在田里放置一些纺织用的工具，就可以把它赶走。野猪的獠牙有六七寸长，下到海里便变成一条巨大的鱼，外形像水蛟、螭龙，双乳垂在肚子上，名为"奔鰒"。

据我考证，这种鱼在海中与龙交配能生下龙子，母凭子贵，我怀疑它就是所谓的"猪婆龙"。

腽肭脐

【原文】 《异鱼图》内有腽肭脐[1]，《本草》仿其形图之，兽头，鱼身，鱼尾而有二足。并载《异鱼图说》云："试腽肭脐者，于腊月冲风处置盂，水浸之，不冻者为真。"若系狗形，不当入《异鱼图》。今其说既出《异鱼图》内，则其为鱼形可知。《本草》内游移不定，不能分辨。《衍义》[2]云："腽肭脐，今出登、莱州[3]。"《药性论》[4]谓是"狗外肾"；《日华子》又谓之兽。今观其状，非狗非兽，亦非鱼。淡青色。腹腰下白皮厚且韧如牛皮，边将多取以饰鞍鞯[5]。今人多不识。

愚按，《登州志》有"海牛岛"，有海牛，无角，足似龟，尾若鲇鱼，见人则飞赴水，皮堪弓鞬。又有海狸，亦上牛岛产乳，逢人则化为鱼入水。若此，则海中之兽多肖鱼形。腽肭脐善接物，或即海狸之类。又《字汇》注鱼字曰"兽名"，云："似猪。其皮可饰弓鞬。"遂指为海猪，非是。今观腽肭脐之皮，坚厚如牛皮，《诗》所谓"象弭鱼服"[6]，或即此也，而《字汇》不能深辨。腽肭脐确有其物，而海狗又实有海狗，其肾或皆可用，故图内两存之。《字汇·鱼部》有"鮲"字、"鮈"[7]字，为鱼中犬狗存名也。

《腽肭脐赞》：兽头鱼体，似非所宜。考据有本，见者勿疑。

【注释】 〔1〕腽（wà）肭（nà）脐：一种海狗，据《汉语外来词词典》，是虾夷语onnep的音译。亦为中药名，又名海狗肾，即海狗的阴茎和睾丸。

〔2〕《衍义》：《本草衍义》，北宋寇宗奭著，是一部研究药性的医书。

〔3〕莱州：旧地名，清代属莱州府，现为烟台代管县级市。

〔4〕《药性论》：古代医书，唐甄权著，原书已佚。

〔5〕鞍鞯：马鞍和坐垫。

〔6〕象弭鱼服：象牙装饰的弓，鲨鱼皮装饰的箭囊。出自《诗经·采薇》："四牡翼翼，象弭鱼

□ **腽肭脐**

　　腽肭脐，狗头、鱼身、鱼尾、狗脚，皮像牛皮一样硬，身体为淡青色。作者认为它既不是狗也不是野兽或鱼类，无法确定它的属类。

服。"服，通"箙"，箭囊。

　　〔7〕鮈（jū）：一种温带淡水中生活的小型鱼类。

　　【译文】《异鱼图》记载着一种"膃肭脐"，在《本草》中仿照它的样子绘制了图画。图中的膃肭脐为兽头鱼身，长有鱼尾，还有两只脚。《异鱼图》说："要验证膃肭脐的真假，只需在腊月风口处放一个盂盆，把膃肭脐放在盂盆里，用水浸泡，如果盂里不会结冰，便是真的膃肭脐。"但如果膃肭脐外形像狗，就不会收录在《异鱼图》中；既然收录在《异鱼图》中，那膃肭脐就一定是鱼的形状。在《本草》中关于它的说法不一，令人不知所从。《本草衍义》称"膃肭脐产自山东登州、莱州"，《药性论》则说它是狗的睾丸，《日华子》又说它是一种走兽。我从图上来看，它既不是狗也不是野兽，更不是鱼类。它的身体为淡青色，腰腹下有牛皮般坚韧厚实的白皮，边关的将士经常用这块白皮来装饰马鞍。现在的人大多不知道这种东西。

　　作者注：据《登州志》记载，海牛岛上生活着一种海牛，没有犄角，四肢像乌龟，尾巴像鮎鱼，只要看见人类，便会跳入水中，它的皮可以做成箭囊。又有一种海狸，也在海牛岛上繁殖，看见人类便化成鱼形，跃入水中。可见，海中水兽大多都是鱼的样子。膃肭脐善于与其他生物和睦共处，也许就是海狸之类的生物。《字汇》解释这个字说："野兽名，外形像猪，皮可以装饰弓鞬。"于是有人认为这就是海猪，其实并非如此。我观察膃肭脐的皮，发现它像牛皮一样坚韧厚实，《诗经》所说的"象牙做的宝弓、鲨鱼做的箭囊"，也许就是指的这个，但在《字汇》里没有详细的考证。膃肭脐确有其物，"海狗"则是另一种东西，也许它们的肾脏功效相同，所以我把这两种说法都记录下来。《字汇·鱼部》收录有"猷""鮈"二字，应该就是为鱼中的犬、狗保留的名字吧。

刺鱼化箭猪

　　【原文】刺鱼，有刺之鱼也，亦名"泡鱼"，吹之如泡，可悬玩。此鱼大如斗者，即能化为箭猪。项脊间有箭，白本黑端，人逐之则激发之，亦能射狼虎，但身小如獾状。屈翁山指此为封豕，未是。

　　《刺鱼化箭猪赞》：海底刺鱼，有如伏弩[1]。化为箭猪，亦射狼虎。

　　【注释】〔1〕伏弩：一种隐蔽的机关，可自动发射暗箭。

　　【译文】刺鱼是一种长刺的鱼，又名泡鱼，向它体内吹气，可以变成一个气泡挂起来把玩。刺鱼长到斗那么大，就能变成箭猪。在箭猪的脖子和背脊上排满了白根

□ **刺鱼化箭猪**

刺鱼（泡鱼）长到斗大，就能变成箭猪。箭猪的体形像獾，因脖子和脊背长有箭一般的利刺而得名。一旦有人或动物侵犯它，它就会用利刺进行反击。

黑尖的针刺，人类追捕它时，它就会用这种刺来反击，甚至还能伤害虎狼等猛兽，但它的体形很小，和獾差不多大。屈大均说它就是"封豕"，其实并非如此。

海狗

【原文】 《海语》曰："海狗似狗而小，其毛黄色。尝海游背风沙中，遥见船行则投海。"渔人以技获之，盖利其肾也。医人以为即腽肭脐。

愚按，海狗与腽肭脐当是二种。考据《异鱼图》则知腽肭脐是兽首而鱼身，考据《海语》则知海狗如狗形。今山东海上果有其物，云牡一而牝百[1]，每逐队行。人取牡者，用其肾以扶阳道。然真者难得。

《海狗赞》：既不吠日，又不吠雪[2]。生于齐东，牡者性热。

【注释】 〔1〕牡一而牝百：雄雌比例是一比一百。

〔2〕吠日、吠雪：据说蜀地多阴雨、岭南少雪天，蜀地的狗见到晴天、岭南的狗见到雪天时，都会惊恐地吼叫。有成语"蜀犬吠日"。

【译文】 《海语》说："海狗像陆地的狗，但比狗小，毛为黄色。它经常逆着风沙游海，远远看见舟船，便潜入水下。"由于海狗的肾很值钱，渔民都千方百计捕捉它，医家认为它的肾就是腽肭脐。

□ 海狗

　　海狗，样子像狗而比狗小，毛为黄色，经常逆风游海，看见舟船便会躲入水中。

　　据我考证，海狗和腽肭脐是两种东西。根据《异鱼图》的说法，腽肭脐是兽首鱼身；根据《海语》的说法，海狗的样子和狗一模一样。如今山东海域确实有海狗这种动物，据说它们总是一只雄海狗和上百只雌海狗结队而行。人们捕捉雄海狗，取它的肾脏来壮阳。但是真正的海狗肾很难得到。

潜牛

【原文】　南海有潜牛，牛头而鱼尾，背有翅。常入西江[1]，上岸与牛斗，角软，入水既坚，复出。牧者策牛江上，常歌曰："毋饮江流，恐遇潜牛。"盖指此也。《汇苑》潜牛之外有牛鱼，似又一种也。

　　《潜牛赞》：鱼生两角，奋威如虎。鳞中之牛，一元大武[2]。

【注释】　〔1〕西江：珠江的最大支流，源于云南，流经广西、广东，到广西梧州后始称西江。

　　〔2〕一元大武：指古代祭祀用的牛，出自《礼记·曲礼下》："凡祭宗庙之礼，牛曰一元大武。"《礼记正义》："元，头也；武，迹也。牛若肥则脚大，脚大则迹痕大，故云一元大武也。"

【译文】　在南海中有一种潜牛，它长着牛头和鱼尾，背上有鳍翅。它经常溯游进入西江，上岸和陆地上的牛打架。潜牛出水后，犄角会逐渐变软，入水恢复坚硬后，则又上岸继续打斗。放牧的人到江边放牛时，常常会唱道："饮水莫入江流，以

□ **潜牛**

潜牛，牛头鱼尾，长有鳍翅，十分威猛。它经常出水与陆地上的牛打架，但其犄角出水则软，往往需要入水使它变硬后才能继续出水打斗。

免遇见潜牛。"这首歌说的就是这种动物。除潜牛外，《汇苑》还记载有"牛鱼"，后者应该是另外一种东西。

海马

【原文】 海马之年久者，身上有火焰斑。其游泳于海也，止露头，上半身每露火焰，艇人多能见之，今人绘海马故亦有火焰。画蹄尾俱是马形，而出露于海潮之间，非矣。

海马有三种：一种《异物志》所载，"虫形，善跃，药物中所用"；《本草》亦载一种海山野马，"全类马，能入海"，郭璞《江赋》所谓"海马蹀涛"[1]是也；一种形略似马，鱼口、鱼翅而无鳞，四足无蹄，皮垂于下，若划水，尾若牛尾，即所图者是也。

其身皆油不堪食。渔人网中得海马或海猪，并称不吉。今台湾人多以海马骨作念珠，云能止血。其牙亦同功而更妙，但药书不载，故世鲜用也。《杂记》载海马骨云："徐铉[2]仕江南，至飞虹桥，马不能进。以问杭僧赞宁，宁曰：'下必有海马骨，水火俱不能毁。'铉掘之，得巨骨，试之果然。百十年竟不毁，一夕椎皂角则破碎。"又云，"捶马愈久愈润，以之击犬，应手而裂"，亦怪异也。予客闽，得海马牙一具，大如拇指，长可二寸许。据赠者云，能止血，最良。存以验海马之真迹云。《字汇·鱼部》有"鰢"字，所以别鱼类之马也。《字汇》注通不注明。

《海马赞》：马终毛虫，毛以裸继。[3] 裸虫首蚕，蚕马同气[4]。

【注释】〔1〕海马蹀涛：海马踏着浪涛。蹀，踩踏。

〔2〕徐铉：五代至北宋文字学家，与句中正校定《说文解字》。

〔3〕海马是毛类的末篇，海蚕是裸类的开篇。本篇为毛类的最后一篇，以下开始为裸类的部分。

〔4〕蚕马同气：蚕与马会互相感应。出自《周礼·夏官上》："天文，辰为马；《蚕书》，蚕为龙精，月值大火则浴其种，是蚕与马同气。"据陈渊《"原蚕有禁"考》，天驷星出现在农历二月左右，正是养蚕时节，所以古代认为蚕马同出一源，但万物此消彼长，"莫能两大"，蚕虫繁盛，就会对马匹有妨害。今天看来，这一观点是有违科学事实的。《周礼》与《礼仪》《礼记》并称"三礼"，记录了上古的礼仪、律法等内容。

【译文】年老的海马，身上会带有火焰斑纹。海马在海中游泳时，只会露出头来，船上的人远远看见"火焰"，便知道那是海马。所以在今人的画作中，海马也都带有火焰。但是今人把它的蹄子和尾巴都画成马蹄、马尾形，并暴露在潮水外，这是不正确的。

海马一共有三种：一种是《异物志》记载的"虫形，擅长跳跃，可入药物"的海马；一种是《本草》记载的海底山脉的野马，"这种海马和陆地上的马一模一样"，也正是郭璞《江赋》中"海马踏着波涛"所指；一种只是略微像马，长着鱼嘴和鱼翅，但没有鱼鳞，有四只脚，但没有蹄子，下垂的皮肤像鱼鳍，尾巴像牛尾，这就是我在图中画的海马。

这种海马全身都是油脂，不能吃。渔民认为捕到海马、海猪，都是不祥之兆。台湾人往往把海马骨做成念珠，并认为海马骨可以止血。海马牙齿也有同样的疗效，而且更加显著，只不过在医书中没有记载，所以很少有人用到。《杂记》提到海马骨时说："徐铉在江南做官时，经过飞虹桥，骑乘的爱马无法前进，便去请教杭州僧人赞宁。赞宁告诉他：'这桥下肯定有一具水火不侵的海马骨。'徐铉果然挖出了一具巨大的海马骨，而且确实水火不侵。这具海马骨放置了一百多年都没有损坏分毫，但某天用皂角一敲打，却立刻粉碎了。"其又记载说："用海马骨敲打马匹，骨头就会越来越光润；如果用它敲打狗，骨头就会马上断裂。"这也算是海马骨的奇异之处了。我客居福建时，得到一具海马牙，有拇指那么大，约长两寸。据送给我的人说："海马牙的止血效果特别好。"我留着这具海马牙，等待将来与真正的海马作比较。《字汇·鱼部》收录有"鰢"字，专门用来形容鱼类中的马。《字汇》的解释说明往

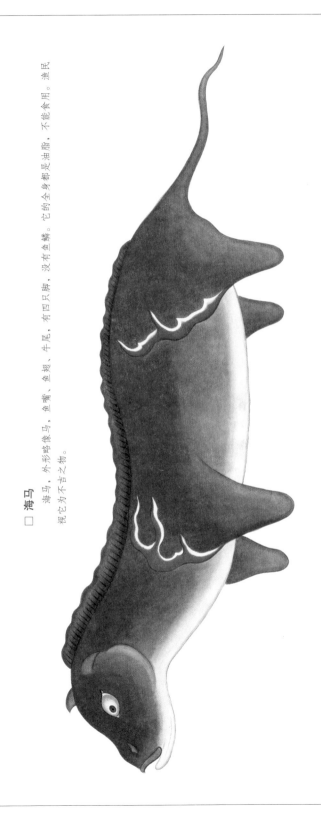

□ 海马

海马，外形略像马，鱼嘴、鱼翅、牛尾，有四只脚，没有鱼鳞。它的全身都是油脂，不能食用。渔民视它为不吉之物。

往都不够明确。

海蚕

【原文】 海蚕，裸虫也，裸虫无毛。毛虫尽则继以裸虫。裸虫三百六十而以人为长，人为物灵，不可并举，故《博物》等书止称麟、凤、龟、龙为四灵之长。今海上之裸虫多矣，不得不并毛虫而共列之。而以蚕继焉者，海马虽未尝变海蚕，而蚕与马同气。原蚕之禁[1]，见于《周礼》，合之《六帖》[2]。马革裹女化蚕[3]之说，要亦有异。况蚕之食叶如马之在槽，而首亦类马，故亦称"马头娘"。然此但言陆地之蚕与马同气者如此，而海蚕则更有异焉。《南州记》[4]："海蚕生南海山石间，形大如拇指，其蚕沙白如玉粉，真者难得。"又《拾遗记》[5]载："东海有冰蚕，长七寸，黑色，有鳞角，覆以霜雪。能作五色茧，长一尺，织为文锦，入水不濡，入火不燎。"诸类书昆虫必有蚕，而曰"龙精"，吾于鳞角之冰蚕而信龙精云。

《海蚕赞》：蚕本龙精，先诸裸生。性秉阳德，头类马形。

【注释】 〔1〕原蚕之禁：出自《周礼》"若有马讼，则听之。禁原蚕者"。其意为：马官禁止民间养原蚕。原蚕，即夏秋第二次孵化的蚕。古人认为"蚕马同气"，此消彼长，蚕虫生长得繁盛，会妨碍马匹的生长。详见本册《海马》"蚕马同气"条注。

〔2〕《六帖》：即《白氏六帖》，唐代白居易编，是白居易为方便自己诗赋创作而编的类书。

〔3〕马革裹女化蚕：马皮裹住女子，变成了蚕虫。出自《搜神记·女化蚕》："传说有蚕女，父为人掠去，惟所乘马在。母曰：'有得父还者，以女嫁焉。'马闻言，绝绊而去。数日，父乘马归。母告之故，父不肯。马咆哮，父杀之，曝皮于庭。皮忽卷女而去，栖于桑，女化为蚕。"

〔4〕《南州记》：文人笔记，东晋徐表著，记载了南方的许多风土特产。

〔5〕《拾遗记》：文人笔记，东晋王嘉著，记载了上古至东晋各代的历史逸闻。

【译文】 海蚕是一种裸虫，裸类就是没有须毛、鳞甲覆盖的生物。在"五虫说"之中，毛虫之后便是裸虫。三百六十种裸虫以人类为头领，鉴于人是万物灵长，不能与禽兽并举，因此《博物志》等书只称麒麟是毛虫之长，凤凰是羽虫之长，龟是甲虫之长，龙是鳞虫之长。现在可知，海中有为数众多的裸虫，不得不和毛虫一起被列入《海错图》中。虽然海马不曾化成蚕虫，但我仍把蚕虫作为裸虫的开篇，就是因为蚕和马是能相互感应的，证据可见《周礼》的"禁养原蚕"一条，还可以参考《白氏六帖》记载的"马皮卷裹女子变为蚕虫"，十分神奇。更何况蚕吃桑叶，就像马吃

□ 海蚕

　　海蚕，通身沙白如玉粉，
拇指大小。其生活在南海海底的
礁石中，难以得见。

槽食一样，蚕虫的头更是和马头十分相像，蚕虫也因此被称作"马头娘"。但是这只能说明陆地上的蚕和马互相感应，海蚕则有所不同。《南州记》说："海蚕生活在南海海底礁石中，像拇指那么大。其身体呈沙白色，如同玉粉。但很难见到海蚕的真容。"《拾遗记》说："东海有冰蚕，长达七寸，身体黑色，长着鳞片和犄角，全身覆盖着霜雪。能够结成五色的虫茧，缫出的蚕丝长达一丈。用这种丝纺织而成的文锦，能够水火不侵。"在各种类书的昆虫条目下，都有蚕虫的记载，并称它是"龙精"。我认为世界上确实存在长着鳞片和犄角的冰蚕，所以便相信蚕虫就是龙精。

龙肠

　　【原文】 龙肠，亦无毛之螺虫也。生海涂中。长数寸，红黄色如蚯蚓，缩泥中。海人用铜线纽钩出之，将去泥沙，中更有一小肠如线，亦去之，煮为羹，味清肉脆，晒干亦可寄远为珍品。一种沙蚕，形味与龙肠相似；又有一种似龙肠而粗，紫色，味胜龙肠，曰官人，不知何所取意。予因其状与龙肠同，不更重绘。

　　夫裸虫三百六十属，其数虽多，亦有所统，则人为之长。人亦一虫也，特灵于虫耳。《职方外纪》载："西洋有海人，男女二种，通体皆人。男子须眉毕具，特手指连如凫爪。男子赤身；女子生成有肉皮一片，自肩下垂至地，如衣袍者然，但着体而生，不能脱卸。其男止能笑而不能言，亦饮食，为人役使，常登岸被土人获之。"又云一种鱼人，名海女，上体女人，下体鱼形，其骨能止下血[1]。《汇苑》又载："海外有人面鱼，人面鱼身，其味在目，其毒在身。番王尝熟之以试使臣，有博识者食目舍肉，番人惊异之。"又载："东海有海人鱼，大者长五六尺，状如人，眉目、口鼻、手爪、头面无不具，肉白如玉，无鳞而有细毛，五色轻软，长一二寸。发如马尾，长五六尺。阴阳与男女无异。海滨鳏寡多取得养之于池沼，交合之际与人无异，亦不伤人。"他如海童、海鬼更难悉数，亦不易状。兹言螺虫之长，特举其概。万物皆祖于龙，诸裸虫总以龙统之可耳。《字汇·鱼部》有魜字，特为人鱼存名也。

□ **龙肠**

　　龙肠，通体红黄色，长得像蚯蚓，数寸长，喜欢藏身于泥沙之中，一般生活在浅滩上。渔民钓到它之后，先除去它的肠子，再把它煮成肉汤，十分美味。

《龙肠赞》：世间绝艺，莫如屠龙[2]。肝可珍取，肠弃海东。

【注释】〔1〕下血：中医语，指小便出血。
　　〔2〕屠龙：宰杀蛟龙的本领，出自《庄子·列御寇》，今多比喻某种能力虽然精湛，但并不实用。

【译文】　龙肠也是一种裸类，生活在海岸的浅滩之中。它长达数寸，为红黄色，常躲在泥土里，就像蚯蚓一样。海边渔民使用铜线和纽钩，把它从泥土里钓出来，洗去泥沙，剥出细线般的小肠子，煮成肉汤，味道清甜而肉质鲜嫩，晒干后还能当作珍贵的礼品，寄送给远方的友人。

　　沙蚕有两种。其中一种的外形和味道都与龙肠相似；另一种的外形也很像龙肠，只是体态略粗一些，味道却比龙肠好得多，叫作"官人"，不知这名字有何深意。由于它外形和龙肠近似，我就不重复绘图了。

　　传说裸类有三百六十种，数量虽多，必定由其中一种来统领，也就是由人类来统领。其实人也只是一种爬虫，只不过比普通的虫子更聪明罢了。《职方外纪》记载："西大洋里有所谓的海人，分为男女两种，男性胡子眉毛俱全，只是手指相连，宛如鸭蹼，通身裸体光滑；女性却生来披着一片肉皮，从肩膀一直下垂到地面，宛如长袍，与身体紧紧相连，不能脱掉。另外，男性只能咧嘴笑，不能说话，能吃会喝。当地人发现可以差遣他们干活，便经常趁他们上岸时活捉并奴役他们。"书中还记载着一种海女，上半身是女人，下半身是鱼尾，其骨头可以治疗小便出血。《异物汇苑》也记载说："海外有人面鱼，人脸鱼身，眼睛很好吃，身体却有毒。番国国王曾经用这种人面鱼招待来使，趁机试探他们的知识水平。来使中有学识渊博的人，只吃鱼眼不吃鱼肉，番人皆啧啧称奇。"《汇苑》又记载："东海有所谓的海人鱼，长达五六尺，外形和人类差不多，无论是眉毛、眼睛、嘴巴、鼻子，还是手指、五官等处，都细致入微，一应俱全。它们的皮肤洁白如玉，没有鳞片，只有纤细的体毛，五彩斑斓且轻便柔软，有一两寸长。它们头发则是马尾状，长五六尺。它们也有阴阳两性，因此，海边住民中有失去配偶的，便把它们捉来养在池子里，和它们交合起来与人类没有差异，也不会伤害到人。"其他诸如海童、海鬼之类，更是难以一一列举，描绘起来也不容易，因此就只举灵长类的例子，作简明扼要的介绍。神龙是万物之祖，自然也可以统御裸类。《字汇·鱼部》中的"魜"字，就是特地为人鱼准备的。

龙虱

【原文】 谢若愚[1]曰："龙虱，鸭食之则不卵，故能化痰[2]。"

按，龙虱状如蜣螂，赭黑[3]色，六足两翅而有须，本海滨飞虫也，海人干而货之，美其名曰龙虱，岂真龙体之虱哉！食者捻去其壳翼，啖其肉，味同炙蚕。不耐久藏。或曰此物遇风雷霖雨[4]则堕于田间，故曰龙虱。

《龙虱赞》：雾郁云蒸，龙鳞生虱。风伯雨师，空中探出。

【注释】 〔1〕谢若愚：作者的友人，通晓海产知识。

〔2〕化痰：中医语，指祛除痰浊的办法。这里是说，龙虱使鸭子不下蛋，与中医所谓的"熄风潜阳"的原理相通，所以可以化痰。

〔3〕赭黑：红褐色。

〔4〕风雷霖雨：古代认为雷雨狂风是神龙现世之象，故传说在这种天气中出现的虫子是龙虱。

【译文】 谢若愚说："龙虱，鸭子吃了它就不下蛋，因此它可以润肺化痰。"

作者注：龙虱的外形像屎壳郎，为黑褐色，有六条腿、两只翅膀，还长着须毛，原本为海边的飞虫。海边住民把它风干后售卖，取了个好听的名字叫"龙虱"。它怎么可能真是神龙身上的虱子呢？食客搓掉它的外壳和翅膀，吃它的肉。它的味道像烤蚕虫，且不耐贮藏。还有一种说法，每当遇到雷雨狂风的天气，这种虫子就会坠落到田地里，所以人们又叫它龙虱。

□ 龙虱

龙虱，是海边的一种飞虫，而并非真龙身上的虱子，它的名字是渔民为了拿它卖个好价钱而取的。龙虱长得像屎壳郎，黑褐色，有两只翅膀、六条腿。

海蜈蚣

【原文】 谢若愚曰："海蜈蚣在海底。风将作，则此物多入网，而无鱼虾。"

按，海蜈蚣一名流蜞[1]，生海泥中，随潮飘荡，与鱼虾侣[2]。柔若蚂蟥[3]，两旁疏排肉刺，如蜈蚣之足。其质灰白，而断纹作浅蓝色，足如菜叶绿。渔人网得，不鬻于市，人多不及见，而海鱼吞食，每剖鱼得厥状。考之类书、志书，通不载。询之土人，知为海蜈蚣，得图其状。更询海人以此物亦可食否，曰："渔人识此者，多能烹而啖之。其法以油炙于镬[4]，用酽醋投，爆绽出膏液，青黄杂错，和以鸡蛋，而以油炙，食之味腴。"尝闻蟒蛇至大、神龙至灵，而反见畏于至小至拙之蜈蚣，今海中之形确肖，疑洪波巨浸[5]之中亦必有以制毒蛇妖龙也。亦有红、黄二种，附绘。考《字汇·鱼部》有"鯃鮏"[6]二字，疑指鱼中之蜈蚣。

《海蜈蚣赞》：物类相制，龙畏蜈蚣[7]。海中产此，惊伏妖龙。

【注释】〔1〕流蜞（qī）：虫名，不详。

〔2〕与鱼虾侣：和鱼虾结伴为友。出自苏轼《赤壁赋》："侣鱼虾而友麋鹿。"

〔3〕蚂蟥：水蛭的俗称，一种环节状软体水生动物，能附在动物身上吸血。

〔4〕镬（huò）：古代的大锅。

〔5〕洪波巨浸：洪波巨流，指大江大海。

〔6〕鯃（wú）鮏（gōng）：一种似鲨的生物。

〔7〕龙畏蜈蚣：出自《五杂俎》："蜈蚣长一尺以上则能飞，龙畏之，故常为雷击。一云龙欲取其珠也。"这个传说源于古代佛教，神龙害怕小虫，是因为小虫会钻入龙鳞、啃食皮肉，使它逆鳞剧痛，最早记载在《法华经义记》："（龙）甲中有小虫唼食，故于热沙中曝，复有热沙之苦。"《五杂俎》，明谢肇淛撰，是作者的随笔札记，内容分天部、地部各二卷，人部、物部、事部各四卷。《法华经义记》由梁代法云撰。

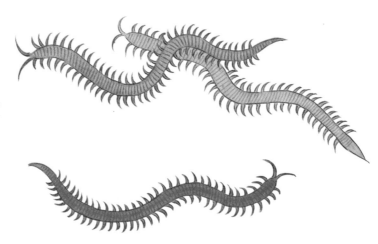

□ **海蜈蚣**

海蜈蚣，又名"流蜞"，通身灰白色，如同蚂蟥一样柔软无骨。其身体两侧长着许多肉刺，就像蜈蚣的脚。

【译文】 谢若愚说："海蜈蚣生活在海底。快要刮海风的时候，渔网捞到的大多是这种虫子，而没有普通的鱼虾。"

作者注：海蜈蚣还有个名字叫流蛴，它产自海底的淤泥中，随着海潮游动飘荡，与鱼虾生活在一起。它像蚂蟥一样柔软，身体两边排列着稀疏的肉刺，犹如蜈蚣的短腿。它的身体为灰白色，有一节一节的浅蓝花纹，短足为菜绿色。渔民将它捕捞以后，并不拿到市场上售卖，所以寻常百姓大多没有见过它。只有当它被海鱼吞噬，而海鱼又恰巧被人剖开肚子，它才会被世人发现。我翻遍了百科书和地方志，都没有找到关于它的任何记载，直到请教当地人后，才得知它是海蜈蚣，并画下了它的形貌。我又问渔民："这种东西能吃吗？"他们回答说："认识它的渔民，大多都知道如何烹饪。在铁锅里放油加热，倒入浓醋，将它爆炒到流出油脂汤汁，青黄交错，放鸡蛋调和，再放油炒热，吃起来就很鲜美。"我曾听说，巨大的蟒蛇和奇异的神龙，唯独害怕小而笨拙的蜈蚣。如今这海里的海蜈蚣也确实与蜈蚣相像，想必是因为在大海的洪涛巨浪之中，也要有东西来降服毒蛇妖龙吧！海蜈蚣还有红、黄两种，如图所绘。《字汇·鱼部》有"鳈鮂"两个字，很可能就是指鱼类中的蜈蚣。

海蜘蛛

【原文】 海蜘蛛，产海山深僻处，大者不知其几千百年。舶人樵汲或有见之，惧不敢进。或云年久有珠，龙常取之[1]。《汇苑》载："海蜘蛛巨者若丈二车轮，文具五色，非大山深谷不伏。游丝隘中[2]，牢若缆缆[3]。虎豹麋鹿间触其网，蛛益吐丝纠缠，卒不可脱，俟其毙腐，乃就食之。舶人欲樵苏[4]者，率百十人束炬往，遇丝辄燃。或得其皮为履，不航而涉[5]。"

愚按，天地生物，小常制大。蛟龙至神，见畏于蜈蚣；虎豹至猛，受困于蜘蛛；象至高巍，目无牛马，而怯于鼠之入耳；鼍至难死，支解[6]犹生，而常毙于蚊之一啄[7]。物性受制，可谓奇矣。

《海蜘蛛赞》：海山蜘蛛，大如车轮。虎豹触网，如系蝇蚊。

【注释】 〔1〕年久有珠，龙常取之：传说巨型蜘蛛体内会生成宝珠，由此容易招引神龙来夺取。出自《五杂组》："蜘蛛、蜈蚣，极大者，皆有珠，故多为雷震者，龙取其珠也。"

〔2〕隘中：狭窄的小路口。

〔3〕缆（gēng）缆：坚固的粗绳或铁索，多为船用。

〔4〕樵苏：劈柴打草。

〔5〕涉：横渡河流。"涉"的甲骨文形象为中间一条河流，上下两边有脚印。

□ 海蜘蛛

　　海蜘蛛，与陆地上的蜘蛛外形相似，但体形巨大，并有五颜六色的花纹。其生活在大山深谷之中，常在路口吐丝撒网捕兽，船夫都对它十分忌惮。

〔6〕支解：肢解，分裂肢体。

〔7〕据说龟鳖被蚊虫叮咬，肉即溃烂，难以痊愈。出自杜充庭《录异记》："鳖与鼋虽至大，如蚊蚋嘈（zǎn）之，一夕而死。"

【译文】　海蜘蛛生长在海底山脉的幽僻处，个头大的，也许已经活了成千上百年。船夫劈柴打水的时候偶尔会遇见它，大多害怕得不敢上前。传说经年累月之后，海蜘蛛体内会长出珍珠，但常被神龙抢走。《异物汇苑》记载："巨型海蜘蛛体形如同两丈阔的车轮，五彩斑斓，蛰居在大山深谷之中。它在狭窄的路口吐丝撒网，蛛丝像铁链粗绳一般坚固。虎豹麋鹿有时误触丝网，它就赶来吐丝缠绕，猎物大多不能逃脱，待它们毙命腐烂后，它才慢慢享用。船夫若去砍柴打草，往往要带上百人同行，手持火把，遇到丝网就用火烧掉。传说用海蜘蛛的表皮做鞋子，穿上后可以直接蹚水渡河，不必借助舟船。"

　　作者注：天地万物，各生百态，有的动物身形虽小，却常能四两拨千斤。蛟龙最有神性，却忌惮蜈蚣；虎豹最为凶猛，却受困于蜘蛛；大象最为高大，牛马都不放在眼里，却害怕老鼠钻进耳朵里；巨龟最是长寿，砍去四肢仍能存活，却易被蚊虫叮咬而死。生物的习性互相制约，真是神奇啊！

泥蛋

【原文】　泥蛋，形长圆而色浅红，亦名海红，又名海橘。生海水石畔，冬春始有。剖之腹有小肠。产连江等处。为羹性冷，味同龙肠，宴客为上品。考《字汇》、韵书，有"卵"字，无"蛋"字，盖俗称也。

　　《泥蛋赞》：形似卵黄，味等龙肠。锡[1]以美名，龙蛋可尝。

□ 泥蛋

　　泥蛋因通体浅红色，所以又名海红或海橘。这是一种椭圆形的生物，生长在海边石缝中，肚子里有小肠。

【注释】〔1〕锡：通"赐"，"锡""赐"古代通用。

【译文】　泥蛋为椭圆形，通体浅红色，又名海红或海橘。它生长在海畔石边，冬春之际才会出现。将它剖开，肚子里有小肠。多产于连江等地。用它做成的肉汤性状寒凉，味道和龙肠一样，是宴请宾客的上品佳肴。我查《字汇》及其他韵书，发现只有"卵"字，没有"蛋"字，因为泥蛋只是俗称而已。

海参

【原文】　考《汇苑》异味、海味及珍馔，内无海参、燕窝、鲨翅、鳆鱼[1]四种，则今人所食海物，古人所未及尝者多矣。若是，则郇公[2]之香厨、段氏之《食经》[3]岂不尚有遗味耶？张汉逸曰："古人所称八珍[4]，亦无此四物。鳆鱼《本草》内开载，海参不知兴于何代。其味清而腴，甚益人，有人参之功，故曰参然。"

有二种：白海参产广东海泥中，大者长五六寸，背青腹白而无刺。采者剖其背，以蛎灰[5]腌之，用竹片撑而晒干，大如人掌。食者浸泡去泥沙，煮以肉汁，滑泽如牛皮而不酥。产辽东、日本者，亦长五六寸不等，纯黑如牛角色，背穿腹平，周绕肉刺，而腹下两旁列小肉刺如蚕足。采者去腹中物，不剖而圆干之。烹洗亦如白参法，柔软可口，胜于白参，故价亦分高下也。迩来[6]酒筵所需，到处皆是，食者既多，所产亦广。然煮参非肉汁则不美，日本人专嗜鲜海参、柔鱼[7]、鳆鱼、海鳅肠[8]以谦客[9]，而不用猪肉，以其饲秽，故同回俗[10]，所烹海参必当无味。

予谓鲜参与干参要必有异，外国之味姑且无论，第就辽、广二参以辨高下，盖有说焉。广东地暖，制法不得不用灰，否则糜烂矣。既受灰性，所以煮之多不能烂。辽东地气寒，参不必用灰而自干，本性具在，故煮亦易烂而可口，所以有美恶之分。且北地之物，性敛于内，诸味皆厚；广南之物，性散于外，诸味皆薄。粤

黑海参

白海参

□ 海参

海参分黑白二色。白海参产自广东海域，最大的不过五六寸。其背部为青色，腹部为白色，没有肉刺。人们一般先将它剖开，用蛎灰腌制，吃的时候拿出来浸泡，然后用猪肉汤煮。黑海参产自辽东和日本，个头与白海参差不多，颜色为纯黑色。其背部高高隆起，腹部平坦，周身长着一圈大肉刺。人们一般将它整个儿风干，煮食方法和白海参一样，但味道比白海参好。

谚有之曰："花无香，食无味。"海参其一端也。汉逸曰："然哉。"方若望曰："近年白海参之多，皆系番人以大鱼皮伪造。"嗟乎！迩来酒筵之中，鹿筋以牛筋假，鳆鱼以巨头螺肉充，今又有假海参，世事之伪极矣！

《海参总赞》：龙宫有方，久传海上。食补胜药，参分两样。

【注释】〔1〕鳆鱼：鲍鱼。"鳆""鲍"古音接近，故相通。

〔2〕郇公：唐代韦陟，袭封郇国公。他生性奢侈放纵、追求美食，厨房中常有山珍海味。出自《云仙杂记》："韦陟厨中，饮食之香错杂，人入其中，多饱饫而归。语曰：'人欲不饭筋骨舒，夤缘须入郇公厨。'"

〔3〕《食经》：唐段文昌著，共五十卷。段文昌家中厨师为名厨膳祖。

〔4〕八珍：八种稀有菜肴，说法很多，随时代变化而不同。最早见于《周礼·食医》："食医，掌和王之六食、六饮、六膳、百馐、百酱、八珍之齐。"

〔5〕蛎灰：牡蛎壳烧成的灰。

〔6〕迩来：近来，近日。

〔7〕柔鱼：鱿鱼，因"柔""鱿"古音相近，故相通。详见本册《柔鱼》。

〔8〕海鳅肠：可能是海蚯蚓，又名"海曲车"。"曲车""鳅肠"古音声母接近，可能互通。

〔9〕谦（yàn）客：宴请宾客。

〔10〕回俗：穆斯林禁食猪肉的习俗。回族伊斯兰教认为猪肉不洁，因此教义禁吃猪肉。

【译文】 我检索《异物汇苑》中的山珍海味、美食佳肴，发现没有海参、燕窝、鲨翅、鳆鱼这四种食物。可见，很多现在能随便品尝到的海鲜，古人并不能尝到，不然，郇国公的菜单、段文昌的《食经》中，怎么会只字不提呢？张汉逸说：
"古人所谓的八珍，也不包含这四种食物。鲅鱼被详细记载在《本草纲目》中，却不
知海参是在哪个朝代开始流行的。海参的味道清甜鲜美，对身体很有好处，具有人参
的功效，所以叫作'参'。"

海参分两种：白海参生长在广东的海泥里，大的足有五六寸，背部青黑，腹部
白色，不长肉刺。人们采摘海参，会剖开它的后背，用蚝壳灰进行腌制，再用竹片撑
开晒成干片，每片手掌大小。食客将其浸水，洗去泥沙，用猪肉汤烹煮，表面光滑细
腻有如牛皮，肉质却不会松弛软烂。另一种黑海参产自辽东和日本，也长约五六寸不
等，颜色是牛角般的纯黑，它背部隆起，腹部平坦，周身围绕着一圈大肉刺，肚子下
面两旁的小肉刺则像蚕虫的小脚。在人们采摘后，剔除它肚子里的杂物，不用剖开，
而是直接整只风干。它的清洗、烹调方法也和白海参一样，味道却比白海参柔软可口
得多，因此价格也相差很大。最近宴席对这种海参需求很大，所以到处都能见到，吃
的人多了，出产的地方也就多了。但如果海参不用猪肉汤来煮，其味道就会大打折
扣。日本人最喜欢用鲜海参、柔鱼、鲅鱼、海鳅肠来招待客人，但是却不喜欢用猪肉
做菜，因为他们嫌弃饲养猪的过程非常肮脏，所以饮食习惯才和回族一样，由此，他
们煮出来的海参也必定寡淡无味。

我认为新鲜海参和海参干自然是有差异的，外国进口的姑且不谈，只比较辽东
和广东的海参，孰优孰劣，都是很有说法的。广东气候温暖，必须要用蚝灰制成参
干，不然它就会腐烂。海参受到白灰的影响之后，常常煮不烂。而辽东气候寒冷，海
参不必用蚝灰就能自己风干，不会破坏它本来的性质和味道，所以很容易煮烂，味美
可口，孰好孰坏，自然是不言而喻。而且北方的食物，性味深藏在体内，所以味道浓
郁；南方的食物，性味飘散到体外，所以味道寡淡。广东有谚语说，"花朵无香，食
物无味"，说的就是海参。张汉逸也赞同道："这话说得真对。"方若望说："近几
年白海参泛滥，都是洋人用大鱼皮伪造出来的。"哎！最近的宴席上，鹿筋用牛筋替
代，鲅鱼用大海螺肉冒充，如今又出现了假海参，真是假货当道啊！

土鳖

【原文】土鳖，背微突，体圆长而绿色，黑点略如荷钱[1]。前有两须，口在
其下。腹白如鳖裙[2]，吸粘海岩上。海人取而食之，鲜入市卖，不在人耳目也。

《土鳖赞》：青钱选中，色侔苍菌[3]。小小土鳖，亦海守神。

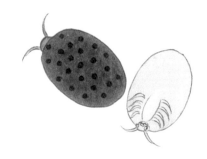

□ 土鳖

　　土鳖，体形圆长，背部微隆，嘴巴长在两条胡须的下面。其全身绿色，腹部为白色，能吸附在海边岩石上。

【注释】〔1〕荷钱：中药名，初生的小荷叶，状如铜钱。

〔2〕鳖裙：龟鳖背甲四周的肉质软边，状如罗裙。

〔3〕苍菌：白菌，白色的蘑菇。

【译文】　土鳖，背部微微隆起，身体圆长，通身绿色，有一些小荷叶状的黑色斑纹；前面长着两条胡须，嘴巴长在胡须下面；白色的肚子宛如鳖裙，能吸附在海边的岩石上。渔民捉到它以后，一般留着自己吃，很少拿到市场上去售卖，因此平常难以见到。

柔鱼

【原文】　柔鱼，略似章鱼而大，无鳞甲，止有一薄骨，八足亦如章鱼而短，故泉人〔1〕亦称为八带鱼。多产日本、琉球外洋，边海罕得。今福省所有者，皆番舶以干鲊〔2〕来售，酒炙可食，其味甚美。柔鱼之名不见典籍，然《篇海》《字汇·鱼部》有"鰇"〔3〕字，应指此鱼也，而注曰鱼名。昔人虽未因字以考鱼，予偶得即鱼以考字，乃因鰇字而验柔鱼，不觉猛省。《字书·鱼部》，凡有名之鱼，必然无不开载，若魟、鮍、魛、䱊、鮇、鮹、鳗、鋸、鱋、鮫、魸、鮨、鱒、鱻、鈍、鮓、鮮、鰭、鮇、鮱、鰊、鮍、鮃、鯆、鮰、鮊、魦、魟、鰿、鮏、鮸、鰠、鱢、鳗、鰵等字〔4〕，字书虽不注明，而以鰇字推之，信乎一鱼有一字矣。此日大快，每得一字必浮大白〔5〕。柔鱼身弱而轻，在大海洪波之中何能自主？今造物亦付以二长带，闻舶人云亦能如乌鲗〔6〕，遇大风则以须粘岩石上。渔人以是候之。

　　《柔鱼赞》：柔鱼名柔，亦号八带。珍错佳品，奈产海外。

【注释】〔1〕泉人：泉州人。

〔2〕干鲊：腌制的鱼干。据本册《锁管》，大章鱼叫柔鱼、小章鱼叫锁管，皆可腌制做成鱼干，可见制干是章鱼常见的烹制方法。原文作"干醋"，义不可通，今改。

〔3〕鰇（róu）：鱿鱼。

〔4〕魜、鰀，儒艮，详见册一《人鱼》。鮀，其他物种变化而成的鱼，详见册一《草蜢鱼》。鮣（rèn），魛的异体字，俗称刀鱼，详见册一《刀鱼》。鲗，头顶有吸盘，详见册一《印鱼》。鮌，不详。鮹，鳞烟管鱼，详见册一《海鳝》。鰔，石首鱼的古称，详见册一《石首鱼》。鋸鰩，锯鰩，详见本册《锯鲨》。鳐，文鰩鱼，详见册一《飞鱼》。鮂，海蜈蚣，详见本册《海蜈蚣》。鮲（xué），一种形似梭子蟹的海鱼。鱵（shuāng）、鱼（yú），作者认为是鲨，详见册四《鲨鱼》。鲀，即河豚。鲟，一种纺锤形的常见鱼类。鮏（niú），潜牛或牛鱼，详见本册《潜牛》。鰢，即海马，详见本册《海马》。鮛，海狗，详见本册《膃肭脐》。鮢（tù），作者认为是一种海兔鱼。鱌（xiàng），形似虹鱼，外形扁平，鼻子很长。鹿，鹿变成的鱼，详见本册《鹿鱼》。鱍（pū）鱼，即江豚。鮂（qiú），即白鰷（tiáo）鱼或鯔鱼。鮊（bó），即白鱼，一种分布较广的常见鱼类。鮂、鮅，一种细长的鱼，详见册一《小鱼》。鱝，详见本册《虹鱼》。鲄，作者认为是带鱼，详见册一《带鱼》。鱀（jì），江豚。鳝，形似鳝鱼。鰙，一种白鱼。鳏，即鳏鱼，详见册一《环鱼》。鰶（zhàn），一种长七八寸的无鳞鱼。以上据于本书及《康熙字典》。作者这里想强调字典中资料不全的鱼类很多，他不选用这些生僻字来为鱼命名，是为了加强本书的通俗性。

〔5〕浮白：畅饮一大杯酒，出自刘向《说苑·善说》："饮不釂（jiào）者，浮以大白。"浮，罚酒，此指满饮。白，大酒杯。

〔6〕乌鰂（zéi）：乌贼。"鰂""贼"古音相同。

【译文】 柔鱼有点像章鱼，但比章鱼稍大，没有鳞片和甲壳，只有一块薄薄的骨头。它也有八只触须，但比章鱼稍短，所以泉州人又叫它八带鱼。柔鱼盛产于日本、琉球等境外海域，国内海域非常难得。如今福建市面上的柔鱼，都是外国商船运来贩卖的，浇上酒加热就能吃，味道十分鲜美。柔鱼的名字在古书里找不到，但《篇海》和《字汇·鱼部》里有"鰇"字，应该就是指这种鱼，所以解释为柔鱼的名字。古人不会按照字形来研究鱼类，而我在机缘巧合下拿着鱼来反推字形，得以借助"鰇"字揭开柔鱼的身份，顿时觉得豁然开朗。在字典涉及鱼类的部分，凡是有名字的鱼，无不有着详细的记载，比如"魜、鮀、魛、鲗、鮌、鮹、鰔、鋸、鰩、鮂、鮲、鮲、鱵、鱼、鲀、鲟、鮏、鰢、鮛、鮢、鱌、鹿、鱍、鮂、鮊、鮂、鮅、鱝、鲄、鱀、鳝、鰙、鳏、鰶"等字，虽然解释得不甚清楚，但从"鰇"字类推的话，必定是一种鱼对应着一个字。我当日非常高兴，每解出一个字所对应的鱼类，就赏自己一大杯酒喝。柔鱼身轻体弱，在大海巨浪之中，怎么能不随波逐流呢？如今造物主送给了它两条长带，我听船夫介绍说，柔鱼的长带也和乌贼一样，可以在遇到大风浪时粘在岩石上，因此渔民常在岩石边"守株待兔"。

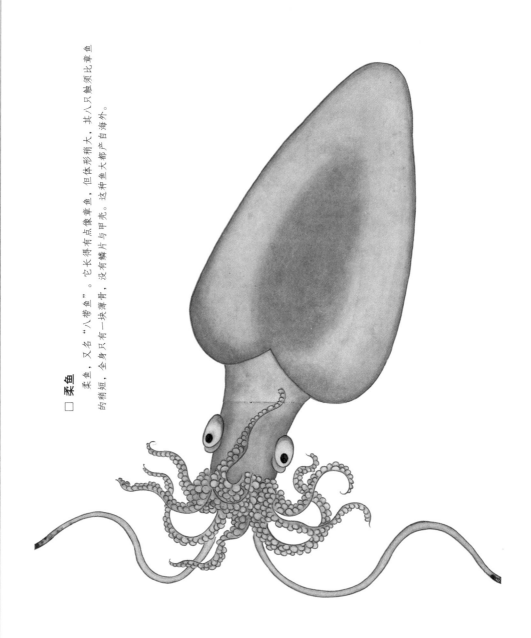

□ **柔鱼**

柔鱼，又名"八带鱼"。它长得有点像章鱼，但体形稍大，其八只触须比章鱼的稍短，全身只有一块薄骨，没有鳞片与甲壳。这种鱼大都产自海外。

泥笋

【原文】 泥笋，一名泥线。《福宁州志》有泥线，即此也。生海涂泥中，状如蚯蚓，蓝色作月白纹。食者先洗净，复用滚水煮去泥气，用油炒食，味亦清美。《漳州府志》复载泥笋。

《泥笋赞》：曰笋曰线，状皆未如。鼎湖升后，堕落龙须。[1]

【注释】 〔1〕传说黄帝在荆山铸造大鼎，因附近有湖泊，故名鼎湖。在鼎铸成后，有神龙下凡，迎接黄帝仙逝升天。有的大臣随着黄帝升天，有的大臣拽着龙须不让它走，于是龙须脱落。出自《史记·封禅书》。

【译文】 泥笋，又叫泥线。《福宁州志》中的"泥线"就是它。其生长在海畔泥地里，外形像蚯蚓，通身蓝色，有月白色的花纹。食客先把它洗干净，再用滚烫的热水煮掉泥味，用油炒着吃，味道鲜美。《漳州府志》也记载有泥笋。

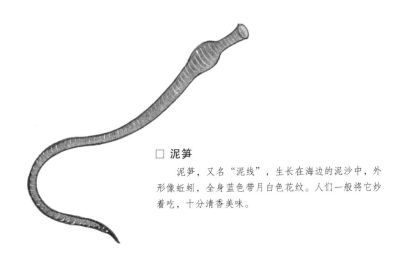

□ **泥笋**

　　泥笋，又名"泥线"，生长在海边的泥沙中，外形像蚯蚓，全身蓝色带月白色花纹。人们一般将它炒着吃，十分清香美味。

土肉

【原文】 广东海滨产一种土肉，类章鱼而长，多足。粤人柳某为予图述。考《粤志》有土肉，云状如儿臂，而有三十余足。

《土肉赞》：土生肉芝，食者能仙。海产土肉，仅堪烹鲜。

【译文】 在广东的海边有一种土肉，它外形像章鱼，但身体比章鱼长，有很多触须。广东的柳先生为我绘图并记录了下来。《粤志》记载了土肉，说它的外形如同

□ **土肉**

　　土肉，产自广东海边，触须足有三十多只，长得像章鱼，
一说像小孩的手臂。

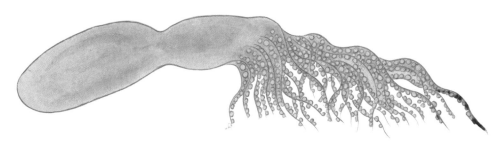

小孩子的手臂，有三十多只触须。

海和尚

【原文】　海和尚，鳖身人首，而足稍长。《广东新语》具载，然未有人亲见，则难图。康熙二十八年，福宁州海上网得一大鳖，出其首则人首也，观者惊怖，投之海。此即海和尚也。杨次闻[1]图述。

□ **海和尚**

　　海和尚，生长在福宁州海域。
它长着人头鳖身，腿脚比鳖的稍
长，样子十分奇特。

《海和尚赞》：海中和尚，本不求施。危舟撒米，乞僧视之。

【注释】〔1〕杨次闻：不详，疑为作者友人。

【译文】 海和尚长着龟鳖的身体和人的脑袋，腿脚比鳖的略长。在《广东新语》中关于它的记载很详细，但是没有人亲眼见过，所以很难画出它的样子。康熙二十八年，福宁州海域捕获了一只大鳖，它探出头来，赫然是人类的脑袋，围观群众都觉得非常恐怖，便把它放归大海。这就是海和尚。杨次闻为它绘图并记录下来。

寿星章鱼

【原文】 康熙二十五年，松江金山卫〔1〕王乡宦〔2〕建花园。适有渔人网得章鱼，异状，头如寿星，两目炯炯，一口洞然，有肉累累，如身之趺坐〔3〕状而二足，盖章鱼之变相者也。渔人以足旋绕其身，置于盘内，献之王宦，谓："天有长

□ **寿星章鱼**
　　寿星章鱼，因脑袋像寿星而得名。它长着两只人眼，嘴巴大大的没有牙齿，全身都是肉，看起来就像和尚打坐。人们认为它是章鱼的变种。

庚星^{〔4〕}、海有老人鱼，新建花园而有此吉兆，禄寿绵长之征，非偶然也。"观者数千人，叹以为异。乃赏之，仍令放归于海。似即海童。

《寿星章鱼赞》：螺藏仙女^{〔5〕}，蛤变观音^{〔6〕}。章鱼效尤，相现寿星。

【注释】〔1〕松江金山卫：今上海金山卫镇。

〔2〕王乡宦：一位王姓官员，下文"王宦"同。

〔3〕趺（fū）坐：和尚打坐的姿势，即左右脚互相交叉盘坐。

〔4〕长庚星：指金星，白日在东方出现时称"启明星"，黄昏在西方出现时称"长庚星"。

〔5〕螺藏仙女：传说农夫谢端捡到一只田螺，田螺里的仙女暗中为其做饭报恩。出自《搜神后记》。

〔6〕蛤变观音：佛教认为观音没有常形，应机出现，普度众生，其中一种化身便是蛤蜊观音，其常乘蛤蜊上，或居于两扇蛤蜊壳中。传说唐文宗喜食蛤蜊，劳民伤财，蛤蜊观音便现身劝化，使其归善。

【译文】康熙二十五年，松江金山卫有位王姓官员兴建花园。恰逢有渔民捕到一只奇怪的章鱼，脑袋圆鼓鼓的像寿星，两只眼睛炯炯有神，巨大的嘴巴空空如也，浑身上下满是横肉，而且还会像和尚一样打坐，这应当是章鱼的变种。渔民将它的腿缠绕在身体上，放到盘子里献给王姓官员，说道："天上有长庚星，海里有老人鱼，您新盖花园，正好出现了这样的吉兆，这是您官运亨通，长命百岁的象征啊！它并不是出于偶然。"几千人前来参观，都觉得十分神奇。官员赏赐了渔民，让他把这条章鱼放生到海里。它似乎就是海童。

泥刺

【原文】泥刺，大头，足软，肉可食。其生刺处有膜，不堪食。干之亦可寄远。产福宁州海涂。

《泥刺赞》：《诗》歌"墙茨"，云不可扫。泥中有刺，亦不可道。^{〔1〕}

【注释】〔1〕此篇赞文的意思是说，家丑国丑不可外扬。这里比喻泥刺形如扫帚、体内的肉膜不能吃。出自《诗经·墙有茨》："墙有茨，不可扫也。中冓之言，不可道也。所可道也，言之丑也。"墙茨，墙边蒺藜。

【译文】泥刺，头很大，脚很软，肉可以吃，但长了刺的肉膜不能吃。将它风干，可以寄给远方友人。泥刺大多生长在福宁州的海滩边。

□ **泥刺**

泥刺，大多生长在福建海滩。其只有头和腿，头很大，腿很软，腿上长满刺。人们将它风干了吃，但是它长了刺的肉膜却不能吃。

鬼头鱼

【原文】 康熙十五年[1]，李闻思[2]同周姓友人[3]客松江上海[4]，过川沙营[5]海上，渔网中偶得大章鱼，状如人形，约长二尺，口目皆具。自头以下，则有身躯，两肩横出，但少臂耳。身以下则八脚长拖，仍与章鱼无异，满身皆肉刺。初入网如石首鱼，鸣七声毕即毙，渔人叹为罕有。观者甚多，无人敢食。此鬼头鱼也。

按，海和尚，往往闻舶人云能作祟，每遇海舟，欲缘而上，千万为群，偏附舡旁，能令舟覆。舵师见之，必亟撒米，并焚纸钱求福，始免。然但闻其说，而见其形者几人哉？今三得其状，以证木华《海赋》所谓"海童邀路"[6]之说为不虚。

《鬼头鱼赞》：章鱼生刺，大而且伟。魑魅为俦[7]，鱼中之鬼。

【注释】 〔1〕康熙十五年：公元1676年，丙辰年。

〔2〕李闻思：作者好友，江浙一带的商人，或为作者的生意伙伴。

〔3〕周姓友人：李闻思的好友。不详。

〔4〕上海：上海县，作者年代属松江府。

〔5〕川沙营：松江川沙营，今上海浦东川沙镇，原文作"穿沙营"，音近致误，今改。

〔6〕海童邀路：原句为："海童邀路，马衔当蹊。"海童、马衔都是海中的神怪。

〔7〕魑魅为俦：与魑魅魍魉之类的妖怪为伍。

【译文】 康熙十五年，李闻思和他的周姓朋友前往松江上海，经过川沙营海域时，用渔网偶然捕到一只大章鱼，约两尺长，长得像人，有眼睛和嘴巴，头下面是身

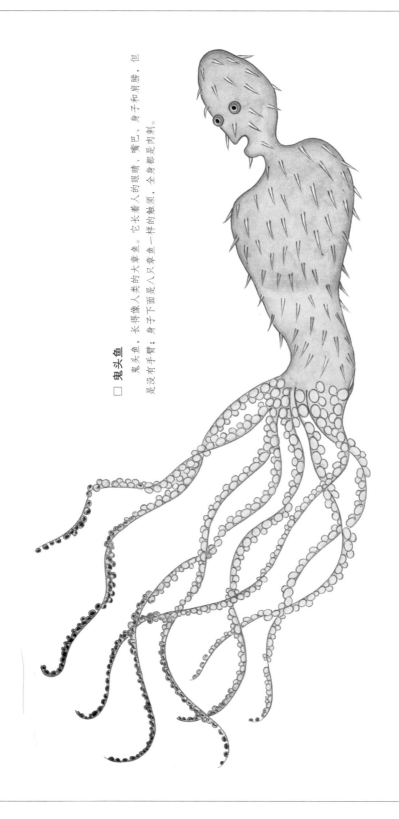

□ 鬼头鱼

鬼头鱼，长得像人类的大章鱼。它长着人的眼睛、嘴巴、身子和肩膀，但是没有手臂；身子下面是八只章鱼一样的触须，全身都是肉刺。

子，横着两个肩膀，没有手臂，身子下面拖着八只触须，与章鱼没什么区别，满身都是肉刺，刚被捕到时如同石首鱼一样，鸣叫七声后死去，连渔夫也未曾目睹过这样的景象。围观的群众非常多，但没有人敢吃它，这就是鬼头鱼。

作者注：我常听船夫说，海和尚很会作怪害人，一遇到出海的船只，它们就千方百计爬上去。它们成百上千为一群，呼朋引伴，围靠在船只的旁边，足以使其倾覆。舵手一看到它们，就会立即向它们撒米，然后焚烧纸钱、祈求保佑，才能免于海难。然而先前仅仅是道听途说，能有几个人真正见过它们呢？如今我却无数次地看到了它的样子，才相信木华在《海赋》里所说的"海童邀路"并非虚言。

朱蛙

【原文】 朱蛙，产温州平阳海涂、田野间。背大红色，腹白，状如常蛙，惟眼金色，光华灼烁有异。冬月始有，然偶有遇之取以为玩者，不可多得。王士俊[1]亲见，为予图述。闽人云："吾福清[2]亦间有此，甚大，约重八九两，全体赤色，可爱，土人名为朱鸡。捕者偶得，不敢食，云为此方真人庙神物，多舍之。然有朱蛙处，群蛙不敢鸣，亦奇。"

《朱蛙赞》：葛仙[3]炼丹，遗有灶窝[4]。炭火如拳，变为虾蟆[5]。

【注释】 〔1〕王士俊：作者朋友，生平不可考。
〔2〕福清：今福建福州福清市。

□ 朱蛙

　　朱蛙，长得像普通的青蛙，但它的个头很大，整个身子除了肚子为白色、眼睛为金黄色，其余皆为红色。这种蛙很少见，只在寒冬腊月出现。

〔3〕葛仙：指东晋葛洪，构建道教体系的重要人物，著有《抱朴子》。

〔4〕灶窝：指炼丹炉灶的洞。

〔5〕虾蟆：蛤蟆。"虾""蛤"古音接近，故相通，是蛤蟆叫声的拟声词。

【译文】 朱蛙，生活在温州平阳的海滩或田间。它背部呈大红色，肚子为白色，外形和普通青蛙差不多，但两眼金黄，能发出奇异绚丽的光彩。朱蛙只在寒冬腊月时才会出现，有人想捉它来玩赏，但也只能偶尔发现一两只。王士俊亲眼见到它后，为我绘图并记述下来。有福建人说："我们福清也经常看到这种青蛙，个头很大，约重八九两，非常惹人怜爱。当地人叫它朱鸡。有猎人偶然捉到它，也不敢吃，都说它是当地仙人庙宇中的通灵之物，大多会将它放生。但凡有朱蛙的地方，其他青蛙都不敢鸣叫，这确实神奇。"

海粉虫

【原文】 海粉虫，产闽中海涂。形圆，径二三寸，背高突。黑灰色，腹下淡红色，如鳖裙一片。好食海滨青苔，而所遗出者即为海粉。闽人云：此虫食苔过多，常从其背裂迸出粉，海人乘时收之则色绿，逾日则色黄，亚于绿色者矣。味清性寒，止堪作酒筵色料装点，咀嚼如豆粉而脆。或云能消痰，考《本草》不载海粉虫。广东称海珠。

《海粉虫赞》：以虫食苔，取粉弃虫。比之蚕沙[1]，取用正同。

【注释】 〔1〕蚕沙：蚕砂，蚕虫的排泄物，可入药。

【译文】 海粉虫，生长在福建海滩边。外形圆润，直径有两三寸，背部高高凸起。其身体为黑灰色，腹下为淡红色，犹如一片鳖裙。它喜欢吃海边的青苔，排泄物

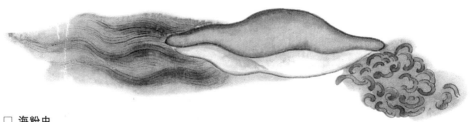

□ **海粉虫**

    海粉虫，身体浑圆，直径有两三寸，背部隆起，身体为黑灰色，肚子为淡红色。它吃了海边青苔后，会排泄出海粉。

就是海粉。福建人说："如果这种虫子吃了太多青苔，背部就会开裂，爆出海粉来。渔民趁时收取海粉，它的颜色便是绿的；如果过了最佳时令，海粉就会变成黄色，质量比前者差多了。"海粉味道清淡、性状寒凉，只能用作酒席上摆盘的点缀品，嚼起来像是豆粉，但比豆粉酥软。有人说海粉虫可以化痰，但我在《本草纲目》上并没有找到相关记载。广东一带称它为海珠。

海苔

【原文】海苔，《本草》与紫菜、海藻并载，云疗瘿瘤、结气功同，今医家止知海藻而已。海苔，浙闽海涂冬春为盛，吾浙宁台温之苔颇美，闾阎[1]食此，胜于腌齑[2]。一种淡苔尤妙，暑月笼覆牲肴，能令蜈蚣囊足不前，亦一异也。

《海苔赞》：我有旨蓄，在水一方。薄言采之，承筐是将。[3]

【注释】〔1〕闾（lú）阎：指普通人家。

〔2〕腌齑（jī）：腌齑（jī），调味用的腌制食物或菜末。

〔3〕此篇赞文四句，引用了四篇《诗经》原句，为集句诗。分别出自《谷风》："我有旨蓄，亦以御冬。"《蒹葭》："所谓伊人，在水一方。"《苤（fú）苢》："采采苤苢，薄言采之。"《鹿鸣》："吹笙鼓簧，承筐是将。"其意为：美味蔬菜来自水边，采摘入筐带着回家。

【译文】海苔，《本草纲目》将它和紫菜、海藻放在一类，称它们都有治疗瘿瘤和结气的功效，但如今的医生只知道海藻。冬春两季，浙江、福建的海滩上盛产海苔，我们浙江宁波、台州和温州的海苔，味道都十分鲜美，比腌制果蔬更受老百姓的欢迎。有一种淡苔尤为神奇，夏天时将它覆盖在肉类上，蜈蚣便不敢靠近，不失为一件奇事。

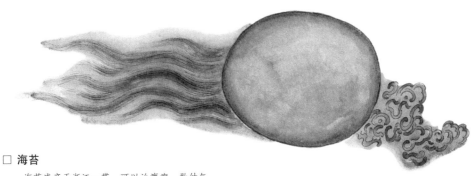

□ 海苔

　海苔盛产于浙江一带，可以治瘿瘤、散结气。

泥丁香

【原文】 泥丁香，干之，状如丁香，产闽中海涂。陈龙淮《海错赞》虽置于其末，人以孙山[1]轻，吾则以孙山重，故采而附之。其赞曰："形如宝杵[2]，锐首丰腹。中杂泥沙，膏涎喷簇[3]。腊名丁香，味尤清馥[4]。海红[5]虽美，犹其臣仆。"其概可知。

《泥丁香赞》：一经品题，姓名必扬。龙淮[6]收取，是曰丁香。

【注释】 〔1〕孙山：本指名列进士榜尾，这里代指"篇尾处"。出自《过庭录》："解名尽处是孙山，贤郎更在孙山外。"有成语"名落孙山"，指考试或选拔末被录取。

〔2〕宝杵：一头粗一头细的圆木棒。

〔3〕膏涎喷簇：汁液四溅的样子。

〔4〕清馥：清香。

〔5〕海红：一种柑橘，味道甘甜。《橘谱》："海江柑颗极大，有及尺以上围者，皮厚而色红，藏之久而味愈厚。"

〔6〕龙淮：代指皇帝。

【译文】 泥丁香，风干后的样子像丁香，大多产于福建的海滩。虽然陈龙淮在《海错图赞》中把它放在全篇的最后，别人也都轻视篇末的内容，我却以此为重，特引用到附注里。陈龙淮在赞中说："状如木棒，头尖肚胖。中有泥沙，汁液流淌。将其风干，取名丁香。虽是肉干，味仍芬芳。海红虽美，比它不上。"从其中可知泥丁香的大致特点。

□ 泥丁香

泥丁香，外形像木棒，头尖肚子大，主要生长在福建海滩，因其风干后的样子像丁香而得名。

章鱼

【原文】 章鱼，产浙闽海涂中。干之，闽人称为章花，浙东称为望潮干。活时身大如鸡卵而长，八须如足，长尺许，其细孔皆粘吸诸物。尝潜其身于穴，而

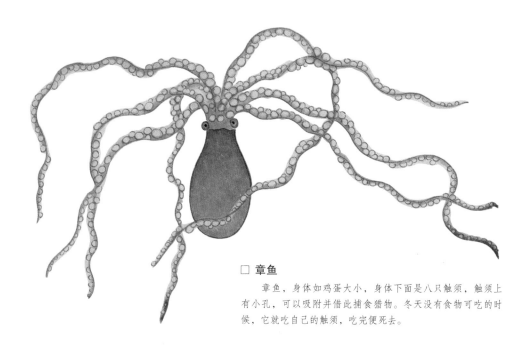

□ 章鱼

　　章鱼，身体如鸡蛋大小，身体下面是八只触须，触须上有小孔，可以吸附并借此捕食猎物。冬天没有食物可吃的时候，它就吃自己的触须，吃完便死去。

露其须。蝤蛑[1]大蟹欲垂涎之，章鱼阴以其须吸其脐而食其肉，其余诸虫多为所食。至冬，虫蛰，无可食，章鱼乃自食其须，至尽而死。其体有卵如豆芽状，食者取此为美。章既死，则诸卵散出泥涂，至正二月又成小章鱼。或曰其卵亦似蝗，九十九子[2]，未验。《闽志》《潮州志》《宁台志》俱载有章鱼。诸类书无。

　　《章鱼赞》：以须为足，以头为腹。泛滥水面，雀不敢目。

【注释】　〔1〕蝤（yóu）蛑（móu）：日本蟳，详见册四《蝤蛑》。
　〔2〕九十九子：约数，泛指蝗虫子孙众多，繁衍能力极强。古人认为蝗虫一次可产下九十九子。朱熹《诗集传》："螽斯，蝗属……一生九十九子。"

【译文】　章鱼常见于浙江、福建的海滩。风干后的章鱼，福建人称之为章花，浙江东部称之为望潮干。活章鱼的主身像鸡蛋那么大，但比鸡蛋更长，八只触须如同它的腿脚，长一尺左右，上面有细孔，可以用来吸附东西。它经常潜伏在洞穴中，只把触须露出洞外。有蝤蛑之类的大螃蟹觊觎美味的章鱼，前来捕食，它就暗中用触须吸住来者的肚子，反而把它们吃掉，别的小动物也大多被它用这样的方式捕食。到了冬天，动物冬眠，章鱼没有食物可吃，只好吃自己的触须，吃光了就会死去。它体内有豆芽状的鱼卵，食客以此作为美味。章鱼死后，它的鱼卵流散在泥滩上，到正月二月间又长成小章鱼。有人说，章鱼产卵就像蝗虫产卵，一胎能产九十九子，我尚未考证。《闽志》《潮州志》《宁台志》都记载着章鱼，但各种百科书却没有任何记录。

章巨

【原文】 章巨[1]，似章鱼而大，亦名石巨。或云即章鱼之老于深泥者。大者头大如匏[2]，重十余斤，足潜泥中，径丈，鸟兽限其间，常卷而啖之。海滨农家尝畜母彘[3]，乳小豕一群于海涂间，每日必失去一小豕，农不解，久之止存一母彘。一日忽闻母彘啼奔而来，拖物，其大如斗，视之乃章巨也。盖章巨之须有孔，能吸粘诸物难解，小豕力不能胜，皆为彼拖入穴饱啖；母彘则身大力强，章巨仍以故智[4]欲并吞之，孰知反为母彘拖拽出穴。海人惊相传，始知章巨能食豕。

章巨有章巨之种，四月生子入泥涂，秋冬潜于深水，至暖始出，渔者以网得之。此物生风[5]，人多不敢食，食之常生斑，惟服习于海上者食之无害。

《章巨（一名泥婆）赞》：雌雄有别，鱼蟹虾螺。墨鱼之妻，应是泥婆。

【注释】 〔1〕章巨：又称"章举""石距"。"举""巨""鱼"声母相近、韵母相同，"章巨"可能只是章鱼的别名。方以智《通雅》："章举、石距，今之章花鱼、望潮鱼也。"

〔2〕匏（páo）：匏瓜，即大葫芦。

〔3〕母彘（zhì）：母猪。彘，甲骨文，形如"野猪被射了一箭的样子"，泛指猪类。

〔4〕故智：老思路、旧办法。

〔5〕生风：中医语，指引动人体内风致病。

【译文】 章巨，外形像章鱼，体形非常大，又叫石巨。有人说，章巨就是在深泥里生活了数年的章鱼，头像葫芦那么大，重十多斤，触须藏在泥里，全身直径足有一丈，一旦有鸟兽困在泥中，它就用触须卷过来吃掉。海边有户人家曾经在海滩上养了一头母猪，母猪产了一群小猪，但每天都会丢失一头小猪，主人不知道是怎么回事。过了不久，就只剩下母猪了。有一天，主人忽然看到母猪边跑边叫唤，身上拖着一个米斗大的东西，仔细一看，正是章巨。原来，章巨触须有孔，能吸附东西，并使猎物不易挣脱，小猪力气小，都被拖进洞里吃掉了；而母猪体大力强，章巨还想用老办法来捕食，不料反被母猪拽出了洞穴。人们惊叹相传，这才知道章巨竟然能吃猪。

章巨也有后代，它四月到淤泥里产子，秋冬则潜入深水，气候转暖才会出来，渔民此时用网就能网住它。这种东西吃了会使人生病，人们大多不敢吃它，因为吃了它以后身上常会长斑，只有习惯海味的人才会没事。

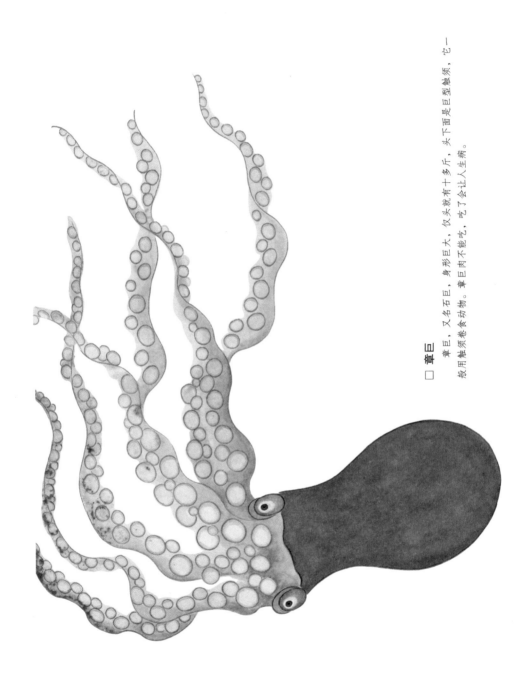

□ **章巨**　　章巨，又名石巨，身形巨大，仅头就有十多斤，头下面是巨型触须，它一般用触须卷食动物。章巨肉不能吃，吃了会让人生病。

泥翅

【原文】 泥翅，约长四五寸，吸海涂间，翘然[1]而起，头上有一孔似口。全体紫黑色，根下茸茸之翅若毛，如鱼腮开花，亦作腮腥。初取之时，软而不坚，若洗去其泥沙而搓揉之，则鼓其气而起。食者剔去翅，剖去其沙，内有骨一条，可以为簪。同猪肉煮食，殊脆美。温州称为沙蒜，福建称为泥翅[2]，连江陈龙淮《海物赞》内载此，闽中别有土名。

《泥翅赞》：弱肉吸土，性秉于阳。其中有骨，外柔内刚。

【注释】 〔1〕翘然：昂首跂脚的样子。
〔2〕沙蒜、泥翅：海鳃，呈羽毛笔状。

【译文】 泥翅，约四五寸长，吸附在海滩之上，昂首挺胸的样子，头上有孔，如同嘴巴。它通身紫黑色，毛茸茸的羽翅一直绵延到根部，外形像是开花的鱼鳃，并散发出鱼鳃的腥味。将它刚拿到手里的时候是软塌塌的，一旦洗去泥沙，用手揉搓，就会充气鼓胀起来。吃客剔去羽翅，剖开洗掉泥沙，只见里面有一根骨头，可以拿来做发簪。与猪肉一起煮着吃，它的口感十分鲜嫩。温州人把它叫作沙蒜，福建则叫它泥翅，连江陈龙淮的《海错图赞》也记载了它，称泥翅是福建地区的俗称。

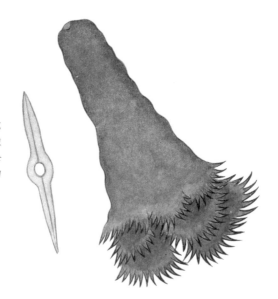

□ 泥翅

　　泥翅，长约四五寸，刚拿到手里时是软的，把它洗净揉搓，它的身体就会鼓起来，变得硬硬的。泥翅全身紫黑色，身下是毛茸茸的鱼翅，如同开了花的鱼鳃，身体中有一根骨头。

泥肠

【原文】 泥肠，亦名土猪肠，春月生海水浅泥间。形如猪肠，而中疙瘩处散作垂丝，吸水以为活。海人治[1]此者，浸去泥，然后煮烂，加肉汁为美，味清，堪醒酒。

《泥肠赞》：石既有胆[2]，地亦有肺[3]。肠生泥中，类拟生气。

【注释】 〔1〕治：处理，这里指烹饪方法。
〔2〕石既有胆：指石胆、胆矾，一种生于岩层的圆形物质。
〔3〕地亦有肺：指茅山，又名地肺山、句曲山，在今江苏句容市境内，为道家七十二福地之首。陶弘景《真诰》："金陵者，洞虚之膏腴，句曲之地肺也。"

【译文】 泥肠，又名土猪肠，春天生长在海滩浅泥之间。它外形像猪肠，但身上有一些肉疙瘩，且垂下丝条，靠吸取水分维生。渔民若想把它做成菜肴，需要浸水洗去泥沙，煮到肉烂，浇上肉汤。它味道清香，堪称美味，还可以醒酒。

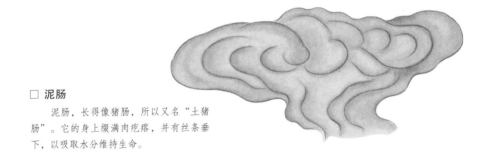

□ 泥肠

　　泥肠，长得像猪肠，所以又名"土猪肠"。它的身上缀满肉疙瘩，并有丝条垂下，以吸取水分维持生命。

泥钉

【原文】 泥钉，如蚓一段而有尾。海人冬月掘海涂取之，洗去泥，复捣敲净白，仅存其皮。寸切炒食，甚脆美。腊月细剁和猪肉熬冻，最清美，而性冷。

《泥钉赞》：蛎盘饰棂[1]，鱼鳞作篷。钉以泥钉，成水晶宫。

【注释】 〔1〕蛎盘饰棂：用牡蛎壳装饰窗格。详见册三《海月》。

【译文】 泥钉，外形像一段蚯蚓，但有尾巴，渔民冬天挖开海滩就能捉到它。洗去泥沙后，再将它敲打捶捣，务求洗得白白净净，只剩下一层表皮，然后切成肉丁炒着吃，清爽可口。寒冬腊月时，将它细细剁碎，和猪肉一起熬制成肉冻，最为清鲜

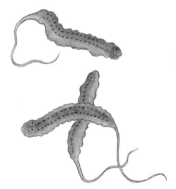

□ 泥钉

　　泥钉看起来就像一段蚯蚓，但身后有一条细长的尾巴。人们将它捣烂后炒着吃，或剁碎后做成肉冻，都很美味。

美味，但它性味寒凉，不宜多食。

锁管

【原文】　锁管，玉质紫斑，无骨，体长寸余，绕唇八短足、四长带。味清美，可为羹，亦可作鲊，有长三四寸者更美。小为锁管，大为柔鱼，日本剖晒作脯，不着盐而甘美。

《锁管赞》：身为锁管，须为锁簧。锁管嫌软，锁簧嫌长。

【译文】　锁管，质地润泽如玉，身上有紫色斑纹，没有骨头，身长一寸多，有八只短足和四条长带围绕着它的嘴巴。锁管吃起来清鲜美味，既可以做成肉汤，也可

□ 锁管

　　锁管，通身为润泽的白色，夹杂着紫色的斑纹，一般一寸多长，也有三四寸长的，没有骨头，嘴巴周围有八只短脚和四条长带。这种鱼长大了就是柔鱼。

以腌成鱼干，尤其是那种长达三四寸的锁管，味道更好。这种鱼小时候叫作锁管，长大了就是柔鱼，日本人将其剖开晒成肉干，不用放盐就很好吃。

土花瓶

【原文】 土花瓶，产海涂泥中，深二三尺。讨海者迹其孔取之。此物虽无头足，灵性独异，掏摸将近，骤拔可得，少缓则缩入泥内，不可问矣。其形绝似净瓶[1]，长者可五六寸，上有小孔似其口也。其色粉红而带绿，头上乱丝花斑，在水摇曳如开巨笔彩毫，无水处如肠一段。中有小肠，有土，余皆膏液，如章鱼头中脑也。烹食味同土肠。

《土花瓶赞》：南海观音，不愿修行。杨柳枯焦，抛却净瓶。

【注释】 〔1〕净瓶：在佛教的观音形象中，她经常手托一个素色花瓶，此即玉净瓶。

【译文】 土花瓶，在海滩泥地深约二三尺的地方，渔民沿着孔洞就能挖到它。这种东西虽然没有头和脚，却十分灵敏迅捷，渔民快挖到它的时候，必须突然一拔才能将它抓住，稍有犹豫，它就会缩进泥里，消失无踪。它的外形就像观音的净瓶，长的可达五六寸，上端有小孔，像是嘴巴。它通身粉红，略透绿色，头上有杂乱的触须和斑纹，在水里摇摆时，犹如一支巨大的彩色毛笔。在没有水的地方，就只像一段肠子。它体内有小肠，肠内有泥土，此外全是汁液，就像章鱼脑一样。将它煮来吃，味道和土肠差不多。

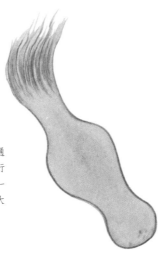

□ 土花瓶

土花瓶，因外形像花瓶而得名，通身粉红中透着绿色，没有头和脚，但行动迅速。它在陆地上时软弱如肠子，一旦到了水里就摇摆起来，如同一支巨大的彩色毛笔。

石乳

【原文】 石乳，亦名岩乳。然有两种：圆头状如乳者，淡红紫点突起，无壳而软，可食；大柄而碎裂如剪者，虽亦同石乳而名猪母奶，亦淡红色，味腥不堪食。皆生海岩洞隙阴湿处。潮汐经过，初生如水泡，久之成一乳形。

《石乳赞》：谁母万物？天一生水[1]。结而成形，孟姜彼美[2]。

【注释】 〔1〕天一生水：出自《尚书大传·五行传》："天一生水；地六成水。"古代道家认为，万物的本源是太一，先孕育出水，再孕育出天地，十分强调水的地位。《荆门郭店楚简》："太一生水，水反辅太一，是以成天。天反辅太一，是以成地。"作者亦在《海错图序》中说，"海水浮天而载地，茫乎不知畔岸，浩乎不知津崖，虽丹峰十寻，在天地荡漾中，如拳如豆耳""山川出云，仅为霖于百里；而潮汐与月盈虚，直与天地相始终"，这里反映出一种"海洋无限、海洋至上"的观点。

〔2〕孟姜彼美：出自《诗经·有女同车》："彼美孟姜，德音不忘。"其意为：难忘美女的恩德，此处指水既美丽，又能孕育万物，有恩于众生。孟姜，代指美女。

【译文】 石乳，又名岩乳。石乳有两种：一种是圆头形的，像乳房，淡红色，

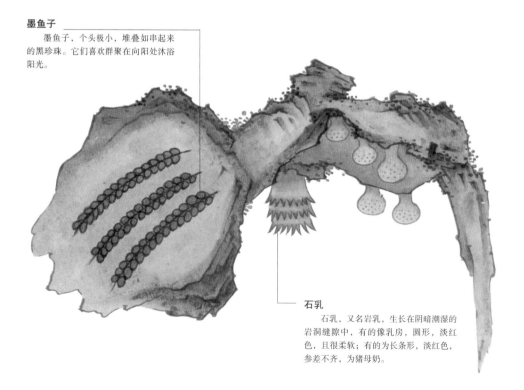

墨鱼子

　　墨鱼子，个头极小，堆叠如串起来的黑珍珠。它们喜欢群聚在向阳处沐浴阳光。

石乳

　　石乳，又名岩乳，生长在阴暗潮湿的岩洞缝隙中，有的像乳房，圆形，淡红色，且很柔软；有的为长条形，淡红色，参差不齐，为猪母奶。

有紫色的突起斑点，没有外壳，十分柔软，可以吃；还有一种长条形的，断裂状，像被剪裁过一样，虽然也叫石乳，但其实是猪母奶，它也是淡红色的，但腥味很重，不能吃。这两种石乳都生长在海边岩洞阴暗潮湿的缝隙里。涨潮退潮的海水流过缝隙，石乳便生成了，它一开始像水泡，过了一段时间就变成乳房状。

墨鱼子

【原文】 墨鱼子，散布海岩向阳石畔，累累如贯珠，而皆黑色。排列处数百行，不可胜计，大都群聚而育之，听受阳曦[1]育出。《本草》谓墨鱼为鸊鸟[2]所化，今验有子，鸟化之说，另当有辨。

《墨鱼子赞》：非黄非白，未骨未肉。一点真元[3]，先付厥[4]墨。

【注释】 〔1〕阳曦：阳光。

〔2〕鸊（bǔ）鸟：乌鸓，一种外形像鹭鸟的大水鸟，背为绿色，腹部和翅膀为紫白色。详注见本册《墨鱼》。

〔3〕真元：中医语，生物体内所蕴含的真气。

〔4〕厥：代词，它的。

【译文】 墨鱼子，散布在海边岩石面朝太阳的一侧。它们互相堆叠，像是成串的黑珍珠，排列了成百上千行，不可计数。它们大多群聚在一起，沐浴着阳光，逐渐长大成形。《本草纲目》说墨鱼是由乌鸓变化而成，如今我亲眼看到了墨鱼子，那么乌鸟变乌贼的传说应当另有说法。

荷包蜡

【原文】 荷包蜡[1]，其色、味同蛇鱼无异。上有孔而旁垂四带，形如荷包，故名。三四月海中始有，盖蛇鱼溢液而散著者也，体同蛇皮，易化为水。海人就近网得即食之，不能远鬻于市。其食法，用油炒即速食，迟则化水无有矣。

《荷包蜡赞》：近玩掌上，包如带如[2]。远望水中，沧海遗珠。

【注释】 〔1〕荷包蜡（zhà）：一种水母。蜡，蛇鱼，海蜇的别称。

〔2〕包如带如：包的样子、丝带的样子。如，形容词后缀，表示状态。

【译文】 荷包蜡的颜色和味道都与海蜇相似。它头顶上有孔，左右两侧垂着四条飘带，外形如钱包，并因此得名。三四月时，荷包蜡才会在海里现身，也许是海蜇

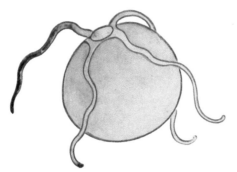

□ 荷包蛇

　荷包蛇，样子就像荷包，头顶上
有一孔，孔周垂下四条飘带。它的身
体和海蜇很像，吃起来也和海蜇的味
道差不多。

的汁液散溢出来形成的，所以它的身体和海蜇皮才会如此相似，极易化成水。渔民捕
捞到它，就近直接吃掉，不能到稍远的集市去售卖。它的吃法是，用油爆炒，然后快
速吃掉，动作稍慢一些，就会化成一摊水。

墨鱼

【原文】墨鱼，土名也，《闽志》称乌鲗，《字汇》亦作"鲗鲗"[1]。浙东
及闽广皆产，《本草》独称雷州乌贼鱼，何其隘也！称其肉能益气强志，骨末和蜜
疗人目中翳[2]。云性嗜乌，每浮水上伪死，乌啄其须，反卷而入水以啖，言为乌
之贼[3]也。陶隐居[4]云此是鹢鸟所化，今其口脚尚存相似，予故图存其喙及骨，
以俟辨者。《南越志》称乌贼有碇，遇风便虬，前虬下碇[5]。今两长须果如缆
绳，询之渔人，金曰："风波急，果皆以须粘于石上。"张汉逸曰："绕唇肉带八
小条，似足非足，似髯非髯，并有细孔，能吸粘诸物。口藏须中，类乌喙，甚坚。
脊骨如梭而轻，每多飘散海上，故名海螵蛸[6]。腹藏墨烟，遇大鱼及网罟，则喷
墨以自匿。鱼欲食者，每为墨烟所迷，渔人反因其墨而踪迹得之。及入网犹喷墨不
止，冀以幸脱，故墨鱼在水身白，及入网而售于市，则其体常黑矣。鲜烹性寒，不
宜人。腌干，吴人称为螟蜅[7]，味如鲹鱼。"

愚谓："然则《本草》所云益气壮志，非指鲜物也，必指螟蜅干也。"汉逸是
之，复曰："海外更有一种大者，重数斤，背有花纹。剖而干之，名曰花脂，其味
香美，更胜乌贼。"予恨不及见，不复再为图论也。考类书，云乌贼之形似囊，传
为秦始皇所遗箅袋[8]于海而变，合之荷包蛇而观之，真令人想易象于括囊[9]也。
予访之海上，见墨鱼生子累累如贯珠而皆黑，奇之。又见有小乌贼，其形如指，并
图之，以参论陶隐居鹢鸟所化之说，以见化生之中又有卵生也。

《墨鱼赞》：一肚好墨，真大国香[10]。可惜无用，送海龙王。

【注释】 〔1〕鰞（wū）鰂：乌贼。

〔2〕目中翳：眼睛里遮挡视线的白膜，类似白内障。

〔3〕乌之贼：指它是乌鸓（bǔ）的捕食者，所以叫乌贼。这种说法被清代郭柏苍证伪："乌鰂口小，不能食也。"乌，乌鸓。

〔4〕陶隐居：指南朝梁的陶弘景，著有《本草经注》。《本草纲目》引陶弘景注文，称乌鸓就是青鹢（yì），能变成乌贼鱼。这种说法显然有违科学事实。

〔5〕前虬下碇：前面是盘绕的触须，下面是船墩一般的石头。《南越志》："乌贼有碇，遇风便虬，前一须下碇而住碇，亦缆之义也。"其意为：乌贼的触须可以牢牢抓住石头，像船系在船墩上一样，这样就可以抵挡风浪。虬，龙须。碇，系船的石墩。

〔6〕海螵（piāo）蛸（xiāo）：指乌贼的一块内骨，可入药。作者认为"螵蛸"与"飘摇""逍遥"同源，有"轻盈自在"之义，此说存疑。

〔7〕螟（míng）蜅（fǔ）：腌制的乌贼干。

〔8〕筭（suàn）袋：算袋，古人贮放笔砚等文具的袋子。《本草拾遗》："海人云：昔秦王东游，弃算袋于海，化为此鱼，故形一如算袋，两带极长，墨尚在腹也。"

〔9〕括囊：周易的卦象之一，出自《周易·坤》："括囊，无咎无誉。"其意为：沉默为金，无功无过。

〔10〕大国香：古代的一种墨块，清香扑鼻。墨块另有紫玉光、天琛、苍龙珠、天瑞、豹囊等品种。

【译文】 墨鱼是它的俗称，在《闽志》里叫乌鰂，在《字汇》里写作"鰞鰂"。浙江东部、福建、广东都盛产乌贼鱼，《本草纲目》却只说雷州有，这个见解是多么狭隘呀！书里说乌贼肉能补气虚、增强记忆力，骨粉混合蜂蜜还能治疗白内障。书里还说乌贼喜欢吃乌鸓，经常浮在水面装死，待乌鸓来啄食它的触须时，就将其卷进水里吃掉，号称乌鸓杀手，并因此而得名"乌贼"。陶弘景认为乌贼是由乌鸓变成的，我觉得它们的嘴巴和脚部确实有些相似，所以特地把嘴和骨头这两个部分画下来，待有识之士明察。《南越志》记载，乌贼把水中巨石当作船墩，遇到风浪就用触须抱紧它，触须在前，巨石在下。我观察它的两条长触须，确实粗得像缆绳，便去请教渔民。他们告诉我："海里风浪猛烈，墨鱼确实靠触须黏附在石头上。"张汉逸说："墨鱼有八条小肉带围着嘴巴，既像腿又不像腿，既像胡须又不像胡须，都有细小的孔穴，能吸附东西。它的嘴藏在触须之中，类似乌鸓尖尖的吻部，十分坚硬。它的脊梁骨形如织布的梭子，非常轻盈，常漂浮在海面上，因此也叫'海螵蛸'。"它

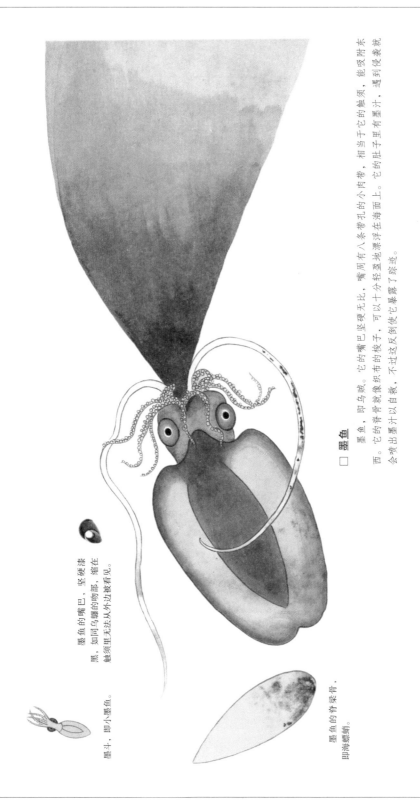

□ 墨鱼

墨鱼，即乌贼。它的嘴巴坚硬无比，嘴周有八条带孔的触须，相当于它的触须，能吸附东西。它的脊骨就像织布的梭子，可以十分轻盈地漂浮在海面上。它的肚子里有墨汁，遇到侵袭表就会喷出墨汁以自救，不过这反倒使它暴露了踪迹。

墨鱼的嘴巴，坚硬漆黑，如同乌骡的吻部，缩在触须里无法从外边被看见。

墨斗，即小墨鱼。

墨鱼的脊梁骨，即海螵蛸。

肚子里藏有黑烟，遇到大鱼或渔网，就喷出墨汁来隐藏自己。那些垂涎它的鱼，经常被它喷出的黑烟所迷惑，渔民反而能靠黑烟找到它。墨鱼入网后仍然不停喷出墨汁，想要侥幸逃脱，所以它在水里时身体是白色的，被捉住后拿到市场去售卖时，就大多被染成了黑色。新鲜的墨鱼性味太过寒凉，吃了对人的身体不好。在墨鱼腌制成鱼干后，江浙人称它为螟蜅，味道像鳆鱼。"

我说："既然如此，那么《本草纲目》所说的墨鱼能补气虚、增强记忆力，一定不是说新鲜墨鱼，而是墨鱼干。"张汉逸表示认同，并补充道："海外还有一种更大的乌贼，有好几斤重，背上有花纹图案。剖开制成鱼干，叫作花脂，味道香软可口，比普通乌贼更好吃。"可惜我没有见过这种乌贼，就不再画图描述了。我翻阅百科书，书上说乌贼外形像袋子，传说是秦始皇在海里丢失的算袋变成的，再加上荷包蛇，不由令人联想到《周易》"括囊"的卦象啊！我在海上找到墨鱼，发现它的鱼卵层层叠加，像是成串的黑珍珠，觉得十分神奇。我又找到了小乌贼，只见它的样子像手指，也画了下来，用以证伪陶弘景"乌鸦变成乌贼"的说法。可见万物并非都是化生而来，也有卵生而来的。

蛇鱼

【原文】 蛇鱼，吴俗称为海蜇，越人呼为蛇鱼，亦作鲝鱼[1]，以其聂而切之[2]也，又名樗蒲鱼[3]。《字说》[4]云形如羊胃，浮水，以虾为目，故亦名虾蛇。《尔雅翼》曰："蛇生东海，正白，蒙蒙[5]如沫，又如凝血。生气物也，有知识，无腹脏。"予客瓯之永嘉[6]，每见渔人每于八月捕蛇，生时白皮如晶盘，头亦肥大，甚重，贾人以矾[7]浸之则薄瘦，始鬻。闻此物无种类，绿水沫所结然。闽中诸鱼俱由南而入东北，惟蛇鱼则自东北而入南，秋冬时东北风多，则网不虚举。然亦有候，或一年盛，或一年衰，大约雨多而寒则繁生。

予客闽，有网鲜蛇者，剖其头花，中有肠胃血膜，多鬻之市，以醋汤煮之，甚可口。多时亦晒干，其脏可以久藏，配肉煮亦美。《尔雅翼》云无腹脏，误矣。《岭表录》[8]谓"水母目虾"，水母即蛇鱼也。称其有足，无口眼，大如覆帽，腹下有物如絮，常有数十虾食其腹下涎，人或捕之即沉，乃虾有所见，《尔雅》所谓水母以虾为目者也，食腹下涎，故当在其旁，益足验渔人之言为不诬。《汇苑》不识水母线[9]即聂切之蛇鱼也，而曰"澄烂挺质，凝沫成形"，谬甚矣！蛇以虾为目，诸类书皆载，即内典《楞严经》亦有其说，以是淹雅之士[10]莫不咸知。然未获睹其生状，终不能无疑。

夫以虾为目，见典籍者尚不能无疑，今闽海更有蛇鱼化鸥之异，人益难信。予乃取海错中诸物之能变者证之：如枫叶化鱼，已等腐草之为萤，若虎鲨化虎、鹿鱼化鹿、黄雀化鱼、乌贼化乌、石首化凫，原有变化之理，合之蝗之为虾、螺之为蟹[11]，则信乎蛇能变鸥，不独雉蜃雀蛤之征于《月令》者而已。予故以蛇终蝶虫，而以鸥始羽虫云[12]。

《蛇鱼赞》：水母目虾，暂有所假[13]。志在青云，但看羽化。

【注释】〔1〕鲊（zhà）鱼：水母的别称。

〔2〕聂而切之：切成藻片。

〔3〕樗蒲鱼：樗蒲由樗木制成木子，两头尖锐，中间平广，状如杏仁，因此用它比喻切成片的蛇鱼。

〔4〕《字说》：北宋王安石著，解释字意的书，多穿凿附会，乏善可陈。

〔5〕蒙蒙：茂盛繁多的样子。

〔6〕永嘉：今浙江温州永嘉县。

〔7〕矾：明矾水，可吸附沉淀水中杂质。

〔8〕《岭表录》：即《岭表录异》，唐刘恂编，记述了岭南的异物异事，其中食物方面的记录尤为丰富。

〔9〕水母线：蛇鱼切成丝线状，再用明矾浸泡而成。《图经本草》："（蛇鱼）白肉缕切，用矾浸，谓之水母线，可以致远。"

〔10〕淹雅之士：见多识广、知识渊博的文人。

〔11〕诸物之能变者：枫叶化鱼，详见册一《枫叶鱼》，出自《晋安海物异名记》："海树霜叶，风飘浪翻，腐若萤化，厥质为鱼，故名枫叶鱼。"腐草为萤，出自《礼记·月令》："季夏之月……腐草为萤。"虎鲨化虎，详见本册《虎鲨》，出自《异物志》："东海有虎错，或时变成虎。"鹿鱼化鹿，详见本册《鹿鱼》，出自《罗州图经》："州南海中有洲，每春夏，此鱼跳出洲，化而为鹿。曾有人拾得一鱼，头已化鹿，尾犹是鱼。"黄雀化鱼，详见册三《鱼雀互化》，出自《临海水土异物志》："南海有黄雀鱼，黄雀十月入海化为鱼。"乌贼化乌，详见本册《墨鱼》，出自《本草经集注·乌贼鱼骨》："此是乌所化作，今其口脚具存，犹相似尔。"石首化凫，详见册三《海凫石首》，出自《吴地志》："石首鱼，至秋化为冠凫，头中犹有石。"蝗之为虾，详见册四《蝗虫化虾》，出自《东观汉记》："广陵郡连有蝗虫……飞入海，化为鱼虾。"螺之为蟹，详见册四《蟛蜞腹蟹》，出自《南越志》："蟛蜞，长寸余，大者长二三寸，腹中有蟹子，如榆荚，合体共生。"

〔12〕蛇终蝶虫、鸥始羽虫：蛇是蝶类的末篇，鸥是羽类的开篇。由于作者深受化生说影响，本系列书的图文顺序是严格按照五类划分的：册一只收录了鳞类，册二除了鳞类还收录了毛类和裸类，册三收录了羽类与介类，册四收录的几乎全是介类。本篇位于册二末，为裸类的最后一篇，以下开始

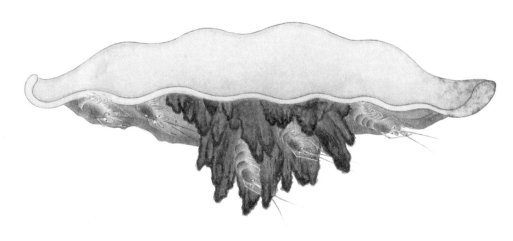

□ **蛇鱼**

　　蛇鱼为江苏一带对它的俗称，浙江一带则称它为海蜇。蛇鱼的头又大又沉，它的表皮就像白色的水晶餐盘。据说蛇鱼没有内脏，也没有眼睛，由于虾子一直跟着它，吃它腹下的口水，所以它就把虾子当作眼睛。

羽类的部分。

　　〔13〕假：借，依靠。"假"金文，形如"用手借东西的样子"，所以有"借"的意义。

　　【译文】　蛇鱼，在江苏一带被称为海蜇，在浙江一带被称为蛇鱼，又名鲊鱼，因为食用时一般要将它切成薄片，所以又叫它樗蒲鱼。《字说》说，蛇鱼的外形像羊胃，浮在水面上，以虾当眼睛，所以又叫虾蛇。《尔雅翼》记载："蛇鱼生活在东海，通身纯白，体态模糊，如同泡沫，是天地精气直接孕育而成的生物，略有知觉，但没有内脏。"

　　我客居温州永嘉，经常看见渔民在八月捕捉蛇鱼，活蛇鱼的白色表皮宛如水晶餐盘，头很肥大，沉甸甸的，商人用明矾浸泡，令它瘦瘦，再拿去售卖。我听他们说，这种东西不属于任何物种，是由绿色水沫凝结成的。福建的鱼基本上都是从南方迁徙到东北，只有蛇鱼是从东北迁徙到南方。秋冬时节经常刮东北风，所以渔民每次捕捞，都能满载而归。不过也还是分时令的，有的年份能丰收，有的年份收获很少，也许降雨丰沛而气候寒冷，它们就会繁殖得更旺盛。

　　我客居福建时，有渔民捕到活蛇鱼，将它从头部切开，鱼体内肠胃血膜一应俱全。他们一般把它拿到市场上售卖，用醋汤煮着吃，十分美味。丰收的时候，他们也会把蛇鱼晒干，其内脏可以贮藏很久，和猪肉一起煮着吃，味道也很好。《尔雅翼》说蛇鱼"没有内脏"，显然有误。《岭表录》说，"水母把虾当作眼睛"，水母指的就是蛇鱼。书上还说蛇鱼有脚，但没有眼睛和嘴巴，身体像帽子那么大，肚子底下有棉絮一样的东西，经常有几十只虾子吃它肚子下的口水，有渔民想要捕捞它，它就立即下潜，因为虾子能替它看见东西，这正是《尔雅》所说的"水母把虾当作眼睛"。虾子吃蛇鱼下腹部的口水，自然一直跟着它，这足以证明渔民所说不假。《异物汇苑》不知道"水母线"就是切成薄片的蛇鱼，却说它是"清澈水流塑造内质，聚集泡沫生成外形"，实在错得太离谱了！蛇鱼把虾子当成眼睛，许多百科书都有记载，连佛典《楞严经》都提到过，学识渊博的文人几乎都知道。但由于并非亲眼所见，常人仍会心存疑惑。

把虾当作眼睛这种事，书上既已写得清清楚楚，读者尚且心存疑惑，如今传言福建海域还有蛇鱼变成了海鸥，世人就更难相信了。有鉴于此，下面我将例举一些大海中能变化成其他生物的物种来加以证明：比如枫叶能变成鱼，这与腐草能变成萤火虫一样为人所熟知，至于虎鲨变成老虎、鹿鱼变成鹿、黄雀变成鱼、乌贼变成乌鬃、石首鱼变成野鸭，确实存在能互相转化的原理。再加上蝗和虾能互相转化、螺和蟹能互相共生，那么，蛇鱼能变海鸥也确实可信，生物之间的转化相生，不仅仅只有《礼记·月令》记载的野鸡变成牡蛎、雀鸟变成蛤贝。因此，我把蛇鱼安排在蝶虫类的最后，而把海鸥安排在羽虫类的开头。

金盏银台

【原文】 蛇鱼，闻自四月八日有大雨，则繁生海中。每雨一点，作一水泡，即为蛇之种子。余日以后，虽生而不繁，且闻多不成形，或有红头而无白皮，或如荷包蛇之类，皆不能长养者也。

蛇之初生形全者，瓯人干之，以配肉煮，甚薄脆而美，名曰金盏银台。

《金盏银台赞》：王母龙婆[1]，大会蓬莱[2]。麻姑[3]进酒，金盏银台[4]。

【注释】〔1〕王母龙婆：分别为传说中的西王母、龙宫龙王之妻。

〔2〕蓬莱：传说中的东海三大仙岛之一，另两座分别是东瀛和方丈。

〔3〕麻姑：传说中的寿仙娘娘，有"麻姑献寿"的故事，她曾在绛珠河边用灵芝酿酒，进献给西王母祝寿。

〔4〕金盏银台：金酒杯和银烛台。陈子昂《春夜别友人》："银烛吐青烟，金樽对绮筵。"

【译文】 听说每年四月八号都会下大雨，从这一天起，蛇鱼就在大海中迅速繁殖。落下的每一滴雨，都会在水中形成一个水泡，这就是育成蛇鱼的种子。这天以

□ 金盏银台

　　每年四月八日的大雨之时，雨落海上，化作水泡，即为蛇鱼的种子。蛇鱼刚成形，温州人便将它风干，同猪肉一起煮着吃，美其名曰"金盏银台"，真不失为人间美味。

后，蛇鱼就算还会繁殖，数量也不会多，而且听说此时繁殖的大多不能长成形，有的头部泛红但没有白色表皮，有的则像荷包蛇，寿命都不是很长。

　　一出生就成形的蛇鱼，温州人捉来风干，与猪肉同煮，又薄又软，十分美味，所以美其名曰"金盏银台"。

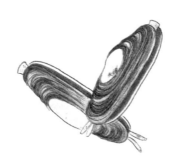

册三

本册所收录物种有羽类和介类，自鹲鸟至鲨鱼，共列91个条目。其中羽类包括海鸽、海鸡、海鹅等海鸟；介类包括蚌、蚬、蛏、蚶等贝类生物，以及珊瑚、海芝石、海铁树等腔肠生物，并附有《鲨赋》一篇。此外，作者还详细介绍了一些自然现象和海洋资源利用方法，如海市蜃楼、鱼雀互化、海盐制法等，呈现出名实兼重、探索求知的精神风貌。

鸒鸟化墨鱼

【原文】《本草》云："乌贼鱼，一日是鸒鸟所化，今其口脚犹存，颇相似，故名乌贼。"然予游闽之海滨，见乌贼实卵生，初出者名墨斗，疑鸒鸟所化之说为未确。考《字汇》云："鸒鸟，状似鸦，水鸟也。"及睹乌贼鱼喙，果如乌嘴，但以章然[1]之喙亦然，犹未信也，更尝询之渔人，云："乌贼产南海大洋，以三四月至，散卵于海崎，五六月散归南海，小乌贼亦随之而去，至秋冬则无矣，且畏雷声，多雷则乌贼少。"又云其墨能吐能收，宜自有理。盖乌贼微躯，怀墨有限，苟能吐而不能收，安得几许松烟为大海作墨池乎？又云其背骨轻浮，名海螵蛸者，非因烹而食者剖存而得名也，墨鱼散后尸解，其肉不知作何变化，其背骨往往浮出海上，故曰海螵蛸。墨鱼岁岁化去，故无老而巨者。予闻其说，叹乌贼变化特无人见耳。据古人云，鸒鸟化乌贼，又安知乌贼之不化鸒鸟乎？况形与色两肖，予因得取田鼠化为鴽[2]之说参观之矣。《素问》[3]曰："鴽，鹑也。"《本草》云："四月以前未堪食，是虾蟆所化。"

愚按，虾蟆与鹌鹑形色绝相似。《杨文公谈苑》[4]载："至道二年[5]夏秋间，京师鬻鹑者皆以大车载入。时多霖雨，绝无蛙鸣，人有得于水间者，半为鹑半为蛙。"古人目击如此。又赣友谢芹庵[6]云，向客山海关，有莎鸡[7]，夏末大

□ **鸒鸟化墨鱼**

　　墨鱼长得像青鸡，嘴巴和乌嘴一样。据传，墨鱼（乌贼）是由乌鸒变化而成。作者也认为，墨鱼虽为卵生，但并不排除由其他生物变化而成的可能，所以墨鱼鸒鸟变墨鱼的传说应是可信的。

盛，五色而狗脚，其味甚美，亦云为蛙所变。陆地变化之物，人易辨而易知者历历如此；海中变化之鱼虫，人不及见则不易信，岂止一墨鱼也耶？

《鹛乌化墨鱼赞》：乌化墨鱼，两物皆黑。诚中形外，不离本色。

【注释】〔1〕章然：彰然，明显的样子。章，通"彰"。

〔2〕田鼠化为驾（rú）：田鼠变成了鹌鹑，出自《礼记·月令》："桐始华，田鼠化为驾。"驾，一种鹌鹑。

〔3〕《素问》：即《黄帝内经素问》，现存最早的中医理论著作之一。这本书非一时一人所作，而是托名黄帝，实际约成书于战国时期。

〔4〕《杨文公谈苑》：北宋黄鉴编，黄鉴是杨亿的门生，这部书记录了杨亿口述的趣闻异说，是一部重要的文献笔记。

〔5〕至道二年：公元996年。

〔6〕谢芹庵：作者友人，江西人。

〔7〕莎（shā）鸡：昆虫名，俗称纺织娘，活跃于夏末夜晚。《诗经·七月》："五月斯螽动股，六月莎鸡振羽。"

【译文】《本草纲目》记载："据传，乌贼鱼是乌鹛变成的，至今保留着乌鹛的嘴巴，外形也很相像，所以叫乌贼。"但我游经福建海滨的时候，发现乌贼其实是卵生的，刚生下来的小乌贼叫作墨斗，于是我怀疑"乌鹛变乌贼"的说法并不准确。《字汇》说："乌鹛外形像青鹑，是一种水鸟。"我仔细观察乌贼的鱼嘴，发现确实和鸟嘴一模一样。即便如此，我仍然没有轻易相信，又去请教渔民，他们告诉我："乌贼盛产于南海大洋中，三四月到海边岩石上产卵，五六月又回到南海，小乌贼也跟着它们回去，到秋冬季就完全不见踪影了。乌贼害怕雷声，雷暴天气频繁的时候，乌贼就会变少。"渔民又说，乌贼的墨汁能收放自如，这应当自有它的道理。小小的乌贼所含墨汁有限，如果只能吐出来而不能收回去，这点墨汁怎么能把大海变成墨池呢？渔民还告诉我，墨鱼的脊骨轻得能够漂浮在水面，人们所说的"海螵蛸"，并不是乌贼身上切下来可食用的部分，而是它的鱼骨。也就是乌贼死后身体消散，鱼肉不知所踪，只留鱼骨在海上漂流，所以叫作海螵蛸。墨鱼的身体每年都会消失不见，因此既不会长大，也不会变老。我听后感慨不已，乌贼的变化只不过是无人亲眼目睹罢了。古人说乌鹛能变成乌贼，乌贼又怎么不能反过来变为乌鹛呢？而且它们的外形和颜色都很相像，我因此想到用田鼠变成鹌鹑的事情来加以佐证。《素问》说："鹛乌就是鹌鹑。"《本草纲目》说："这种鸟在四月以前不能吃，因为它们刚刚从蛤蟆变化过来。"

作者注：蛤蟆和鹌鹑的外形和颜色十分相像。《杨文公谈苑》记载："北宋至道二年夏秋之交，商贩用大车装着鹌鹑到京师贩卖，此间经常下雨，却完全听不到蛙鸣。有人在水里发现了青蛙——一半是鹌鹑，一半是青蛙。"这是古人亲眼所见的。我一个江西的朋友也说，他曾旅居山海关，当地有一种莎鸡，在夏末大量出现，五颜六色，样子像狗脚，味道很好，有人说它是青蛙变来的。在陆地上能够互相变化的动物，很容易被人类碰见并记住，所以相关记载都历历在案。而海洋中能够变化的鱼虫，人类不能轻易见到，便不会相信它们的存在。能化生的海洋生物岂止墨鱼一种呢？

蛇鱼化海鸥

【原文】 螺虫尽则继以羽虫[1]。海鸥，羽虫，体白色，数百为群。《汇苑》云："多在涨海中随潮上下，常以三月风至，乃还洲屿。"《诗·大雅》："凫鹥在泾。"[2]诗注云："鹥即鸥也，似白鸽而群飞，凫好没，鸥好浮。"考诸书，原无蛇鱼化鸥之说。康熙辛未六月，闽中连江有渔叟海洋捕鱼，网中得圆蛇，如卵而甚大且白。归家剖之，则一半变成海鸥矣，以示乡里，莫不惊异。王允周[3]亲见，与予述其状，得图之。夫鲲之化鹏[4]，庄子未尝亲见，得其变化之意，可以为文，疑其事之涉于诞者，曰寓言。乃今而实有蛇化为鸥之异，则鲲之能为鹏，亦不尽诬也。况乎老蚕之茧而蛾，橘虫之茧而蝶，皆自无翼而变为有翼者也，远者、大者固难见，近者、小者果有其状，宁不可即此以通彼乎？蛇之为质，俨具卵中黄白，一旦合而为卵，有可合而为鸥之理，且蛇性好浮，而鸥性亦喜浮。予之图

□ **蛇鱼化海鸥**

海鸥的外形像白鸽，总是数百只一起浮在水面上，涨潮时随着浪涛上下翻飞。作者认为，如同鲲鱼变鹏鸟一样，蛇鱼变海鸥的说法也未必不可信。

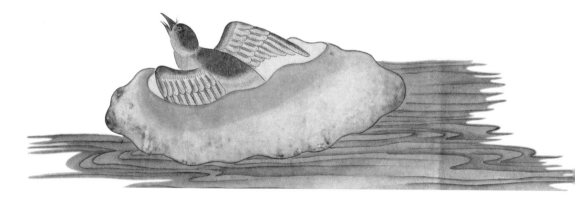

此，不但为《逍遥篇》作新训诂，而并欲明野凫之化石首[5]、鷝鸟之化乌贼，不得以不获见怀疑也，故得连类而并举之。

《蛇鱼化海鸥赞》：羽虫始末，自雉至鸥。[6]鸥属卵生，今从化求。

【注释】〔1〕蜾虫尽则继以羽虫：蜾类之后便是羽类。作者在《附跋文》中把万物分为"羽、毛、鳞、裸、介"五类，又在第二册《蛇鱼》中指出"蛇终蜾虫，鸥始羽虫"，即蛇是蜾类的末篇，鸥是羽类的开篇。

〔2〕凫鷖（yī）在泾：水鸟在河里。出自《诗经·大雅·凫鷖》。

〔3〕王允周：作者友人。生平不详。

〔4〕鲲（kūn）之化鹏：鲲鱼变成鹏鸟，出自《庄子·逍遥游》："北冥有鱼，其名为鲲，鲲之大，不知其几千里也。化而为鸟，其名为鹏。"下文《逍遥篇》即《庄子·逍遥游》。原文"鲲"为"鹍"，有误。

〔5〕野凫之化石首：野鸭变成石首鱼，详见本册《野凫》，出自《吴地志》："石首鱼，至秋化为冠凫，头中犹有石。"

〔6〕按照作者的行文顺序，羽类的开篇是野雉，末篇是海鸥。

【译文】介绍完蜾类以后，接下来就是羽类。海鸥为羽类的一种，通身白色，几百只为一群。《异物汇苑》记载："海水涨潮时，海鸥会随着浪涛上下翻飞，乘着三月的海风，才回到水中的岛屿。"在《诗经·大雅》中有"凫鷖在泾"，注解说："鷖鸟就是海鸥，外形像白鸽，成群飞翔。野鸭喜欢潜到水下，海鸥喜欢浮在水面。"我查阅了许多书籍，都没有找到蛇鱼化海鸥的说法。康熙三十年六月，福建连江有一位老渔夫在海里捕鱼，捕到一只圆蛇，像是一个巨型的白蛋。拿回家用刀剖开，已经有一半变成海鸥了。他拿给同乡人看，大家都很吃惊。王允周当时亲眼目睹了这件事，便向我描述了蛇鱼的样子，我才得以画了下来。鲲鱼化为鹏鸟的事情，庄子不曾亲眼见过，只不过是借其变幻莫测来做文章罢了，他甚至怀疑这件事荒诞不经，所以称之为寓言。如今确实有蛇鱼变为海鸥的怪事，那么鲲鱼变鹏鸟恐怕也不全是骗人的吧！何况老蚕结茧变成蛾子，橘虫结茧变成蝴蝶，都是从没有翅膀的生物变成有翅膀的生物，大型神秘的生物固然难得一见，但如果眼前的小型物种能够发生变化，难道就不可以同理类推吗？蛇鱼体内，像是有着蛋白和蛋黄一样的东西，如果有一天变成蛋，便具备了孵化海鸥的条件。而且蛇鱼喜欢浮在水面，这与海鸥的习性是一样的。我把它画下来，除了为《逍遥游》作新的注解，也想借此表明，不能因为没有亲眼看到野鸭变成石首鱼、乌鱢变成乌贼，就怀疑这些事实，所以我将同类现象都列举在此。

鱼雀互化

【原文】 广东惠州有一种海鱼，小而色黄，土人云为黄雀所化，而鱼亦能化雀。考《惠州志》有黄雀鱼，云八月鱼化为雀，至十月则雀复为鱼。

愚按，闽广之域为三代[1]荆扬之裔土[2]，自汉始辟，土产之物自具而外，古人所不及详者多矣。即《禹贡》称"海物惟错"，亦但指青州，闽广之海随刊之所不至也。今惠州黄雀化鱼、鱼化黄雀，稽之一方之志载，不为无据，可与鹰化为鸠[3]、鸠化为鹰两相发明[4]，则殊方异俗，变化之物之奇，载在山经野史，有不可胜举者。《字汇·鱼部》有"鶐"[5]字，疑即能化鸟之鱼，而注但曰"鰧字省文[6]"，埋没一"鶐"字，并埋没古人制"鶐"字之意矣。

《鱼雀互化赞》：仲秋孟冬，两化鱼雀。比之鹰鸠，其候不错。

【注释】 〔1〕三代：此处指上古的夏商周三代。

〔2〕荆扬之裔土：比荆州、扬州更加边远的地方。荆扬，古荆州和扬州，今湖北江苏一带。上古时期，中原地区分为九州，荆、扬在当时属于边境，比今天的辖区大得多。裔土，贫瘠边远的地方。

□ **鱼雀互化**

黄雀鱼，一种产自广东惠州的黄色小鱼，传说它由黄雀变化而成，而且可以变回鱼类。作者认为，鸟类与鱼类互化并非毫无根据。

裔，金文形如"衣服的边缘"，引申为"边远"之义。

〔3〕鹰化为鸠：老鹰变成鸠鸟。出自《礼记·月令》："仲春之月……鹰化为鸠。"

〔4〕两相发明：互相印证。

〔5〕鲽（tǎ）：鳎的异体字，即比目鱼，音义完全相同。但作者认为这个字另有深义，应指"能变成鸟类的鱼"，这种看法无疑是错误的。

〔6〕省文：在古代，一些字存在省笔写法，即减少了字的笔画，称为省文。

【译文】 广东惠州出产一种海鱼，个头很小，通身黄色，当地人说它是由黄雀变化而来的，也能变回黄雀。我发现在《惠州志》上确实有黄雀鱼的记载。书上说这种鱼八月变成雀，十月又变回鱼。

作者注：福建、广东一带，在上古时期属于比湖北、江苏更边远的地方，到汉代才被开发建设，这里的很多乡土特产，古人都不曾详细记载过。《尚书·禹贡》描述的"海物惟错"，不过是指河北、山东沿海一带的物产，而福建、广东沿海的物产都没有囊括进去。如今惠州黄雀变成鱼、鱼变回黄雀的事情，我在考察了当地的地方志以后，认为并非毫无根据的传说，可以与老鹰变成斑鸠、斑鸠变回老鹰互相印证。地方不同，风俗各异，野史记录的生物化生的奇事，恐怕数不胜数。《字汇·鱼部》有一个"鲽"字，我怀疑就是指能变成鸟类的鱼，但注解只说是"鳎字的省笔写法"，我认为既埋没了"鲽"这个字，也埋没了古人造这个字的本意。

秋风鸟

【原文】 秋风鸟，亦海鱼所化。雷州海边有一种小鱼，每于八月望前五日[1]，从风起处自南至北，中秋后则无矣，故以秋风名。

《秋风鸟赞》：海鱼成群，志在青云。秋风起兮[2]，长羽脱鳞。

【注释】 〔1〕望前五日：农历每月十五称为望日，望前五日即初十。
〔2〕秋风起兮：出自汉武帝刘彻《秋风辞》："秋风起兮白云飞，草木黄落兮雁南归。"

【译文】 秋风鸟，同样是海鱼变化而成的。雷州海边有一种小鱼，每到八月初

□ 秋风鸟

　　秋风鸟，据说是由雷州海域的一种鱼变化而成的。这种鱼在每年八月初十顺秋风向北时，一去不返，所以名为"秋风"。

十的时候，就顺着风自南往北游，中秋以后就杳无踪迹了，因此叫它"秋风"。

海凫石首

【原文】 类书云，凫名野鸭，头上有毛者为凫。数百为群，多泊江湖沙上，食沙石皆消，惟食海蛤不消。且其曹[1]蔽天而下，声如风雨，所至田间谷粱一空。《字汇》云："凫，水鸟，如鸭，背上有纹，青色，卑脚短喙[2]。"《本草》云："野鸭头中有石，是石首鱼所化。"予初亦未之深信，盖虽有其说，渔人从未见也。及闻鱼化黄雀著于粤籍[3]、蛇化海鸥传自闽人，始信石首化凫，古人之言必不大谬。且诸鱼在水，除鳄鱼、河豚有声，余皆无能鸣者，独石首千万乘潮而来，海底如蛙鸣聒耳[4]。渔人常以竹筒探水，听而张网以捕。声应气求[5]，其化凫也宜哉。又石首头中白石，亦如交颈双凫，甚奇。

《海凫石首赞》：凫化石首，载之简册。考核何凭？凫头有石。

【注释】〔1〕其曹：复数，它们，指同类。曹，甲骨文形如"两只口袋的样子"，引申为同类、同辈。

〔2〕卑脚短喙：鸟脚和鸟嘴都很短。卑，通庳（bì），短小、矮。

〔3〕粤籍：广东地区的典籍，代指前文《惠州志》。详见本册《鱼雀互化》。

〔4〕聒耳：吵耳朵。聒，吵闹。

〔5〕声应气求：相同的声音会共鸣，相同的味道会融合，指同类事物相互感应。出自《周易·乾》："同声相应，同气相求。"

□ **海凫石首**

凫，一种长得像野鸭的水鸟，全身青色，背上有花纹，它们成群结队地出没于水畔沙地。据说凫的脑袋里的石头，是由石首鱼变化而成的。

【译文】 类书说，凫就是野鸭，头上有茸毛。它们上百只为一群，大多栖息在江河湖泊的沙滩上，能消化沙石，却不能消化海蛤。它们遮天蔽日，蜂拥而下，声如风雨，所到之处，田地里的庄稼被啃食一空。《字汇》说："凫是一种水鸟，像鸭子，背上有花纹，通身青色，脚和嘴都很短小。"《本草纲目》说："野鸭脑袋里有石头，是由石首鱼变成的。"我一开始并不怎么相信，虽然听说过这种事情，但是没有渔民亲眼见过。直到后来，我看到在《惠州志》上记载有鱼变成黄雀，并听福建人说蛇鱼会变成海鸥，这才相信石首鱼能变成野鸭，古人说的话不大会错。况且水里的鱼类，除了鳄鱼、河豚能发出声音之外，其余的都不会鸣叫，只有石首鱼成千上万地乘着浪潮而来，在海底像青蛙一样吵闹不已。渔民便趁机把中空的竹筒伸进水里探听动静，然后撒网捕捞石首鱼。石首鱼与野鸭有所相似，能变成野鸭也是正常的啊！此外，石首鱼脑袋里的白石也像是一对野鸭交颈相伴，神奇极了。

海鹅

【原文】 海鹅，似鹅而小，羽白，喙黄，身短而圆，脚弱不能行，以其久在水也。其肉腥而瘠[1]，不堪食。

《海鹅赞》：衡阳无雁，海东有鹅。右军[2]所遗，散入洪波。

【注释】 〔1〕瘠：瘦弱。

〔2〕右军：指东晋著名书法家王羲之，官至右军将军。此处典故出自《晋书·王羲之传》：王羲

□ **海鹅**

海鹅，其外形和陆地上的鹅没有太大差别，但因终年生活在水中，身形瘦弱，脚下无力，不能行走。

之爱鹅，有道士用鹅交换他的书法作品，他欣然答应，最后牵鹅而归。

【译文】 海鹅，外形和普通的鹅差不多，但体形稍小，羽毛洁白，嘴巴黄色。由于长时间生活在水里，它的身体短小圆润，腿脚孱弱，不能走路。海鹅肉腥味很重而且太瘦，不能吃。

海鸡

【原文】 海鸡，状如鸡而无冠，白色而斑。栖海滨岩石及岛屿间，千百为群。好食鱼虾，其鸣作猫声，仅能翔步于沙滩浅水，而不能如凫之善没。肉瘠而腥，不堪食。其育卵处积如囷仓[1]，渔人偶得之，伪充鸡鸭蛋以鬻于城市，至暮夜，其卵生光，殊有辨也。《汇苑》鸥凫而外，海禽无几，仅载海鸡鳖足，或别有一种，未可知也。

予尝语门人论《齐风》"匪鸡则鸣"[2]句，"则"字《朱注》[3]未经解明，作虚字[4]读解不去。盖则者，法也，式也，作齐音口气解，当在"这不是鸡鸣的调儿，乃苍蝇之声也"。下章"东方则明"亦尝云："这不是东方明的样子，难道是月出之光？"作反言说，方见得一步紧一步，是再告之体。因借诗句以赞海鸡，并附解于此。

□ 海鸡

　　海鸡，外形与陆地上的鸡差不多，但全身羽毛为白色，略带斑点，没有鸡冠。它们不能浮水，只能在浅水中踱步。海鸡蛋在夜间会发光。

《海鸡赞》：海鸡无帻[5]，以鱼为生。匪鸡则鸣，猫儿之声。

【注释】〔1〕囷（qūn）仓：粮仓。囷，中国民间传统的圆形谷仓。

〔2〕匪鸡则鸣：出自《诗经·齐风·鸡鸣》："匪鸡则鸣，苍蝇之声。"其意为：不是鸡鸣，而是苍蝇嗡嗡叫。

〔3〕《朱注》：指南宋学者朱熹注解的《诗经集注》，后成为历代科举的官方教科书。

〔4〕虚字：指虚词。作者认为"匪鸡则鸣，苍蝇之声"的"则"是"法则、规范"的意思，是实词而非虚词。然而，据王引之《经传释词》，"则""即"音近相通，是用来连接"鸡鸣"两字的虚词，无实义。

〔5〕帻（zé）：一种头巾，这里指鸡冠。

【译文】 海鸡，外形和普通的鸡差不多，没有鸡冠，通身白色，略有斑点。它们大多栖息在海边岩石和岛屿之间，成百上千只聚群结伙。海鸡爱吃鱼虾，叫声如同猫叫，只能在沙滩的浅水区慢慢蹚步，不能像野鸭那样熟练地凫水。它的肉很腥，不好吃。海鸡产蛋的器官就像圆鼓鼓的粮库，有渔民偶然拾到它的蛋，便冒充鸡鸭蛋拿到城里售卖。但是它的蛋到了晚上会发光，这个区别极易辨别。在《异物汇苑》中除了海鸥和野鸭，其他海鸟的记载寥寥无几，只说海鸡长着鳖一样的脚，也许这是另外一种生物，我就不得而知了。

我曾与门客讨论《诗经·齐风》，"匪鸡则鸣"这句中的"则"，朱熹没有注解清楚，当作虚词来讲的话，全句解释不通。我认为，"则"就是"法则""规范"的意思，如果用山东方言来讲，意思就是"这不是鸡鸣的调子，而是苍蝇的叫声"。下一章中"东方则明"也应该理解为"如果不是东方天亮时的样子，难道是月亮的光辉？"，当反问句讲，才能表现出步步紧逼的语气。这正是一种反复呼告的写法。我便借这句诗来赞颂海鸡，并在这里附上说明。

海鹄

【原文】 海鹄[1]，略如鹭而小，喙与脚皆长。嗜鱼，好没水，近江湖则潜于江湖，近海岸则潜于海底食鱼。郭景纯《江赋》有"潜鹄"[2]，即此也。海鹄遇久雨，则夜飞城市，绕天而鸣。一只鸣，则来朝主晴；两只鸣，则仍是雨。久晴而夜鸣，亦然。常试之，甚有验。

《海鹄赞》：海鹄夜鸣，立辨阴晴。斑鸠唤雨[3]，彼此知音。

【注释】〔1〕鹄：天鹅。

〔2〕潜鹄：出自《江赋》"尔其水物怪错，则有潜鹄、鱼牛、虎蛟、钩蛇"。

〔3〕斑鸠唤雨：根据民间传说，斑鸠的啼叫声可以招来雨水。出自杨万里《悯旱》："鸣鸠唤雨知唤晴。"

【译文】 海鹄，外形有点像水鹭，但体形稍小，嘴巴和腿脚都很长，爱吃鱼，喜欢游水，遇到江河湖泊就潜水其中吃鱼，遇到海洋就潜入海底吃鱼。郭璞的《江赋》中有"潜鹄"，说的正是这种鸟。如果久雨不晴，海鹄就会趁夜飞入城中，在天上盘旋鸣叫。如果只有一只海鹄鸣叫，预示着第二天清晨天会放晴；如果有两只海鹄鸣叫，则预示着将要继续下雨。如果久晴不雨，这个规律便相佐——一只海鹄鸣叫会下雨，两只海鹄鸣叫继续放晴，屡试不爽。

火鸠

【原文】 火鸠，海鸟也。岁二、八月，广东有一种海鳇鱼，群飞，化而为鸟，其色微红，故名火鸠。每至冬时，海滨皆是此鸟。有变未全者，或鸟首而鱼身，或鸟身而鱼首，人以是识鱼鸟之化。

□ 海鹄

　　海鹄，外形与水鹭有几分相似，但它的体形比水鹭小，嘴和脚细长。海鹄喜欢潜水，爱吃鱼，它的鸣叫方式能够预示晴雨。

《火鸠赞》：鱼之变鸟，多在于秋。海鳇一化，是名火鸠。

【译文】　火鸠是一种海鸟。每年二月和八月，广东有一种海鳇鱼集群飞翔，变化为鸟，通体微红，得名"火鸠"。每到冬天，海边全是这种鸟，其中有未完全变化成型的，有的为鸟头鱼身、有的为鸟身鱼头，人们据此推测这种鸟和鱼可以互相转化。

燕窝、金丝燕

【原文】　燕窝，海错之上珍也。其物薄而圆洁，丝丝如银鱼然，白者为上，黄者次之。相传谓海燕衔小鱼为卵巢，故曰燕窝。然予食此，每条分而缕析，视其状，非鱼也。盖凡小鱼，初生即有两目甚显，今燕窝虽曰鱼，实无目，可验其非。询之闽士，皆不知其原。有博识者曰："《泉南杂志》[1]所载不谬也，《志》云燕窝产闽之远海近番处，有燕毛黄名金丝者，首尾似燕而甚小。临育卵时，群飞近泥沙有石处，啄蚕螺食之。据土番云，蚕螺背上肉有两筋如枫，蚕丝坚洁而白，食之可补虚损、已劳痢[2]，故此燕食之，肉化而筋不化，并津液吐出，结为小窝。"予得其说，始知燕窝之果非鱼也。燕窝，《本草》诸书不载，而食者多云甚有裨益。今番人云可补虚损，理不诬矣。近得一秘方，云痰甚者以燕窝用蜜汁蒸而

□ **火鸠**

　　火鸠，由海鳇鱼变化而成的海鸟，通体淡红色。人们猜测这种海鸟与海鳇鱼可以互相变化。

金丝燕

　　金丝燕，羽毛为黄色，头和尾与一般的燕子差不多，体形较小。这种燕子啄食了蚕螺筋以后，蚕螺筋就随着它的唾液吐出来，结成燕窝。

燕窝

　　燕窝就是燕子筑的巢穴。它又轻又圆，洁白如雪，如同丝絮。

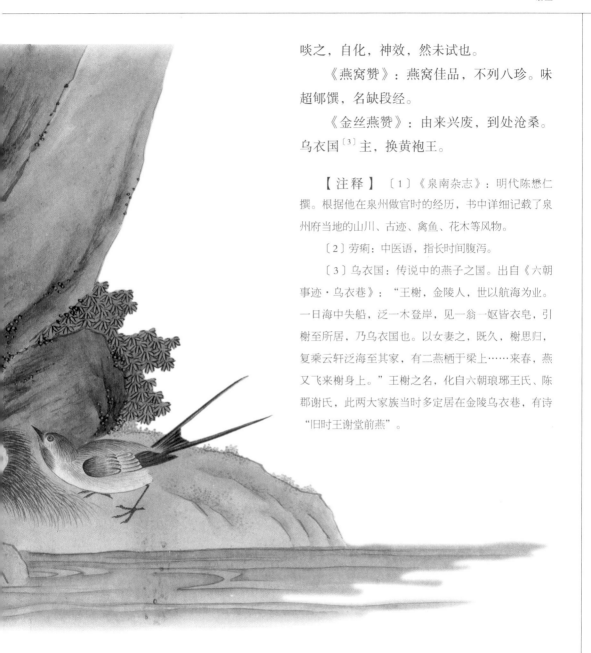

啖之，自化，神效，然未试也。

《燕窝赞》：燕窝佳品，不列八珍。味超郇馔，名缺段经。

《金丝燕赞》：由来兴废，到处沧桑。乌衣国〔3〕主，换黄袍王。

【注释】 〔1〕《泉南杂志》：明代陈懋仁撰。根据他在泉州做官时的经历，书中详细记载了泉州府当地的山川、古迹、禽鱼、花木等风物。

〔2〕劳痢：中医语，指长时间腹泻。

〔3〕乌衣国：传说中的燕子之国。出自《六朝事迹·乌衣巷》："王榭，金陵人，世以航海为业。一日海中失船，泛一木登岸，见一翁一妪皆衣皂，引榭至所居，乃乌衣国也。以女妻之，既久，榭思归，复乘云轩泛海至其家，有二燕栖于梁上……来春，燕又飞来榭身上。"王榭之名，化自六朝琅琊王氏、陈郡谢氏，此两大家族当时多定居在金陵乌衣巷，有诗"旧时王谢堂前燕"。

【译文】 燕窝为海产中的珍品。它轻薄圆润，光洁白嫩，如丝如絮，外形如一丝丝银鱼，以白燕窝为上品，黄燕窝略差。传说燕窝是海燕叼小鱼筑成的用来产蛋的巢穴，并因此得名。我每次品尝燕窝的时候，都要把它切成丝条仔细观察，但发现它并不是小鱼做的。小鱼生来就有一对显眼的鱼眼，但燕窝中却找不到鱼眼，可知这种说法有误。我为此向福建的文人请教，他们也都不知道其中的缘故。后来有博学之士说："《泉南杂志》的记载才是正确的。书上说，燕窝盛产于福建远海接近外国领海的地方，那里有黄色羽毛的燕子，称为金丝燕，头尾都很像普通燕子，但体形极小。这种燕子临近产蛋的时候，会集体飞到沙石滩上啄食蚕螺。根据当地人的说法，蚕螺背上有两根枫叶纹理的筋，它的丝坚固洁白，吃了可以补充气虚、缓解腹泻。蚕螺被金丝燕吃掉以后，它的肉被消化，但筋不会被消化，而是伴随着金丝燕的唾液吐出，用来筑巢。"我听说后，才知道燕窝确实不是鱼。《本草纲目》等医书没有记载燕窝，但食客都说吃了它对身体很有好处，如今外国人也说它可以补充气虚，应该不是骗人的。我最近还得到一个治疗痰病的秘方，就是用燕窝调蜂蜜蒸着吃，浓痰自化，据说有奇效，但我没有试过。

蝙蝠化魁蛤

【原文】《本草》云，魁蛤是伏翼[1]所化，故一名伏老。魁蛤如大腹槟榔，两头有乳，今出莱州，表有文。《图经》[2]云："老蝙蝠化魁蛤，用之至少。"

愚按，鼠之老者能化为蝠，为蝠多伏入岩谷，不能死矣，故称仙鼠。千年则色白矣，不知何以。有厌山谷者，又沉沦入海而变为魁蛤。世间之物惟一变，惟鼠则变而又变。鼠性善疑，所谓首鼠两端[3]，此变化之所以无定欤？蝠，一名飞鸓[4]，与"蠝"同，《史记》从鸟，《文选》[5]从虫。按蝠形张翼，原有雷象，故字从畾[6]。

《蝙蝠化魁蛤赞》：仙鼠化蝠，飞腾上屋。蝠老入海，忽又生壳。

【注释】〔1〕伏翼：一种蝙蝠。

〔2〕《图经》：指《图经衍义本草》，南宋许洪编。此书由唐慎微《证类本草》和寇宗《本草衍义》合编而成，为重要的草药学著作。下文"用之至少"，原文作"用之至妙"，与出处不符，今改。

〔3〕首鼠两端：首鼠，联绵词，形容犹豫不决、动摇不定的样子，也可写成"首施""踌躇"。作者认为"首鼠两端"指老鼠多疑善变，这种说法是错误的，该词与老鼠无关。

〔4〕飞鸓（léi）：一种飞鼠，形似鼯（wú）鼠。作者认为它与蝙蝠是同类，这种看法是错误的。

〔5〕《文选》：即《昭明文选》，南朝梁昭明太子萧统及其门下文臣所编，收录了先秦至梁代七百余篇诗文，是现存最早的诗文总集。

〔6〕字从畾（léi）：作者认为"蠝（léi）"字与畾（雷）有关，表示"蝙蝠张翅有雷电"

□ **蝙蝠化魁蛤**

魁蛤，大多产于莱州，形同一个大腹槟榔，两侧有乳头，表面有花纹。据说魁蛤由年老的蝙蝠变化而成。

之义，过于穿凿附会，实际上，"晶"只表音不表义。蝠，古书上记载的飞鼠。

【译文】 根据《本草纲目》记载，魁蛤是蝙蝠变成的，所以也叫伏老（老蝙蝠）。魁蛤的外形像大腹槟榔，两边有乳头一样的凸起，盛产于莱州，表面有花纹。《图经衍义本草》说："魁蛤由老蝙蝠化成，很少入药。"

作者注：老鼠年纪大了会变成蝙蝠，经常躲在岩洞里，长生不死，所以也叫仙鼠。不知道为什么，仙鼠在一千岁之后会变成白色。有的蝙蝠厌倦了山谷，就沉入海底，变成魁蛤。世上的动物都只能变化一次，唯独老鼠一变再变，莫非是因为老鼠生性多疑，正所谓"首鼠两端"，所以才能够变化无常吗？蝠也叫飞鸓，和"蠝"是同一种东西，在《史记》里写作"鸓"字，在《昭明文选》里写作"蠝"。由于蝙蝠展翅会唤来雷电，所以这个字的偏旁是"晶"。

瓦雀变花蛤

【原文】 瓦雀，即麻雀也。闽人初为予述海滨花蛤多系瓦雀所化，余不敢信，以雀体大，蛤体小，焉得以蛤尽雀之量？及谢若翁先生为予言："花蛤果为瓦雀所化，曾亲见之。瓦雀尝成群，飞集海涂，以身穿入沙涂之内，死，其羽与骨星散，所存血肉变成小花蛤无数。或以一雀而幻成数十百花蛤，亦未可知，非一雀变蛤也，故花蛤无种类，皆雀所化。然有时盛衰，有一年变者多，则花蛤数百斛，海人日日取之不竭；有一年变者少则取之易竭；然亦有数年无一花蛤之时，雀或不变，或飞往他处变也。"若翁先生九旬有三，善谈而喜饮，必不欺予而妄为是说。《月令》原有"雀入水为蛤"之典，第人不经见，疑信相半耳。今得瓦雀化花蛤之

□ **瓦雀变花蛤**

瓦雀即麻雀，可以变成花蛤。它们成群结队地飞到海滩，把身子埋进泥沙中，然后死去，其血肉逐渐变成无数小花蛤。

说，读《月令》者可以相悦以解而无疑。

《瓦雀变花蛤赞》：花蛤毋雀，介属化生。其壳斑驳，仿佛羽纹。

【译文】 瓦雀就是麻雀。福建人告诉我海边的花蛤大多是瓦雀变成的，起初我不敢相信，因为麻雀身形较大，花蛤较小，麻雀怎么可能变成那么小的花蛤呢？后来谢若愚先生对我说："花蛤确实是瓦雀变成的，我曾经亲眼见过。瓦雀聚集成群，飞到海滩，把身子埋进泥沙之中，然后死去，其羽毛和骨头逐渐分散，剩下的血肉就变成了无数的小花蛤。"但花蛤的产量不是一成不变的，有的年份变出的花蛤多达几百斛，渔民每天取之不竭；有的年份花蛤较少，渔民很快就采摘一空；有时候甚至一连好几年都没有花蛤，也许是瓦雀没有变成花蛤，或者是瓦雀飞到别的地方变成了花蛤。"谢若愚先生九十三岁了，喜欢喝酒聊天，一定不会胡说八道来骗我。在《礼记·月令》中本来就有"麻雀飞入水中变成蛤蜊"的典故，只是没有人见过，将信将疑罢了。如今证实瓦雀能变成花蛤，对于《月令》的内容，读者也无须怀疑。

鹦鹉鱼

【原文】 《闽志》载有鹦鹉鱼，而予客闽未尝见。考诸书，惟《汇苑》称龙门江[1]有鹦鹉鱼，云能化龙。其形绿色，嘴红，曲似鹦鹉。予欲浮槎泛海[2]，以

□ **鹦鹉鱼**

　　鹦鹉鱼，体背为绿色，肚子为白色，嘴巴像鹦鹉一样红而弯曲，以及红紫色的冠子、黄色的划水、青色的翅膀和满身的鳞甲。一说鹦鹉鱼可以变成神龙，一说它可以变成鹦鹉。

访绿衣郎之面貌，而不可得。一日，李闻思云于康熙二十四年[3]七月，同友章伯仁客瓯城市上，觅鱼下酒，忽见有鱼背绿腹白，喙如鸟嘴而首有冠，红紫色，划水则黄色，尾细长而昂，满身鳞甲，背有翅，青色，约重三斤。询之渔贾，曰："此鹦鹉鱼，能变鹦鹉。"令画家为予图。

愚按，是鱼身小，《汇苑》称能变龙，未然。闽中产此鱼，瓯人虽云能变鹦鹉，而闽中又何以无鹦鹉也？鹦鹉原产于粤，似乎粤中鹦鹉所化之鱼，而非鱼之能为鹦鹉也。

《鹦鹉鱼赞》：绿兮衣兮，绿衣黄裳[4]。陇上倦游，海中翱翔。

【注释】 〔1〕龙门江：亦名龙门港，位于今广东钦州龙门港镇，因其江口有两山对峙，外形酷似龙门而得名。传说鹦鹉鱼经过江口，就会化为神龙。

〔2〕浮槎泛海：用木筏在海上行舟，此指四处游历找寻。槎，传说是能够往来天河的木筏。

〔3〕康熙二十四年：公元1685年，乙丑年。

〔4〕绿衣黄裳：指绿色上衣和黄色裙子，出自《诗经·绿衣》。衣，上衣；裳，裙子。

【译文】 《闽志》记载着鹦鹉鱼，但我客居福建的时候，并没有见到这种鱼。我查阅过许多书籍，发现只有在《异物汇苑》上说龙门江有鹦鹉鱼，能变成神龙。它通身绿色，嘴巴像鹦鹉的嘴巴一样呈红色弯曲状。我乘舟跨海，想要一睹这绿衣公子的风貌，却始终未能如愿。有一天，李闻思和我说起康熙二十四年七月的旧事：他与朋友章伯仁旅居温州，进城买鱼下酒的时候，忽然发现有一条绿背白肚的鱼，嘴像鸟喙，头有肉冠，通身红紫色，游水的时候则变为黄色，尾巴细长挺立，浑身鳞甲，背部还有青色的鳍翅，大约有三斤重。他问鱼贩这是什么鱼，鱼贩告诉他："这是鹦鹉鱼，能够变成鹦鹉。"他就连忙找画师为我画下来。

作者注：这种鱼身形很小，《异物汇苑》说它能变龙，恐怕不是真的。福建盛产这种鱼，如果真如温州人说的，它能变成鹦鹉，那么为什么福建没有鹦鹉呢？鹦鹉的原产地在广东，这可能是广东的鹦鹉变成的鱼，但它并不能变回鹦鹉。

雉入大水为蜃

【原文】 或曰："雉，山禽也，曷为乎[1]附入海物？"不知雉虽山禽，而所入者则海，而所变者则海中之蜃也。《月令》止曰雀入大水为蛤、雉入大水为蜃。而《尔雅翼》则有以别之，曰："雀入淮为蛤，雉入海为蜃。"若是乎，蜃为海中之物，而雉亦得与鸥凫等类，同附于海上之羽虫也何疑？

□ **雉入大水为蜃**

雉就是山里的野鸡。古书上说，麻雀飞入淮淮变成蛤蜊，野鸡飞入大海变成蜃贝。

《雉入大水为蜃赞》：雉蜃辨变，始于《月令》。齐丘《化书》，从兹取证。

【注释】〔1〕曷为乎：发问词，为什么。

【译文】也许有人会问："野鸡是山中之鸟，为什么要放在海产里呢？"大家有所不知，野鸡虽然产自山中，但它到了海里就会变成蜃贝。《礼记·月令》只说了"麻雀飞入大海能变成蛤蜊""野鸡飞入大海能变成蜃"。《尔雅翼》则作了细致的区分："麻雀飞入淮水变成蛤蜊，野鸡飞入大海变成蜃贝。"这样说来，蜃为海洋生物，雉当然也与海鸥野鸭是同类了，把它放在海产的羽类里，又有什么值得怀疑的呢？

海市蜃楼

【原文】凡蚌、蚬、蛏、蚶、蛤蜊、蛎蚝等物，皆海中甲虫也。蜃亦负甲，如蛤而大，字独从辰。辰本龙属，与凡介不同，其所以属龙之故，以愚揆[1]之，必有深意。考《左传》："宋文公卒，始厚葬，用蜃灰。"[2]蜃灰如闽广海滨之蛎灰也，其为蛤属无疑。《登州府志》载："城北去海五里，春夏时遥见水面有城郭市肆、人马往来，若交易状，土人谓之海市。"《笔谈》亦载："登州蓬莱县纳布老人言：'海市惟春月东南风为盛见者，城郭、楼观、旗帜、人物皆具，变幻不一，或大为峰峦，或小为一畜一物，其色青绿类水。大率风水气漩而成，西风、北风无之，故冬月罕见也。'然东坡祷于海神，岁晚见之，有《海市诗》。"[3]

愚按，纳布老人臆说也，云风水气漩而成，则不指蜃矣，不知海旁蜃气象楼台，昔人久已明言，无人不解，何必反云风水气漩乎？蜃形如蛤，其房膜五色，光华结而为气，遂与日月争辉、云霞比色。所谓"玉蕴则山辉、珠涵则水媚"[4]，有诸内必形诸外也，况蜃尤非凡介之比。考《汇书奥乘》[5]载鲁至刚云："正月蛇与雉交生卵，遇雷即入土数丈，为蛇形，二三百年能升腾；如卵不入土，但为雉耳。"父蛇之雉或不能成蛟龙，则必入于海而化为蜃，此入大水为蜃之雉必非凡雉，有龙之脉存焉，故字从辰。

或谓蛇与雉交，亦安见其为龙乎？不知蛇有为龙之道。《述异记》载："虺五百年化为蛟，蛟千年化为龙。"则雉之得交于龙，必成异种。况雉又为文明之禽，一旦应候，化而为蜃，其抱负之气终不沉沦，遂得流露英华，以吐奇气于两间，堪与化工之笔共垂不朽，此蜃之所以独钟于雉，而非凡介之所能仿佛也。

或有起而疑之者曰："东南滨海之区，吴越闽广延袤万里，所在产雉。所在产雉，则所在皆可入海以为蜃，而自古至今独现其迹于登、莱，何也？"予谓："独因风涌、鼍应雨鸣、鳢首载星、鱼脑配月，鳞介微物种种[6]，上符天象，奎娄在齐鲁之墟[7]，是以尼父毓灵、元公建国[8]，遂成万古景仰文明之地，岂偶然哉！"《易》曰："云从龙，风从虎，圣人作而万物睹。"蜃以文明之物，声应气求，敢不涌灌于奎娄之下、依附于周孔之门墙乎？吾知雉入大水为蜃，亦惟在青兖[9]之间以归海，而必不他适也。虽他处海上，亦或有珠光阴火之异，而海市蜃楼独纪于登莱之境。此予之所谓蜃独从辰者，盖以龙本神物，被五色而游，能大能小、能幽能明，变化无端。海中之物得其气体，以貌类者，龙虾是也，以气类者，蜃楼是也。龙虽为鳞虫之长，而序介虫亦必以龙始而以龙终者，以明龙之为龙，无所不寄也。《篇海》引《史记·历书》云："辰者，言万物之蜃也。"[10]难解。又引《庄子》"以蜃盛溺"[11]，谓古人多以为器。愚按，古典内器以蜃，用者甚少，惟盛溺之说见于《庄子》，必有取义。

《海市蜃楼赞》：虾蟹鼋鼍，气聚蜃楼。蜃本雉化，来自山丘。

【注释】 〔1〕揆：思考，揣度。

〔2〕蜃灰（蜃炭）虽然只是一种干燥剂，但在古代却是一种奢侈品，只有王公贵族才能使用。出自《左传》："成公二年八月，宋文公卒，始厚葬，用蜃炭。"

〔3〕这段引文在《梦溪笔谈》《禅寄笔谈》《山左笔谈》《闻雁斋笔谈》等笔谈著作中均不见记载，据考证，它实际出自明代叶盛的《水东日记》，原文可能有误。

〔4〕玉蕴则山辉、珠涵则水媚：出自陆机《文赋》："石韫玉而山辉，水怀珠而川媚。"

〔5〕《汇书奥乘》：不详，可能是明代研究《博学汇书》的笔记，内有"方卵龙卵"一条。这段引文出自《俊灵机要》。

〔6〕独因风涌，指江豚拜风。大风或寒冷天气之前，江豚会逆着风浪涌出水面，详见册二《海狁》。鼍应雨鸣，古人用鼍的叫声来占雨，详见本册《鼍》。鳢首载星，出自《本草纲目》："鳢首有七星，夜朝北斗。"鱼脑配月，可能是指月鱼或月鲹，额头扁圆，如同月亮。鳞介微物种种，指鳞类和介类这样的小形生物。

〔7〕奎娄在齐鲁之墟：奎娄，古代天文十二星次之一，在天空对应奎、娄两个星宿，在地面对应齐、鲁两地。

〔8〕尼父毓灵、元公建国：孔子在齐鲁之地诞生，周公在齐鲁之地建国。孔丘，字仲尼，被尊称为尼父。周公旦，周文王之子，被尊称为元圣。

〔9〕青兖：青州和兖州。青州，今山东半岛中部一带。兖州，今山东省西部一带。

〔10〕据考证，这段引文出自《史记·律书》而非《史记·历书》，原文有误。

〔11〕以蜃盛溺：用蜃器装马尿。出自《庄子·人间世》："夫爱马者，以筐盛矢，以蜃盛

□ 海市蜃楼

蜃贝的外形像蛤蜊，有甲壳，体形巨大。它的内膜五颜六色，聚集阳光，化为蜃气。蜃气和积聚便经常呈现出层楼高台、城池市场、人马往来的奇景，即海市蜃楼。

溺。"蜃器，一种用贝壳作为装饰的祭祀用具。

【译文】 蚌、蚬、蛏、蚶、蛤蜊、蛎蚝等，都是甲壳类海洋生物。蜃贝也有甲壳，外形像蛤蜊，体形很大。"蜃"的字义和"辰"有关，"辰"字是神龙的专属用字，所以"蜃"当然与普通的介类不同，而它之所以能与辰龙有所关联，我认为必有深意。根据《左传》记载，宋文公死后得到了厚葬，就用到了蜃壳烧成的蜃灰。蜃灰与福建、广东海边的牡蛎灰相似。蜃无疑也是属于蛤蜊类。《登州府志》记载："城北到海边五里的地方，春夏时节能远远望见水面有城池市场，人马往来纷纷，好像在进行贸易交换，当地人称之为海市。"《笔谈》记载："登州蓬莱县一位老裁缝说：'春天刮东南风的时候，最容易看到海市，城池、楼台、旗帜、人物，无所不有，变幻无常，有时大如山峦，有时仅有动物或器物那么大，而且都是青绿如水。海市很可能是由风水气旋造成的，而西风和北风就不具备这种条件，所以在冬天很少看见海市。'苏轼曾为此向海神祈祷，才得以在年末见到了海市，并因此写了一首《海市诗》。"

作者注：这位老裁缝只是在主观臆断罢了，他说风水气旋造成海市蜃楼，而并不是蜃贝。海边蜃气呈现出的层楼高台，古人记载得很明白，无人不知，为什么要说是由风水气旋导致的呢？蜃贝形似蛤蜊，内膜五彩斑斓，聚集阳光，成为蜃气，甚至可以与日月云霞争奇斗艳。正所谓"山有宝玉就显得熠熠生辉，水有灵珠就显得妩媚动人"，事物所蕴藏的内涵一定会外显出来，更何况蜃贝本来就不是寻常之物！《汇书奥乘》引用了鲁至刚的说法："蛇和野鸡在正月交配产蛋，遇到打雷就会潜入土里数丈深，蛋生蛇，两三百年后便能腾空飞天；但如果蛋不产在土里，就只能孵出普通的野鸡。"以蛇为父的野鸡，就算不能变成蛟龙，也会入海变成蜃贝，这种入水变为蜃贝的野鸡必不寻常，它是神龙的血脉，所以"蜃"字里有"辰"。

有人问："蛇和野鸡交配，为什么会生出神龙后代呢？"这是因为他不知道蛇也能变成神龙。《述异记》记载："虺蛇五百年会变成蛟，又过一千年会变成神龙。"所以野鸡和神龙交配，必定生下奇特的品种。何况野鸡的羽毛色彩艳丽，有朝一日顺应时节变成蜃贝后，它所具备的气质并不会消失，而是锋芒毕露，尽显华彩，吐出奇异之气，充斥天地之间，甚至能与天工造化一同永垂不朽。这是因为蜃贝往往由野鸡化生而成，而普通介类却不能有如此神奇的表现。

有人又怀疑说："东南沿海有江苏、浙江、福建、广东等省，幅员辽阔，野鸡遍地，它们理应都能进入海洋变成蜃贝，但为什么自古至今，只有登州、莱州能看到海市蜃楼呢？"我认为，江豚拜风，鳄鱼唤雨，鳢鱼头上有七星，月鱼前额像月亮，这些鳞类介类的行为与样貌，都是对应天象的。奎、娄两个星宿对应地上的齐鲁之地，所以孔子降生于此，周公在这里建国，使之成为古今闻名的文化圣地，这难道是偶然吗？《周易》说："云气伴随神龙，强风伴随猛虎，圣人一旦现世，众生无不瞻睹。"蜃贝色彩艳丽，是蕴含着圣贤文采的灵物，正所谓同声相应，同气相求，它自然会涌现在奎宿、娄宿的领域之内，依附在周公、孔子的门墙之下。据我了解，只有青州、兖州的海域才有野鸡入水变为蜃贝，其他地方的海域则没有。就算在其他海域有珠光璀璨的奇景，但海市蜃楼却是登州、莱州境内所特有的。我之所以说"蜃"的字义和"辰"有关，是因为神龙为神物，五彩斑斓，遨游天地，能大能小，能显能隐，变化不定。在海洋生物中，拥有神龙形貌的是龙虾，拥有神龙气韵的是蜃类。虽然神龙只是鳞类的灵长，但如果要给万物排序的话，仍然必须自龙开始，至龙结束，以凸显神龙无所不能、无所不有的特点。《篇海》引用《史记·律书》说："辰，意即能化为万物的蜃类。"这句话很难理解。《篇海》又引用《庄子》用蜃器盛放马尿的故事，并指出古人经常把蜃用作容器。但经考证，古籍中把蜃贝做成容器的例子很少，盛放马尿一事，更是只有《庄子》才有记载，我认为这应该别有缘故。

珠蚌

【原文】 廉州合浦[1]产珠。《廉志》有珠母海，在府城东南八十里巨海中，有平江、杨梅、青婴三池[2]中产大蚌珠母者，大珠在中，小珠环之。凡采珠，常于三月，用五牲祈祷，若祠祭有失，则风搅海水，或有大鱼在蚌左右，则不能采。《异物志》称："合浦民善游水采珠，儿年十余岁便教游水。官禁民采珠，巧于盗者蹲伏水底，剖蚌得好珠，吞而出。或云活珠能藏嵌股内，能令肉合。"《岭表录》载："廉州海中有洲岛，岛上有大池，谓之珠池，每岁采老蚌割珠充贡。池虽在海上，而人疑其底与海通，池水乃淡，此不可测也。土人采小蚌，往往得细珠。"

愚按，产珠之母不止于蚌，蛇、鱼、龟、鳖，若螺若蚶，间亦有珠，而淡菜[3]中之珠尤多。大约海中有淡水冲出处能生，故湖泽之蚌皆有，而吾乡湖郡[4]尤善产珠。近年更有种珠，其初甚秘，今则遍地皆是矣。闻其种法，盖取大蚌房及荔枝蚌房之最厚者，剖而琢之，为半粒圆珠状，启闭口活蚌嵌入之，仍养于活水，日久，其所嵌假珠吸粘蚌房，逾一载胎肉磨贴，俨然如生。造者得同类气体相感之义，一如剪桃接桃，而乔[5]与乔并华，泯然无迹也。

其珠亦有美恶高下不等，大约长于活水者，其色温润而璀璨；长于污池死水

□ **珠蚌**

蚌壳能孕育珍珠。廉州府城有专门培育大蚌珠母的池子。人们一般在每年三月采摘珍珠，采摘时剖开蚌壳即可取出珍珠，大珠一般在中间，小珠环绕在侧。

者，其色呆白而枯暗。然而千万之中，间有一二色带微红而光泽赛真珠者，但不可多得。或曰："造者既得种法，何不为圆珠，乃作半粒，何拙！"予曰：种者非不欲得圆珠也，闻其初亦尝以圆珠纳入蚌胎，养于水盆试之。每蚌开房游泳，见胎肉出水荡漾，其珠圆活不定，多随水滚出。盖房滑珠转，无从着脚，故变其法作半珠式，使上圆下平，乃得依附，日久竟不摇动，而且与老房磨成一片。

初种之时，贾人不以伪珠售。先是，都下刀鞬、鞍辔[6]诸饰，贵介者多以大珠剖而为二镶嵌，令平正稳实而华美，贾人即以半粒之种珠潜迎时好。且种珠皆大，尤为夺目，乃嵌入马鞍、鞘辔、弓袋、刀鞘之间，鋈[7]以黄金，杂以绿松宝石，谁不目之为真珠？多获大利，事此者常起家焉。迩年为识者所破，而种珠亦多，遂不能秘藏，而遍鬻于市，或列于肆、或张之几、或挈于筐、或捧于盘、或囊于肩、或席于道，贸易四方，乡村城市无地非种珠矣。大珠，至宝也，宝则宜乎稀有而不滥，滥则不成其为宝矣。明月珠不欲与鱼目争光，合浦之珠宁无远徙乎？老蚌有知，必破浪翻波而起曰："然。"

合浦之海，中秋有月则多珠。每月夜，蚌皆放光与月，其辉黄绿色，廉乡之人多有能见之者。蚌非卵生，而化根无迹，尝闻湖郡人云："淡水之蚌多系蜻蜓戏水，尾后每滴白汁一点，即成蚌子。"予闻而奇之。今见诸变化之物不一，而信其说，海蚌当亦类然。

《珠蚌赞》：蚌为珠母，月是蚌天。奇珍毓孕[8]，岂曰偶然？

【注释】〔1〕廉州合浦：今广西北部湾一带。廉州即清代廉州府，合浦为其下辖县。

〔2〕三池：平江、杨梅、青婴，今广西北海市白龙村珍珠城及营盘镇附近海域。

〔3〕淡菜：贻贝煮熟后晾干，称为淡菜。贻贝，一种贝类生物。详见本册《淡菜》。

〔4〕湖郡：钱塘郡，今浙江杭州市。

〔5〕㮡（táo）："桃"的异体字。作者可能想用字形表现桃树嫁接后的样子，但音义并无区别。

〔6〕刀鞘、鞍辔（pèi）：原作"刀键"，佩刀和箭袋。原作"刀键"，形近致误，今改；鞍辔：马缰绳。

〔7〕鋈：镀金。

〔8〕毓孕：孕育。

【译文】廉州合浦盛产珍珠。在《廉志》中有珠母海，位于廉州府城东南八十里的大海里，有平江、杨梅、青婴三个池子培育大蚌珠母，大珠在中间，小珠环绕在旁。珍珠一般在每年三月收获，采摘前先用五种牲畜祭祀祈祷，如果祭祀不顺利，就会遇上狂风吹搅海水，或者大鱼守护在蚌壳旁边，无法采摘。《异物志异》记载："合浦的百姓擅长游泳采珍珠，小孩十多岁就要学习游水。官府禁止百姓采摘珍珠，善偷的人就潜藏在水底，剖开蚌壳取出珍珠，含在嘴里逃走。传说活珠能嵌藏在大腿内侧，与皮肉粘连在一起。"《岭表录》记载："廉州海中有岛屿，岛上有个大池子，即珠池，人们每年都前去这里采摘老蚌，割取珍珠作为贡品。这个池子位于海上，人们都以为池底与大海相通，但池中却是淡水，不知道是怎么回事。当地人采摘小蚌的时候，往往也能取得一些小珍珠。"

作者注：不只蚌壳能孕育珍珠，蛇、鱼、龟、鳖，甚至螺蛳、蚶子，有时也能产出珍珠，尤其是淡菜体内的珍珠特别多。也许是因为珍珠产自海中淡水流动的地方，所以湖泊里的蚌壳也有珍珠，我的家乡湖郡盛产珍珠。近几年还出现了种珠的技术，起初不为人知，如今种珠已经大肆盛行了。我听说过它的种法，就是选用最厚的大蚌房或荔枝蚌房，雕琢成半粒圆珠的形状，打开活蚌的闭口，放入雕琢的珍珠，仍然养在活水里，时间一长，嵌入的假珍珠就会吸附在蚌房，过一年就会和蚌肉紧紧黏合在一起，俨然原生的珍珠。创造这个方法的人运用了同气相求的原理，就像给桃树嫁接一样，在开花之后，就完全看不出嫁接的痕迹了。

人工培育的珍珠也有好坏高下之分，大致是生长在活水里的珍珠温润璀璨，生长在脏池死水里的珍珠惨白黯淡。但成千上万颗劣等珍珠之中，也偶尔会有一两颗色泽微红、媲美真品的珍珠，只是不可多得。有人说："既然有了这种方法，为什么不做整颗的圆珠呢，却只做半颗呢，这也太愚笨了吧！"我听说，种珠的人不是不想做圆珠，刚开始都是种圆珠的。他们试着把圆珠放进蚌胎养在水盆里，却发现海蚌开壳游泳的时候，蚌肉裸露在外，顺着水流冲激，圆珠极易滑落出来。蚌房光滑，圆珠滚动无从落脚，所以他们才改变方法，只种半颗珍珠，使之上圆下平，紧紧贴合，时间一长，就纹丝不动，与蚌房融为一体了。

这个方法刚开始流行的时候，商人并不售卖这种种珠。当时，尊贵的京城公子们会把大珍珠切成两半，镶嵌在刀鞘、箭袋、马鞍、缰绳之类的物件上，使之平正稳实、端庄美丽，所以商人便以半颗珍珠为单位售卖，迎合潮流，投其所好。况且种珠外形硕大，夺人眼球，嵌入马鞍、缰绳、箭袋、刀鞘上，再镀上纯正黄金、配上绿松宝石，谁能不把它当作真品呢？商人大多因此获得巨额利润，一夜暴富。但近几年，见多识广的人拆穿了商人的把戏，种珠的方法也随之推广开来，商人便不能垄断获利了，市场里到处都在售卖种珠，有的罗列在店里、有的平铺在桌上、有的盛放在筐里、有的倾倒在盘中、有的装袋扛在肩上、有的摆摊堆在路旁，四处兜售，乡镇城市随处可见种珠的踪迹。大珍珠固然是珍宝，但只有稀罕时才能称其为宝贝，泛滥就不值钱了，所以明月宝珠实在不愿与混珠鱼眼争辉斗艳。合浦的珍珠，难道不愿迁徙远方吗？老蚌如果知道了，一定会斩风劈浪，回答"同意"。合浦的近海，中秋月圆之时，就会产出许多珍珠，每当月夜，蚌壳都会发出黄绿色的光芒，与月齐辉，许多廉乡的百姓都亲眼见过。海蚌并不是卵生的，不知它如何繁殖。我曾听湖郡百姓说："淡水里的蚌类都是蜻蜓点水繁殖的，蜻蜓尾巴每滴出一滴白汁，就会变成蚌子。"我听后，觉得十分神奇，如今见到了许多变化万千的生物，便更相信他们说的话，因此我也认为海蚌的繁殖应该和淡水蚌差不多。

绿蚌化红蟹

【原文】 螺之化蟹，比比皆是，蚌之化蟹则仅见也。闽海有一种小蚌，绿色而壳有瘰[1]。剖之无肉，而红蟹栖焉。以螺而类推之，亦化生也，然亦偶见不多。

《绿蚌化红蟹赞》：看绿衣郎，拥红袖女。你便是我，我便是你。

【注释】 〔1〕瘰（lěi）：痞瘰，一种疹子，指贝壳表面有小疙瘩。

【译文】 螺类变成螃蟹十分常见，但蚌类变成螃蟹却只见过一次。福建海域有一种小蚌，通身绿色，贝壳表面有小疙瘩。剖开后没有蚌肉，只有红蟹住在里面。以螺类变螃蟹的现象可以推断，蚌类也是一种化生生物，但是比较少见。

□ 绿蚌化红蟹

　　福建海域有一种壳面长着小疙瘩的绿色小蚌，壳内有红蟹而不生蚌肉，它应是由绿蚌化生成的红蟹。

花蛤

【原文】 花蛤，亦名沙蛤，壳上作黄白青黑花纹，如画家烘染之笔，轻描淡写，虽盈千累百，各一花样，并无雷同，奇矣。而本体两片花纹相对不错，益叹化工巧手之精细尤奇。食此者，味虽薄于蛏，而腌鲜皆可口，壳厚者尤大而美。闽中罗源[1]、连江海涂有，然发亦有时也。

《花蛤赞》：色泽千百，青黄赤黑。聚养水盆，居然[2]文石。

【注释】 〔1〕罗源：今福建福州罗源县，与连江邻接。
〔2〕居然：闲适安居的样子。

【译文】 花蛤，也叫沙蛤，外壳上有黄白青黑四色花纹，如同来自画家的神来妙笔，轻描淡写地烘托渲染。成千上万个花蛤，有着不同的花纹图案而无一重复，相当神奇。每个花蛤的两片外壳都互相对称，毫无差错，使人不得不赞叹自然天工的精巧神奇。花蛤的味道虽然比蛏子稍淡，但无论是腌制还是鲜吃，都很美味，尤其是外

□ 花蛤

花蛤，又名沙蛤，常见于福建罗源、连江等地。它的两片外壳极其对称，但壳上的黄白青黑四色花纹图案却无一相同，十分奇妙。

壳厚实的花蛤，更大更好吃。福建罗源、连江两地海滩盛产的花蛤，都是在固定的时间出现。

江瑶柱

【原文】 江瑶柱，一名马颊柱。生海岩深水中。种类不多，壳薄而明，剖之片片可拆，大如人掌，肉嫩而美。其连一壳肉钉大如象棋，莹白如玉，横切而烹之甚佳，其汁白。予寓赤城[1]，得睹其形而尝其味。

愚按，江瑶，美其肉之如玉也；马颊，以其状之如马颊也。闽、广志内俱载，但多误书马甲柱。

《江瑶柱赞》：煮玉为浆，调之宝铛。席上奇珍，江瑶可尝。

□ 江瑶柱

江瑶柱，外形像马颊，因此又名"马颊柱"。它的外壳薄而透明，它的肉柱温润如玉，切片煮着吃，十分美味。

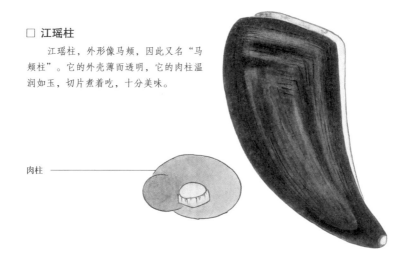

肉柱

【注释】 〔1〕赤城：今浙江台州天台县。

【译文】 江瑶柱，又名马颊柱，生长在海岩深水之中。它的种类不多，外壳纤薄透明，剖开后片片分裂，像人的手掌那么大，肉质鲜嫩美味。江瑶柱的肉钉粘连在壳上，如象棋般大小，白皙晶莹，温润如玉。将其切横片，煮着吃，汤汁浓白，十分美味。我寓居浙江赤城时，得以见到它的样子，并品尝它的味道。

作者注：江瑶这个名字，是夸它的肉质如同美玉；马颊这个名字，则是说它的样子像马颊。福建、广东的地方志都记载了江瑶柱，但大多错写成了"马甲柱"。

蛤蜒

【原文】 蛤蜒，土名。淡黄，壳薄肉少。海人于泥涂中拣得，甚多，亦贱售，非食品之所重也。海月[1]以下皆系蛤类，荔枝蜒[2]以上皆系蜒类，蛤蜒介召[3]其间，在《海错图》中反为生色。

《蛤蜒赞》：谓蛤不是，指蜒又非。蜒蛤之间，仿佛依希。

【注释】 〔1〕海月：见本册《海月》。
〔2〕荔枝蜒：蜒子的一种，长条状。苏轼《东坡志林》："仆云：荔枝似江珧柱。支似江瑶柱，应者皆忻然，仆亦不辨也。"详见本册《荔枝蜒》。
〔3〕介召：处于两者之间。介，本义是夹在两者间。召，本义是招待，引申为使两者有所联系。

【译文】 蛤蜒是俗称。它色泽淡黄，壳薄肉少。渔民在滩涂中随处可捡，所以价格很便宜，也并非很受欢迎的食物。海月以下的篇目都属于蛤类，荔枝蜒以上的篇目都属于蜒类，唯独蛤蜒处于两者之间，在《海错图》中反而添彩不少。

□ **蛤蜒**
蛤蜒，既非蛤又非蜒。它的外壳为淡黄色，壳质较薄，肉比较少，在滩涂中随处可见。

白蛤

【原文】 白蛤，生浙闽海涂中，潮退在沙上，取之者甚易。色黄白而大似

□ 白蛤

白蛤，产自福建、浙江的滩涂。其壳为黄白色，灯盏般大小，经常被潮水冲到海滩上。它本身带着咸味，所以烹饪时无须放盐。

盏，为羹不着盐而自咸。

按，诸类书介虫部训蛤，皆曰雀入大水为蛤，此物是也。及读《本草》则不然，谓指蛙也，蛙亦名蛤。《字汇》云："蛙，虾蟆也。"虾蟆化鹑，田鼠化鴽，其形体正相等。雀入水为蛤，指虾蟆似非谬。然形体而论，雀既难化蛤，雉又何能化蜃？存疑，俟有辨者。

《白蛤赞》：蛤亦海介，采来入画。考之类书，皆云雀化。

【译文】 白蛤生长在浙江、福建的海滩上，潮水退去，它们散布在泥沙上，随处可见。白蛤通体黄白色，像灯盏那么大，用它煮汤时不用放盐，因为它本身就是咸的。

作者注：各种类书介虫部的"蛤"条目中，都记载着一种蛤，称其是雀鸟进入江海变成的，正是这种白蛤。但我发现《本草纲目》里的说法不同，上面说由雀鸟变成的"蛤"是青蛙，青蛙别名"蛤"。《字汇》说："蛙就是蛤蟆。"蛤蟆变成大鹌鹑，田鼠变成小鹌鹑，形体正好相符。这样看来，雀鸟进入江海变成的蛤，也许真的是蛤蟆。但是，就形体而论，如果雀鸟很难变成蛤蟆，那么野鸡又是如何变成蜃贝的呢？此处存疑，等待有识之士明辨。

车螯

【原文】 车螯，生海沙中。大者如碗，汤渫而劈壳食之，须带微生则味佳。其壳外微紫白而内莹洁，投地不碎，可充画家丹碧具[1]。或云此物能乘风浮海面往来，而张其半壳为帆。扬州、淮海[2]来者甚多而肥，闽中惟连江、长乐[3]海滨等处产，且少，不能四达。

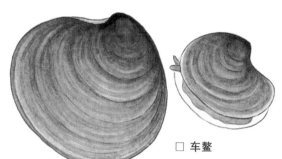

□ 车螯

车螯，外壳白色泛紫，坚硬耐摔，可以磨制成颜料。这种蛤可以长到碗那么大，用热水焯一下就能吃，但九分熟时味道最佳。

《车螯赞》：车螯乘波，海上浮游。虽以车名，其实似舟。

【注释】〔1〕丹碧具：绘画颜料。车螯的外壳可磨成蛤粉，用作国画的颜料。

〔2〕淮海：指今江苏北部的徐州、连云港一带。

〔3〕长乐：今福建福州长乐县，与连江邻接。

【译文】 车螯，生活在海边沙滩中，大的像碗那么大，用热水浸泡后，劈开外壳即可食用，但必须有点微生才更加美味。它的壳外侧白色泛紫，内侧晶莹光洁，扔到地上不会碎裂，可以磨制成绘画颜料。传说它能张开半扇外壳作为风帆，乘着海风在海面上往来漂流。扬州、淮海一带的车螯产量很大，而且肉质肥美，福建则只有连江、长乐海滩才有，产量很少，不能四处售卖。

蚬、蠩

【原文】 广东番禺〔1〕有白蚬塘，广二百余里。每岁春暖雾起，名落蚬天，有白蚬飞堕，微细如尘，然落田中则死，落海中得咸水则生。秋长冬肥，积至数丈乃捞取。

蠩比黄蚬而大，闻雷则生，雷少则鲜，故文从雷〔2〕。

《蠩蚬合赞》：蠩因雷发，蚬以雾成。番禺天蛤，所由以名。

【注释】〔1〕番禺：明清时广州府治。

〔2〕故文从雷：作者认为"蠩（léi）"的字义与"雷"有关，有在雷雨天产出之义。

【译文】 广东番禺有个白蚬塘，方圆两百多里。每年春天气温回暖，这里就会出现大雾，人称"落蚬天"，届时会有灰尘般细小的白蚬从天而降，落到田里便会死

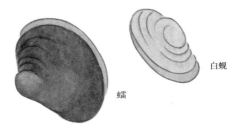

□ **蚬、蠕**

　　蚬，外壳为白色，在大雾天从天而降，遇海水才能活，跌落田中则死去。

　　蠕比蚬稍大，外壳为黄色，只在雷雨天出现。

白蚬

蠕

去，落到海里就能存活。它们秋天生长，冬天长肉，累积到几丈厚就可以捞出来了。

　　蠕的个头比黄蚬略大，在雷雨天出现，雷少则少见，所以"蠕"的偏旁为"雷"。

海月

　　【原文】　海月，亦名海镜，土名蛎盘，生海滩间。壳圆而薄，色白，故以月、镜名。其房平坦，可琢以饰窗棂及夹竹作明瓦[1]，肉匾小而味腴，薄脆易败，不耐时刻，故海滨人得食，无入市卖者。

　　按，海月壳上尝有撮嘴生其上，其肉亦尝有小蟹匿之。考类书，海月土名膏叶，盘内有小红蟹如豆，海月饥则蟹出拾食，蟹饱归腹，海月亦饱。有捕得海月者，海月死，小蟹趋出，须臾亦死。由是观之，海月与小蟹盖更相为命者也，又岂特伐乔松而茑萝枯[2]，芟蔓草而菟丝萎[3]哉！或曰蛤类名蒯[4]，蚌类名蟏蛸，并能孕蟹，与海月同。寄生之蟹又如是其不一。

　　《海月赞》：昭明有融[5]，是称海月。暗室借光，萤窗映雪。[6]

　　【注释】　〔1〕夹竹作明瓦：古代将云母石或贝壳磨成半透明的方形，即明瓦，能遮挡风雨，也能透光。将明瓦嵌入竹片编成的网格中，便成了窗户。

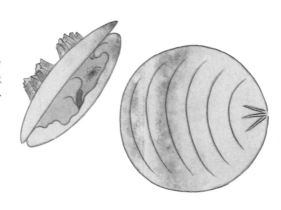

□ **海月**

　　海月，俗称蛎盘，其外壳为白色，圆而平坦，如同圆月和镜子，并因此而得名。海月肉薄小丰腴，薄脆易烂，不利于保存，所以市场上较为少见。

〔2〕伐乔松而茑萝枯：茑萝寄生于松柏，砍倒乔松，茑萝也会随之枯萎。出自《诗经·頍弁》："茑与女萝，施于松柏。"

〔3〕芟（shān）蔓草而菟丝萎：菟丝子也是寄生植物，不能独自成活。铲除杂草，菟丝也随之枯萎。

〔4〕蒯（kuǎi）：本是一种潮湿环境的植物，文中是蛤蜊的种类名。文义不通，可能是"蜊"字，形近致误，暂不改。

〔5〕昭明有融：出自《诗经·既醉》："昭明有融，高朗令终。"其意为：光明伟大，必有善终。

〔6〕此句出自"凿壁借光、囊萤映雪"的典故，这里指"海月制成的窗格可以照亮房间"。

【译文】 海月又叫海镜，俗称蛎盘，生活在海滩之中。它的外壳又白又圆，所以用月亮、镜子命名。它的壳房平坦，可以制成窗格的装饰物，夹在竹框里就是明瓦。海月肉又扁又小，味道丰腻，薄软易烂，不易保存，所以海边居民捕得之后，会直接把它吃掉，没有人拿去市场上售卖。

作者注：海月壳上常有藤壶，肉里也经常藏着小螃蟹。我看类书上说，海月俗称膏叶，体内有豆子般大小的红螃蟹，每当海月饿了，小蟹就出去觅食，吃饱后回到海月肚子里，海月也随之饱了。有人捕获海月，发现它死后，小蟹就会跑出来，不久也会死去。这样看来，海月和小蟹也是生死共存的，岂止乔松和茑萝、蔓草和菟丝之间才会如此呢？传说蛤类中的蒯、蚌类中的蠙蛤与海月一样，都能养育小蟹，只是所寄生的小蟹各有不同。

麦藁蛏

【原文】 麦藁蛏，其壳细长如麦草状。产福清海边，亦可食，他处则鲜有也。

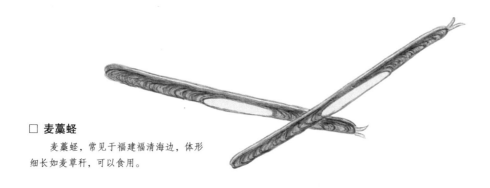

□ **麦藁蛏**

　　麦藁蛏，常见于福建福清海边，体形细长如麦草秆，可以食用。

《麦藁蛏赞》：豆芽瓠栽[1]，植物不少。蚦[2]名海麦，蛏更称藁。

【注释】〔1〕瓠（hù）栽：又名青翠、泥匙，详见本册《青翠》。
〔2〕蚦（niàn）：一种小贝壳，详见本册《蚦》。

【译文】麦藁蛏的外壳又细又长，体形像麦草秆，可以食用，生长在福清的海边，其他地方难得一见。

马蹄蛏

【原文】马蹄蛏，其壳如马蹄状。产福清海涂。其肉烹食亦松脆而味清。
《马蹄蛏赞》：天马行空，忽落海滨。涔蹄[1]遗迹，变为蛏形。

【注释】〔1〕涔（cén）蹄：蹄印中的积水。

【译文】马蹄蛏的外壳像马蹄，生长在福清的海滩泥中。它的肉经烹煮之后松软可口，味道清淡。

□ 马蹄蛏
　　马蹄蛏，因外形像马蹄而得名，常见于福建福清海滩中。

牛角蛏

【原文】牛角蛏，产福宁州海涂。其色、其状望之绝类比比然者。康熙己卯四月四日，海人持牛角蛏赠予，予见之大快。其壳略如马颊柱而纹各异，活时张开，其肉五色灿然，有两肉钉连其壳：一连于上，近外而小；一连于腹，如柱而大。其中层次细微，不能辨，乃蒸熟脱其肉，养于水中而研求之。大约如淡菜体而唇薄，两钉大小白色者，两圆物紫色如弹，是其血囊，其色黄赭浅深相错，虽善画者难绘。尝之，其味麻口而辣如蓼螺[1]。然所最异者，有毛一股，其细如绒而多，似乎漾出海潮，粘取虫鱼，缩进则食之。凡龟脚[2]、撮嘴，皆有毛可以张弛，多就潮水取细虫以食，是以知此蛏亦然。但此毛甚繁而细，疑类鸟毛，不知何

□ 牛角蛏

牛角蛏，生长在福建福宁州的滩涂边。其外壳与马颊柱有些相似，它的外壳是张开的，能看见里面五颜六色的蛏肉。蛏肉上有一撮浓密的细茸毛，随着牛角蛏的游动在水中漂荡。

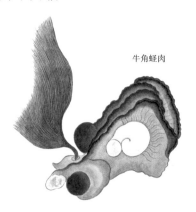

牛角蛏肉

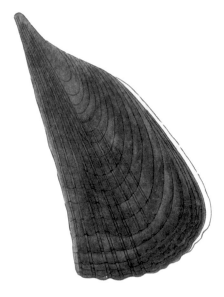

鸟所化，故备存其图与说，以俟后有博识者辨之。

《牛角蛏赞》：泥牛入海，都无消息。惟角幻蛏，其肉五色。

【注释】〔1〕蓼（liǎo）螺：一种荔枝螺，表面凸起。详见册四《蓼螺》。

〔2〕龟脚：龟足，一种甲壳生物，形似乌龟脚，详见本册《石蜐》。

【译文】 牛角蛏生长在福建福宁的滩涂边，无论是颜色还是外形都很像牛角。康熙三十八年四月四日，有渔民送我一枚牛角蛏，我见到后十分兴奋。它的外壳有点像马颊柱，只是纹理不同。活牛角蛏的外壳是张开的，壳内的肉五彩缤纷，灿烂夺目，还有两颗肉钉连在壳上，一颗很小，连在上壳，靠近外侧；一颗较大，连在腹部，形状像柱子那样。它的肉质纹理细致，无法看清楚，我便将它蒸熟后取出肉来，泡在水里仔细观察。只见它的肉像淡菜，上下部分较薄；大小两颗肉钉都是白色的；还有两坨圆肉，像是紫色的弹丸，那正是它的血囊。这些黄色、褐色的肉堆，深深浅浅，互相交错，纵是绘画大师，也很难精确地描绘下来。我尝了一下它的肉，嘴巴感觉很麻，就像蓼螺一样辣口。但最神奇的是，牛角蛏还有一撮毛，像茸毛一样细密，好像会随着海潮飘荡以粘取水中鱼虫，一旦粘到鱼虫就立即缩回来把战利品吃掉。龟足和藤壶都有这种茸毛，可以随时伸缩，用来在潮水中捕食小虫，我相信牛角蛏的茸毛也有这种功能。然而牛角蛏的茸毛更加繁茂纤细，我怀疑这是鸟羽，但不知道它是什么鸟类变成的，特此留下图片和解说，待未来的博学之士明辨。

剑蛏

【原文】　剑蛏，惟产闽之福宁、宁德。似蛏而小，壳薄且区[1]，而味清。夏月始有。其壳白色而锋利，故以剑名。

《剑蛏赞》：长剑倚天[2]，日月争明。余光落海，化为小蛏。

【注释】　〔1〕区：区区，小巧的样子。
〔2〕长剑倚天：出自宋玉《大言赋》："长剑耿介，倚天之外。"

【译文】　剑蛏只在福建福宁和宁德出产。它比普通蛏子的个头稍小，外壳又薄又小，吃起来很清淡。剑蛏只在夏天出现，外壳白色，十分锋利，并因此得名。

□ 剑蛏
　　剑蛏为白色，其外壳薄小而锋利如剑，并因此得名。这种蛏只有在夏天的宁德才能够看见。

尺蛏

【原文】　尺蛏，其长如尺，无种类，而不恒有。海人云："或时有，或时无，疑是外海飘至，故不多得也。"

《尺蛏赞》：有蛏如尺，不量短长。形同一棍，独霸海乡。

【译文】　尺蛏的身形修长，像尺子，无法归类，也不常见。渔民说："这种东西时有时无，可能是海外漂流过来的，所以不可多得。"

竹筒蛏

【原文】　竹筒蛏，长仅三寸许，壳淡绿，产连江等海涂，亦名玉箸[1]。食者常束十数枚为聚蒸之，味甘而美，胜于常蛏。其壳可篆香[2]滑泽。

《竹筒蛏赞》：蛏长三寸，形肖竹筒。玉箸一条，藏于其中。

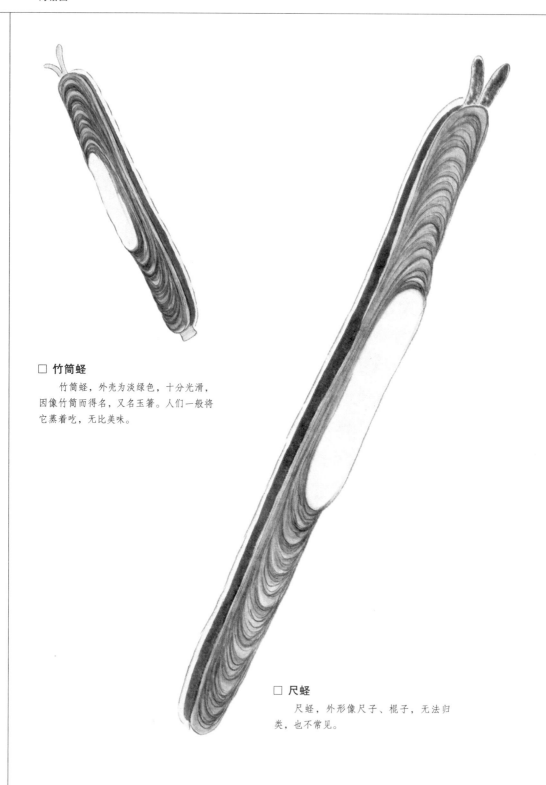

□ 竹筒蛏

竹筒蛏，外壳为淡绿色，十分光滑，因像竹筒而得名，又名玉箸。人们一般将它蒸着吃，无比美味。

□ 尺蛏

尺蛏，外形像尺子、棍子，无法归类，也不常见。

【注释】 〔1〕玉箸：玉筷子。

〔2〕篆香：雕刻成篆文形状的烧香。

【译文】 竹筒蛏只有三寸多长，外壳为淡绿色，盛产于福建连江等地的滩涂中，也叫玉箸。食客一般把十多枚竹筒蛏包在一起蒸着吃，甘香鲜美，比普通蛏子的味道好得多。它的外壳油光润滑，能加工为篆香。

荔枝蛏

【原文】 荔枝蛏，生福宁南路海泥中，其大头形如荔枝而色灰白，上有一孔似口，后一断细长似尾，陷于土内，皆有薄壳。其大头内肉如蛎黄，身后细肉脆美而另有一味。福宁郑次伦[1]雅尚染翰[2]，特为图述。

《荔枝为蛏》：有果无根，荔枝为蛏。不堪生啖，止可煮羹。

【注释】 〔1〕郑次伦：作者友人，生平不详。

〔2〕雅尚染翰：崇尚书画之道。

【译文】 荔枝蛏，生长在福宁南部的海滩泥沙中。其头为灰白色，大如荔枝，头上有个嘴巴一样的小孔，头以下部分如同一段细长的尾巴，覆有薄薄的外壳，埋在土里。荔枝蛏的头中有肉，吃起来像蛎黄；"尾巴"的口感不同，吃起来细嫩香脆。福宁郑次伦精通画道，特地为我画下荔枝蛏的样子，并作描述。

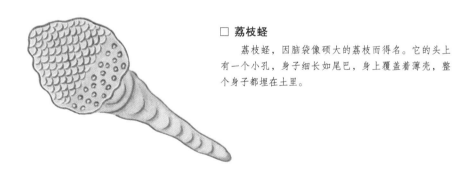

□ **荔枝蛏**

　　荔枝蛏，因脑袋像硕大的荔枝而得名。它的头上有一个小孔，身子细长如尾巴，身上覆盖着薄壳，整个身子都埋在土里。

蛏

【原文】 蛏形甚小，壳薄如纸。冬时应候而生，遍海涂皆是，不取则为海凫唼食[1]而尽。海人乘橇[2]捞数十筐，淘去泥，煮熟，筛漂去壳。其肉黄色，土名

□ 蜫

　　蜫，个头极小，其壳薄得像纸，大量繁生，海滩上遍地都是。人们将它煮熟后去
壳，吃里面的肉粒，即海麦；也可以将它晒干保存，煮汤后熬成酱来吃。

海麦，鬻市充馔，味虽不及蛏蛤，亦另有一种风味。亦可晒干藏蓄，海人熬其余沥
为酱，名曰蜫酱，蘸啜〔3〕亦美。

【注释】　〔1〕啜（shà）食：吞食。
〔2〕橇：一种可以在沼泽上滑行的泥橇。
〔3〕蘸啜：蘸着吃，直接喝。

【译文】　蜫的体形很小，外壳薄如纸张。它出产于冬天，遍布海滩，人们若不
去捡拾，就会被海鸟啄食殆尽。渔民驾着泥橇去捕捉蜫，一季可以捕捞几十筐。淘洗
掉它们的泥沙，煮熟后再筛去外壳，只留下黄色的肉粒，俗称海麦，多拿到市场上售
卖。蜫的味道虽然比不上蛏子和蛤蜊，但也别有一番风味。渔民还将它晒干贮藏，用
它煮汤，熬成肉酱，名为蜫酱，无论是作为蘸料还是直接喝，都很鲜美。

浙蛏

【原文】　蛏之为物，大要喜地暖则多。吾乡蛏止一种，发于冬而盛于春，江
南渐少，江以北渐无矣。浙蛏小而壳薄，止用汤淋便熟。闽蛏壳厚，必裂其背而
蒸，始可食。

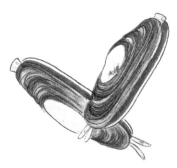

□ 浙蛏

　　浙蛏，个头极小，外壳很薄，产
于冬春两季，产量不高。

《浙蛏赞》：浙蛏种小，但产冬春。闽粤海乡，四季皆生。

【译文】 蛏子这种东西，最喜欢温暖的地方，气候越暖和，它的数量就越多。我的家乡只出产少量蛏子，冬天初步成形，春天大量生长。江南的蛏子很少见，越到江北就越是看不到它。浙江的蛏子很小，外壳也薄，只需淋上开水就可以将它烫熟。福建的蛏子壳厚，必须敲碎背壳后清蒸，方可食用。

泥蛏

【原文】 闽中福清出蛏栽，如糠衣细，每百斤可发三十担。海滨远近分种泥涂，获利十倍，四季皆鬻于市，皆带泥。二肉岐出壳外，曰脚。市者饮以水则重，而味薄，脚肥可辨也。获稻时则瘦，而腹腐，云为谷芒[1]所败。予《客闽吟》内有植蛎种蛏诗二首，今录其一，曰："蛎黄竹植土栽蛏，成熟常同稻满町。稼穑[2]不须师后稷[3]，龙宫别有老农经。"

《闽中泥蛏赞》：两绅拖足，一笏当胸。垂绅[4]搢笏[5]，胡为泥中？

【注释】 〔1〕谷芒：禾谷尖端的刺。
〔2〕稼穑：泛指各类农事。稼，种植庄稼。穑，收获庄稼。
〔3〕后稷：传说中周朝姬姓的祖先，教百姓农耕播种。
〔4〕垂绅：身垂腰带。绅，古代士人的腰带，一端下垂。
〔5〕搢（jìn）笏（hù）：手握玉板。搢，插着，握着。笏，古代大臣朝见君王时所携带的狭长玉板，用于记事备忘。有词语"搢绅"，古指有身份的官宦，今泛指有礼仪风度的人。

□ 泥蛏

泥蛏产自福建福清，其幼体有如糠衣大小，有两条肉脚伸出壳外。幼蛏成熟后可增至数倍，所以海滨周围的渔民竞相养殖以售卖营利。到了稻谷成熟的季节，幼蛏的肚子就会被稻谷戳破而腐烂。

蛏种

海蛏不产卵，但有种子，而且只有福建福清出产蛏种。

【译文】 福建福清出产蛏栽。它就像谷糠的外皮般细小，每百斤可以长成三十担的成熟蛏子。放眼望去，远近的海滩泥沼中，都饲养着蛏栽，可以获利十倍。新鲜的蛏栽带着泥沙，一年四季随时售卖。蛏栽有两根分叉伸出壳外的肉条，作为它的脚。商人给蛏栽灌水增重，它的味道就会寡淡，人们可以通过观察它的脚是否肥肿来判断它是否被注了水。等到收获稻子的季节，蛏栽就会变瘦，肚子也会腐烂，听说是被稻谷尖戳破的。我在《客闽吟》中写了两首种植蛤蜊蛏子的诗，在此列出其中一首："蛎黄竹植土栽蛏，成熟常同稻满町。稼穑不须师后稷，龙宫别有老农经。"

海蛏

【原文】 海蛏，产连江海外穿石地方。土人欲取，以船往捕之，亦不甚多。其壳白而其味清，鲜泥沙而甚美。不知其名，但曰海蛏，土人云是海虫所化者。

愚按，蛏名则一鉴，蛏种甚多，竹筒、麦藁、牛角、马蹄，未必不是化生，不止一海蛏而已。

按：蛏无卵而有种，与蚶蛤之类同是湿生。黄允周曰："蛏种出自福清，连江、长乐等处买而种之，一岁为准。他处鲜种，独出于福清，为奇。飞鸾渡[1]蛏，肥美胜过福清、长乐、连江等处。"

《海蛏赞》：海蛏甚小，云是化生。一经讨论，定尔成名。

【注释】〔1〕飞鸾渡：今福建宁德飞鸾镇。

【译文】 海蛏产于连江海域的穿石之地，当地居民驾船前去捕捞，收获很少。海蛏的外壳洁白，味道清甜，很少掺杂泥沙，十分鲜美。人们都不知道它真正的名字，只叫它"海蛏"。当地人说它是由海虫变成的。

作者注：蛏名只是作为参考，蛏的种类繁多，竹筒、麦藁、牛角、马蹄等，不一定不是化生而来的，化生的蛏类并非只有海蛏。

作者又注：蛏子没有卵，但有种子，和蚶蛤类一样，都生长在潮湿的地方。黄允

□ 海蛏

海蛏，产福建福清、连江等地，外壳为白色，味道清鲜。据说它是由海虫变化而成的。

周说："蛏种只出产于福清。连江、长乐等地，都到福清购买蛏种来养殖，一般一年养殖一次。别的地方都没有，只有福清有蛏种，真是太奇怪了。飞鸾渡的蛏子肥硕鲜美，胜过福清、长乐、连江等处养殖的蛏子。"

乌蜲

【原文】 乌蜲，即海麦之大者，壳薄而黑，长可半寸，似鼠耳而尖。独出福州。沸汤淋熟为馔，其味全胜蜲肉。《福州府志》有乌蜲，《字汇》无"蜲"字。

《乌蜲赞》：乌蜲之名，详载《闽志》。奈何《篇海》，不收其字。

【译文】 乌蜲，正是体形较大的海麦，外壳又薄又黑，大约半寸长，像是尖尖的老鼠耳朵。乌蜲是福州的特有土产，用开水浇熟就能吃，味道比其他肉类好得多。《福州府志》记载有乌蜲，《字汇》则没有"蜲"这个字。

□ 乌蜲

　　乌蜲就是大个头的海麦。它的外形像老鼠耳朵，约有半寸长。

土坯

【原文】 泉州海涂产甲物，头大而尾尖，有毛，名曰泥坯。《泉南杂志》载。此必为土人所珍也。

《土坯赞》：陶砖未成，是名曰坯。介物所聚，应若泥堆。

【译文】 泉州的海滩盛产一种甲壳类生物。它头部硕大，尾巴尖细有毛，名叫

□ 土坯

　　土坯，又名泥坯。它产自泉州海滩，头大尾尖，有甲壳，被当地人视为珍品。

泥坯。《泉南杂志》也有关于它的记载。它必定被当地人视为珍品。

海豆芽

【原文】 海豆芽,产连江海涂。形如小蚌,壳绿色若豆状,有肉带一条,似蛏须而长,若豆芽然,故名。捕而鬻于市,带仍吐出不收。

《海豆芽赞》:海有豆芽,肉白壳绿。斋公[1]乐啖,将错就错。

【注释】 〔1〕斋公:和尚、道士等素食者。

【译文】 海豆芽产于连江海滩,外形像小蚌,绿色的外壳呈豆状。它有一条长长的肉带,类似于蛏子的触须,看起来像豆芽,并因此得名。人们捕捉海豆芽后拿到市场上售卖,它也不会收回吐出的肉带。

□ **海豆芽**

　　海豆芽,出产于福建连江。它的外壳为绿色,肉为白色,壳外拖着一条长肉带,因外形像豆芽而得名。

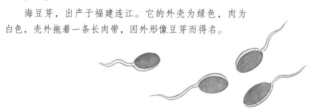

巨蚶

【原文】 巨蚶,多生海洋深处,大者如杯如盂。在海僻者,网罟不及,舟楫罕至,其大如箕。壳之仰覆处,岁久磨灭,仅数齿,厚可寸许,琢为器皿,伪充珲璪,亦莹白温润。大者多产琉球岛屿间。

愚按,蚶以形命名,宜有分别,如:丝蚶有翅能飞,宜称天脔;布蚶纹疏,宜曰瓦屋;巨蚶体伟,宜曰魁陆。[1]庶几顾名思义,通不相悖。

《巨蚶赞》:曰布曰丝,类同瓦屋。巨蚶巍然,名称魁陆。

【注释】 〔1〕天脔、瓦屋、魁陆,皆为巨蚶的别名。出自刘恂《岭表录异》:"瓦屋子,以其壳上有棱,如瓦垄,故以此名焉。壳中有肉,紫色而满腹,广人犹重之,多烧以荐酒,俗呼为天脔炙。"郭璞《尔雅注》:"魁陆即今之蚶也。状如小蛤而圆厚。"详见本册《布蚶》《丝蚶》。

【译文】 巨蚶大多生活在海洋深处,一般像杯子、钵盂那么大。它身藏偏僻深

□ 巨蚶

巨蚶，大多产于琉球，因体形硕大而得名。一般的巨蚶有如杯子、盂盆大小，而偏僻深海中的巨蚶则会长到簸箕那么大，巍然屹立。

海的巨蚶，由于渔网无法触及，船只无法侵扰，有的甚至能够长到簸箕那么大。它的外壳开合处时间一长就磨掉了，只剩几颗骨齿。它的外壳厚达几寸，雕琢成器皿后可以充当砗磲，同样的莹白剔透、温润如玉，足以以假乱真。这些体形硕大的巨蚶，大多产于琉球岛屿之间。

作者注：蚶类以外形特征来命名，应该区别开来。比如：丝蚶侧部有角翅，应该叫天脔；布蚶纹理粗疏，应该叫瓦屋；巨蚶身形硕大，应该叫魁陆。这样就能顾名思义，易于理解，不致混淆。

西施舌

【原文】 西施舌，即紫蛤中之肉也。闽中一种紫蛤，其肉如舌，产连江海滨而不多，粤中最繁生。食者剖壳取肉煮，供宾筵，其汁清碧似乳泉[1]。粤中多晒而干之，以市商舶。凡食干者须久浸，洗去腹中泥沙，重烹始佳。连江陈龙淮赞西施舌曰："瑶甲含浆，琼肤泛紫。何取名舌，唐突西子[2]？"亦趣。《格物论》指河豚腹腴为杨妃[3]乳，虽未确，然河豚之味虽美，其毒能杀人，正妙，海物何必又以为鳢子也？

《西施舌赞》：西施玉容，阿谁能见？吮彼舌根，如猥娇面。

【注释】〔1〕乳泉：钟乳石上的滴水，亦指甘美而清冽的泉水。
〔2〕西子：西施，春秋时期越国人，古代四大美女之一。
〔3〕杨妃：即杨玉环，唐玄宗李隆基的宠妃，古代四大美女之一。

【译文】 西施舌，即紫蛤中的肉。福建有一种紫蛤，其肉看起来像舌头，多生

□ **西施舌**

广东盛产一种紫蛤，因为它的肉像舌头，所以人称"西施舌"。紫蛤肉所煮的汤，清澈碧绿如同泉水，为待客佳品。

长在福建连江的海滨，但数量不大，广东则比较盛产。食客剖开它的外壳，取出蛤肉烹煮，煮出来的汤汁清澈碧绿如甘泉，可以作为待客佳品。广东人大多将它晒干，用船运到各地售卖。西施舌必须长时间在清水中浸泡，以洗去其肚中的泥沙，这样烹煮后才能食用。连江陈龙淮在《海错图赞》中这样描述西施舌："玉壳内含琼浆，嫩肤泛出紫色，为何冒犯西施，唐突取名为舌？"颇有趣味。《格物论》把河豚腹部的肥肉喻作杨妃乳，虽然不太贴切，但鉴于河豚肉虽美味而能毒人致死，杨贵妃虽美丽而能祸国殃民，这样的比喻倒是显得十分奇妙，我们又何必把海洋生物只看作一般的鱼类呢？

青翠

【原文】 青翠，其形色如翠羽也，亦名泥匙，又名瓠栽。两壳如蚌，外有细毛，如孔雀尾式。白肉一条如蛏须，吐出壳外，有白坚皮包之。生入海泥中，拔之则起，其肉如蝤而白根，味亦清脱，海乡取充馔以夸客[1]，市上绝无。《福宁志》有土匙，即此。

《青翠赞》：鸥化为鹏，诸鸟尽朝。孔雀过海，堕落一毛。

【注释】〔1〕夸客：向客人炫耀，引申为隆重款待。

【译文】 青翠，外形和颜色都非常像翠绿的羽毛，又名泥匙、瓠栽。它的两只壳和海蚌差不多，外侧有细小的羽毛，就像孔雀尾巴。它还有一条白色肉条，就像蛏子的触须，伸出壳外，外面包裹着白色的硬皮。青翠一般生活在海泥里，一拔就会连根而起，肉质像蛏肉，但根部更加白嫩，味道也很特别，是市场上绝对买不到的美

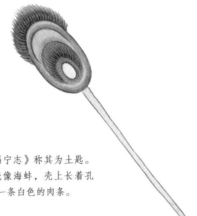

□ **青翠**

青翠，又名泥匙、瓠栽，《福宁志》称其为土匙。它的外形像翠绿色的羽毛，两个壳像海蚌，壳上长着孔雀尾巴一样的细小羽毛，壳外拖着一条白色的肉条。

味，海滨百姓将它作为待客的佳肴。《福宁志》记载的土匙，正是青翠。

江绿

【原文】 江绿，似蚶而色绿，产闽中福清等海涂，味亦清正。二月繁生。《福州志》有江绿，此物生于海水，故色绿。

《江绿赞》：形本蚶形，肉类蚶肉。穴泥则污，居水则绿。

【译文】 江绿的外形像蚶，通体绿色，产于福建福清等地的海滩，味道清香醇正，每年二月大量繁殖。据《福州志》记载，因为江绿生长在海洋中，所以其色为绿。

□ **江绿**

江绿，产自福建福清，因生活在海水中且外形像绿色的蚶子而得名。江绿二月繁生，味道极佳。

海荔枝

【原文】 海荔枝，蚌也。壳甚坚厚，外黑而内有光，其肉可食。产宁德海滨。《荔枝蚌赞》：闽中佳果，莫如荔枝。老蚌生钉，尤而效之[1]。

【注释】 〔1〕尤而效之：出自《左传》"尤而效之，罪又甚焉"。其意为：明知故犯，罪过

□ **海荔枝**

海荔枝，产自福建宁德。其外壳上长着钉状物，因像荔枝而得名。它的壳为黑色，非常坚硬。

更大。

【译文】 海荔枝，蚌类的一种。它的外壳坚固厚实，外侧为黑色，内侧有光泽，肉可以食用，产于宁德海滨。

布蚶

【原文】 布蚶，其纹比之于布，亦名瓦楞子。闽粤江浙通产。此蚶可移种繁息，故皆有。吾浙无布、丝之分，止此一种名蚶，而浙东多云花蚶。古人所论亦惟此种。考万震[1]《海物异名记》曰："瓦珑[2]矿壳建瓴[3]状，如混沌钱纹，外眉而内渠。"注："眉为高，渠为疏，此魁陆海蛤[4]也。"

《布蚶（一名瓦屋子）赞》：嗟彼海错，风雨露宿。独尔有家，安居瓦屋。

【注释】 〔1〕万震：一名范震，三国时期吴国人，除《海物异名记》外，还著有《南州异物志》等博物书籍，皆记载有诸多南方风土物产。

〔2〕瓦珑：海蛤的别称，出自宋代赵令畤《侯鲭录》："瓦珑矿壳，浑沌钱文，如建瓴，外眉而内渠，其名瓦珑。"

〔3〕建瓴：中部凹陷的瓦，可以汇集雨水。

〔4〕魁陆海蛤：魁蛤。魁陆，联绵词，据王国维《〈尔雅〉草木虫鱼鸟兽名释例》，"魁陆"与"葫芦""芦菔""萝卜"等词为同源关系，皆有"圆球"之义，魁蛤外形圆润，因此得名。

【译文】 布蚶，其纹理可与布料绸缎相媲美，又叫瓦楞子。布蚶在福建、广东、江苏、浙江一带都很常见，它的种子可以迁地繁殖。我们浙江没有布蚶、丝蚶之分，只有这一种蚶，浙江东部称它为花蚶，古人论及的品种也是这一种。我看到万

□ **布蚶**

　　布蚶，又名瓦楞子，分布于福建、广东、江苏、浙江等地，可迁移性繁殖。它的外壳纹理很漂亮，既像瓦沟又像混沌钱纹，外侧隆起，内侧凹陷。

震的《海物异名记》说："瓦珑矿壳形似凹瓦，又像混沌钱纹，外侧是眉，内侧是渠。"其注释说："眉为隆起，渠为凹陷，这就是魁蛤。"

扇蚶

【原文】　扇蚶，本蚶形而似扇者也。康熙戊寅，吾乡宋骎[1]翁邂逅闽中，谈及有蚶如扇，童年把玩，扇骨系朱纹，扇柄有圆头，尤为奇绝。查《汇苑·鱼部》内实载有海扇，注云："海中有甲物如扇，其纹如瓦屋，惟三月三日潮尽乃出。"然终以未见，不敢绘图。是岁之冬，闽人骆肖岩[2]偶于书簏[3]中检得惠我，虽无朱纹，而形确肖，柄后连一片如手巾，尤怪。

　　《扇蚶赞》：名垂蠹简[4]，扇出蛟宫。闽人赠我，奉扬仁风[5]。

【注释】　[1]宋骎（shuāng）：作者同乡友人，杭州人。

　　[2]骆肖岩：作者友人，福建人。

　　[3]书簏（lù）：书箱。

　　[4]蠹（dù）简：被蛀虫咬过的竹简，泛指破旧书籍。蠹，蛀虫。

　　[5]奉扬仁风：本指"施行仁政如同春风"，这里指"友人所赠扇蚶能扇出清风"。出自《晋书·袁宏传》："奉扬仁风，慰此黎庶。"

【译文】　扇蚶是一种外形像扇子的蚶。康熙三十七年，我和同乡宋骎先生在福

□ **扇蚶**

　　扇蚶，因为外形像扇子而得名。它的扇骨上有瓦屋子一样的红色纹理，扇柄处有着奇特的圆头。这种蚶一般在三月三日海水退潮后才出现。

建偶遇，谈及有一种像扇子的蚶，小时候曾把玩过，扇骨有红色纹理，扇柄有圆形疙瘩，十分奇特。我发现《异物汇苑》确实记载着海扇，注释为："海中有一种长得像扇子的甲壳类生物，纹理像瓦屋子，只在三月三日潮水退去后才会现身。"但我最终没能亲自见到，所以不敢下笔。这一年的冬天，福建人骆肖岩偶然在书箱里找到一枚扇蚶，拿来送我。这枚扇蚶虽然没有红色纹理，但外形确实很像扇子，扇柄后面还连着一片手帕状的东西，甚是奇特。

丝蚶

【原文】　丝蚶，其纹细如丝也。产闽中海涂，小者如梅核，大者如桃核。味虽不及朱蚶，而胜于布蚶，鲜食益人，卤醉[1]亦佳。凡海物，多发风动气[2]，不宜多食，惟蚶补心血，壳亦入药，可治心痛。

五月以后，生翅于壳，能飞。海人云每每去此适彼，忽有忽无，可一二十里不等。然惟丝蚶能飞，布蚶不能。尝阅类书，云蚶一名魁陆，亦名天脔，不解天脔之说，及闻丝蚶有翅能飞，始知有肉从空而降，非天脔而何？况广东又有天蛤，亦云从空飞来，蚶之应候而飞，闽人岂欺予哉！

《丝蚶赞》：氓之蚩蚩，抱布贸丝。[3]丝胜于布，即蚶而知。

【注释】　〔1〕卤醉：把食物放入卤汁或酒中浸泡，制成卤味或酒味。
〔2〕发风动气：中医语，指海鲜产品容易引发痛风。
〔3〕氓之蚩蚩，抱布贸丝：此句出自《诗经·氓》。

【译文】　丝蚶的纹理纤细如丝，产于福建海滩。其小的像梅子核，大的像桃核，味道虽然比不上朱蚶，但比布蚶好。新鲜的丝蚶吃了对人很有好处，放入卤汁或酒中浸泡后，味道也不错。海产品大多都会致人痛风，不宜多吃，只有蚶类能补益心血，其外壳入药可以治疗心痛。

五月以后，丝蚶的外壳生出翅膀，便能展翅飞翔了。渔民说它神出鬼没、来去无踪，甚至能跨越一二十里之遥。蚶类中只有丝蚶能飞，布蚶不能。我查阅类书，书上

□ 丝蚶
　　丝蚶，产自福建，因其纹理纤细如丝而得名。丝蚶小者如梅子核，大者如桃核。丝蚶是蚶类中唯一有翅能飞的，经常神出鬼没。

说蚶的学名叫作魁陆，也叫天脔。当时我无法理解"天脔"的说法，后来听说丝蚶有翅膀能飞天之后，这才明白过来，有肉从天而降，不叫天脔还能叫作什么呢？何况广东有一种天蛤，传说也是从天上飞来的。蚶能择时而飞，福建人怎么会骗我呢？

朱蚶

【原文】 朱蚶，壳作细楞如丝，小仅如豆，肉赤如血，味最佳。福省宾筵所珍。《福州志》有赤蚶，即此也。或有误作珠蚶者，则非赤字之意矣。

《朱蚶赞》：物以小贵，莫如朱蚶。剖而视之，颜如渥丹[1]。

【注释】 〔1〕渥丹：有光泽的朱砂。多用来形容面色红润，十分光艳。

【译文】 朱蚶的外壳有突起的细小线条，就像丝线。小的朱蚶只有豆子那么大，蚶肉鲜红，宛如血色，味道是蚶类中最好的，常为福建宴席上的珍品。《福州志》记载的赤蚶，说的就是它。有的书错写成"珠蚶"，便体现不出它红色的特征了。

□ 朱蚶

朱蚶，产自福建，因其肉赤红而得名。它虽然小如豆子，却因味道绝佳而被人们视为珍品。

紫菜

【原文】 《本草》云："紫菜附石，生海上正青，取干之则紫色，南海有之。凡食，忌小螺损人。"

按，紫菜以冬者为佳，不但味厚，无小螺，洁净为妙。交春则螺薛杂生，而味亦减矣。

《紫菜赞》：海石生衣，其名紫菜。吴羹清味，用调鼎鼐[1]。

【注释】 〔1〕鼎鼐（nài）：泛指用鼎类容器烹煮的美食。鼐，大鼎。

【译文】 《本草》说："紫菜依附石头而生，在海上为青色，采摘晒干后变成紫色，南海一带多有出产。食用紫菜的时候要小心里面夹杂着小螺蛳。"

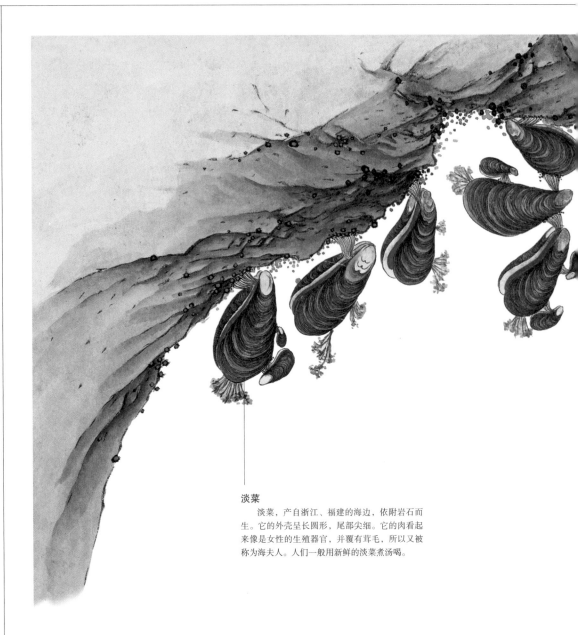

淡菜

　　淡菜，产自浙江、福建的海边，依附岩石而生。它的外壳呈长圆形，尾部尖细。它的肉看起来像是女性的生殖器官，并覆有茸毛，所以又被称为海夫人。人们一般用新鲜的淡菜煮汤喝。

　　作者注：冬天的紫菜品质最好，不但味道醇厚，也不会夹杂着小螺蛳，十分干净。等到了春天，紫菜里就会夹杂螺蛳和苔藓，味道也变得寡淡。

淡菜

【原文】 淡菜，产浙闽海岩上。壳口圆长而尾尖。肉状类妇人隐物，且有茸

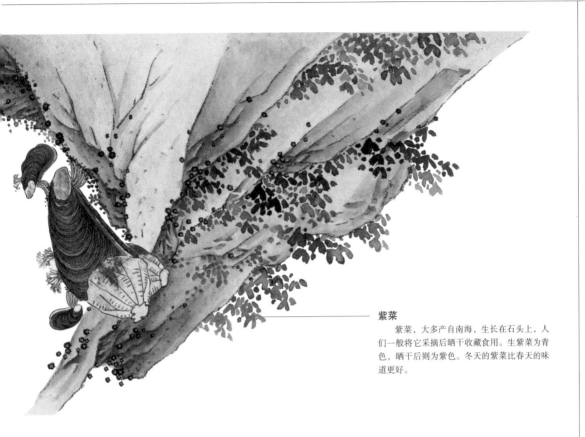

紫菜

紫菜，大多产自南海，生长在石头上，人们一般将它采摘后晒干收藏食用。生紫菜为青色，晒干后则为紫色。冬天的紫菜比春天的味道更好。

毛，故号海夫人。鲜者煮羹，汁清白如乳泉。肉欠脆嫩，干之可以寄远。肉止痢。

予尝食，得细珠，知亦蚌属也，夫蚌属介名而曰"淡菜"，意何居乎？[1]客闽，市上偶购得鲜者，其毛多彼此联络，益奇之，因询之采此者，曰："凡蚌属，在水在泥多迁徙无常，独淡菜之毛粘系石上甚坚，且各以其毛大小相附，五七枚不止。大约淡菜精液溢于外则生毛，而毛结成小淡菜，遂尔生生不绝。潮汐虽往来于其间，其性必嗜淡水于泉石间，故恋恋不迁。"此淡菜之所由以得名也，故图而肖之。

且更有异者：大淡菜，壳上间有触奶生于其间，所生不单，必两壳各峙为奇，甚有生四枚、六枚，亦皆比比相对，不能尽图，姑绘其一，以见寄生之奇，而寄生之必成双之尤奇也，是必有一牝一牡存乎其间，不然何以不单而必双也？凡触奶乱生石上，难辨牝牡，今自壳上显然得之，益足以验蛎之亦有牝牡矣。

又考闽人以淡菜称乌角，及询海人，曰："乌角、淡菜是两种，其形仿佛。淡菜尾尖有毛，乌角尾平而无毛；淡菜生得低，乌角生得高。市井比而同之，误矣。"

《海夫人赞》：许多夫人，都没丈夫。海山谁伴？只有尼姑。

【注释】〔1〕淡菜这个词是什么意思呢？淡菜，据王宁《训诂学与现代词语探源》，"淡"应为"蜑"，蜑菜即硬壳内的蚌肉，多为沿海蜑民取食，因此得名。居乎，据王引之《经传释词》，"居乎"为语气词叠用，用来加强疑问语气。

【译文】淡菜生长在浙江和福建海边的岩石上，壳口圆长，尾部尖细。它的肉形像是妇女的生殖器官，且有茸毛，因此又名海夫人。用新鲜的淡菜煮汤，汤汁清冽纯白如甘泉。它的肉质不太滑嫩，风干后可以长距离携带，吃了它可以治痢疾。

我有一次吃淡菜，吃出了一颗小珍珠，才知道它属于蚌类。蚌类属于介类，它却叫"淡菜"，究竟是什么原因呢？我客居福建，在市场上偶然买到新鲜淡菜，只见它的茸毛互相粘连，感到十分神奇，就向采摘者请教。他告诉我："介类生物在水里和泥里不停地迁徙，只有淡菜的茸毛紧紧粘连在岩石上，从不移动。它们错综攀附在一起，一群有五到七枚。也许是淡菜的精液溢到外面，便生出了茸毛，茸毛又凝结成小淡菜，于是源源不绝。即便潮起潮落，反复冲击它们的栖息地，它们却因留恋泉石间的淡水而从不迁往别处。"这就是淡菜名字的来历，我把它形象地画了下来。

更神奇的是，大淡菜的外壳上时常会生出触奶，而且从不单生，总是成对出现，分别长在两只壳上，两两相对。有的淡菜甚至长出四只、六只触奶，都是两两相对，我无法一一画下来，姑且只画出一对，以此展现出神奇的寄生现象，尤其是成对寄生的现象。这两两相对的触奶必定是一雌一雄，不然为什么不是单个出现，而是成对出现呢？触奶原本杂乱地寄生在岩石上，难以分辨雌雄，如今它们在淡菜壳上成对出现，更能证明牡蛎是分雌雄的。

我又发现福建人把淡菜叫作乌角，便向渔民请教，他们告诉我："乌角和淡菜是两种生物，外形差不多。淡菜尾部尖细有毛，乌角尾部平整无毛；淡菜长在低处，乌角长在高处。市面上将它们混为一谈，这是不对的。"

石蜐

【原文】《岭表录》曰："石蜐[1]得雨则生花。盖咸水之石，因雨默为胎而结成，形如龟爪，附石。"《广韵》[2]曰："石蜐，生石上，似龟脚。"今但称为龟脚，一名仙人掌，产浙闽海山潮汐往来之处。曰龟脚，象其形也；曰仙人掌，特美其名，取承露[3]之意。甲属中之非蛎非蚌、独具奇形者，其根生于石上，丛聚常大小数十不等。其皮赭色如细鳞，内有肉一条直满其爪。爪无论大小，各五指为坚壳，两旁连，而中三指能开合。开则常舒细爪，以取潮水细虫为食，故其下有一口。食者剥壳取肉，腌鲜皆可为下酒物。

据海人云，鲜时现取而食甚美，而独盛于冬。此物多生岩隙或石洞内，取者以刀起之。入洞取者常有热气蒸人，则体为之鼓。潮至，每有洞窄能入而不能出者。虽无头目，是皆各具一种生气，故尔其形诡异。中原之人乍见，多有惊疑不识者。屠掩庵[4]尝述："明季有福宁州守以甲榜莅任[5]，出入州前，见有龟脚，不知何物，又不屑问，乃手书水菜版上云：'如勿字、易字者送进。[6]'执役不知何物，有解者曰：'必龟脚也。'试进之，果是。"可为喷饭，至今以为笑谈。

《龟脚赞》：余苴见梦[7]，烹龟食肉。其壳用占，惟弃龟足。

【注释】　〔1〕石蛣（jié）：龟足的别称。"蛣""甲"古音接近，形容龟足全身有甲壳包裹。

□ **石蛣**
　　石蛣，产自岩石间，因其外形像龟脚而得名，又名仙人掌。它的几十条根脚紧紧地依附在石头上，根的表皮为红褐色，就像细小的鳞片。它的身体则像一只爪子，被体内的一条筋撑满，爪上面覆有硬壳。

中三爪能开阖，开则舒爪取食。

〔2〕《广韵》：即《大宋重修广韵》，一部基于切韵系统的官修韵书，由北宋陈彭年、丘雍修编。

〔3〕承露：承接雨露。

〔4〕屠掩庵：作者友人，生平不详。

〔5〕甲榜莅任：中举进士，就职任官。甲榜，清代科举进士称为甲榜，举人称为乙榜。

〔6〕龟足长相奇特，与"勿""易"的字形十分相像。

〔7〕余苴见梦：余且托梦。余且，传说中的渔夫，曾捕获神龟，出自《庄子·外物》："神龟能见梦于元君，而不能避余且之网。""苴""且"古音相同。

【译文】 《岭表录》记载："石蜐遇到雨水就会开花，它是咸水石在雨水的浇灌下暗结珠胎而来的。它的外形像龟脚，紧紧依附在岩石上。"《广韵》记载："石蜐生长在岩石上，形似龟脚，如今都叫它龟脚，也叫它仙人掌。它产于浙江、福建海山之间的潮水流经之地。"石蜐名为龟脚，是根据它的外形来取名的；名为仙人掌，是为了使其名字寓意美好。石蜐是甲壳生物中的另类，它既不像牡蛎类，也不像蚌类，别有一种形貌。它的根部在岩石上，丛聚的群落多至数十枚不等。它红褐色的表皮仿佛覆盖了一层细小的鳞片，体内有一条筋肉贯通整只外爪。外爪无论大小，均五指分明，外覆硬壳，两侧指头粘连，中间三指可以开合自如。它经常张开细爪捕捉潮水中的小虫，所以嘴巴长在细爪下方。食客将石蜐的外壳剥开，取出肉块，无论是腌食还是鲜食，都是可口的下酒菜。

听渔民说，石蜐现采现吃，味道最好，但它只在冬天大量出现，而且大多生长在石缝或石洞里，需要用刀才能把它撬起来。进洞采石蜐的人，常常要忍受洞内蒸腾的热气，身体也会因此鼓胀，潮水来时，如果洞口狭窄，捕捉者甚至会有进无出，丢掉性命。石蜐虽然没有头部和眼睛，但自有一种生气，所以外形诡异，中原人见了它，无不惊讶疑惑，不知其为何物。屠掩庵曾告诉我："明朝末年，有位甲榜中举的进士，来到福宁州，任职州守。他往来州府，发现门口有龟脚，不知道是什么东西，又不屑请教别人，便在水产的采购单上写道：'买那种长得像勿、易字形的水产。'小吏没能明白，有懂行的人说：'这肯定是龟脚。'小吏便买来呈送给州守，果然对了。"这个笑话令人捧腹，流传至今。

海茴香

【原文】 海茴香，其壳五花，内有肉生石上，不能移动而活。其形如茴香状，故名。但不可食，为海错具名耳。

《海茴香赞》：醋螺[1]性酸，辣螺[2]似姜。龙厨烹饪，更有茴香。

【注释】〔1〕醋螺：一种可用于制醋的大螺，详见册四《石门宕》。

〔2〕辣螺：即蓼螺，味道辛辣，详见册四《蓼螺》。

【译文】海茴香的外壳为五角花状，内部有肉粘连在岩石上，不能移动，却能成活。它的外形如茴香，并因此得名。海茴香不能吃，记录它只为补充海产的名目罢了。

红毛菜

【原文】闽海有一种红毛菜，细如毛而红，如鹿角菜[1]而赤色各异。熟水泡之，以油醋拌食。

《红毛赞》：松针映日，茜草[2]披风。明察秋毫，拟之游龙。

【注释】〔1〕鹿角菜：又名角叉菜，一种有许多分叉的海藻。详见本册《鹿角菜》。

〔2〕茜草：此处为红色的意思。因为茜草根呈红色，古代用来作为红色染料。

【译文】福建海域有一种红毛菜，细如茸毛，通体红色，像鹿角菜，但二者为不同的红色。红毛菜用开水浸泡后，可以浇入油醋拌着吃。

海藻

【原文】《本草》称："海藻，海中菜也，能疗瘿瘤、结气，与青苔、紫菜同功。"予尝试之，海藻尤妙。

《海藻赞》：鱼之所潜，《诗》咏在藻。[1]海药有名，更载《本草》。

【注释】〔1〕此句出自《诗经·鱼藻》："鱼在在藻，有颁其首。"

【译文】《本草纲目》说："海藻是海里的蔬菜，能治疗瘿瘤和结气，与青苔、紫菜有相同的功效。"我试验过，海藻的功效是其中最好的。

铜锅

【原文】铜锅，青黄色，如铜如锅式，故名，亦名"铜顶"。其壳半房，口敞而尾尖，似螺不篆[1]，似蛤不夹。内有圆肉一块，如目之有黑睛，故闽人又称为鬼眼，瓯人称为神鬼眼，或又称为龙睛。产海岩石上，觉人取，则吸之甚坚，百计不能脱，登高岩者每借为石壁之级以送步。善采捕者寂然无哗，率然^{〔2〕}揭之，则应而得矣。其肉为羹，内有细肠缕如线，去之糟醉更佳。考诸书无其名，惟《字说》有"肘"^{〔3〕}字，音肘，海虫名也，形似人肘，故名。今铜锅颇似人肘，或即是欤？

《铜锅赞》：神僧煎海，幸救不干。遗落铜锅，排列沙滩。

【注释】〔1〕不篆：没有螺壳那样的螺旋花纹。

〔2〕率然：突然。

〔3〕肘：一种海虫。

【译文】铜锅通体青黄色，外形像铜制大锅，因此得名，又叫铜顶。它的壳只有一个，口部敞开，尾部尖细，它既像螺类，却没有螺旋花纹；又像蛤类，却没有两扇壳可以一开一合。铜锅体内有圆形肉块，宛如眼珠，所以福建人又称它为"鬼眼"，温州人则称它为"神鬼眼"或"龙睛"。铜锅生长在海边岩石上，一旦察觉到有人捥取，就吸附得更加结实，无论如何都拔不下来，因此攀岩的人常把它当成台

红毛菜

红毛菜，常见于福建海域。它的样子和鹿角菜颇为相似，但细弱如同茸毛，颜色则红得像染过色。人们一般将它用开水浸泡后凉拌了吃。

阶，踩着它登上高处。善于采摘铜锅的人总是屏住呼吸，突然摘取，然后顺利得手。铜锅肉可以拿来煮汤，里面有丝线一样的小肠，把肠子去掉，用酒糟浸泡后味道更好。我翻阅诸多书籍，都没有找到这种生物的记载，只有《字说》有"肘"字，读音与"肘"相同，是一种海虫的名字，形似人的肘部，因此得名。铜锅的外形也像人的肘部，说不定它们就是同一种东西。

海头发

【原文】 海头发，生海边石上。海人称为"头发菜"。八月间生，至春即烂。黑色，其细如发，取食者用姜醋拌啖，其性凉也。

《海头发赞》：海发蓬松，挽髻无从。黑缘潮沐，白为霜浓。

【译文】 海头发生长在海边的岩石上，渔民称之为"头发菜"。它们在八月左右繁殖，到了春天就会腐烂。海头发呈黑色，纤细如发，人们将它用姜醋拌着吃，性味寒凉。

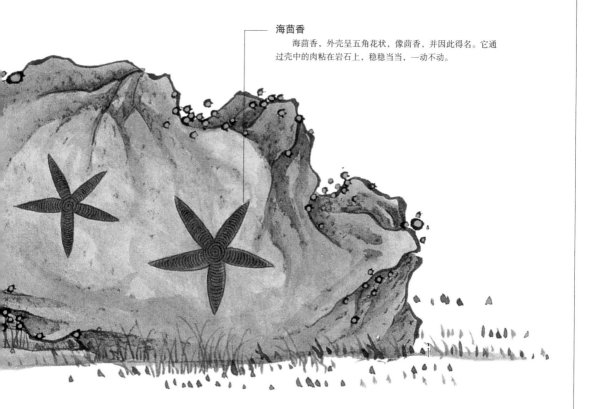

海茴香
海茴香，外壳呈五角花状，像茴香，并因此得名。它通过壳中的肉粘在岩石上，稳稳当当，一动不动。

石笼箱

【原文】 石笼箱，两壳状如银锭，生石上，有细纹如竹笼形，故名。内有肉可食。产福宁海岩。

《石笼箱赞》：谁将箱笼，堆积海边？路不拾遗[1]，王道平平[2]。

【注释】 〔1〕路不拾遗：路上没有人把别人遗落的东西捡走，指风气很好。出自《韩非子·外储说左上》："国无盗贼，道不拾遗。"

〔2〕王道平平：君王治理，公正有序。出自《尚书·洪范》："无偏无党，王道荡荡；无党无偏，王道平平。""平平"古音与"边""偏"押韵。《洪范》为《尚书》篇名，内容大致为天地大法、君权神授，以及阴阳五行之说等。

【译文】 石笼箱，两只壳像银锭，大多生长在石头上，有竹笼形的细小纹理，因此得名。它的肉可以吃。产于福宁海边的岩石上。

石笼箱

石笼箱，因吸附石头生长、壳上有竹笼纹理而得名。它的两只壳相对而开，看上去就像一只银锭，密密麻麻地分布在海边岩石上。

海头发

海头发，因外形黑细如头发而得名，又称"头发菜"。它们繁生于海边的岩石上，八月旺盛，春天腐烂。

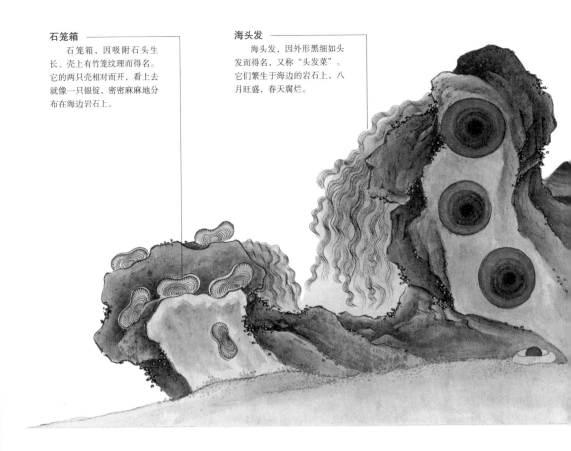

海带

【原文】 海带，产外海大洋。光边者在水时杏黄色，阔七八寸；毛边者红黑色，阔半尺，并约长一二丈不等。出水干之，皆作黄绿色，其状如旂如带[1]。毛边者其尖两短一长，如火焰旗式，尤奇。古人作《海赋》者，若孙兴公、木华子、张融[2]等不一，所赋之物皆虚空摹拟，未能亲见奇物也，使得睹海带，文坛尤当拔帜。

《海带赞》：龙王号带，若玄若黄。飘飖[3]海上，旗旂央央[4]。

【注释】 〔1〕带：飘带。

〔2〕孙兴公，即孙绰，东晋文学家，著有《望海赋》。木华子，即木华，西晋文学家。张融，南朝齐文学家。三人都曾创作过描绘大海的辞赋，并享誉文坛。

〔3〕飘飖（yáo）：飘摇，随风摇动。

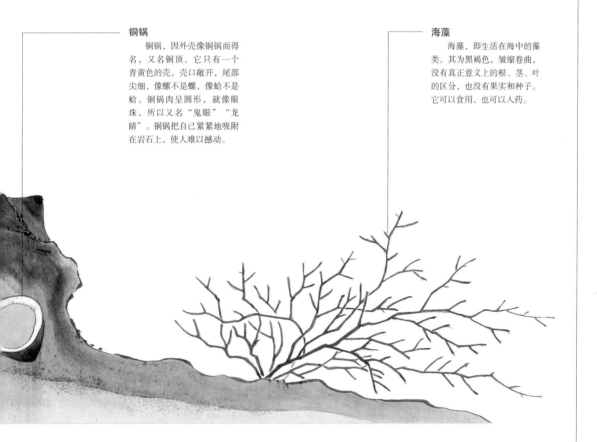

铜锅

　　铜锅，因外壳像铜锅而得名，又名铜顶。它只有一个青黄色的壳，壳口敞开，尾部尖细，像螺不是螺，像蛤不是蛤。铜锅肉呈圆形，就像眼珠，所以又名"鬼眼""龙睛"。铜锅把自己紧紧地吸附在岩石上，使人难以撼动。

海藻

　　海藻，即生活在海中的藻类。其为黑褐色，皱缩卷曲，没有真正意义上的根、茎、叶的区分，也没有果实和种子。它可以食用，也可以入药。

□ **海带**

　　海带，一种生长在外海大洋中的藻类植物，包括边缘光滑和边缘粗糙两个种类。前者在水中为杏黄色，后者在水中为红黑色，将它们打捞上岸晒干后，都会变成黄绿色。干海带泡发后即可煮食，营养素十分丰富。

〔4〕旗（yú）旐（zhào）央央：旌旗飘动的样子。旗旐，泛指旌旗。央央，鲜明显著的样子。

【译文】 海带，产于外海大洋里。有一种海带边缘光滑，在水中呈杏黄色，宽七八寸；另一种海带边缘毛糙，呈红黑色，宽半尺。这两种海带的长度为一两丈不等，捞出水面晒干后就变成了黄绿色，像是旌旗的飘带。毛边海带的尖端两短一长，形似火焰旗，非常奇特。古代孙绰、木华、张融等人，把海洋作为文赋的题材，但写出来的东西都是凭空想象的，因为他们根本没有亲眼见到那些奇异的生物。如果让他们见一见海带，一定更能在文坛上更独树一帜。

海荔枝

【原文】 海荔枝，其形如橘，紫黑色，壳上小瘤如粟。活时满壳皆绿刺，如松针而短。潜于石隙间，不遇人，其刺皆垂；见人则竖。其物虽微，似有觉者。其刺以汤揉之则落，内有一肉可食。其壳如钵盂式，甚坚，大者漆为香盒亦雅。

《海荔枝赞》：此种荔枝，何以生毛？杨妃见笑，贡使无劳。〔1〕

【注释】 〔1〕此典出自杜牧《过华清宫》："一骑红尘妃子笑，无人知是荔枝来。"

【译文】 海荔枝，外形像橘子，通体紫黑色，外壳上有粟米般的小疙瘩。活海荔枝的壳上满是绿刺，就像短小的松针。它潜伏在岩石缝隙中，没有人时，针刺都下垂着，有人时就会竖起来，个头虽小，知觉却很灵敏。将海荔枝浇上开水揉搓，它壳上的针刺就会脱落，壳里面有一块肉，可以吃。海荔枝的外壳像钵盂，十分坚固，大者上漆制成香盒也很雅致。

海裩布

【原文】 海裩布〔1〕，生海岩石上。绿色离披〔2〕，长数尺，阔仅如指。其薄如纸，采而晒干，以醋拌食可口。此物海乡甚多，固不足重，然能疗瘿、结气、饮袋〔3〕诸疾，功与青苔、紫菜同。孙绰《望海赋》"华组依波而锦披，翠纶扇风而绣举"，此类是也。

《海裩布赞》：海岩有菜，虽名裩布，野人收之，难为穷裤〔4〕。

【注释】 〔1〕海裩（kūn）布：一种海带。这种海带因像兜裆布而得名。裩布，兜裆布。日语中的海带就叫"昆布"。

〔2〕离披：杂乱交错的样子。

〔3〕饮袋：中医语，指体内积水形成的袋状肿胀。

〔4〕穷裤：又称"绲裤裆"，库管肥大，裤后开裆，是穷苦百姓的常服，故称"穷裤"。

【译文】 海裙布，生长在海边岩石上，呈绿色，纷繁杂乱，约几尺长，仅手指宽。它薄如纸张，采来晒干后，用醋凉拌就能吃。这种东西在沿海城乡很常见，向来不被重视，但它可以治疗甲状腺肿大、胃肠气滞、积水浮肿等疾病，与青苔、紫菜的功效相同。孙绰《望海赋》里记载的"华丽布帛随浪飘摇为彩披，翡翠钓丝随风张鼓为锦绣"，说的就是这种东西。

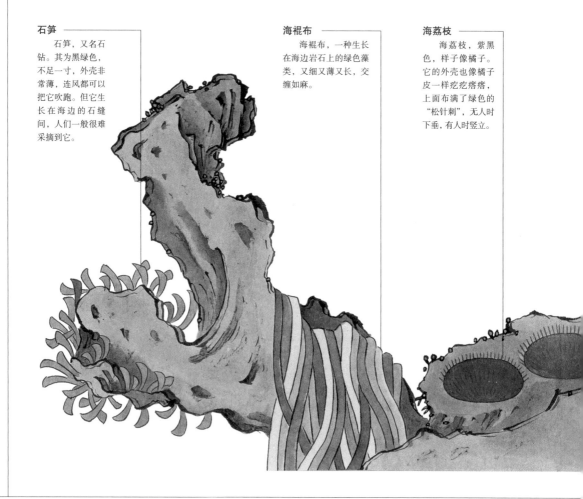

石笋

石笋，又名石钻。其为黑绿色，不足一寸，外壳非常薄，连风都可以把它吹跑。但它生长在海边的石缝间，人们一般很难采摘到它。

海裙布

海裙布，一种生长在海边岩石上的绿色藻类，又细又薄又长，交缠如麻。

海荔枝

海荔枝，紫黑色，样子像橘子。它的外壳也像橘子皮一样疙疙瘩瘩，上面布满了绿色的"松针刺"，无人时下垂，有人时竖立。

石笋

【原文】 石笋，一名石钻。黑绿色，壳薄而小。生海岩石隙中，味最佳。采者每以锤击岩石令碎始得。鲜得，因美。海人如采捕多获，则烘之，货于建宁上四府[1]等处。带壳咀嚼，甚有风味。

《石笋赞》：石笋甚小，不及寸余。风吹入海，化为竹鱼。

【注释】 〔1〕建宁上四府：明代时，福建改名"八府"，即上下四府：建宁、延平、邵武、汀州为上四府，福州、兴化、泉州、漳州为下四府。因此，福建又名"八闽"。

【译文】 石笋，也叫石钻，呈黑绿色，外壳较薄，体形很小，生长在海边石缝

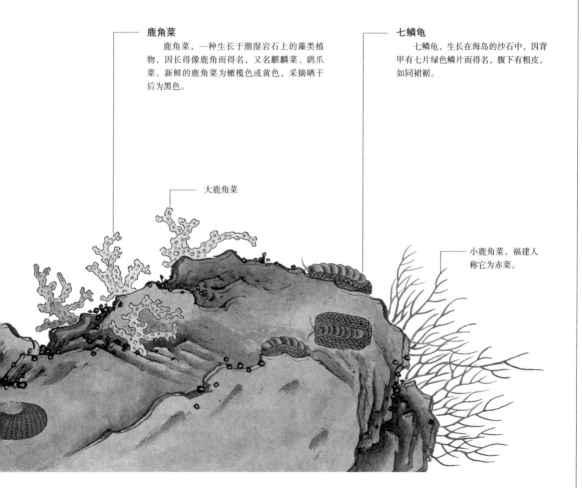

鹿角菜
鹿角菜，一种生长于潮湿岩石上的藻类植物，因长得像鹿角而得名，又名麒麟菜、鹧爪菜。新鲜的鹿角菜为橄榄色或黄色，采摘晒干后为黑色。

七鳞龟
七鳞龟，生长在海岛的沙石中，因背甲有七片绿色鳞片而得名，腹下有粗皮，如同裙裾。

大鹿角菜

小鹿角菜，福建人称它为赤菜。

中，味道非常好。采摘者必须用锤子敲碎岩石，才能得到其间的石笋，因此十分珍贵，美誉驰名。渔民如果采摘到很多石笋，便把它烘干后售卖到福建建宁等四个不沿海州府。石笋带壳生吃，味道也很不错。

七鳞龟

【原文】 七鳞龟，生岛碛[1]间。背甲连缀七片，绿色，能屈伸。其下有粗皮如裾[2]，海人取此，剔去皮甲，其肉为羹，味清，市上鲜有。

《七鳞龟赞》：九孔八足，遍知螺蟹。七鳞名龟，独称闽海。

【注释】〔1〕碛（qì）：浅水沉积的沙石。
〔2〕裾（jū）：衣服的前后襟。

【译文】 七鳞龟生长在小岛沙石之间，背部的甲壳由七枚绿色鳞片连接而成，可以弯曲伸展。它的下身有裙摆一样的粗皮，渔民捉到后，会剔除它的皮甲，将它的肉煮汤，味道清甜，但市场上很罕见。

鹿角菜

【原文】 鹿角菜，其形如鹿角，白色。生海岩上。素食以糖醋拌之，脆滑而味清。杭之贾者易其名曰麒麟菜，谬矣。闽中人谓之鹞爪[1]菜。其细而赤者，形亦如鹿角，四方通谓鹿角菜，闽中称为小鹿角菜，所以别于白色者也，然亦名为赤菜。此菜四方食者甚少，妇人多浸其汁抿发，以代膏沐[2]。

《鹿角菜赞》：海物肖形，龟脚龙目。菜中之名，更有鹿角。
图注：大鹿角菜；小鹿角菜，闽名赤菜。

【注释】〔1〕鹞爪：鹰爪。
〔2〕膏沐：古代妇女用于润发的油脂。

【译文】 鹿角菜，形似鹿角，通体白色，大多生长在海边岩石上。将它用糖和醋凉拌着吃，味道爽脆清香。杭州商人将它改名为麒麟菜，很是荒谬。福建人则叫它鹞爪菜。还有一种枝杈纤细，颜色赤红，外形像鹿角的东西，各处的人也都叫它鹿角菜，但福建人为了将它与白色的鹿角菜区分开，便叫它小鹿角菜，又叫它赤菜。很少有人吃鹿角菜，但妇女大多用它的汁液抹头发，用来代替润发的油脂。

冻菜

【原文】 冻菜者，蛎壳浸于潮水，得受阳曦，便生绿毛。海人连壳取而晒干，以售于市。闽人洗而煎之，去壳漉汁^[1]，凝之为冻，故名冻菜。夫石上之毛，不能熬冻，而必取蛎壳之毛者，其肥泽在壳，故其毛可用。然止土人食之，不及四方，价贱不足重耳。夫冻菜之生于海也，其理甚微，而吾必附于海错者，何也？盖以海中蛎质变幻无穷，或凝而为山，或化而为石，或滋之以结花，或聚之以肥藻，冻菜其一节也。

《冻菜赞》：冻菜之微，等于溪毛^[2]。穷民生计，利析秋毫^[3]。

【注释】 〔1〕漉（lù）汁：过滤汁液。

〔2〕溪毛：溪边的野菜。出自《左传·隐公三年》："涧溪沼沚之毛……可荐于鬼神，可羞于王公。"

〔3〕利析秋毫：形容精打细算，十分细致。出自《史记·平准书》："故三人言利，事析秋毫矣。"秋毫，秋天鸟类刚长出的纤细茸毛。

【译文】 冻菜，是蛎壳浸泡在潮水里，受到阳光暴晒后长出来的绿毛，渔民将它连壳一起晒干后拿到集市上售卖。福建人将它清洗后用水煎烧，去壳过滤，等汤汁凝固后就得到冻菜。石头上的茸毛不能熬出汤冻，一定得是蛎壳上的茸毛才行，这是因为蛎壳上有油脂，所以茸毛才可以食用。但这种东西只有当地人吃，无法外销，价格也十分低廉，所以并不受重视。海里的冻菜很不起眼，我却执意将它记录在《海错图》中，为什么呢？这是因为海里的牡蛎变幻无穷，有的聚积成山，有的幻化为石，有的受到滋养凝结成花，有的聚集起来滋润海藻，冻菜正是其中之一。

□ **冻菜**

常年浸泡着海水的蛎壳，在经过阳光的暴晒之后，就会从壳上长出绿色的茸毛。人们将蛎壳连同茸毛一起清洗后煮食，去壳滤汁后，凝结而成的汤冻便为冻菜。

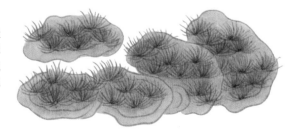

牡蛎

【原文】 蛎黄，产浙、闽、广海岸，附岩石而生，礧硊^[1]相连。外壳为房，内有肉，略如蚌胎而柔白过之。其房能开合，潮至则开以受潮沫，潮退则合。海人取者，以冬月用斧斤剥琢始得。饮馔中，其味最佳，尤以小者为妙。咀味之余，予尝以西施乳品之。然吾乡钱塘，虽近海而不产，宁、台、温则有而小。闽广尤饶蛎黄大者，名草鞋蛎，其肉老而味薄，壳入药用，称牡蛎云。《泉南杂志》："牡蛎丽石[2]而生，肉各有房，剖房取肉，故曰蛎房。泉无石灰，烧蛎房为之，坚白细腻，经久不脱。"

草鞋蛎小者如掌，有长及一尺、二三尺者，海人用代执爨冶銚[3]。海乡之民饮食器具，莫非海物，如鲨背代杓、鳅脊任舂、海镜为窗、螺壳作盆[4]，而蛎房烧灰，所用为最广。其余朝飧夕饔[5]，鱼虾螺蟹诸物，满席皆是。北人履其地，触目称怪，如入鲍鱼之肆[6]。

《牡蛎赞》：蛎之大者，其名为牡。左顾为雄[7]，未知是否。

【注释】〔1〕礧（léi）磈（kuǐ）：山石层叠堆积的样子。

〔2〕丽石：附着在石头上。丽，通"俪"，附着。

〔3〕执爨（cuàn）冶銚：做饭的灶、煮水的壶。爨，灶台。

〔4〕鲨背代杓，把鲨的背壳当作酒杯，详见册四《鲨鱼》。鳅脊任舂，把海鲸的脊柱当作捣盆，详见册一《海鳛》。海镜为窗，把海月的壳当作窗户，详见本册《海月》。螺壳作盆，把盆螺的壳当作花盆，详见册四《盆螺》。

〔5〕朝飧（sūn）夕饔（yōng）：早餐和晚饭，泛指饮食。飧是晚饭，饔是早饭，此处作者可能

□ **牡蛎**

福建、广东盛产一种牡蛎，它生长在压舱石上，体形硕大。剖开蛎房（外壳），里面有硕大的肉，即蛎黄。蛎黄可以下酒，但蛎黄越小味道越好。用蛎房烧作的石灰，很好的胶凝材料。

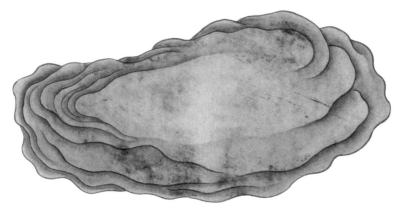

有误。

〔6〕鲍鱼之肆：售卖腌臭鱼的店铺，比喻小人聚居之地。出自《说苑·杂言》："与恶人居，如入鲍鱼之肆，久而不闻其臭，亦与之化矣。"

〔7〕左顾为雄：可能是指壳口往左开的是雄性。出自《神农本草经》："道家方以左顾为雄，故名牡蛎，右顾为牝蛎也。"事实上，"牡""茂"声母接近，有"繁盛""盛大"之义，牡蛎就是大蛎，牡丹就是大红花之意，皆与雌雄无关。

【译文】 蛎黄产于浙江、福建、广东海岸，依附在岩石上，层叠堆积，互相勾连。它的外壳是蛎房，中间有肉，有点像蚌胎，但颜色更白。蛎房可以开合，潮水上涨时会张开吸取水沫，潮水退去就合起来。渔民要想获取蛎黄，就得在冬天里用斧头劈开蛎房才能得到。蛎黄适合下酒，小蛎黄味道更佳，咀嚼之余，我也曾用西施乳搭配着吃。我的家乡钱塘虽然临近海边，却不产此物，宁波、台州、温州虽然有，但个头很小。福建、广东盛产体形硕大的蛎黄，号称草鞋蛎，但肉质较老，味道寡淡，外壳可以入药，叫作牡蛎。《泉南杂志》记载："牡蛎，附生在石头上，肉外面有壳，剖开外壳才能取出蛎肉，所以称它为蛎房。泉州没有石灰，就将蛎房烧作石灰，这种石灰坚固洁白，质地细腻，很长时间都不会脱落。"草鞋蛎小的只有手掌大，大的却有一尺甚至两三尺长，渔民用它代替铁锅烧火做饭。沿海城市的生活物品，从食物到器具，全部都是海产品，比如把鲎的背壳做成酒杯，把海鲸的脊柱做成捣盆，把海镜的贝壳做成窗户，把盆螺的外壳做成脸盆，用蛎房烧制石灰则是其中流传最广的用法。至于早晚饮食，鱼虾螺蟹之类的海产，更是饭桌宴席上的寻常之物。北方人到了南方，但凡目睹的东西都要大惊小怪一番，仿佛走进咸鱼铺一般。

海马

【原文】 《异鱼图》云："海马，收之暴干，以雌雄为对，主难产及血气。"《图经》〔1〕云："生南海，头如马形，虾类也。妇人难产，带之，或烧末，米饮服，手持亦可。"《异志》〔2〕云生西海如守宫形，亦云主妇人难产。

愚按三说，《异志》所云"如守宫〔3〕"，大谬。闽广海滨水石多产此物，小者杂鱼虾，往往生得之，畜于水中，辩有划水及翅而善跃，非虾非鱼，盖海虫而以马名者。或谓："马之为物，必有鬣、有足，今此虫乌得称马？"予曰："以马喻马之非马，不若以非马喻马之非马〔4〕也。"

《药物海马赞》：四海一水，万物一马〔5〕。因物立名，何真何假？

□ 海马

海马，常见于福建、广东的海滨岩石之间，往往混迹于鱼虾之中，但作者认为，它是一种既非虾又非鱼的海虫。海马因头如马头而得名，身上有划水和鳍翅，总是雌雄成对出现，可以治疗妇人难产。

【注释】〔1〕《图经》：《本草图经》，见前注。

〔2〕《异志》：《南州异物志》，见前注。

〔3〕守宫：壁虎，也称蝘蜓。

〔4〕以非马喻马之非马：指用不是马的东西来证明马不是马。出自《庄子·齐物论》："以指喻指之非指，不若以非指喻指之非指也；以马喻马之非马，不若以非马喻马之非马也。"庄子认为人的认知是有局限的，每个人对事物的主观认知都会有所差异，因此个人理解的马，不一定是大家公认的马。

〔5〕出自《庄子·齐物论》："天地一指，万物一马。"庄子认为天地万物都可以归为一类一物，即为"齐物"。

【译文】《异鱼图》记载："海马，收集起来晒干，可以雌雄配对治疗难产和血气不调。"《本草图经》记载："海马生活在南海，头如骏马，属于虾类。对于妇女难产，将它带在身上，烧成粉末配米汤喝下，或只是拿在手上，皆为有效。"《南州异志》称海马生活在西海，形似壁虎，并提到它可以治疗妇女难产。

我考察了三种说法，认为《南州异志》所说的"形似壁虎"是错误的。海马在福建、广东海边的岩石之间很常见，小的夹杂在鱼虾之中。我常捉一些活海马回来，养在水里，发现它们脑后的辫状物就是划水，并且还有鳍翅，善于跳跃。它们既不是虾，也不是鱼，大概是一种海虫，只是名字叫作马而已。有人说："如果是马，必定会有鬃毛和马蹄，这种虫子怎么能叫作马呢？"我说："用马来证明马不是马，还不如直接用不是马的东西来证明马不是马。"

吸毒石

【原文】吸毒石，云产南海。大如棋子，而黑绿色。凡有患痛疽、对口、钉疮、发背〔1〕诸毒，初起，以其石贴于患处，则热痛昏眩者逾二时后，不觉清凉轻快。乃揭而投之人乳中，有顷则石中迸出黑沫，皆浮于乳面，盖所吸之毒也。乃又

□ **吸毒石**

　　吸毒石，产于南海。它的个头像棋子那么大，通体漆黑，质地柔嫩，因可以吸取并化解毒素而得名。它在治疗恶疮、脑疽、疔疮和背疮等疾病上有奇效。用吸毒石为人体吸毒后，必须将其放入人乳中浸泡排毒后，方可再次使用。

　　取石，仍贴患处，以毒尽为度，石不能贴而落，则毒尽矣。凡治患者，必投乳以出毒，否则毒蕴结于石，石必碎裂而无用。然石不过用十余次，久之，吸毒之力减，或破碎不可用。故藏此者，不轻以假人。售此石者解急需者，难购，不易得。余寓福宁，承天主堂教师万多默[2]惠以二枚，黑而柔嫩。以其一赠马游戎[3]，其一未试，不知其真与伪也。

　　考诸类书以及《本草》《海槎录》[4]《异物记》，并无石有以吸毒名者，止于《汇苑》见有婆娑石[5]，云生南海，解一切毒。其石绿色，无斑点，有金星。磨之成乳汁者为上，番人尤珍贵之，以金装饰，作指弸[6]带之，每饮食罢，含吮数四以防毒。其石欲试真假，滴鸡冠热血于碗中，以石投之，化其血为水者乃真也。亦谓之婆娑石，今日吸毒石即此。

　　《吸毒石赞》：石有吸毒，本名婆娑。真者难得，伪者甚多。

【注释】　〔1〕痈疽、对口、钉疮、发背，皆为中医语，分别指四种脓疮病征。痈疽，又名痈疽恶疮，即红肿化脓的毒疮。对口，又名脑疽，即后脑下颈溃烂。钉疮，又名疔疮，即手指脚趾化脓，坚硬如钉。发背，又名背痈，即背部溃疡流脓。

　　〔2〕万多默：天主教福宁教区的神甫。吸毒石可能产自法国，并由著名传教士南怀仁引入中国，所以这名神甫藏有此石不足为奇。

　　〔3〕马游戎：作者友人，生平不详。

　　〔4〕《海槎录》：又名《海槎余录》，明代顾玠在儋州做官时所著的一部地理书籍，为《本草纲目》常引用的书目。

　　〔5〕婆娑石：据洪梅《唐宋婆娑石名实考》，婆娑石产自波斯，可能与吸毒石不同类，"婆娑"是波斯语 padzahr 的音译，意为抗毒剂。

　　〔6〕指弸（kōu）：戒指。

【译文】　据传，吸毒石产自南海，大如棋子，通体黑绿色。但凡恶疮、脑疽、疔疮、背疮刚长出来时，把这种石头贴在发病的部位两个时辰后，患者便不再感到热痛晕眩，而是清凉畅快。这时，把吸毒石扔到人乳汁中，不一会儿就会涌出黑色泡沫，浮在水面上，这就是被吸出来的毒素。然后再把石头拿出来贴到发病处，直到毒素完全被吸干净为止，当吸毒石贴不牢，直接从身上掉下来时，就说明毒素被吸完了。吸毒石在用来治病后，一定要扔到人乳汁里浸泡，使毒素排出来，否则毒素蕴藏在石头里，就会使其碎裂成块，无法使用。一枚吸毒石最多可使用十几次，时间一长，吸取毒素的功效就会降低，也容易碎裂。因此，收藏这种石头的人一般不会出借，大多只会卖给急需治病的人，平时也很难收购到。我客居福宁时，天主堂的神甫万多默送给我两枚质地柔嫩的黑色吸毒石。我将其中一枚送给了马游戏，另一枚还没有试用，所以不知真伪。

我查阅类书以及《本草》《海槎录》《异物记》等书，没有找到吸毒石这种石头，只在《异物汇苑》里找到了一种婆娑石。书中说它产于南海，能化解所有的毒素。这种婆娑石呈绿色，没有斑点，但有金星，打磨后最好泡在乳汁里保存。番人十分爱惜婆娑石，常用黄金装饰它，并将它加工成戒指戴在手上，吃完饭后含在嘴里吮吸多次，防止中毒。要想试验这种石头的真假，就在碗里滴上几滴鸡冠热血，把石头扔进去，如果它能把鸡血净化成水，就是真货。这就是所谓的婆娑石，应该和当今的吸毒石是同一种东西。

海盐

【原文】 海水何以咸？《天经或问》[1]辨之详矣，曰："海水之咸，皆生于火。如火燃薪，木既已成灰，用水淋灌，即成灰卤，干燥之极，遇水则咸，此其验也。地中得火既多干燥，干燥遇火即成盐味。盐性下坠，试观五味，辛、甘、酸、苦皆寄草木，独是盐味寄于海水，足征四味浮轻，盐性沉重矣。海于地中为最卑下，诸盐就之。"又曰："地中火暖，多能变化：盐能固物，使之不腐；又能敛物，使之不生。盐水生物，美于淡水。盐水厚重，载物则强，故入江河而沉者，或入海而浮。海月入江，验痕深浅，石莲试海[2]，盐则莲浮，可见盐能载物明矣。"《图象几表》[3]云："日光彻地，则生温热。温热之极，则火成烬。水经其烬，因而得盐，故忘其热。而海水不冰者，亦具有热性矣。热极入地，即成干燥。郁为雷霆，升于晶明。火之精微，洞穴相通，则为西国火山、蜀中火井。若遇石气，滋液发生，则成琉矾。泉源经之，即为温泉。火道所经，填压不出，则为火石。故火在地中，助于土气，发生万物。五金八石[4]及诸珍宝，皆由火炼而成。然物中最近火者，无如硫黄，水过其上，则成温泉。"游子六《天经或问》，吾因论海盐，节略其说如此，此至理也。但地中之水易见，地中之火难见，判出奥义，可知万物虽生于土，非死土也，有活火以养之，海之生物亦类焉。

《洪范》论五行曰："火炎上。"又曰："润下作咸。"海火与盐虽似反背，不知激为波涛、嘘为潮汐，颠倒错乱，而生生之理出。不但盐生于火，而诸物皆生于火，即如一蛎，本属湿生，为盐水之沫所结而成，而火性存焉。南海向阳，无处不生，即枯腐之壳，或为风水之所飘聚，则结而为石花、丛而为冻菜，或为鱼虫之所吞食而遗出之，则为石珊瑚。羊肚、鹅管、松纹、菌叶等石，阳刚之质，几同五金，故朽壳仍存生理而不坏。观于盐块，入水则化，入火不消，可知盐实生于火而受克于水，有明征矣。淮盐多晒出，其粒粗重而黑；浙盐皆熬成，其粒轻细而白；闽中之盐亦晒亦熬，晒者名大盐，熬者名小盐。既晒且熬，其盐最广，其价亦贱。自昔民间足食，迩来盐价甚昂，商民交困，何以至此？念国计民生者亟早察之。

《海盐赞》：淮盐多晒，浙盐多煎。晒煎两用，惟闽能兼。

【注释】〔1〕《天经或问》：游子六著，书中记载了大量的天文地理知识。游子六，即游艺，字子六，师承熊明遇，学贯中西。

〔2〕石莲试海：古代的石莲试卤法。将石莲扔进盐水，观测沉浮情况，以判断盐水浓度。宋代姚宽《西溪丛语》："以莲子试卤，择莲子重者用之。卤浮三莲、四莲味重，五莲尤重。莲子取其浮而直。若二莲直或一直一横，即味差薄。若卤更薄，即莲沉于底，而煎盐不成。"

〔3〕《图象几表》：即《周易图象几表》，方以智著，书中涉及物理、化学、地理等内容，在《天经或问》中常有引用。

〔4〕五金八石：五金，指金、银、铜、铁、锡；八石，指朱砂、雄黄、云母、空青、硫黄、戎盐、硝石、雌黄。

【译文】 海水为什么是咸的？《天经或问》解释得很详细，里面说道："海水的咸味，是由火造成的。比如用火烧柴草，将其变成草木灰后，用水浇灌，就成了盐卤水，明明是十分干燥的柴草，遇到水就变咸了，这就是明证。泥土碰到火就会干燥，干燥的东西再碰到火就会变咸。盐的质地容易下沉，五味中的辣、甜、酸、苦都与草木有关，唯独咸味与海水有关，而且能够使其他四种味道不过分轻浮，说明盐的

□ **海盐**
淮河晒盐，颗粒粗重发黑；浙江熬盐，颗粒细腻洁白；福建的盐可晒可熬，晒盐为大盐，熬盐为小盐。

大盐，如淮河盐

小盐，如浙江盐

质地很沉重，所以尽管大海的地势最低，盐分却都蕴藏其中。"《天经或问》还说："地面上温暖的火，大多能让东西发生变化：盐能保存东西，使之不腐烂；又能抑制活力，使之不生长。咸水中的生物比淡水中的更美味。咸水比较厚重，蕴含的浮力更强，所以在江河里沉没的东西，在海里却可能浮起来。海月沉入江水，难以测量水位的深浅；石莲投入大海，却能漂浮在水面上，可见盐确实具有承载物体的能力。《图象几表》记载：'阳光普照大地，产生温暖的热量，热量足够高，便会着火烧成灰烬。水流遇到灰烬，就会生成盐卤，使热量退去。海水不结冰，就是因为其中蕴含了热量。巨大的热量渗入地下，土地就会变得干燥，浓郁的盐蒸汽碰到雷电，又会凝华成结晶。'精深奇妙的活火与地下洞穴相通，就变成了西方的火山、四川的火井。如果遇到石气，就会溢出溶液，形成硫矾。水源流经活火，就会变成温泉。填埋流淌的岩浆，冷却后就会形成火石。因此，地底的活火在泥土蒸汽的帮助下，能够变成万事万物。五金八石等矿物，都是由烈火炼成的。与火关系最密切的东西是硫黄，水流经过硫黄，就会形成硫黄温泉。"我的这些关于海盐的论说，是在引用游艺的《天经或问》一书的基础上，将他的观点概括而成的，这些都是精深的道理。地底的活水容易见到，地底的活火却难得一见，由此可知，天地万物虽然由大地孕育而生，但并非只拘泥于大地，而是有活火供养，海洋中的生物也是如此。

　　《尚书·洪范》在论说五行时说道："烈火的特性是灼热和升腾。"这本书又说："流淌的水滋润万物，味道就会变咸。"火与盐看似完全相反，但是水流受到岩石阻碍，却会形成惊涛骇浪；嘴巴吹出的微弱轻风，却会导致潮起潮落，杂乱无序才是万物生生不息的道理。不仅盐源自火，世间万物皆源自火，即便是一枚小小的牡蛎，始终生活在潮湿的环境中，由咸水的泡沫凝结而成，却也蕴藏着火的属性。南海面朝阳光，海洋中处处皆是生命，即便是枯萎腐烂的贝壳，在海风海水的吹拂滋润之下，也会开出石花、聚成冻菜，有的则被鱼虫吃到肚里再排泄出来，就成了石珊瑚。羊肚、鹅管、松纹、菌叶等海石，质地刚硬，几乎堪比五金，所以即便外壳腐朽，也仍然蕴藏生机。盐块放入水中便会溶解，放进火里却不会消失，可知盐确是为火所生，被水克制的，这就是明证。淮河的盐大多是晒出来的，颗粒粗重发黑；浙江的盐都是熬出来的，颗粒细腻洁白；福建的盐可晒可熬，晒出来的叫大盐，熬出来的叫小盐，兼用晒制、熬制两种方法，所以产盐最多，价格低廉。从前民间的食盐都很充足，近几年盐价高昂，商人和百姓都生活在水深火热之中，为什么会变成这样呢？希望负责国计民生的官员，尽早注意并解决这个问题。

知风草

【原文】 知风草，生边海山岩，闽广海边处处有之。其草月月生成，有直绉纹[1]，已具"风动水成纹"[2]之象。所最奇者，每一节风，无节无风[3]。

《知风草赞》：大块噫气[4]，自西自东。知风之自，草上之风。

【注释】 〔1〕直绉（zhòu）纹：笔直的裂纹。

〔2〕风动水成纹：轻风吹动，水面泛起波纹，出自《释名·释水》："风吹水，波成文，曰澜。"

〔3〕每一节风，无节无风：每一段关节都代表着当年会刮一次飓风，没有长关节便不会刮飓风。出自《岭南风物记》："知风草，出琼州，土人视节，知一岁飓风之候，每一节一风，无节无风。"

〔4〕大块噫气：指大自然产生的微风。出自《庄子·齐物论》："夫大块噫气，其名为风。"大块，指大自然。噫气，指呼出的风。

【译文】 知风草生长在边海的山岩上，福建、广东的海边遍地都是。这种草每月都会萌发，叶子上有笔直的裂纹，就像风吹水面而波浪迭起的纹理。最为奇特的是，它的关节数预示着当年的飓风次数，没有关节则代表当年无飓风。

海铁树

【原文】 海铁树，生海底石尖上，小者长五六寸，高大者长尺余，有枝无叶，其质甚坚。初在水有红皮，出水经久则变黑。其干如铁线，渔人往往网中得之。雅客植之花盆，俨同活树扶苏[1]，案头清赏，亦美观也。以其坚硬，亦名海梳。

《海铁树赞》：海中有树，非旌阳铁[2]。即便开花，妖龙不孽。[3]

【注释】 〔1〕扶苏：又名唐棣，一种落叶小乔木。扶苏，联绵词，与"扑樕""扶疏"等词为同源关系，有"茂盛繁多"之义，这种植物低矮密布、枝叶繁盛，因此得名。

〔2〕旌阳铁：旌阳的铁树。旌阳，指道家真君许逊，升仙前曾任旌阳县令。传说许逊得道后，曾擒恶蛟龙，并用铁树将其镇压封印，出自邓志谟《新镌晋代许旌阳得道擒蛟铁树记》。

〔3〕此句意为即便海铁树开花，许逊所镇压的妖龙也不作恶。古人认为海物开花是阴气浓郁的象征，属五行无常，而五行反常会导致"龙孽"。

【译文】 海铁树，生长在海底岩石的尖端，小的五六寸高，大的一尺多高，只有枝杈，没有叶子，质地十分坚硬。原本长在水里，外皮是红色的，出水久了就会变黑。它的枝干宛如铁线，经常被渔民的网捞到。崇尚雅致的人把海铁树种在花盆里，就像扶苏树一般，摆在桌前玩赏，十分好看。由于它质地坚硬，所以又名海梳。

海燕

【原文】 海燕[1]，五花，如鲨鱼皮，吸石上，能飞。产东海，可治癣。

【注释】 〔1〕海燕：一种五瓣海星，表皮有棘刺。

【译文】 海燕，五个花瓣的形状，表皮像鲨鱼，能吸附在岩石上，还能飞速游动。它生长在东海，可以治疗皮癣。

石花

【原文】 石花，生外海石岩上有蛎屑、泥沙、潮水推聚处。闽中亦称为番菜，以其不产内海也。其形扁而斑赤，多芒而软。吾浙多熬之为冻菜为斋，食之佳

石花

　　石花，福建人称之为番菜，产自海外蛎屑、泥沙等聚集的地方。石花呈扁平状，通身赤红有少量斑点，身体柔软带刺。江浙一带的人们将它熬制成冻菜来吃，味道很好。

海燕

　　海燕，产自东海，外形像五瓣海星。它的皮像鲨鱼皮，腹部有五根伞骨。海燕既可以吸附在岩石上，也能飞翔。

海燕腹

味。张汉逸曰："吾浙中有三种菜，皆可为冻，石花及蛎壳所生冻菜是两种，大鹿角菜亦堪熬冻。海乡简朴，多取蛎壳之毛煎熬，故得专冻菜之名。"

《石花赞》：非桃非李，不叶不干。石上奇葩，天女所散。

【译文】 石花生长在外海的岩石上，大多位于蛎屑、泥沙、湖水汇聚的地方。福建人叫它番菜，因为内海不产这种东西。它呈扁平状，通体赤红色，略带斑点，尖刺很多，但通身都很柔软。我们浙江经常把它熬制成冻菜，吃起来味道很好。张汉逸说："我们浙江有三种菜，都能制成汤冻，分别是石花、蛎壳和大鹿角菜。海边城乡比较简朴，大多只用蛎壳的茸毛熬汤，所以他们的冻菜专指一种。"

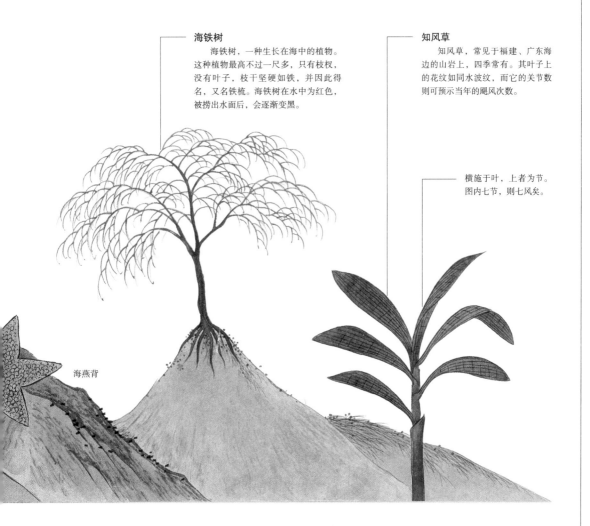

海铁树
　　海铁树，一种生长在海中的植物。这种植物最高不过一尺多，只有枝杈，没有叶子，枝干坚硬如铁，并因此得名，又名铁梳。海铁树在水中为红色，被捞出水面后，会逐渐变黑。

知风草
　　知风草，常见于福建、广东海边的山岩上，四季常有。其叶子上的花纹如同水波纹，而它的关节数则可预示当年的飓风次数。

横施于叶，上者为节。图内七节，则七风矣。

海燕背

珊瑚

【原文】《海中经》[1]云："取珊瑚，先作铁网沉水底，珊瑚从水底贯中而生，岁高二三尺，有枝无叶。因绞网出之，皆摧折在网，故难得完好者。"汉积翠池[2]中有珊瑚，高一丈二尺，一本三柯，云是南越王尉佗[3]所献，夜有光景。晋石崇[4]家有珊瑚，高六七尺，今并不闻有此高大者。"《汇苑》云："珊瑚生大海有玉处，其色红润可为珠，间有孔者，出波斯国、狮子国。以铁网沉水底，经年乃取。"《本草》云："生南海，今广州亦有。"又云："珊瑚初生盘石[5]上，白如菌，一岁黄，三岁赤，以铁网取，失时不取则腐。入药去目中翳。"《异物志》云："出波斯国，为人间至贵之宝。"诸书之所论如此。又考《四译考》，安南产赤、黑二种，在海直而软，见日曲而坚。爪哇、满剌加、天方国[6]皆产珊瑚，而三佛齐海中深处，云珊瑚初生白，渐长变黄。以绳系铁锚取之，初得软腻，见风则干硬，变红色者贵。此皆西南海中所产。至考西番贡献，诸国不近海，亦贡珊瑚，岂陆地亦生耶？博雅君子当为考辨。

珊瑚之根亦生盘石上，如石珊瑚状。康熙初，广东一守令得之，以此兆衅[7]，珊瑚有根，竞传为奇。张汉逸述之甚详。赤珊瑚为大珠，日本人最爱，不惜数百缗[8]易一粒，佩之于身，云可验一身吉凶：富贵康宁，则珊瑚红光璀璨；倘其人不禄[9]，则珊瑚渐白暗而枯燥矣。故番人珍之。鼎革[10]以后，京师民间多得断折珊瑚，长尺或七八寸、五六寸者。冬月，攒竖元炉，以夸兽炭，周布宝石，以像活火，下填珠玉，以状死灰，俨然毁玉作薪，以真珊瑚而仿佛于炊爨之余[11]。数年之后，天下大定，官民护惜瑰宝，商贾争售珍异。国制朝服披领之上，必挂念珠，珀香[12]而外，以珊瑚为贵。凡民间蓄得珊瑚，皆琢而成珠。所尚既繁，而珊瑚不可多得，乃有造珊瑚者出。其设想取材，匪彝所思，非土非石，非角非牙，亦非烧料，盖所取者，废弃碗瓷。造者遍拣粪壤泥淖之间，择其底足厚者，以水净之，剖令玉工辇而圆、琢而细，磨镳滑泽，然后孔之，煮以茜草，煨以血竭[13]，其浅绛之色，正与珊瑚等。穿为念珠，亦坚亦重，亦滑腻而华美，饰以金玉，缀以丝锦，货于大市，虽良贾不能辨。假珊瑚冒真珊瑚之名，而竟得与珠玉争光。噫！燕石在笥，则卞氏长号[14]，诚伪颠倒，岂独一珊瑚之真假为然哉！

《珊瑚树赞》：玟瑂砗磲，亦产海岛。何若珊瑚，人间至宝。

【注释】〔1〕《海中经》：《山海经》。

〔2〕汉积翠池：汉代洛阳宫中的一个水池。

〔3〕南越王尉佗：南海郡尉赵佗，秦二世时割据南越，汉时自立为王。

〔4〕石崇：西晋权臣石崇，富可敌国，曾打碎珊瑚以向世人炫富。

〔5〕盘石：磐石，海中宽而大的石头。

〔6〕波斯国、狮子国、爪哇、满剌加、天方国，分别为今天的伊朗、斯里兰卡、爪哇岛、孟加拉国、阿拉伯地区。

〔7〕兆衅：灼烧以使龟甲等物开裂，然后通过观察裂纹来占卜吉凶。

〔8〕缗（mín）：穿铜钱的绳子，代指一贯钱，一缗为一千文钱。

〔9〕不禄：不再享有俸禄，官员去世的委婉说法。

〔10〕鼎革：古代将"九鼎"视为国家政权的象征，鼎革就是改朝换代，这里特指明清易代。

〔11〕炊爨之余：生火做饭留下的灰烬堆。

〔12〕珀香：一种带有天然香味的琥珀。

□ 珊瑚

据说珊瑚生长在大海中蕴藏宝玉的地方，它的根部长在巨石中，只有枝杈，不长叶子。珊瑚初生时为白色，逐年变黄至变红，直到变成赤红色时就可以制成宝珠。珊瑚宝珠可以预测吉凶，所以被奉为稀世珍品。人们必须用铁网才能将珊瑚从海中打捞出来。

〔13〕血竭：中药名，又名麒麟血，为麒麟竭果实渗出的红色树脂。

〔14〕燕石在笥（sì），卞氏长号：卞氏，战国时期的卞和，曾向楚王进献璞玉，但楚王并不识货，反而砍去了他的双脚。燕石，一种似玉但毫无价值的顽石。

【译文】 《海中经》记载："人们在采摘珊瑚之前，先将铁网沉入水底，珊瑚从水底往上生长，贯穿铁网后，每年长两三尺，只长枝杈，不长叶子。由于剪断铁网才能取出珊瑚，所以珊瑚大多会在网中折断，很难摘到完好无损的。在汉代积翠池中养了一株珊瑚，高一丈二尺，有一条主干，三条分枝，相传是南越王赵佗进献的，夜晚时会熠熠生辉。西晋石崇家也有珊瑚，高六七尺，如今再也没有听说哪里有这么高大的珊瑚了。"《异物汇苑》记载："珊瑚生长在大海中藏有宝玉的地方，色泽红润的珊瑚可以制成宝珠。偶尔还有长着小孔的珊瑚品种，是波斯国出产的。捕捞珊瑚要先把铁网放入水底后，等待好几年以后才能采摘。"《本草纲目》记载："珊瑚生长在南海，广州现在也有。"其中又记载："珊瑚生长在巨石上，初生时像蘑菇一样，为白色，一年后变黄，三年后变红，要用铁网才能捕捞，时间久了而不捞，就会腐烂。珊瑚药用可以消除眼里的白膜。"《南州异物志》记载："珊瑚出产于波斯国，是世间最为珍贵的宝物。"这就是主流书籍的说法。我又查阅《四译考》，发现安南有红色、黑色两种珊瑚，它们在海里笔直柔软，阳光照射后就变得弯曲坚硬。爪哇、孟加拉、天方国都盛产珊瑚。三佛齐国海域深处的珊瑚，也是初生时为白色，随着生长慢慢变黄。用系绳子的铁锚，能把珊瑚从海底钩上来，刚出水后又软又滑，风吹后就变得又干又硬，色泽泛红的品种十分珍贵。这些都是西南海域盛产的品种。我翻阅西方番国进献的东西，发现他们的国土并不靠海，却能够进贡珊瑚，难道这种东西在陆地也能生长吗？希望有识之士能为我查考辨正。

珊瑚的根部和石珊瑚一样，也生长在巨石上。康熙初年，广东有位地方官曾经得到过珊瑚，并拿它来占卜，才发现珊瑚是有根的，人们口耳相传，啧啧称奇。这件事是张汉逸告诉我的，说得非常详细。日本人最喜欢赤珊瑚做成的大宝珠，为了得到一颗，不惜花费数百贯钱，传说买来珊瑚佩戴在身上，可以用它来预测运势吉凶——如果富贵平安，珊瑚就会红光闪烁、璀璨夺目；如果将遭不测，珊瑚就会逐渐黯淡干枯。正因为如此，外国人对它极其珍视。朝代更替时，京师民间流通着许多珊瑚碎块，有一尺长的，也有七八寸、五六寸长的。到了冬天，人们将香炉聚集竖立，装满兽形木炭；周围摆放宝石，充当火焰；下面填满珠玉，充当灰烬，假装毁掉玉石当作柴火，将真珊瑚当作生火做饭留下的灰烬。多年后，天下太平，官员百姓爱惜珍宝，商人便争相兜售各种珍稀珠宝。按照我朝规定，大臣参加朝会所穿的衣服，披肩的领子上必须挂一串念珠，除了香琥珀外，珊瑚做的念珠是最受欢迎的。因此，民间常把珊瑚囤起来，全部用于雕琢念珠。市场需求日益变大，珊瑚却不可多得，便开始出现人造珊瑚。人们的创想和取材令人匪夷所思，既不是土块、岩石，也不是牛角、象牙，更不是玻璃，而是废弃的陶瓷碗。做人造珊瑚的工匠，在垃圾堆和泥池里翻捡，选用底子足够厚实的陶瓷块，用水洗净后进行切割，再碾碎磨圆，雕琢抛光，磨得平滑细腻后穿孔，与红色的茜草和血竭一起煮，染上浅紫红色，使其与珊瑚本身的颜色接近。这些假珊瑚串成念珠后，坚固厚实、光滑美丽，再用金玉和丝锦点缀装饰，公然在市场上叫卖，即便是经验丰富的商人也难以分辨。假珊瑚顶替真珊瑚的大名，竟然还能与珠玉争辉斗色。哎！无用的顽石被错当成珍宝，选进了竹筐，卞和也为之痛哭不止。世上真假不分、是非颠倒的事情，又何止珊瑚呀！

石珊瑚

【原文】 石珊瑚，产海洋深水岩麓海底。其状如短拙枯干，而有斑纹如松花。其色在水则红色，出水则渐变矣。然亦有五色，青、黄、红、赤、白，各枝分派如点染之者，福州省城每以盆水养此珍藏。其质在深水则软而可曲，出水见风则坚矣。其本则皆一石以为之根。今往往得者皆断，遂不解此物从何而生。予得一石珊瑚，有圆石为根，细视，此圆石上安得生此？及研穷之，见根与石相连处有坚白如蛎灰者、曲折如虫状者数数，因想此物必因海中鱼虫或食蛎屑而不化，仍为所遗，则得鱼虫腹中生气，大者或变而为鹅管、羊肚等石，小者则发生枝柯或如树如菌，得海中自得生气，故比之蛎灰而尤坚，俨同石质矣。此其理。

吾尝见塔顶顽岩本无寸土，又无人植，常有大树生于其上。所目击者，如贵州道上飞云洞[1]上树，轮囷结樛[2]，皆郁葱于苍岩数十仞之上。又雁宕、天台多有巍然石峰之上，盘结古干虬枝。夫以人植松柏子于腴土[3]，不尽生植，而鸟鹊之遗，乃能参天，必更得羽虫生气而然。今海底之石，予得一石珊瑚之根，而亦以是理推之，不觉恍然有会于中。而或有起而议之者曰："此理未必尽然，未必尽不然，庄生有言曰'天地有大美而不言，万物有成理而不说'[4]，子何其凿耶！"余应之曰："若然，则理可不穷、物可不格，古今记载诸类书可尽焚矣。"

按石珊瑚，古无其名，惟《异鱼图》载"琅玕[5]，青色，生海中"，云海人于海底以网挂得之，初出水红色，久而青黑。枝柯似珊瑚，而上有孔窍如虫。击之有金石之声，乃与珊瑚相类。今石珊瑚出水，果带红色，久而青黑，更久而枯则白矣。上果有窍眼，击之亦果有声，渔人果尝以网鱼之网牵挂得之。

又闻澎湖将军岙[6]多有此石，舟泊此者，或没水抱之而起，大者高数尺。询其所得之人，云其石虽在海底，却向淡水而生。问何以海中有淡水，曰："淡水乃海山根下涌出之泉，此石滋之以生。故有生处，有不生处，海中不遍有也。"予谓取者但知此石得淡水而生，不知尤得地气而活，譬之胎在母腹，必得运动之气，始能潜滋暗长。今泉源之所出，即为地气之所冲，所以海中之石多有孔窍。巽为风，风为木[7]，而文章见焉。故羊肚、鹅管、菌芝、石珊瑚并有花纹，皆气为之也，亦皆风成之也。此其理，吾尝于河水生花讨论得之，而不谓海石亦如是也。

琅玕，《本草》有图，仿佛似之，然《禹贡》"璆、琳[8]、琅玕"，当又是一种。南宋时，临海贡琅玕石三，皆交柯，即此物也，见《台州府志》。

《石珊瑚赞》：珊瑚石质，有孔不丹。稽之典籍，疑是琅玕。

【注释】〔1〕飞云洞：今贵州黔东南自治州黄平县飞云崖。

□ **石珊瑚**

石珊瑚，样子就像珊瑚树，亦是生长在海中岩石的底部。它只有枝杈，没有叶子，枝杈上有一些小孔，敲打时会发出金石的撞击声。石珊瑚在水中时为红色，被人们用铁网捞出水面之后便逐渐变得青黑、干枯。作者认为，在《异鱼图》和《本草纲目》中所记载的"琅玕"正是石珊瑚。

〔2〕轮囷结樛（jiū）：硕大而盘根错节的样子。

〔3〕腴土：肥沃的土地。

〔4〕天地有大美而不言，万物有成理而不说：出自《庄子·知北游》。其意为：天地具有伟大的美却无法用言语表述，万物的变化具有现成的定规却无需加以评议。

〔5〕琅（láng）玕（gān）：一种传说中的仙树，在山为琅玕，在水则为珊瑚，其果实类似宝珠。

〔6〕澎湖将军岙（ào）：今澎湖列岛将军澳屿。

〔7〕巽（xùn）为风，风为木：八卦中的巽卦既代表风，也代表木。出自《周易·说卦》："巽为木，为风。"

〔8〕璆、琳：古书中所记载的美玉。

【译文】 石珊瑚产于深海的石山底部，形似短小的枯树干，有松花状的斑纹。它在水里呈现红色，出水后就会逐渐变化。然而也有五色俱全的，青色、黄色、红色、赤色、白色，各自分布在不同枝杈上，像是被点染过一般，省城福州常有人将这种石珊瑚水养在盆中。石珊瑚在深水中枝干柔软，可以弯曲，出水后经风一吹就会变得坚硬起来。它的主干依靠根部固定在岩石上，如今能见到的石珊瑚大多是断根的，所以不知道它生长在哪里。我得到过一株石珊瑚，它的根部上有圆石连在一起，我反复观察，不明白这块圆石上如何能长出珊瑚。深入研究之后，我才发现珊瑚根部与石头相连的地方，既有蛎灰一样又硬又白的东西，又有许多像虫子一样弯曲的东西，因此猜想，想必是海里的鱼虫吃了蛎屑不消化而又排泄出来，排泄物得了鱼虫肚子里的灵气，大的变成了鹅管、羊肚等巨石，小的则长出枝条或长成树状、菇状，继而又得海洋中的灵气，因此变成比蛎灰更加坚硬的石头一样的东西。这就是其中的原因。

我曾见过塔顶上寸草不生的顽石，没有人播种，却兀自从上面长出了一棵大树。我亲眼见到贵州飞云洞上长出大树，盘根错节，郁郁葱葱，全都扎根在几十仞高的苍岩上。还有巍然耸立的雁宕山、天台山等石峰，在山石之间，也有密密麻麻的古老树干和盘曲枝杈相互盘绕。人类在肥沃的土壤里种下松柏的种子，却不一定能够使它顺利地生根发芽，而鸟类的排泄物，却能长成参天大树，必定是得了鸟类体内的灵气。照此看来，海底的岩石，以及我得到的石珊瑚根，都是因为同样的原因得以长成。或许有人会说："这个道理不一定对，也不一定不对，庄子说'天地具有伟大的美却无法用言语表述，万物的变化具有现成的定规却无需加以评议'，你又何必如此较真呢！"我只能回答说："如果不必深究的话，那么探寻事理、研究万物就失去了价值，古今的类书还不如全部放火烧掉呢！"

作者注：古代没有石珊瑚这个名称，只有《异鱼图》记载着"琅玕，青色，生长在海里"，并介绍说："渔民用网捕捞琅玕，它刚出水时是红色的，时间一长就会变成青黑色。它的枝条像珊瑚，但上面有虫子一样的小孔。敲打它，会发出清脆的金石碰撞的声音，这一点也和珊瑚相似。"现在的石珊瑚，出水后确实为红色，时间一长就会变成青黑色，再过段时间则会因为干枯而变成白色。石珊瑚上的确有小洞，在敲打时会发出声响，渔民也的确是用渔网将它捕捞上岸的。

我还听说澎湖将军岙有很多这种石头，有渔船停靠在将军岙，渔民潜入海中，将这种石头抱出水面，大的石头足有几尺高。我询问采石人，他告诉我："石头虽然位于海底，却大多集中在淡水处。"我又问他，海里为什么会有淡水。他回答说："淡水是海底山脚下涌出的清泉，石珊瑚就是受到泉水的滋养才逐渐长成的。因此海中有的地方长石珊瑚，有的地方不长，并不是随处都有的。"我感慨采石人只知道这种石头因为淡水而长大，却不知道它还受到地气的滋养，如同母亲腹中的胎儿，一定要获得充满活力的灵气，才能慢慢成长发育起来。泉水涌出的地方，同时也是地气的聚集点，所以海里的石头大多布满了小孔。《周易》的巽卦代表风，风代表木，所以多彰显美丽的花纹。羊肚、鹅管、菌芝、石珊瑚等海物的纹理，都是地气造成的，也就是在风的力量下形成的。我曾在河水生花的讨论中提及过这个道理，只是没有说海石也是这样。

《本草纲目》里琅玕的图，确实与石珊瑚非常相像，但《禹贡》记载的"璆、琳、琅玕"中的"琅玕"应该是其他的东西。南宋时，台州临海进贡过三枚琅玕石，都长着枝杈，显然就是石珊瑚，详见《台州府志》。

海芝石

【原文】 海芝石，其形片片，如菌如蕈[1]，俱有细纹，灰白色，上面促花而下作长纹，如菌片式。多生澎湖海底，与鹅管、羊肚、松纹、石珊瑚互为根蒂，而所发各异。漳泉海滨比屋、园林中堆砌如山，不以为奇，触目皆是，故不重也。予想海石必有一种药性[2]，惜未究出，精于岐黄[3]者当为一辨。

《海芝石赞》：人间瑞草，海底亦生。供之清案，比于璁珩[4]。

【注释】〔1〕蕈（xùn）：泛指大型真菌。
〔2〕海芝石形似灵芝，作者认为二者可能存在化生关系，所以说它必有药效。这种说法有违科学事实。
〔3〕岐黄：黄帝、岐伯的简称，代指医术。相传黄帝和岐伯是中医理论的创立者。
〔4〕璁（cōng）珩（héng）：一种玉佩。

□ 海芝石

　　海芝石，大多生长在澎湖海底，外形为树的形状，就像由一片片灰白色的蘑菇组成。细看每一片"蘑菇"伞盖的表面，都有着细小的花纹，最下侧则有明显的竖条纹。福建人家喜欢在家中摆放海芝石盆景。

　　【译文】　海芝石的形状是一片片的，很像真菌、蘑菇，其通身灰白色，有细小的花纹，上面是花骨朵状，下面有长条纹，和蘑菇的伞盖类似。海芝石大多生长在澎湖海域的海底，与鹅管、羊肚、松纹、石珊瑚等的根部互相连在一起，但生长出来的东西却各不相同。在漳州和泉州，无论是百姓住宅，还是富人园林，随处可见海芝石假山，并不稀奇，所以不被重视。我认为这种海石应该具备药用价值，可惜没有查到相关资料，希望有精通医术的人能帮我考证。

荔枝盘石

　　【原文】　广东海中有一种石，若盘，质如荔枝之壳，绉而或红或紫，名曰"荔枝盘"，以之养鱼甚佳。屈翁山《新语》亦载。

　　《荔枝盘石赞》：魂魂礧礧，石如荔枝。鱼畜其中，居然天池。

　　【译文】　广东海域有一种石头，外形像盘子，质地像荔枝壳，带有褶皱，有的为红色，有的为紫色，人称荔枝盘，适合用来养鱼。屈大均的《广东新语》也记载了

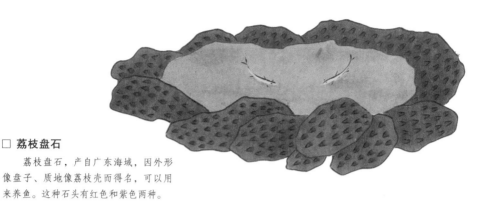

□ 荔枝盘石

荔枝盘石，产自广东海域，因外形像盘子、质地像荔枝壳而得名，可以用来养鱼。这种石头有红色和紫色两种。

这种石头。

松花石

【原文】 松花石，亦系蛎质所化。石作细纹，周体有窍如松纹，养之于水，与羊肚石并能从孔中收水直上，故其石植小树常不枯也。此石，海人亦名羊肚石。

《松花石赞》：石上攒松，窍窍相同。浸之于水，其脉皆通。

【译文】 松花石也是由蛎类变化而成的。其上有细小的纹理，并布满小孔，图案和松树纹差不多。把它养在水里，能够像羊肚石那样通过小孔吸水养石，所以把树种在这种石头里不会枯萎。渔民也叫它羊肚石。

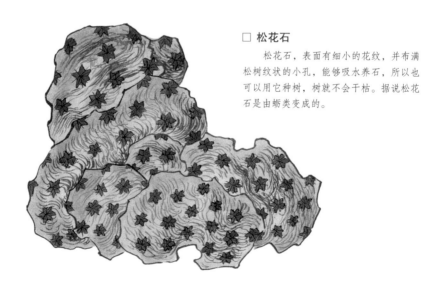

□ 松花石

松花石，表面有细小的花纹，并布满松树纹状的小孔，能够吸水养石，所以也可以用它种树，树就不会干枯。据说松花石是由蛎类变成的。

蛎

【原文】 张汉逸曰："蛎黄初生是咸水沫，受阳气而坚，凝作白痕，渐大则峻然，一洼一平如函盖[1]，而中生肉，吸肥水则壳随肉长。水寒处仅如指端，其肉不论大小生熟皆可啖。他处皆听其自生于山岩石壁，独福宁州竹江[2]等处数村岁伐小竹数十载，先扦[3]浅水海涂，视受潮生种，复移扦深肥水中。至冬肉肥，圆如雄鸡肾，而甘美胜之，省会多取给焉。冬月连房售之，于兽炭烈焰中烧食，以存真味，勿犯水为尤佳。产处种壳如山，用烧灰涂壁、粘船和槟榔，俱胜他壳灰。州中自春徂秋，四季皆鬻于市，而冬春尤盛。"

愚按，蚌之从丰，有光华丰采也。蛤之从合，两叶夹而合之也。螺之从累，盘旋而层累也。蛎之从厉[4]，岂徒然哉？厉，恶名也，故谥法[5]及虐政，皆曰厉，至于疯疾癫疾，亦皆曰厉。推原其名，知蛎种受生，颇似岩石、竹木染风湿而生疥癞者然。故其房亦如疮痂，味虽美，多食未有不发风动气者。浙东而闽而广，风土卑湿，愈南愈多，广东更有蚝山。东北海则风高气寒，则渐少而渐无矣。人之受疾亦视此，故闽广多麻疯，而广东为尤盛。

又按，蛎种附石而生，如蚁卵。风之所摧，水之所荡，不为零落，其性之坚而善粘，有自来矣。故石灰而外，独取蛎房烧之为灰，以治城垣、艨艟[6]。石可碎，而其灰千年不坏；木可朽，而其灰一片牵联，其性之坚何如哉！且凡物烧毁，多不存性，故药物中凡经火者，必曰烧灰存性。蛎经大窑炼过，其性似难存矣，而坚质终不损，其体几等铅汞金银，故能塞精，尤重牡蛎老当益壮也。夫浙东、闽广边海之区，蛎灰之利民用，若城、若垣、若塔、若庙、若厅宇、若房舍等，若桥梁、若陇墓，所在皆是。而小则樵舟渔艇，大则货舶战艟，悉需以成。蛎之所用，可谓广矣，然此特人工之可见也。予客闽以来，更得蛎质、蛎性，幻化海中纹石之奇，苟不研求，意想妄及、推论不到，天壤间至理之妙，乃至如此！此予每得一海中纹石，比之米芾[7]而尤癫也。

【注释】 〔1〕函盖：木盒的盖子。

〔2〕竹江：竹江村，今宁德霞浦县竹江村，位于海中竹江岛上。

〔3〕扦（qiān）：插入。

〔4〕蚌之从丰、蛤之从合、螺之从累、蛎之从厉：作者认为，"蚌"字的字义与"丰"有关、"蛤"与"合"有关、"螺"与"累"有关、"蛎"与"厉"有关。这种说法是错误的，这些偏旁只是声旁，只表音，不表义。

〔5〕谥法：规定谥号用法与含义的书籍，如《逸周书·谥法解》。古代重要人物死后，官方给予其称号，以简述其生平功过，称为谥号，如"厉"为周厉王的谥号、"武"为汉武帝的谥号。

〔6〕艨（méng）艟（chōng）：大船。

〔7〕米芾：北宋著名书法家，"宋四家"之一，为人放荡疯癫。

【译文】 张汉逸说："蛎黄初生时只是咸水泡沫，遇到阳气之后变得坚硬，随后凝结成白色痕迹，并逐渐堆积增大，最终变得高耸陡峭。蛎黄的低洼扁平处像是木盒的盖子，里面长着蛎肉，如果吸取到富含养料的水分，外壳也会随着肉块一同生长。在水流比较寒冷的地方，蛎黄的个头只有指头那么大，它的肉无论大小生熟，都可以直接食用。它们生长在山岩石壁中无人管理，只有福宁竹江等地的几个村子，人们坚持砍伐竹子数十年。他们先把小竹插在海滩浅水处，看到它们受潮生出蛎种后，便将竹子移植到养料充足的水域中。到了冬天，蛎黄的肉块已经长得和雄鸡肾一样肥圆，而且比鸡肾更加美味，省会城市也经常有人前来采购。冬天将蛎黄连壳一起售卖，要用兽炭的烈火烤着吃，才能保证其味道的醇正，而且最好不要沾水。它的原产地到处都有蛎壳，宛如一座座山丘，蛎壳无论是用来烧灰涂墙、黏合船缝，还是用来调和槟榔，效果都比别的贝壳好。福宁州自春至秋，四季都有蛎黄卖，冬春季节尤其多。"

作者注："蚌"字之所以为"丰"旁，是因为它饱受阳光的恩泽；"蛤"字之所以为"合"旁，是因为它的两壳能够闭合；"螺"字之所以为"累"旁，是因为它的外形呈螺旋状堆叠，由此类推，"蛎"字所以为"厉"旁，又怎么会是毫无理由的呢？"厉"，是坏名声，谥法里涉及暴政虐民，都会用到"厉"字，那些疯癫疾病，皆称为"厉"。推究这层含义，蛎种培植的过程，确实很像岩石、竹木沾染风湿后长出瘤子的过程。虽然它的味道很鲜美，但贪吃太多就会致人痛风。从浙江东部到福建、广东，地势低下、气候潮湿，越往南蛎类就越多，广东更有蚝山这样的奇景。东北海域强风呼啸、气候寒冷，就很少有蛎类。人类患病也与"厉"的字义有关，福建、广东多生麻风病，广东尤其严重。

作者又注：蛎种像蚁卵，依附石头生长，即便风吹雨淋也不会掉落，它的坚固性和黏性显然极强。因此，除了石灰以外，蛎房烧成的灰也可以用来修补城墙和巨船。岩石会碎裂，但石灰千年不坏；树木会腐朽，但余烬会连成一片，它的质地是多么坚固啊！普通的东西被烧毁后，并不能保留本来的性质，药物经过火炼烧成了灰，却能保留本性。蛎壳经过烧窑淬炼之后，似乎很难保留本性，实际上却丝毫无损，变得几乎与铅汞金银一样坚硬，因此能为人填补精气，不得不赞叹牡蛎"老当益壮"呀。在浙江东部和福建、广东等沿海地区，蛎灰大有用处，建造城池、墙壁、高塔、神庙、厅堂、房屋、桥梁、墓穴等，都能派上用场。小到木舟渔船，大到货轮战舰，也都需要它发挥作用。蛎灰的用途可谓是非常广泛的，但这仅仅是在人工建筑等显而易见的方面。我客居福建，还见识到了蛎类的本质和外形——它们甚至能幻化成海里的纹石，这种奇妙的事情，如果不深加钻研，是根本料想不到、推论不出的，天地间万象的深奥玄妙，竟然神奇到了这个地步！正因如此，我每次获得海里的纹石，就会比米芾还要疯癫。

鹅管石

【原文】 鹅管石，其孔细密如鹅管，总皆朽蛎，年久则化为石，石上水皮积久，则空洞成文。

《鹅管石赞》：本是腐蛎，忽得生气。纹成鹅管，活泼泼地。

【译文】 鹅管石表面布满鹅管般细密的小孔，其实那全是朽烂的蛎壳。蛎壳经过长年累月的变化，化为岩石，石头表面水垢堆积，形成空洞，就显现出了花纹。

□ 鹅管石

鹅管石，因表面布满鹅管一样的小孔而得名。据说这种石头是由朽蛎变化而成的，石上的小孔则是因水垢堆积而形成的空洞。

羊肚石

【原文】羊肚石，如蜂窠状，孔窍相连，花纹绝如羊肚，故名。大者高二三尺不等，更多生成人物、鸟兽之形。

《羊肚石赞》：初平一叱，石可成羊。[1] 肉为仙食，肚遗道傍。

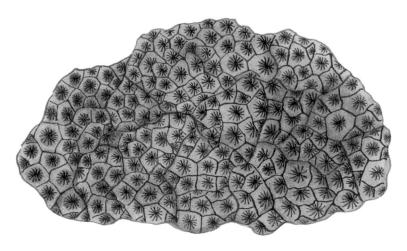

□ 羊肚石

羊肚石，样子像一个蜂巢，里面孔洞相接，形成羊肚一样的花纹，并因此得名。羊肚石体形较大，很多甚至长成人或鸟兽的样子。

【注释】〔1〕此句指初平叱石。初平，黄初平，本是牧童，后来得道成仙。出自葛洪《神仙传》："金华山中有一牧羊儿，姓黄，字初平……初平乃叱曰：'羊起。'于是白石皆变为羊数万头。"

【译文】羊肚石就像蜂巢，内部孔洞相连，花纹像羊肚子，因此得名。高大的羊肚石约有二三尺，甚至还会长成人物、鸟兽的形状。

石蛎

【原文】蛎生于石，层累而上，常高至二三丈，粤中呼为"蚝山"。蛎蛤

□ 石蛎

石蛎，就是从石头中长出来的蛎。这种蛎越积越多，堆积成山，人称"蚝山"。石蛎外壳上常常附生一种黑色的、外壳上有一小撮茸毛的小蛤，后者的尾部紧紧粘在蛎壳上。

蛎蛤

蛎肉

者，附蛎而生之蛤也，形如蚌而小，黑色。其肉与味并同淡菜，且亦有毛一小宗，与他蛤迥异。其尾紧粘蛎上，为奇。又不似淡菜，以毛系者也。

《石蛎赞》：水沫凝石，无中生有。惟蛎最多，坚而且久。

《蛎肉赞》：闽粤蛎肉，秦楚罕睹。赛西施舌，类杨妃乳。

【译文】 生长在岩石上的蛎类，层层叠加，绵延直上，高度能达到两三丈，广东人称其为蚝山。蛎蛤就是附着在蛎类身上的蛤类，比蚌类小，通体黑色。它的肉质和淡菜相同，同样长着一小撮茸毛，这是它与别的蛤类不同的地方。它的尾部紧紧粘在蛎壳上，十分奇特。它之所以不能归类为淡菜，正是因为那一撮茸毛。

竹蛎

【原文】 连江陈龙淮谓蛎附竹而生者，铓[1]如匕首，难犯，取者以铁钩拔之。其入土之竹方可手握，随以刃击落其房，置蛎笼中。木揉去铓，方可手剖。

按，此壳锋利如此，故大鱼负蛎，倍加威武。

《竹蛎赞》：山海之利，惠而不费[2]。千亩淇园[3]，其蛎百亿。

【注释】〔1〕铓（máng）：锋芒。

〔2〕惠而不费：给人好处，自己也没有损失。出自《论语·尧曰》："因民之所利而利之，斯不亦惠而不费乎？"

〔3〕淇园：传说在商纣王的园林中有大片竹子。戴凯之《竹谱》："淇园，卫地，殷纣竹箭园也。"一说是卫武公修建的，位于今河南淇县北部，典故出自《诗经·淇奥》，"瞻彼淇奥，绿竹猗猗"。

【译文】 连江的陈龙淮说，有的蛎类依附在竹子上，外形十分锋利，宛如匕首，难以接近，采摘者用铁钩才能把它们钩下来。土里的竹子刚长到手可握住般的粗细，人们就用刀把竹蛎打落下来，放在蛎笼里。先用木头削掉它的锋芒，然后才能徒手把外壳剥开。

作者注：竹蛎外壳的锋利程度如图所示。大鱼身上附着蛎类，就会显得格外威风。

撮嘴

【原文】 撮嘴，非螺非蛤而有壳，水花凝结而成。外壳如花瓣，中又生壳如

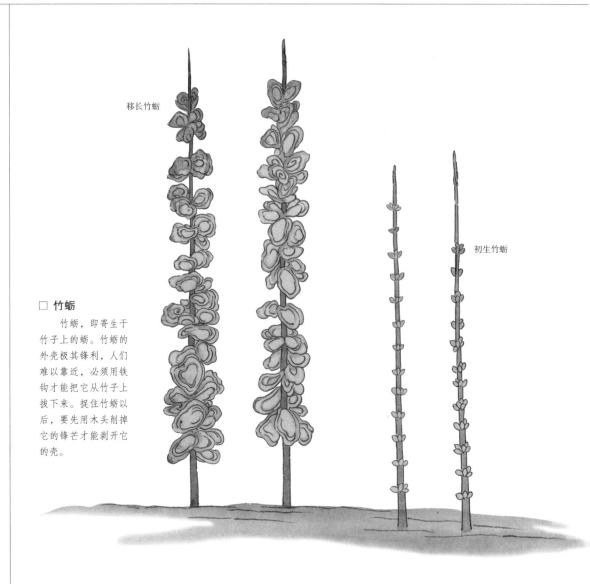

移长竹蛎

初生竹蛎

□ 竹蛎

竹蛎，即寄生于
竹子上的蛎。竹蛎的
外壳极其锋利，人们
难以靠近，必须用铁
钩才能把它从竹子上
拔下来。捉住竹蛎以
后，要先用木头削掉
它的锋芒才能剥开它
的壳。

蚌，上尖而下圆。采者敲落环壳，而取其内肉，烹煮腌醉皆宜。此物凡海滨岩石竹
木之上皆生，鳝身、龟背、螺壳、蚌房无所不寄，与牡蛎相类，故其壳亦可烧灰。
张汉逸曰："撮嘴初生，水花凝结如井栏，而壳中通如莲花茎。栏内又生两片小
壳，上尖下圆，肉上有细爪数十，开壳伸爪可收潮内细虫以食。

《撮嘴（一名"石乳"）赞》：有物似嘴，无分此彼。到处便亲，业根是水。

【译文】 撮嘴既不是螺类，也不是蛤类，却长着外壳，可能由水花凝结而成。
它的外壳就像花瓣，里面还有一层蚌壳，上尖下圆。采摘者敲落它的环状硬壳，把肉

壳内小壳

□ **撮嘴**

撮嘴,又名石乳,常见于海边的岩石、竹林或树木,以及鲸鱼背、龟背、螺壳等之上。它的外壳形同花瓣,据说由水花凝结而成。其外壳内还有一层上尖下圆的石灰质壳。

取出来,无论是烹煮还是腌醉都很美味。这种东西在海边的岩石、竹林、树木上随处可见,鲸鱼、龟背、螺壳、蚌壳上也有大量寄生,它的性质与牡蛎类似,也能烧成蛎灰。张汉逸说:"撮嘴初生时,水花凝结成井栏的形状,壳里是中空的,和莲花茎一样。其外壳内还有两片小壳,上尖下圆。肉上有几十个小爪,只要张开外壳,就能捕食潮水里的小虫。"

竹乳

【原文】 竹乳亦同石乳,但石乳生石上,竹乳生于竹上。陈龙淮图本有竹乳。《竹乳赞》:撮嘴别号,是名曰"乳"。附生于竹,高下楚楚[1]。

【注释】 〔1〕楚楚:清晰明白的样子。

【译文】 竹乳也和石乳一样,只不过石乳长在石头上,竹乳长在竹子上。陈龙淮的图册里有竹乳。

三尾八足神龟

【原文】 康熙甲子[1]四月初十,温州灰窑[2]渔户驾船出洋捕鱼,举网得一巨龟如箕,长四尺,阔三尺许,八足三尾,背上蚝、蛎、撮嘴累累,而绿毛四垂,

□ **竹乳**

　　竹乳的样子和石乳别无二致，二者的
区别在于，石乳长在石头上，竹乳长在竹
子上。

腹下微红色，头短而不长，眼赤如火。渔人以铁环贯其壳，系之以绳，令数十人
且抬且拽，而尾后又以巨木推送之，始得入城，送各衙门玩阅。时温处道诸讳
定远[3]令五人立其背，其龟负之而行甚稳，兵民聚观者以万计，当事以此龟神
物也，仍命送归海。吴天麟[4]设绛[5]闽中，与予图述于甲戌[6]之秋。及戊寅之
春，滕际昌[7]复为予述，曰："此龟多产太平玉环山海[8]中，小者人多取而食

之，此龟则最大者也，闻能登陆食鸟兽。土人名为汪龟，未识有其名者，且不知何以有三尾而八足也。"予曰："诸书无汪龟之名，或系'鼋'^{〔9〕}字，为土音所讹。"《字汇》："鼋龟，临海水吐气，形薄，头啄似鹅指爪。"今其龟状又未然，不敢遽为定名。但考类书，龟百岁一尾，千岁之龟十尾，皆卵生，今是龟盖三百岁物也。其足之八数虽不可考，然暹罗^{〔10〕}海产亦往往有六足龟，是又一种龟，此八足特老而增益之者耳。凡龟壳上下皆从腰间接连，今此龟独不连，或生足以后破裂脱离亦未可知。龟板脊上五叶为金、木、水、火、土，两旁各四叶为八卦，边上二十四小叶为二十四气，世之卜家、画家皆能道，不知合腹下十叶共五十九叶，脊上颈边更有一小叶，合之得六十数。此造物产灵龟，数配甲子一周^{〔11〕}之妙。《说文》《博志》^{〔12〕}论未及此，特为研出，以俟识者。

《三尾八足神龟赞》：锡我十朋^{〔13〕}，何如八足？以尾数寿，三百可卜。

【注释】〔1〕康熙甲子：康熙二十三年，公元1684年。

〔2〕灰窑：今温州乐清蛎灰窑村。

〔3〕诸讳定远：清代官员，曾在浙江温处道做官。温处道，温州和处州，今浙江温州、丽水一带。

〔4〕吴天麟：作者友人，生平不详。

〔5〕设绛：设下深红纱帐，代指办学教书。出自《后汉书·马融传》："（马融）常坐高堂，施绛纱帐，前授生徒，后列女乐。弟子以次相传，鲜有入其室者。"

〔6〕甲戌：康熙三十三年，公元1694年。

〔7〕滕际昌：作者友人，生平不详。

〔8〕太平玉环山海：浙江太平县（今温岭市）玉环山为古岛屿，现为玉环市，1977年后通过大坝与温岭市连接。

〔9〕鼋（yāng）：一种巨龟，脑袋扁平，嘴巴像鹅爪。

〔10〕暹罗：今泰国。

〔11〕甲子一周：古代用天干地支计数，天干有甲乙丙丁等十个，地支有子丑寅卯等十二个，共有六十种组合，因此六十年为一次循环，称为一甲子。

〔12〕《博志》：即《博物志》，见前注。

〔13〕锡我十朋：赐予我十串贝壳。出自《诗经·菁菁者莪》："既见君子，锡我百朋。"锡，通"赐"。朋，甲骨文画图，本义是"两串贝壳"。王国维《说珏朋》云："古制贝皆五枚为一系，二系一朋。"古代贝壳和龟壳都是货币，一龟价值十朋，《周易》中有"十朋之龟"，因而十朋常代指乌龟。

□ **三尾八足神龟**

三尾八足神龟常见于浙江、福建。这种龟大如簸箕，约四尺长，三只宽、头较短、眼睛赤红，腹部微红，有八只脚和三条尾巴。神龟的背上寄生着大量的牡蛎、撮嘴等，四周垂着青绿毛。它有时会上岸捕食鸟兽。

【译文】 康熙二十三年四月初十，温州灰窑村的渔民开船出海捕鱼，网到一只簸箕大的巨龟，长四尺，宽约三尺，有八只脚和三只尾巴，背上的牡蛎和撮嘴层层叠叠，边缘四周有绿毛垂下，肚子下面微微泛红，头部短小，两眼赤红。渔民用铁环扎穿龟壳，系上绳子，找来数十个人又抬又拽，后面还用大木头推着走，才把它搬进城里，送到官府衙门里供人玩赏。当时温处道的官员诸定远，叫五个人站到巨龟背上，巨龟竟然能够驮着他们稳步前行，数万官兵百姓争相围观。管事的官员觉得这只巨龟是神物，便让人将它送回海里去了。康熙三十三年秋天，吴天麟在福建办学教书，为我画下了这只巨龟，并向我详细描述了当时的情形。到了康熙三十七年春天，滕际昌又向我提起这种龟："它们在太平玉环山附近的内海里很常见，小龟很容易被人捉来吃掉，大龟却能上岸捕食鸟兽。当地人叫它们'汪龟'，但没有人知道这个名字的意思，也不知道它为什么会有三条尾巴和八只脚。"我说："书籍里没有'汪龟'这个名字，那它可能是'鼋'字，只是被方言发音念错了。"《字汇》记载："鼋龟，在海边吐气，脑袋和嘴巴很像鹅爪。"我仔细审视巨龟的样子，又不完全吻合，因此不敢贸然确定，只查到类书里说卵生的乌龟每一百年会多长一条尾巴，千年龟就会长出十条尾巴，那么这种三尾龟，应该有三百岁了。虽然不知道为什么会有八只脚，但暹罗国海域常常能见到另一种六脚龟，我猜想八脚龟应该是年老的六脚龟又长出了两只脚吧。普通乌龟的上下甲壳都是从腰部连在一起的，这种龟的上下壳却不相连，也许是长出脚后，甲壳便破裂了。龟壳背上中间五片甲对应金、木、水、火、土，两旁各四片组成八卦，边上还有二十四片小叶对应二十四节气，世上的占卜师和画家都知道这些，但他们却不知道它肚子下面还有十片甲，加起来一共五十九片，再加上背上的脖颈边还有一片，共计六十片。造物主创造了这种灵龟，并使它的甲片数目为一甲子，实在是太奇妙了。这是《说文解字》和《博物志》没有言及的东西，因此我特地钻研出来，期待有识之士能够读到。

鼋

【原文】 类书称鼋似鳖而大，阔一二丈，肉具十二生肖[1]。《录异记》曰："赤者为鼋，白者为鳖，至难死。渔人捕得，虽支分脔解，随其巨细入汤镬者，皆能跳动。然鳖与鼋虽至大，如蚊蚋噆之，一夕而死。"《尔雅翼》称："鼋之大者，阔或至一二丈。天地之初，介潭生先龙，先龙生玄鼋，玄鼋生灵龟，灵龟生庶龟。[2]然则鼋，介虫之元也。"又云以鳖为雌，鼋鸣而鳖应。诸说如此。

愚按，鼋之为体，据《说文》《尔雅翼》但称鳖之大者，然则鼋特大鳖耳，而不知非然也，鼋之腹虽如鳖，其背则龟壳而圆裙，壳上有斑则如玳瑁，盖一体而三物之象具属。康熙癸亥年[3]，温州双塔寺[4]有大鼋登陆，阔可半丈，见人亦逡巡[5]不去。健儿鼓勇笼络，舁之入城，费十余人肩力，献玩文武各官，见者甚多，已而仍命纵之江。其余近江近海之民，或得之网中，或阱之穴内。长江以上多食，海乡之民每每放生。放生者，以其状可怖，不敢啖；食之者，亦以古人"鼋味未尝，食指先动"[6]，且《月令》九月命有司"登龟取鼋"[7]，古人盖尝食之矣。然以予揆之，皆江河小鼋，而非海中之大鼋也。鼋在江海中，最恶厉，无所不食，人有浴于江海者，多遭其害，以人肾囊明如灯，故能招引而至也。且鼋亦谲诈，尝遇晴明登水岸，缩其头足，寂然不动，人或步履其上汲水浣衣，鼋忽伸颈衔人，入水而啖。或谓："鼋背既有龟纹及玳瑁斑，有目者必能辨认，何以误登？"曰："鼋虽龟背，而仍有一绿皮从裙上包络，不全似龟，且老鼋之背，蛎房、撮嘴、苔藓蔓绕，绝似顽石。"

予得其状，腹稿为图久之，近复考验于目击诸人，云其头斑点，而足亦然，故称癞头，其壳如镬形，不长而圆，不平而丰，已吻合矣。张汉逸又携予就一药室，有枯鼋壳，视而酌绘其图，更无剩意。夫鼋不过介虫之物，而予必为之考核精详者，何也？盖世人但知龟为介虫之长，不知鼋尤为介虫之宗。此字义所以从元，而龟、鳖、玳瑁三体之所以咸备，而肉具十二属也，岂偶然哉！

《鼋赞》：乾元首易[8]，善长是训[9]。鼋之从元，宁无意蕴？

【注释】〔1〕肉具十二生肖：传说鼋龟的身体是由十二生肖的肉块共同组成的。出自《本草纲目》："此物在水食鱼，与人共体，具十二生肖肉，裂而悬之，一夜便觉垂长也。"

〔2〕介潭、先龙、玄鼋、灵龟，都是传说中的鳞甲生物。出自《淮南子·墬形训》："介潭生先龙，先龙生玄鼋，玄鼋生灵龟，灵龟生庶龟。凡介者生于庶龟。"玄鼋，原文作"位鼋"，系避康熙帝玄烨讳，将"玄"字阙笔，讹为"位"字。

〔3〕康熙癸亥年：康熙二十二年，公元1683年。

〔4〕双塔寺：今温州永嘉罗浮双塔。

〔5〕逡巡：联绵词，犹豫徘徊的样子。

〔6〕鼋味未尝，食指先动：出自《左传·宣公四年》。参看册一《河豚》注释〔19〕。

〔7〕登龟取鼋：出自《礼记·月令》："（季夏，天子）命渔师伐蛟、取鼋、登龟、取鼋。"据方以智《通雅》，"登""得"古音相通，"登龟"就是"得龟"，收获龟的意思。

〔8〕乾元首易：《周易》开篇就是"大哉乾元，万物资始"。

〔9〕善长是训："元"是百善之首。出自《周易·文言》对"大哉乾元"的解释："元者，善之

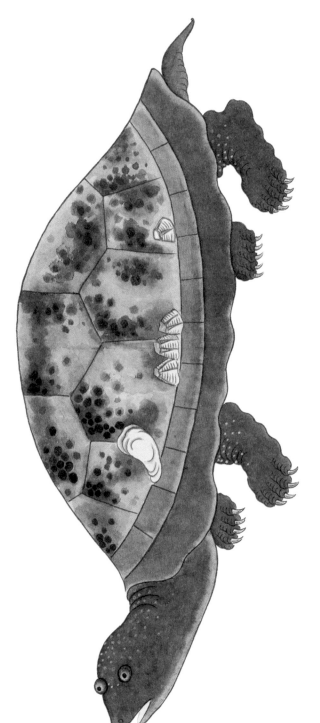

□ **鼋**

　　鼋兼具了龟、鳖、玳瑁三者的特征。它的腹部像鳖，外壳像铁锅，壳上有龟背纹和玳瑁斑点，并有乌龟裙边。年长的鼋壳上布满了布满石一样的蛎房、撮嘴和苔藓。作者认为，鼋类是介类的先祖。

长也。"训，为字词作解释。

【译文】 类书说鼋龟比鳖类稍大，宽一两丈，身体由具十二生肖属性的肉块共同组成。《录异记》记载："鼋是红色的，鳖是白色的，都极不容易死。渔民捕捉到它们之后，就算把它们碎尸万段，把肉块全部入锅炖煮，它们也还能在锅里跳动不止。鳖和鼋虽然体形巨大，但被蚊虫叮咬后，却会在一夜之间死去。"《尔雅翼》记载："大鼋宽达到一两丈。天地初开时，介潭生先龙，先龙生玄鼋，玄鼋生灵龟，灵龟生庶龟。那么，鼋就是介类的祖先了。"还有记载说鳖是雌性，鼋一鸣叫，鳖就会响应。各种说法大致如此。

作者注：根据《说文解字》和《尔雅翼》的说法，鼋只是大鳖，殊不知这种说法并不准确。鼋的腹部虽然像鳖，背部却是乌龟的外壳和圆裙，壳上还有玳瑁那样的斑纹，如此一来，它的身上就集齐了三种动物的特征。康熙二十二年，温州双塔寺有大鼋上岸，宽约半丈，遇到人也不会害怕逃跑，而是原地徘徊。壮士们鼓足勇气，将它抓起来，总共来了十多人才把它顺利抬进城里，给文武官员观赏，顿时万人空巷。不久，官员命令将它放生回江中。有些靠江靠海的百姓，时常在渔网或陷阱里捉到鼋，长江以北的百姓大多会将它吃掉，沿海城市的百姓则会选择放生。放生它是因为鼋面相恐怖，人们不敢吃它；吃鼋也是因为有"鼋味未尝，食指先动"这样的故事，而且《礼记·月令》也命令相关官员在九月时"捕捉龟和鼋"，说明古人就曾吃过。但据我猜测，他们吃的都是江河里的小鼋，不是海里的大鼋。鼋在江海里十分凶恶，无所不食，经常吞食下海洗澡的百姓，这是因为人类的肾囊对它们来说如同明灯，会吸引它们前来捕食。鼋也很狡诈，有时会趁晴天上岸，把手脚四肢都缩进壳里，一动不动，有人打水洗衣服踩到了它，它就会伸出脖子把人拖进水里吃掉。有人问："既然鼋背上有乌龟纹理和玳瑁斑点，只要长着眼睛就能发现，怎么还会踩上去呢？"我告诉他们："鼋虽然有着乌龟的外壳，但也有一层绿皮连接着壳裙，并不完全像龟。况且年长的鼋壳上布满了蛎房、撮嘴和苔藓，简直跟顽石一模一样。"

我了解到鼋的样子后，暗中打了很久的腹稿，最近又向目击者核实了一番。他们告诉我，鼋的头部有斑点，脚部也有，所以也叫癞头，外壳形似铁锅，圆润丰隆。情况与我所了解的十分吻合。张汉逸又把我带到一座药房，向我展示干枯的鼋壳，我一边观察一边构思绘图，如此就不会有疏忽遗漏的地方了。鼋不过是介类的生物，我却考究得如此精细详实，这是为什么呢？这是因为世人只知道龟类是介类的灵长，却不知道鼋类更是介类的先祖。"鼋"字之所以偏旁是"元"，又兼有龟、鳖、玳瑁三者的特征，而且它的肉分别具有十二生肖的属性，难道只是偶然吗？

鼍吐雾

【原文】 康熙二十九年[1]，福宁祝建如[2]客楚之辰州[3]，浮舟江上。时七月也，天甚炎热，忽有一物长丈余，盘于江岸石上，身黑色，有鳞甲，四爪，尾亦长，额有小角，口阔眼圆，而大鼻上有硬须数茎，动摇可怖。舟人曰此鼍也，戒勿语。并禁客手指，恐鼍觉，入水负舟，则危矣。因为予图述。《博物志》曰："鼍，长一丈，一名土龙。鳞甲黑色，能横飞而不能上腾。抱跚然之体，随月以运。"《说原》[4]曰："鼍能吐雾致雨，善攻碕岸[5]，性嗜睡，目常闭，力亦酋劲。"《海物记》[6]曰："鼍鸣为鼍鼓，亦或谓鼍更，则以其声逢逢然如鼓，而又善鸣，其数应更故也。"《本草》："鮀[7]作鼍，长者能吐气成雾致雨，力至猛，能攻陷江岸，形如龙。大长者自啮其尾，极难死，声甚可畏。人能穴中掘之，百人掘必百人拽之，如一人掘，止用一人之力牵之可出。此物灵强，不可食。"《篇海》云："鼍之大者，甲有文彩。"《字汇》引《续博物志》云："鼍声如鼓。"《诗·大雅》"鼍鼓逢逢"[8]，象鼓鸣也。

愚按，鼍皮似难为鼓。《国策》"建灵鼍之鼓，竖翠凤之旍"[9]，实非以凤为旍而以鼍为鼓也，盖绘鼍于鼓而画凤于旍也，如乐器酒器诸饰，可想而知。《字汇》注"鮀"曰鱼名，而《本草》作"鼍"，不知何据。龙嘘气成云，鼍吐气成雾，可以理会。鼍体与鲮相似，并有气力，能攻崖岸，多伏于江海岛屿土中，非网罟之所能得，大约多系掘上而得者。今药市往往悬枯鼍以壮观，不能甚大，不过三四尺之小者耳。张汉逸曾见过，特为予图。至于《篇海》所云大者身有文彩，其说可证鳄鱼火焰为生成之文，非浪传也。

《鼍吐雾赞》：世知山雾，罕识海云。取鼍以证，知所自兴。

【注释】 〔1〕康熙二十九年：公元1690年，庚午年。

〔2〕祝建如：福宁人，作者好友，生平不详。

〔3〕楚辰州：今湖南怀化沅陵县。

〔4〕《说原》：明代穆希文编，书中记载了许多传说故事、奇异现象。

〔5〕碕（qí）岸：曲折的河岸。

〔6〕《海物记》：指《晋安海物异名记》，见前注。

〔7〕鮀（tuó）：古书上有三种含义，一为小鲨鱼，二为鲇鱼，三为扬子鳄。此处作者所指鼍意为扬子鳄。

〔8〕鼍鼓逢逢：出自《诗经·大雅·灵台》："鼍鼓逢逢，矇瞍奏公。"逢逢，拟声词，嘭嘭的鼓声，上古无轻唇音，p、f声母接近，"逢逢"读音如"嘭嘭"。

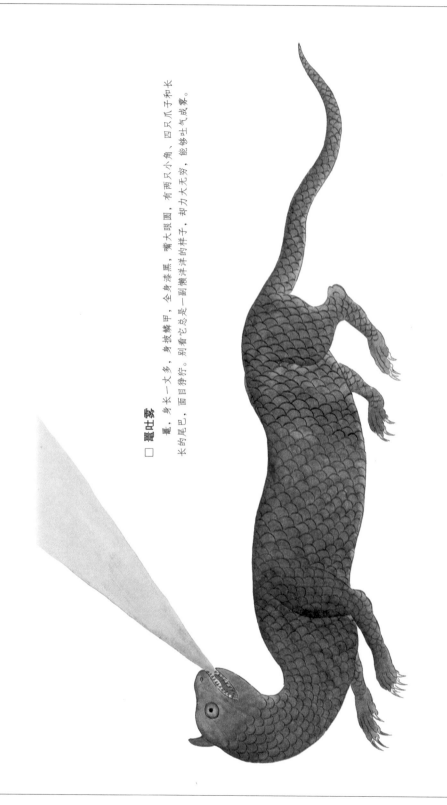

□ 鼍吐雾

鼍，身长一丈多，身披鳞甲，全身漆黑，嘴大眼圆，有两只小角，四只爪子和长长的尾巴，面目狰狞。别看它总是一副懒洋洋的样子，却力大无穷，能够吐气成雾。

〔9〕《国策》"建灵鼍之鼓，竖翠凤之旂"：摆好神鼍的大鼓，竖起翠凤的旗帜。出自李斯《谏逐客书》："建翠凤之旗，树灵鼍之鼓。"《国策》，即《战国策》，这句话引文实际记载在《史记·李斯列传》，《战国策》并无记载。

【译文】 康熙二十九年，福宁祝建如出差去楚地辰州，船行驶在江面上。当时是七月份，天气炎热，大家忽然发现有个东西盘踞在江岸的石头上，足有一丈多长，通体漆黑，身覆鳞甲，有四只手爪，尾巴特别长，额头上有小角，嘴大眼圆，厚鼻子上还有几条坚硬的胡须不停摇动，令人恐怖。船夫说这是鼍兽，让大家不要说话，也不要用手指指点点，以防鼍兽察觉后跳入水中打翻客船，到时候情况就会变得十分危急。鉴于此次经历，祝建如才能为我画图并叙述。《博物志》记载："鼍，长一丈，又叫土龙。鳞甲为黑色，能横向跳跃，但不能向上腾飞。它的身躯一瘸一拐，会随着月份而变化。"《说原》记载："鼍能吐出云雾，催雨降水，也会破坏水岸。它经常闭目养神，看似懒洋洋的样子，实则力气很大。"《海物异名记》记载："鼍鼓指的就是鼍鸣，因为它的鸣叫声像打鼓一样嘭嘭作响，而且很频繁，次数竟然与时辰相符，所以又叫作鼍更。"《本草纲目》记载："鮀就是鼍，年长的能够吐出云气，召雾唤雨。它力气很大，能毁坏江岸，外形像神龙，更年长的还会啃食自己的尾巴，极不容易死去，叫声骇人。人类可以在洞里挖到鼍，但如果一百个人参与挖掘，就必须一百个人才能将它拽出来；如果只有一个人挖掘，则只需要一个人就能将它拽出来。这种生物非常有灵性，不能吃。"《篇海》记载："大鼍兽的鳞甲上有纹理和图案。"《字汇》引用《续博物志》的内容："鼍鸣如鼓声。"《诗经·大雅》有"鼍鼓逢逢"，"逢逢"是鼓响的拟声词。

作者注：鼍皮似乎很难做成战鼓，《谏逐客书》有一句"摆好神鼍的大鼓，竖起翠凤的旗帜"，并不是说把凤凰做成旗帜、把鼍兽做成皮鼓，而是在鼓上画鼍、在旗上画凤，类似于乐器、酒器上面的装饰。《字汇》里说"鮀是鱼的名字"，而《本草纲目》里写作"鼍"，不知道各自的依据是什么。神龙吐气成云，鼍兽吐气成雾，都比较容易理解。鼍的身躯与穿山甲相似，它们的力气都很大，能毁坏石崖水岸，平时潜伏在江海岛屿的泥土里，渔网捕捉不到它，一般需要挖洞才能把它挖出来。现在药店里经常把枯鼍挂出来，增加店铺的排场，但这种枯鼍往往不太大，只有三四尺长。张汉逸曾经见过枯鼍，特地为我画了下来。至于《篇海》里所说的"大鼍身有纹理"，可以证明鳄鱼的火焰是它身上长出的纹理，而并非谣传。

玳瑁

【原文】玳瑁，《汇苑》注曰："状如龟，背负十二叶。产南番海洋深处，白多黑少者价高，大者不可得。新官莅任，渔人必携一二来献，皆小者耳。取用时，必倒悬其身，以滚醋泼之，逐片应手而落。但不老则其皮薄不堪用。"《本草》云："大者如盘，入药须用生者乃灵。带之亦可辟蛊[1]，凡遇饮食有毒则必自摇动，死者则不能神矣。"昔唐嗣薛王[2]镇南海，海人有献生玳瑁者，王令揭背上甲一小片系于左臂，其揭处后复生还。今人多用杂龟筒[3]作器，即生者亦不易得。又有一种龟𪔀[4]，亦玳瑁之类，其形如笠，四足无指，其甲亦有黑珠文彩，但薄而色浅，不堪作器，谓之𪔀皮，不入药用。《字汇》引张守节[5]注曰："一说雄曰玳瑁，雌曰觜蠵[6]。"《粤志》："广州、琼、廉[7]皆产。"《华夷考》[8]注："玳瑁，身类龟，首如鹦鹉，六足，前四足有爪，后二足无爪。安南、占城、苏禄、爪哇诸国皆产。"考之群书，玳瑁之说可谓备矣。

愚按，玳瑁实生海洋深处，而《本草》云产岭南山水间，且图其形，系四足，盖惟辨其药性，而未深考其形状及出处也。《字汇》注但引张守节一说，义亦简略。昔人云以龟筒充玳瑁，今也以羊角点斑为之，玳瑁遍天下矣。是图粤人既为予绘，予更考验余我生药室所藏真壳，果系十有二叶。《埤雅》[9]云："象体具十二生肖，惟鼻是其本肉。"《录异记》云："𪔀之身有十二属肉。"今玳瑁背叶十二，或亦按生肖欤？存疑以俟辨者。

《玳瑁赞》：本是龟体，恶其形秽。服色改装，是名玳瑁。

【注释】〔1〕辟（bì）蛊（gǔ）：躲避毒害。

〔2〕唐嗣薛王：指晚唐时期的嗣薛王李知柔，其曾任清海军节度使，属地在今广东省一带。

〔3〕杂龟筒：蠵（xī）龟筒，即蠵龟的甲壳。龟筒，中药名。

〔4〕龟𪔀（bì）：一种没有指爪的乌龟，形似玳瑁。

〔5〕张守节：唐代史学家，著有《史记正义》。

〔6〕雄曰玳瑁，雌曰觜（zī）蠵：雄性叫玳瑁，雌性叫觜蠵。这段引文，作者认为语出张守节，是错误的，实际出自颜师古《汉书注》："应劭曰：'蠵，大龟也。雄曰毒冒，雌曰觜蠵。'"

〔7〕广州、琼、廉：即广州府、琼州府、廉州府。

〔8〕《华夷考》：已亡佚，今仅存在于各书引用，记载了许多西方的风物特产。夷通"夷"。

〔9〕《埤雅》：北宋王安石的门生陆佃所著，对《尔雅》作了一定的补充，但也夹杂着一些牵强附会的说法。

□ 玳瑁

　　玳瑁，产自广东、海南等地海洋的深处，外形像乌龟，背壳由十二片甲组成。玳瑁的体形不大，最大不过盘子大小，但很难捉到。人们将玳瑁捕捉到以后，往其甲壳上泼滚醋汁使其自然脱落，然后才可使用。

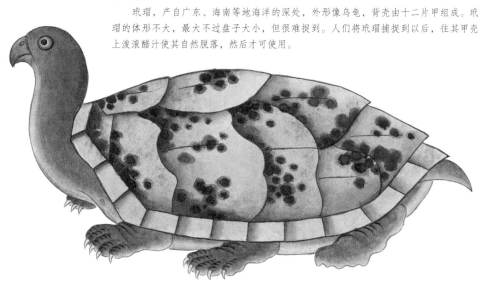

　　【译文】　玳瑁，《异物汇苑》的注释说："玳瑁形似乌龟，背壳由十二片甲组成。它们盛产于南方国度的海洋深处，其体上白色斑点多黑色斑点少的价格最高，体形大的很难捕捞。新官上任时，渔民必定会赠送一两只玳瑁给他，但体形都比较小。如果要剖取玳瑁的甲壳，必须先将它倒吊起来，泼上滚烫的醋汁，甲片便一碰即落。但是，如果玳瑁不够年长，皮肉很嫩，也就没有了价值。"《本草纲目》记载："大玳瑁足有盘子大，需要趁它活着的时候摘取甲片才有药用价值。将玳瑁甲片戴在身上辟邪防毒，如果发生食物中毒，甲片就会自己摇动起来。但是，死玳瑁的甲片是没有灵气的。"唐代的嗣薛王李知柔镇守南海时，就有渔民进献活玳瑁，李知柔命人揭下一小枚甲片，系在自己的左臂上，玳瑁身上的缺口后来竟然复原了。现在经常有人用蠵龟壳做器皿，但很难找到活蠵龟。还有一种龟𪓰，也是玳瑁的同类，外形像斗笠，有四只脚但没有脚趾。它们的甲壳也有黑珠纹理，但壳薄色浅，不能加工成器皿，所以它的皮没有药用价值。"《字汇》引用了张守节的注释："一说雄性叫作玳瑁，一说雌性叫作𪓏蟕。"《粤志》记载："广州、琼州、廉州都有玳瑁。"《华夷考》注释说："玳瑁，外形像乌龟，脑袋像鹦鹉，有六只脚，前四只脚有爪子，后两只脚没有爪子。安南、占城、苏禄、爪哇等国都出产玳瑁。"我查阅了这么多书籍后，收集的玳瑁的资料可谓十分完备了。

　　作者注：玳瑁显然生活在海洋深处，《本草纲目》却说它生活在岭南山水之间，还把它画成了四只脚，只顾记录它的药用价值，却没有深入考查它的形貌和产地。《字汇》的注释也只引用了张守节的说法，解释非常简略。从前有人用龟筒冒充玳瑁，如今有人在羊角上涂斑点来冒充它，假玳瑁也随之遍及天下。广东人为我画下了这张图，我又拿去同我生药室收藏的真壳进行对比，果然有十二枚甲片。《埤雅》记载：“大象身上有十二生肖的肉，只有鼻子是它自己的肉。”《录异记》也记载：“鼋身上有十二生肖的肉块。”如今玳瑁背壳上的甲片也有十二枚，或许也与生肖有关吧？此处存疑，等待后人明辨。

朱鳖

【原文】 予得岭南朱鳖图，四目六足而赤色。考《寰宇记》[1]：“高州有朱鳖，状如肺，四眼六脚而吐珠。”《粤志》亦载，可并证矣。谢若愚曰日本有朱鳖，可食。

《朱鳖赞》：左青右白[2]，龙虎本色。鳖挂朱衣，代雀之职。

【注释】 〔1〕《寰宇记》：即《太平寰宇记》，北宋乐史编，是现存比较系统完整的地理总志。这段引文为《太平寰宇记》引用沈怀远《南越志》的内容。

〔2〕左青右白：左青龙，右白虎。出自《史记·天官书》：“东宫苍龙、南宫朱鸟、西宫咸池、

□ 朱鳖

　　朱鳖，因通身红色得名。它的外形像人的肺脏，有四只眼睛、六只脚，能口吐珍珠。

北宫玄武。"

【译文】我得到的岭南朱鳖的图像，有四只眼睛、六只脚，通身红色。《太平寰宇记》说："高州有朱鳖，外形像肺脏，有四只眼睛、六只脚，会吐出珍珠。"《粤志》也有所记载，可以共同验证。谢若愚说日本也有朱鳖，可以食用。

鹰嘴龟

【原文】康熙三十年，李闻思温州平阳作贾，得见此龟，云牧儿于阳石门沙涂中捕蟹，忽见一物穴而伸其首，乃引众发之。其大如米箕，颈甚长，顶上有钩如鹰嘴，头与背色皆杏黄，目赤，口有齿，足与尾皆黑色，并有鱼鳞纹。其腹下之壳如龟背而大，背上之壳小而平，若龟之仰身者。然观者皆不识其名，但以其首曲而尖，名之曰"鹰嘴龟"，遂令画家图其稿以示予，附入《海错》。

或有见而笑之者曰："龟有定形，多在人耳目，海中焉得有此？毋信人之言，人实诳汝。"予曰："有典籍在，焉能诳也？"考《尔雅》，龟有十种[1]，一神、二灵、三摄、四宝、五文、六筮、七山、八泽、九水、十火，龟类如是其多也。海中之龟更有蟕蠵[2]，蟕蠵形如玳瑁，琉球海中实有蟕蠵屿[3]。郭景纯《江赋》又有蟹蟆，蟹蟆字书音"弭麻"[4]，云似蟕蠵，生海边沙中，肉甚美多膏，今其龟得之沙中，即蟹蟆也。况予更以龟形询之海人，名虽不识，云其肉如牛肉可食，其膏黄，合之，记载不爽[5]，予是以信而图之。况海中原有一种龟，名曰鹖，今首上有鹖，又当名为鹖龟[6]。《博物》《本草》中一物而数名者甚多，如虎名山君，又名伯都[7]；虾蟆子名蝌蚪，又名活东师[8]之类。今此龟亦有二名，曰鹖，曰蟹蟆。

他日乃以其说与李，李叹曰："非君研求，则予将为所惑矣。当日平阳文武各官送阅，得见者历历可数，如总镇朱公则讳天贵者是也，其余右营吴、城守徐、游府路、守戎金，以及平阳宰则赵令[9]，合城兵民无不见之，但无有识者。阅毕，仍命投之江。"予备存其说，庶几蟹蟆一物今而后传信不疑矣。

《鹰嘴龟赞》：鹰嘴无稽，谁不怀疑？研求出典，始信为奇。

【注释】〔1〕龟有十种：《尔雅》认为《周易》中的"十朋之龟"，就是十种用于占卜吉凶、解决疑难的神龟。

〔2〕蟕（qù）蠵：蟕蠵，又名"蚼蠵"，形似玳瑁，鳖身虾尾。

〔3〕蟕蠵屿：今琉球列岛的久米岛。

□ 鹰嘴龟

　　鹰嘴龟，如簸箕般大小，脖子很长，因头顶有一个鹰嘴一样的弯钩而得名。它的头和背部为杏黄色，眼睛为红色，脚和尾巴为黑色，身上和脖子上都覆盖着鱼鳞状的纹理。最为奇特的是，它背上的壳很小，肚子下面的甲却大如龟背，看上去就像一只仰面的乌龟。

　　〔4〕鼍（mí）魔（má）字书音"弭麻"："鼍魔"在字典里的发音是"弭麻"。

　　〔5〕爽：违背。

　　〔6〕鰝（gōu）龟：一种龟，头上有钩。

　　〔7〕山君和伯都皆为老虎的别称。古人认为老虎是山兽的君主，因此叫它"山君"。上古晋陕豫一带方言，"都""虎"发音接近，"伯都"就是"伯虎"，即大老虎。

　　〔8〕虾蟆子和活东师皆为蛤蟆幼体的别称，即蝌蚪。活东，联绵词，据王国维《〈尔雅〉草木虫鱼鸟兽名释例》，与"筋斗""蝌蚪"等词为同源关系，形容蝌蚪灵动圆转的样子。

　　〔9〕总镇朱天贵、右营吴、城守徐、游府路、守戎金、平阳宰赵令，皆温州平阳官员。

【译文】康熙三十年，李闻思在温州平阳做生意，看见了这种龟，听说是牧童在阳石门沙滩里抓螃蟹，忽然发现一种生物在洞穴里探出脑袋，便叫大家来挖。这种龟有淘米的簸箕那么大，脖子很长，头顶有鹰嘴一样的弯钩，脑袋和背部为杏黄色，眼睛赤红，嘴里有牙齿，脚和尾巴都为黑色，并有鱼鳞一样的纹理。它肚子下面的壳很大，接近龟背，但背上的壳却又小又平，整个儿看起来像是仰面的乌龟。围观群众都不知道它的名字，只因它的脑袋弯曲尖锐，就叫它作"鹰嘴龟"，并找画师画下来给我看，并录入《海错图》中。有人嘲笑说："乌龟的外形是不变的，大家也能经常看到，海里怎么会有这么奇怪的东西呢？别相信他们的话，人家只是在骗你罢了。"我回答说："有典籍资料在，怎么会是骗人的呢？"我查到在《尔雅》中有十种龟，一神龟、二灵龟、三摄龟、四宝龟、五文龟、六筮龟、七山龟、八泽龟、九水龟、十火龟，龟的分类繁多。海里的龟类还有鼋鼍，它形如玳瑁，琉球海域就有一座鼋鼍屿。郭璞《江赋》里还有鼋鼍，其在字典里的读音是"弭麻"，字典中还说它像鼋鼍，生长在海边沙滩上，肉质鲜美多油，如今沙滩里捕获的龟类，几乎都是鼋鼍。我又向渔民描述鼋鼍的样子，询问这种龟的情况，他们虽然不认识它的名字，却说这种龟的肉质像牛肉，油脂金黄。渔民的说法与书上的说法相符，我这才相信并画下它的样子。海洋中本来就有一种龟，名字叫鼊，如今发现的脑袋上有钩的乌龟，应该就是这种鼊龟。在《博物志》和《本草纲目》中，一种动物经常有好几个名字，比如老虎叫山君，又叫伯都；蛤蟆的幼崽叫蝌蚪，又叫活东师；等等。同样的，这种龟也有两个名字——鼊和鼋鼍。我某天把自己的观点告诉了李闻思，他感叹道："要不是你深入研究，我差点就被弄糊涂了。那天，这种龟被呈送给平阳文武各官玩赏，看到的人非常多，总镇朱天贵、右营吴先生、城守徐先生、游府路先生、守戎金先生、平阳县长赵先生，以及全城官兵百姓都得以见到，可惜没有认识这种龟的人，官员观赏完后，就命人将它放生回江里了。"我将我的观点保留在此，今后关于鼋鼍的传说就有证可查了。

鲎

【原文】 张汉翁论鲎之形状及醢脸法[1]其详，谓鲎初生如豆，渐如盏，至三四月才大如盂。壳作前后两截，筋膜联之，可以屈伸。前半如剖匏[2]之半，而两腋缺处作月牙状。前半壳纵纹三行，直六刺，两泡，两点目也，雌鲎至秋后放子，则明而有光，捕者难取。后半截似巨蟹而坚厚，中纵纹一行，三刺，两旁壳边各八刺，每边又出长刺各六，皆活动。尾坚锐列刺，作三棱，长与身等，亦能摇曳自卫。腹下藏足，左右各六，似足非足，又皆有双岐如螯状。末两大足如人指，作五岐，变幻尤异。足皆绕口，在腹中心簇芒如针。后半壳下膜覆软肉，叶各五片，如虾之有跗，借以游泳。肠仅一条，甚短，而无脏胃。其背黑绿色，腹下及爪足黑紫色。牝者满腹皆子，子如小绿豆而黄。其脂臂[3]沉香色，血蓝色。但剪鲎有方，须先出其肠，勿令破，然后节解之。如肠破少滴其秽，臭恶不堪食矣。

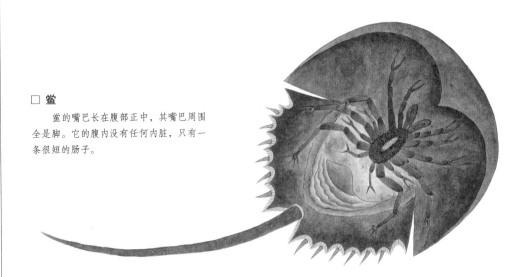

□ 鲎

　　鲎的嘴巴长在腹部正中，其嘴巴周围全是脚。它的腹内没有任何内脏，只有一条很短的肠子。

　　在水牝牡相负，在陆牝牡相逐，牝体大而牡躯小。捕者必先取牝则牡留，如先取牡则牝逸。鬻者夹牝牡，以竹束之而市。温、台、闽、广俱产，夏末最盛。腌藏其肉及子，醉以酒浆，风味甚佳。其血调水蒸，凝如蛋糕。其跗叶端白肉，极脆嫩美。尾间精白肉和椒醋生啖，胜鱼脍，食后戒饮茶。从未食者睹其形恶，多畏而不敢下箸，惯啖者每羡而爱之。或有性不相宜者，非哮即泻，惟久腌者颇无碍。其腌汁可愈心痛疾不止，肉之能治痔杀虫也。予录而记之，并附《鲎赋》于后。

　　《鲎赞》：背刚腹柔，形如缺缶[4]。一口当胸，其足二九。

　　【注释】　〔1〕醢（hǎi）脍法：一种烹调方法，将肉或鱼剁成酱或泥。

　　〔2〕剖匏：切成两半的大葫芦。

　　〔3〕脂膋（liáo）：肠子中的脂肪。

　　〔4〕缺缶：有缺口的瓦制乐器。

　　【译文】　张汉逸详细说明了鲎的形状，以及烹调鲎酱的方法。他说鲎初生时小如豆粒，逐渐长成酒盏大小，三四个月后才有钵盂大小。它的甲壳分前后两截，由筋膜连接在一起，可以伸缩自如。鲎的前半部分像是半个竖切的大葫芦，两边缺口处呈月牙形，有三行竖条纹、六根直刺、两个肺泡和两颗眼珠，雌鲎到秋后产卵时，眼睛就会格外明亮，很难被捉到。鲎身的后半部分像是坚硬厚实的巨蟹，中间有一道竖条纹和三根刺，壳两旁各有八根尖刺，每刺旁又长出六根小刺，因而活动自如。它的三棱状尾巴既坚硬又锐利，布满了小刺，与躯干一样长，摇动起来可以自卫。它的脚藏在下腹部，左右各六只，似脚非脚，像蟹钳一样分叉成两尖，最后两只大脚却有人手一样的五指，非常奇特。鲎的嘴巴位于腹部中间，长满了细小的针刺，四周围绕着它的腿脚。甲壳后半部分有薄膜覆盖着软肉，各有五片，像是虾子的脚背，是用来游水的。它的体内只有一条很短的肠子，没有胃和其他内脏，背部呈黑绿色，下腹部和腿脚呈黑紫色。雌鲎满肚都是幼卵，幼卵的样子就像微微泛黄的小绿豆。鲎的脂肪为沉香色，血液为蓝色。剪鲎是一门技术活，需要先把肠子取出，不能弄破，然后再一截一截地切割开来。如果把鲎的肠子剪破了，就会有恶臭的排泄物滴出来，使鲎难以被食用。

雌鲎和雄鲎在水中相互倚靠，在陆地上相互追逐，雌鲎身体较大，雄鲎较小。渔民必须先捉住雌鲎，这样雄鲎就会留下来；如果先捉住雄鲎，雌鲎就会逃走，鱼贩常将雌鲎和雄鲎关在竹笼里一起出售。温州、台州、福建、广东等地都有鲎，夏末最多。把鲎肉和幼卵腌制起来，再用酒浸泡，味道非常鲜美。将鲎血注水蒸煮，可以凝结成蛋糕状。鲎脚尖的白肉非常鲜嫩，尾巴里的精细白肉拌辣椒和醋生吃，比生鱼片还要美味，但吃后不能喝茶。没吃过它的人，经常因为它丑恶的形貌而吓得不敢动筷，吃惯了它的人却非常喜欢吃。有人对鲎过敏，食用后会引发哮喘或腹泻，但如果鲎肉经过长时间的腌制后再吃，就不会有不良反应。腌制鲎的汤汁还可以治疗心痛病，腌鲎肉也可以治疗痔疮，杀死体内的寄生虫。我把这些一一记述下来，并撰写了一篇《鲎赋》放在后文。

鲎赋

【原文】 动植飞潜，充牣[1]宇宙。海有介虫，厥名曰鲎。偃体团肩[2]，前如缺瓢；排翅掉尾，后若兜鍪[3]。背虽别夫两目兮，不辨睛眸；腹徒拥夫多足兮，长类伛偻。泛泛浩瀚之间兮，混玳瑁而杂鲼鲮[4]；蠕蠕斥潬[5]之上兮，役蟛蜞而伍蝤蛑。小齐杯碗，大拟盘簋[6]，同生共长，月露风流。互依倚兮，等蛩虫之待蟨负[7]；相匹偶兮，异水母之载虾浮[8]。所以陆行而留胕迹[9]，水戏而喷联沤[10]。泥涂而轩冕兮，既折腰而善走；风波而介胄[11]兮，虽雄心而不吼。似素未具乎刚肠，复何烦乎利口。性符离象，内阴而外阳[12]；形似毕星，丰前而锐后[13]。允协常经，宜匹令偶，胡为乎倡而壮者常为牝，随而瘠者反为牡？何顺逆之倒施，俾小大之乖谬？捕其雄兮，则雌遁而莫觏；获其雌兮，则雄留而死守。遁者既失罗敷[14]之贞，留者还蹈尾生[15]之丑。以故趋而蹴之者，远师老氏之守雌[16]；掩而掠之者，近说文姜之敝笱[17]。

爰是鲛居老叟、蜃穴儿曹，垂涎垄断，竭力贪饕[18]。觇彼蛋盈夏月，虑其娠脱秋涛。驾风云而势如逐鹿，绝沧海而意等钓鳌。痛轻身之未遂兮，嗟重祸以横遭。伤多子之贻患兮，悔贪欢而莫逃。且复双双并枯，两两联赦[19]，市上居之为奇货，席中指之为美肴。售以泉货[20]，执其鸾刀[21]，俦分侣劈，意惨神号，碧溅苌弘之血[22]，腥剖孕妇之膏。剥臀无肤，莹愈雪胲；斫胫有商[23]，清胜霜螯。剖卵累累兮，联珠缀絮；断肌缕缕兮，剔膜取胥。试小鲜之一烹[24]兮，佐中馈之连朝；失宰割之邻窭[25]兮，发痼疾而咆哮。

如是，沃以清芬之琬琰[26]，和以芳芷[27]之溪毛，聚糜躯于瓿醢[28]，实碎首于丘糟。备御冬之旨蓄[29]，佐卜夜以酝醷[30]。易牙[31]善刀而藏[32]曰："人味已尝，鲨味若何？"予投箸而起曰："肥甘味少，酸辛味多。"

【注释】〔1〕充牣(rèn)：充足，充满。

〔2〕偃体团肩：身形畏缩，肩膀圆润。

〔3〕兜鍪(móu)：头盔。

〔4〕鲵鲦：鲵鱼、鲦鱼，都是河豚的别称。详见册一《河豚》。

〔5〕斥滱(hùn)：泥潭沼泽。

〔6〕盘簏：盘子和竹笼。

〔7〕蟨(jué)、蛩是两种相依为命的动物，蛩常驮着蟨行动。出自《吕氏春秋》："北方有兽，名曰蟨，鼠前而兔后，趋则踬，走则颠……蹶有患害也，蛩蛩距虚必负而走。此以其所能托其所不能。"

〔8〕水母之载虾浮：相传水母没有眼睛，身上附着许多小虾为自己导航。详见册二《蛇鱼》。

〔9〕胖迹：变硬的老茧。

〔10〕联沤：层叠的水泡。

〔11〕介胄：本义为铠甲与头盔，这里指身披铠甲。

〔12〕内阴而外阳：《周易》的离卦，中间是一条阴爻(yáo)，两边是两条阳爻，因此称为"内阴外阳"。

〔13〕丰前而锐后：毕宿，二十八星宿之一，星象为前宽后尖。

〔14〕罗敷：秦罗敷，古代美女，机智忠贞，不畏强权。出自《陌上桑》。

〔15〕尾生：春秋时期人物，与女子相约桥上，遇到洪水，抱住桥柱不肯离去，最终溺水而死。出自《庄子·盗跖》："尾生与女子期于梁下，女子不来，水至不去，抱梁柱而死。"

〔16〕老氏之守雌：出自《老子》："知其雄，守其雌，为天下溪。"其意为：坚毅刚强，但与世无争。

〔17〕文姜之敝笱：文姜，春秋时期齐国公主，嫁给鲁桓公，却与自己的兄长乱伦，《诗经·敝

笥》即暗讽此事。敝笱，破渔篓，暗喻文姜。

〔18〕贪饕：贪吃。

〔19〕联弢（tāo）：装在同一个袋子里。弢，即"弢""韬"的异体字，本指箭袋，这里泛指袋子。

〔20〕泉货：泛指钱财。古人认为钱财四处流通，如同泉水，因此得名。

〔21〕执其鸾刀：拿起宝刀，宰杀祭品。出自《诗经·信南山》："执其鸾刀，以启其毛，取其血脊。"

〔22〕苌（cháng）弘血碧：苌弘，东周重臣，传说被冤杀后，血迹化为碧玉。出自《庄子·外物》："苌弘死于蜀，藏其血，三年而化为碧。"

〔23〕斫（zhuó）胫有商：商纣王听说有人能赤足渡河，认为这种人腿骨耐寒，便下令砍断他们的大腿并仔细观察，以满足自己的好奇心。出自《尚书·泰誓》："斫朝涉之胫，剖贤人之心，作威杀戮，毒痛四海。"

〔24〕试小鲜之一烹：煮小鱼，比喻无为而治。出自《老子》："治大国，若烹小鲜。"

〔25〕宰割之郤（xì）窾（kuǎn）：宰杀牲畜时，需要沿着骨隙找准关节，遵循一定的规律。出自《庄子·养生主》："依乎天理，批大郤，导大窾，因其固然。"郤、窾，骨缝和关节。

〔26〕清芬之琬（wǎn）琰（yǎn）：带有清香的美玉。

〔27〕芳苾（bì）：芳香，芬芳。出自《诗经·信南山》："是烝是享，苾苾芬芬。"

〔28〕聚糜躯于瓿（bù）醢：破碎的身躯，坛中的肉酱。瓿，一种陶制的瓮。

〔29〕备御冬之旨蓄：贮藏过冬的美味食物。出自《诗经·谷风》："我有旨蓄，亦以御冬。"

〔30〕佐卜夜以酕（máo）醄（táo）：占卜之后尽情饮酒作乐。出自《左传·庄公二十二年》："饮桓公酒，乐。公曰：'以火继之。'辞曰：'臣卜其昼，未卜其夜，不敢。'"酕醄，酩酊大醉的样子。

〔31〕易牙：春秋时期齐国名厨，擅长烹饪调味，曾把亲生儿子做成菜，献给齐桓公品尝。

〔32〕善刀而藏：宰杀牲畜后，擦拭保养并妥善存放所使用的刀具。出自《庄子·养生主》："提刀而立，为之四顾，为之踌躇满志，善刀而藏之。"善刀，保养刀具。

【译文】 动物植物、飞禽水兽，遍布世界，充满宇宙。海洋之中有种介类，它的名字叫作鲎。它身形畏缩，肩膀圆润，上身像是半只葫芦；翅膀并列，尾巴摇摆，下体就像一个头盔。它的背上虽有两只眼睛，却分辨不出眼眶和眼珠；它的腹下虽有许多腿脚，却弯腰曲背。它在汪洋大海中遨游，既像玳瑁又像河豚；它在泥沼滩涂上蠕动，以蟛蜞为仆，以蟾蜍为邻。小鲎只有杯碗大小，大鲎可以装满盘子竹笼，它们沐浴月光，吸收露水，繁衍生息，雌雄共处。它们互相倚靠，宛如蚕蚕背着蠮螉；它们互为配偶，就像鱼虾搭载水母。它们在陆地同行，磨出老茧；它们在水中嬉戏，喷涌泡沫。它们在泥潭中头戴冠冕，卑躬屈膝却善于奔跑；它们在风波里身披铠甲，雄心勃勃却不吼不叫，似乎并没有铁胆刚肠，不知为何要长着尖牙巨口？其性质符合周易离卦，内阴外阳；外形宛如毕宿星象，前宽后尖。既然遵循自然规律，应当匹配美好伴侣，为何雌性身强力壮，雄性却温顺弱小？为何违反常理，大小颠倒？雄鲨被捉，雌鲨头也不回，自顾不暇；雌鲨被捉，雄鲨原地等候，不曾逃跑。逃跑的雌性，丢失了罗敷的贞操；留守的雄性，重复着尾生的丑态。见到此情此景，跑去踢它们的人，师承老子抱雄守雌，与世无争；趁机抓住它们的人，深感文姜鱼篓破洞，礼崩乐坏。

所以人鱼老翁、蜃龙小伙，垂涎三尺，想要一品鲨肉。偷窥那圆润的鲨蛋，宛如夏天的满月；思念那受孕的雌鲨，宛如秋潮的奔流。腾云驾雾，气势仿佛要逐鹿中原；翻江倒海，目标便是要钓起神鳌。悲痛身死夙愿未成，感叹遭遇飞来横祸。哀伤子孙众多，竟然埋下祸患；后悔贪图快乐，最终无处可逃。于是双双被捆、两两套袋，成为市场里的好货，宴席上的佳肴。为了卖得高价，人们郑重地拿起宝刀，劈开雌雄伴侣，惨景鬼哭神号，雄鲨流淌着苌弘的碧血，雌鲨被刮取受孕的脂膏。剥开尾巴没有皮肤，只有晶莹雪白的嫩肉；效仿商纣斩断长腿，美味赛过霜降的肥蟹。切开发现幼卵密密麻麻，宛如珠玉互相串联；肌肉断层历历可数，最后刮取肠膜油脂。试着烹煮一点尝鲜，足以供应数日伙食；要是剪鲨方法不对，旧病发作大喊不止。

规范烹调之后，再搭配清香的美玉、芬芳的野菜，鲨肉酱封存入罐，碎肉块堆成山丘，作为寒冬腊月的储粮、夜晚畅饮的酒菜。易牙擦净屠刀问道："人肉您已尝过，鲨味又如何呢？"我扔下筷子，起身答道："肥美肉块太少，酸辣配料太多。"

册 四

　　本册所收录物种均为介类。自鲎至龙头虾，共列112个条目，涵盖了各种螺类、蟹类、虾类等甲壳生物，或简或繁，缀连有序，无不形神毕肖。另外，作者旧著《蟹谱》中的几篇序文也被附录其中，其词藻赡丽，文意隽永，兼有文学与博物学两重价值。

鲎鱼

【原文】鲎，《字汇》音"候"，海中介虫也。足隐腹下不可见。雄常守雌，取之必得双，俗呼"鲎媚"。性善候风，其相负虽风涛终不能解，又号"鲎帆"。鲎帆者，雌鲎于水面乘风负雄，其雄鲎后截卷起片片如帆叶，而且竖其尾如桅，故曰"鲎帆"。海上南风发，必至，夏月，渔人伺之。《山堂肆考》[1]《天中记》[2]及《代醉编》[3]俱载有"鱼矴""鱼帆"之说，鱼矴谓墨鱼也，鱼帆即鲎帆也。《泉南杂志》曰："鲎鱼，碧血，似蟹足十有二。渔者醢其肉。闽中多以其壳作镳杓。"予客闽，见烹饪者用此，异之，深维[4]用者之意，盖铜铁作杓，非损杓即坏镳，且响声聒耳。惟此壳为杓，岁久可不损镳，而质薄势轻，木然无声，夏羹侯有母尸饗，反不必取此也[5]。又考《格物录》亦载鲎鱼皮壳屈可为杓，则一灶下养[6]之所操，亦自"格物"中得之。并称其壳后截，坚者可为冠，入香能发香气；尾可作小如意；脂烧之能集鼠。予谓一物之微，其取材有如此，今人为杓，而外多轻弃之，惜哉！为冠似道冠。入香者配香烧，取其滋润意，用甲香[7]试之，果妙。尾作如意者，屈其尖，以后截壳剪而粘之，为如意头，甚雅。脂烧集鼠，性必类蟹也。又考《本草》云："鲎，微毒，治痔杀虫，尾治肠风。"杀虫

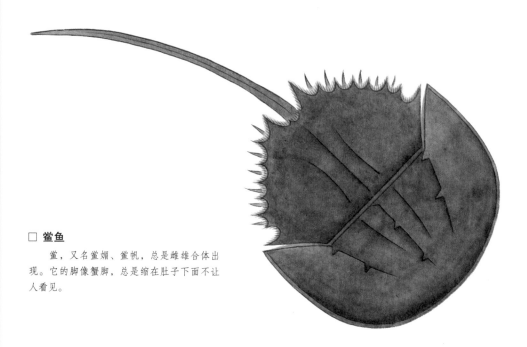

□ **鲎鱼**

　　鲎，又名鲎媚、鲎帆，总是雌雄合体出现。它的脚像蟹脚，总是缩在肚子下面不让人看见。

者，是杀痔中之虫[8]，此物清凉，大约能解脏毒脏火。尾治肠风，同一理也。今医家多未言及，何欤？闽中张汉逸业医而博古，无书不览，因与论鲎，彼出二十年前病中所著《鲎赋》示予而快之。

按字书，《鱼部》有"鲕鲹"二字，"鲹"同"虹"，云："江虫，似蟹，可食。"今鲎鱼似虹，其体两截能折[9]，则"鲕鲹"二字，明指鲎鱼。而《字汇》《篇海》皆不注明，欲于水族之内别求所谓"鲕鲹"，吾知其必不可得也。又考海中之鱼，除比目而外，惟鲎鱼雌雄相偶，在水则相负而游，在陆则相随而行。《鱼部》"鳒、鲽、鲂、鲏、鲈[10]"五字并指比目，则"鲎"字、"鲨"字当指鲎鱼。字书俱不注明，但解"鲎"曰"二鱼"，解"鲨"字曰"海鱼名"，使见鲎鱼，定当怅然自失。屈翁山《新语》云："鲎子甚多，而为鲎者仅二，余多为蟹、为蟳虾[11]、麻虾及诸鱼族。鲎乃诸鱼虾之母也。"

凡鲎，至夏南风发，则自南海双双入于浙闽海涂生子，至秋后则仍还南海。闽中渔人云："小鲎鱼，雌者常聚于广之潮州，雄者聚于浙闽海涂，至秋长大。浙闽小鲎皆去就潮州配合，来年复来是成双也。"予未敢信。海人曰："吾滨海儿童捕得小鲎，皆雄而无雌。"以是可验。此奇理也，存其说以俟高明。

《鲎鱼赞》：无鳞称鱼，有壳非蟹。牝牡乘风，来自南海。

【注释】〔1〕《山堂肆考》：明代彭大翼撰，书中采集宏富、门类繁杂，统编了诸多经史子集、释经道藏的资料。

〔2〕《天中记》：明代陈耀文编，书中援引繁富，间作考证，搜辑了大量的僻典遗文。

〔3〕《代醉编》：《琅琊代醉编》，明代张鼎思撰写的一部随笔，内容庞杂。

〔4〕维：通"惟"，思考、探究。

〔5〕羹颉侯：刘信，西汉人，刘邦长兄的儿子，封羹颉侯。尸，主持。饔（yōng），泛指饭菜。尸饔，主管炊事。刘邦的长嫂不高兴青年刘邦带朋友到家里蹭饭，便用饭勺把锅底刮得嘎嘎响，刘邦的朋友以为羹饭已经吃完，便饿着肚子悻悻地离开了，刘邦对此耿耿于怀。刘邦称帝后，封长兄的儿子刘信为羹颉侯，以示讽刺。"颉""羹"古音接近，就像刮锅底的声音。这里是说鲎壳制成的饭勺没有声响，羹颉侯的母亲应该不会用它。

〔6〕灶下养：这里指普通厨师。出自《后汉书·刘玄列传》："灶下养，中郎将。烂羊胃，骑都尉。烂羊头，关内侯。"

〔7〕甲香：中药材名，一种动物性香料，由螺类生物壳口的圆形片状壳盖制成，可入药。

〔8〕痔中之虫：指痔疮病人兼染蛲虫，即虫痔病。

〔9〕其体两截能折：作者认为"鲕"字指"能翻折的鱼类"，此说法有待考证。

〔10〕鱋（qū）：指比目鱼。

〔11〕蟛（níng）虾：对虾。

【译文】 鲎，在《字汇》中的读音与"候"相同，是一种海中的介虫。鲎的脚隐藏在肚子下面，肉眼无法看到。雄鲎常常守护着雌鲎，一旦捉到必定是雌雄成对，民间因此称鲎为"鲎媚"。鲎善于观测风向，它们雌雄合体时即使惊涛骇浪也无法使其分离，所以又被称为"鲎帆"。鲎帆，指雌鱼在水面迎着海风、背负雄鲎，而雄鲎则卷起后半部，宛如片片船帆，竖立的尾巴堪比桅杆。每当海上刮南风，它们就会出现，所以夏天的时候渔民都等着捕捉它们。《山堂肆考》《天中记》和《代醉编》中均对鱼矼和鱼帆有所说明，鱼矼指墨鱼，鱼帆指鲎鱼。《泉南杂志》记载："鲎鱼的血液是蓝色的，它的脚像蟹脚，一共有十二条。渔民经常把鲎肉制成肉酱食用。福建人还常把鲎壳做成炒菜用的勺子。"我客居福建时，看到有人烹饪时用这种勺子，感到十分奇怪，仔细研究后，才明白了其中的用意：铜铁做的勺子质地坚硬、势大力沉，使用时不是损坏勺子就是损坏锅，发出的声音也很刺耳。而鲎壳做的勺子不但经久耐用，轻便灵活，也不会发出噪声，可能也只有羹颉侯的母亲不会用它。《格物录》也记载着鲎壳后半部分可以弯曲做成勺子，可见就连厨师所用的一件寻常器具，也可以从研究中发现。《格物录》还说：鲎的外壳后半截比较坚硬，可以做成冠帽，掺入香料能做成熏香；鲎尾可以做成小如意；鲎脂燃烧后能引诱老鼠。如此微小的东西，竟然有这么多的用途，浑身上下皆可取材为宝，可惜今人只知道将它制成勺子，其余部分都弃之不用了。用鲎做成的帽子像道冠。将它掺入香料，有滋养的效果，我曾试着将它加入甲香中，效果确实很好。用鲎尾制作如意，需要先将它的尾尖弯折，再把外壳后半部分剪下来粘上去，作为如意的顶端，非常雅致。鲎脂燃烧后可以引诱老鼠，因此其性味可能和螃蟹差不多。《本草纲目》说："鲎，有微毒，能治疗痔疮，杀死毒虫，它的尾巴能治疗肠风病。"这里所说的毒虫，就是指痔疮里的毒虫，大概是因为鲎性味寒凉，所以能祛除脏腑火毒。鲎的尾巴能治疗肠风病，也是这个原理。但是，为什么现在的医生却很少提及呢？福建人张汉逸就是医生，且又博览古书，我无意中和他聊起鲎鱼，他拿出我二十年前病中创作的《鲎赋》给我看，好不快意。

字书中"鱼部"有"鲚鲊"二字，"鲊"字通"虹"，注释为："江中的虫类，像螃蟹，可以食用。"鲎鱼确实长得像虹鱼，身体又可以翻折，可见鲚鲊的确就是鲎鱼。而在《字汇》《篇海》里都没有注释说明，却在其他水生动物中寻找所谓的"鲚鲊"，当然是徒劳无功了。我发现在海洋生物中，除了比目鱼以外，只有鲎鱼雌雄相伴，在水中背负而游，在陆地上前后相随。在《鱼部》中，"鳒、鰈、魪、鮙、鰜"这五个字皆指比目鱼，那么"鱻"和"鰌"字应该皆指鲨鱼。字书没有注明，只把"鱻"字解释为"两条鱼"，把"鰌"字解释为"一种海鱼"，假使见到鲨鱼，一定会大失所望吧。屈翁山《广东新语》说："鲨的鱼子很多，但只能孵化出两只鲨鱼，其余的都变成了其他种类的鱼、虾、蟹。"这样看来，鲨鱼为鱼虾之母。

每年夏季刮南风的时候，鲨必然出现，它们成双结对，从南海游到浙江、福建的海滩繁殖，秋天之后仍然返回南海。福建的渔民说："小雌鲨聚集在广东潮州，小雄鲨聚集在浙江、福建海滩，到秋天都会长大。届时，浙江、福建的雄鲨游到潮州与雌鲨交配，年年如此。"对此，我不怎么相信。渔民又说："我们这里的孩童在海滩上捉到的小鲨全是雄的，没有雌的。"以此作为证据，实在是太奇怪了，我姑且记录下来，等待有识之士明辨。

鲨、蟹等负火

【原文】 闽中有一种小鱼虾，晦夜有光如萤，而南海之鲨、蟹等，夜间在海滩一一皆有一火。渔人每取一火，则得一鲨、蟹之属，盖海中实有火也。屈翁山《新语》云："海中夜行，拨棹则火花喷射。故元微之[1]《送客游岭》诗有'曙朝霞眽眽，海火夜磷磷'之句。"

《鲨蟹龟鳖螺蚌蚶蛤鱼虾负火赞》：南离炎海[2]，火沸狂澜。鳞介乐浴，冬不知寒。

【注释】 〔1〕元微之：元稹，字微之，唐代诗人、文学家，与白居易共同倡举"新乐府运动"。《送客游岭》即《和乐天送客游岭南二十韵》，原诗为"曙潮云斩斩，夜海火磷磷"，意为：破晓涨潮时层云堆叠，夜晚海面上星火磷磷。

〔2〕南离炎海：南离，南方；炎海，对应火，这里既指南方闽海等地，也借指海中有火。

【译文】 福建海域有一种小鱼虾，在夜晚会发出萤光；而南海的鲨和蟹类等，夜间在滩涂上也能发出火光。渔民循着火光而去，总能捉到一只鲨鱼或螃蟹，可见海中确实有火。屈翁山《广东新语》说："夜晚航行，划动船桨的时候就会有火花迸射。因此元稹的《送客游岭》一诗中有'曙朝霞眽眽，海火夜磷磷'的句子。"

响螺

【原文】 海中之螺，不但小者能变蟹，即大如响螺亦能变，但不能离螺，必

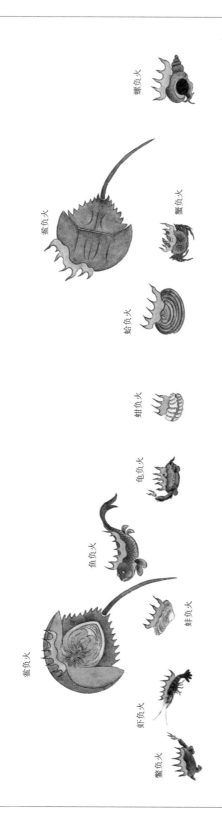

螺负火

鲎负火

蟹负火

蛤负火

蚶负火

龟负火

鱼负火

蚌负火

鲎负火

虾负火

鳖负火

□ 鲎、蟹等负火

海中常能看到火，那是因为在夜晚的时候，小鱼、小虾、蟹、鲎、蟹等背火而游。图中为螺负火、鲎负火、蟹负火、蛤负火、蚶负火、龟负火、鱼负火、蚌负火、虾负火、鳖负火。

负螺而行，盖其半身尚系螺尾也。海人通名之曰"寄生"，不知变化之说也。[1]

响螺形长如角螺，而无刺有瘟。南海出者多花纹，其壳吹之可为行军号头，亦曰"号螺"。惟西番僧所带者黄白花纹，莹然如组如鳞，每清旦即吹法螺[2]、诵梵呗[3]。其大螺大贝多产海西[4]。今闽海响螺通如此状，而琉球尤多。闽人张玉明于康熙三十年过琉球，述其国捕得此螺，以绳悬诸空际，用炭火炙之，其肉自出。乃取其头切成大片，干之，货于福省，伪充鳆鱼。又以其尾腌浸久之，贮入磁瓮。琉球磁瓮系长样如竹筒式，乃以磁盖砺灰封之令固，又以草作辫，周瓮扎之。上船虽横直抛运，无损也。至福省售之各肆，名曰"海胆"，即此螺之尾也。其色绿而味美，蘸肉食代酱甚佳。

《响螺赞》：响螺不响，少小无声。老来变蟹，四海横行。

【注释】〔1〕海民认为蟹螺共生是寄居现象。作者却认为是螺类化生为蟹类，这一观点有违科学事实。

〔2〕法螺：佛教法器，由螺壳制成，一般在作法事前吹奏。

〔3〕梵呗（bài）：佛教音乐，僧人以朗诵短偈的形式来称颂佛陀和菩萨，常伴有乐器演奏。著名梵呗有《鱼山梵呗》等。

〔4〕海西：指台湾海峡西岸。

□ 响螺

　　响螺，因螺壳能吹响而得名，又名"号螺"。响螺壳近菱形，壳质较坚硬，壳上有织锦和鱼鳞般的花纹。作者认为，响螺能变成螃蟹。

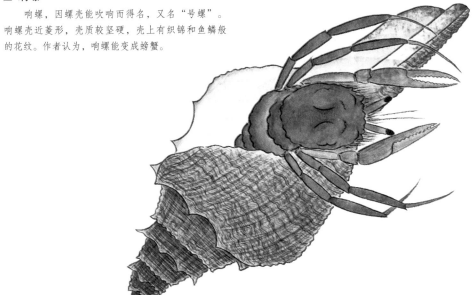

【译文】 海螺之中，不仅小螺能变成螃蟹，像响螺那么大的也能变成螃蟹。它们变成螃蟹后，并不能脱离螺壳，必须背着螺壳生存，大概是因为它们身体的后半部分仍然是螺尾吧。海边居民把这种现象叫作"寄生"，因为他们不懂"化生"的道理。

响螺体形较长，像角螺，没有尖刺，但有颗粒状的凸起。南海出产的响螺大多有花纹，螺壳能吹响，可以当作行军的号乐，所以又叫"号螺"。西域僧人戴的响螺大多是黄白色的花纹，晶莹剔透，宛如织锦和鱼鳞，他们每日天亮就吹响法螺，诵唱梵呗。大螺贝一般产自海西。现在闽海的响螺都是这种，尤其是琉球特别多。福建人张玉明曾在康熙三十年途经琉球国，他告诉我，琉球国人捉到响螺后，就用绳子把它悬空挂起来，在下面用炭火炙烤，螺肉便自然脱落。他们再把螺肉切成大片，风干后远销福建，假充鲍鱼。他们还会把螺尾腌制很长一段时期后存放到瓷瓮中。琉球瓷瓮比较长，如同竹筒，人们用瓷盖和砺灰将它密封起来，再编草绳绕瓮口包扎起来。这样一来，船运时无论横竖抛接，瓷瓮都不会破损。福建食品店所售卖的"海胆"，正是这种螺尾，其颜色翠绿，味道鲜美，蘸着肉酱吃，特别美味。

蚕茧螺

【原文】 蚕茧螺，白而圆长，绝类茧状。

《蚕茧螺赞》：海蚕结茧，飞去其蛾。破茧经霜，变而为螺。

【译文】 蚕茧螺为白色，体形圆长，像蚕茧。

□ 蚕茧螺

　　蚕茧螺，螺壳白色，螺体圆长形，就像蚕茧，并因此得名。

香螺

【原文】 香螺之肉，如锦纹，壳形似土贴[1]而黄绿色，或有黑斑点不等。其肉似鳆鱼而微香，故以香名。壳之大者，见养花家多架于药栏，以栽芸草花卉为玩。吴日知云："至老亦有变而为蟹者。"人亦称为"蟹螺"。

《大香螺化蟹赞》：香螺肉锦，岂甘久隐。一朝变蟹，玉不椟韫[2]。

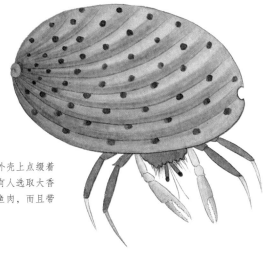

□ **香螺**

香螺，外形像土贴，黄绿色的外壳上点缀着许多小圆斑点，十分雅致，因此常有人选取大香螺作为家中摆设。香螺肉不但像鲍鱼肉，而且带着香气，所以人们称它为"香螺"。

【注释】 〔1〕土贴：泥螺，详见本册《泥螺》。

〔2〕玉不椟韫：出自《论语·子罕》："子贡曰：'有美玉于斯，韫椟而藏诸？求善贾而沽诸？'子曰：'沽之哉！沽之哉！我待贾者也。'"其意为：贤才应当为君效力，施展才华，不能避世隐居（所以赞文说"岂甘久隐"）。椟，木匣子。韫，收藏。

【译文】 香螺肉就像织锦花纹，外壳为黄绿色，样子像土贴，有的还长着少许黑色斑点。它的肉质非常像鲍鱼肉，微微带有香气，所以又称"香螺"。较大的香螺壳常被养花人摆放在花架上，种上花草以供赏玩。吴日知说："香螺长大后，也有化为蟹类的。"人们又称它为"蟹螺"。

铜楪螺

【原文】 铜楪螺，形如楪子〔1〕，活时绿色，似蜗牛壳而坚过之。

《铜楪螺赞》：楪本树生，堪作念珠。海产青螺，光圆正如。

【注释】 〔1〕楪（huàn）子：楪木的籽实，常用来制作念珠。

□ **铜楪螺**

铜楪螺，产自海中，通体绿色，因其外壳光滑圆润像楪子而得名。这种螺也像蜗牛，但是它的外壳比蜗牛壳硬得多。

【译文】 铜槵螺的外形像槵子，活螺为绿色，壳像蜗牛壳而比蜗牛壳更加坚硬。

蛇螺

【原文】 蛇螺，壳匾而绿，产闽中。系海岩石壁上生成，取者以凿起之，始落。肉状如蛇头，有目有口有须，更有一肉角，全身扯出，软弱如土猪脂。其味甚美，不可多得。海人宴上宾，用此为敬。

《蛇螺赞》：螺中有蛇，触目心傲[1]。啖者怀疑，更其杯影[2]。

【注释】 〔1〕傲：通"惊"。
〔2〕杯影：化用自成语典故"杯弓蛇影"。

【译文】 蛇螺，扁壳，通体绿色，产自福建。它们生长在海边的岩石峭壁中，渔民必须用凿子撬它才会掉落。蛇螺肉就像蛇头，眼、口、须俱全，还有一个肉质尖角，将它全身的肉扯出来，和猪油一样软。蛇螺味道鲜美，十分稀有。海边渔民常用它款待贵客，以示尊重。

□ 蛇螺

　　蛇螺，生长在福建沿海的岩石中，因螺肉像蛇头而得名。它的壳为绿色，形貌和一般的螺类差不多。它的肉伸出壳外，就像一只蛇头，上面长着眼睛和嘴巴。

手巾螺

【原文】 手巾螺，圆而有黑纹丰起，如花手巾堆盘状，故以"手巾"名。
《手巾螺赞》：海滨邹鲁[1]，居然大雅。设帨以螺，龙宫弄瓦。[2]

【注释】 〔1〕海滨邹鲁：泛指潮汕地区。邹，孟子故乡；鲁，孔子故乡。后世以"邹鲁"指文化昌盛之地，礼义之邦。"海滨邹鲁"出自著名的北宋诗人陈尧佐的作品《送王生及第归潮阳》："休嗟城邑住天荒，已得仙枝耀故乡。从此方舆载人物，海滨邹鲁是潮阳。""潮阳"即指潮汕

□ **手巾螺**

　　手巾螺产自潮汕地区的海滨。它的圆形外壳上有着黑色条纹凸起相叠，就像手巾叠放在盘中，十分素雅别致。

地区。

　　〔2〕设帨（shuì）和弄瓦均为中国民间对生女的古称。设帨，古代人家生了女儿，便要悬挂一条佩巾在门边，出自《礼记·内则》："子生，男子设弧于门左，女子设帨于门右。"弄瓦，古代女子纺织使用的纺锤，出自《诗经·斯干》："乃生女子，载寝之地，载衣之裼，载弄之瓦。"

【译文】　手巾螺，其圆形的外壳上有层层叠叠的黑色纹路，就像花手巾堆在盘里，所以得名"手巾螺"。

羊角螺

【原文】　凡螺之尾，必盘旋而曲，惟羊角螺其形如角。
《羊角螺赞》：大风起兮[1]，云天漠漠。羊角在螺，扶摇所落。[2]

【注释】　〔1〕大风起兮：出自刘邦《大风歌》："大风起兮云飞扬。"
　　〔2〕羊角和扶摇均为龙卷风的代称。出自《庄子·逍遥游》："抟扶摇羊角而上者九万里。"

【译文】　螺类的尾部必定都是回旋曲折的，只有羊角螺的尾部像犄角。

□ **羊角螺**

　　羊角螺，最奇特的地方在于，它的尾部不像普通螺类那样是盘曲的，而更像一只羊角，如同龙卷风的形状。

砚台螺

【原文】　砚台螺，白色，背有黑斑，其面平如砚。螺口作月牙状，如砚池。
《砚台螺赞》：虾须代笔，鲛绡[1]题诗。乌鲗吐墨，螺作砚池。

□ **砚台螺**

　　砚台螺，通身白色，带有黑色斑纹，外壳平整光滑，螺口为月牙状，如同海中的一只砚台。

【注释】〔1〕鲛绢：传说中鲛人所织的一种薄丝绸，后被人们称为"贮泪之物"。

【译文】砚台螺是一种白色的螺，背上有黑色斑点，表面光滑平整，如同砚台。其螺口呈月牙状，如同砚池。

火焰螺

【原文】火焰螺，形如常螺，周壳作红绿白斑纹，上有生成一圈绿焰，凡三支，而又三分之。海中罕有，故典籍及志乘并无。近日贾人偶得于澎湖海中，见者莫不称异。图后一日，有泉人久于海者见之，曰："是珠螺也，生海外，常有大珠水中生焰，久而结成真形于壳外。"赞云"透出夜光"，意想正到，暗与理会。

《火焰螺赞》：老蚌失珠，滚入蛎房。怀宝难隐，透出夜光。

【译文】火焰螺的外形与一般螺类相似，只不过外壳上有红绿白三色相间的斑纹，壳外还有一圈绿色火焰，火焰分为三股，又各自分出三支小火舌。这种螺在海中很少见到，所以古代典籍和地方志中并没有关于它的记载。近来有商人在澎湖海中偶然得到了这种螺，看到它的人无不惊奇赞叹。我绘好这张图的第二天，有一位久居海边的泉州人看过后说："这是珠螺，生长在外海，常孕育出巨大的珍珠在水中生出火焰，时间久了，火焰就会逐渐长在壳外。"我赞文中的"透出夜光"，与他所说的正好相符。

□ **火焰螺**

火焰螺，产自外海，样子奇特。这种螺的壳为白色，上面有一道道红绿白三色相间的斑纹，斑纹上又有一圈绿色火焰，吐出火舌，据说这是因为它在水中可以生火，时间久了火就跑到外壳上来了。

蒜螺

【原文】 蒜螺高下如蒜形。

《蒜螺赞》：鱼有黄瓜，蛤有豆芽。[1]以螺为蒜，食备渔家。

【注释】 〔1〕黄瓜指黄瓜鱼，即石首鱼；豆芽指海豆芽。

【译文】 蒜螺，形状和大小都很像大蒜。

□ **蒜螺**

　　蒜螺，一种外形像蒜的螺，壳比较薄，螺塔高而尖。

钞螺

【原文】 钞螺产瓯之永嘉海滨，其壳如蜗牛，而文采特胜。白质紫纹而匾，壳上有白一点，置水中光烛如银。其肉甚腥，壳则华美而坚厚。遐方罕见者偶得一二枚，藏之钞囊[1]，以为珍物，不知永嘉瓦砾之场皆是也。

《钞螺赞》：其肉则腥，其壳则丽。小人鲜衣，君子所睨[2]。

【注释】 〔1〕钞囊：古人存放钱钞的袋子。
〔2〕睨：斜眼看，表示不屑。

【译文】 钞螺产自温州永嘉县海域。它的外壳很像蜗牛，但色彩比蜗牛壳更加丰富鲜艳。它的外壳呈扁形，底部为白色，有紫色花纹，壳上有一块白点，放入水中能生出银色的火光。钞螺肉的腥味很重，外壳却华美而坚实。外地人很难见到这种螺，偶然得到一两枚，便奉为珍宝，收藏在钱囊里，殊不知这种东西在永嘉的瓦砾场中随处可见。

□ **钞螺**

　　钞螺，常见于温州永嘉县海域。它的外壳像蜗牛壳却更加坚硬，色彩斑斓，在水中煜煜发光，非常华美。人们将它视作珍宝，收藏在钞囊里，因此得名。

九孔螺

【原文】 陶隐居云："此孔螺是鳆鱼甲附石而生。大者如手，内亦含珠。"《本草》云："惟一片，无对，七九孔者良。生广东海畔。"《图经》云："生南海，今莱州皆有之。"又曰："鳆鱼，王莽所食者[1]，一边着石，光明可爱，自是一种。"愚按，鳆鱼、石决明[2]，《本草注》论说互异，或以为一种，或以为两种，别辨未明。但石决明入眼科用，治目凉药也；而鳆鱼亦治青瞠[3]，能明目，盖附石而生，得石之性[4]，故肉与壳皆可以疗目，其为一体，不辨自明矣。九孔螺以九孔者为良，有不全者，药贾以钻穿之令全，可识也。制法火炼，醋淬，研细，以水澄出，晒干，以薄绵筛之，然后轻细可入目。否则便为眼中着屑，非徒无益，而又害之。

《九孔螺赞》：河图洛书，不过此数。[5]螺生九孔，奇哉天赋。

【注释】 〔1〕王莽所食者：这里指鲍鱼。王莽，西汉末年权臣，篡位后创立新朝，喜欢吃鲍鱼。《汉书·王莽传》："莽以军师外破，大臣内畔，左右亡所信……莽忧懑不能食，亶饮酒，啖鳆鱼。"

〔2〕石决明：一种中药，由九孔鲍或盘大鲍的贝壳，洗净后晒干制成。

〔3〕青瞠：即青光眼。瞠，盲，目失明。

〔4〕得石之性：作者认为石头性味寒凉，鳆鱼得石性而能祛翳明目。

〔5〕古代认为，河图、洛书分别是"八方十数图"和"九宫九数图"，这里泛指数字不超过十。

【译文】 陶弘景说："这种九孔螺是鲍鱼壳附着在岩石上长成的，可以长到手掌那么大，内有珍珠。"《本草纲目》记载："这种螺只有一片外壳，并不成对，其

□ **九孔螺**

九孔螺，鲍鱼壳附着在岩石上长成的螺，至多长到手掌大小，只有一片外壳，壳内可以孕育珍珠。这种螺可以入药，孔数齐全（九孔）的效果最好。

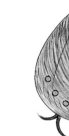

中七孔或九孔的品质最好。产于广东海边。"《本草图经》记载："这种螺生长在南海，但现在莱州地区也有，又叫作'鰒鱼'。"这本书还记载着："当年王莽所爱吃的鲍鱼，其一侧附着在石头上，光彩照人，十分可爱，是另一个品种。"据我考证，《本草注》关于鲍鱼和石决明的记载有所争议，有人认为它们是同一种东西，有人认为是两种东西，众说纷纭，难以定论。不过石决明为眼科所用，是治疗眼疾的凉性药；而鲍鱼也能治疗青光眼，还能明目。大概它们附着在石头上生长，吸收了石头的性味，所以肉质和外壳都可以治疗眼疾，由此这两种东西实际上是同一种生物便不言自明了。九孔螺，自然是有九孔的品质最好，某些孔数不全的，药商会用钻子补足，只要仔细观察，就可以辨别出来。用九孔螺制药，必须先经火炼，然后放入醋中淬泡，研磨成粉，再用清水洗涤，晒干后还要用薄纱筛一遍，如此获得的细小粉末才能入眼治病。否则的话，入眼的不过是灰屑，不但没有药效，反而会加剧病情。

红螺

【原文】 红螺，色正赤，有刺。产连江海岩石间，甚可玩。然偶然有之，不得多得。

《红螺赞》：日照海东，螺衣赛红。龙宫赐绯，不与凡同。

【译文】 红螺，外壳为鲜红色，壳上长刺，产自连江海域的岩石间，适合拿来把玩。这种螺非常少见，所以难以得到。

□ 红螺

红螺，产自福建连江海域。其通体赤红，满身是刺，与众不同，十分稀少。

扁螺

【原文】 扁螺，产海岩石隙中，其质甚坚；其形虽圆而扁，似乎夹捏而成者也；其纹皆作水田状。生物付形[1]变化之体，不知何以至是也。

《扁螺赞》：扁螺不圆，质付先天。更有田文，铁笔所镌。

【注释】 〔1〕付形：寄托形体。古人认为万物先有生命，然后才能被寄托在各种具体的形体之中。

□ **扁螺**

扁螺，生长在岩石缝中，因螺体呈扁圆形而得名。它的壳上布满水田状的花纹，十分神奇。

【译文】 扁螺，生长在海中岩石的缝隙之中。它的质地非常坚硬；形状呈圆形，但仿佛被人捏扁了似的；花纹呈水田状。由此，不得不令人感叹造物主的神通广大，竟能造出如此神奇的东西。

巨螺

【原文】 巨螺，生大洋深水。岁月既久，鱼不能食，人不及取，其壳坚厚，蛎房、撮嘴多寄生于上，益为傀儡。琉球、浡泥[1]最多，故二国旧例贡献方物有螺壳。张汉逸曰："此钿螺[2]之大者也，琉球国多作压载物[3]来，其掩[4]即甲香也。"福省巧工车琢其壳为杯，去粗皮后带绿色则曰"鹦鹉杯"；去其绿皮，珠光色则曰"螺杯"；至螺中心有圆红处，则曰"鹤顶红"。琢杯余料为调羹，为搔头，一切玩具诸饰甚多，其屑即为螺钿。海中诸螺，惟此螺有光彩，而取用亦无穷也！

《巨螺赞》：螺大如斗，匪但藏酒。更匿娇娥，愿执箕帚[5]。

【注释】 〔1〕浡泥：又称"佛泥""婆罗"，位于今加里曼丹岛北部一带的文莱古国。

〔2〕钿螺：用于制作螺钿的海螺。螺钿，又称"螺填""钿嵌"，一种加工工艺，将螺壳或贝壳薄片、碎屑按照图案镶嵌在器物表面。

〔3〕压载物：船舶空载时用以增加载重，使船身保持稳定的重物。

〔4〕掩：即掩厣（yǎn），贝类生物用来保护自己的圆片状的盖。

〔5〕愿执箕帚：愿意充当仆从，后多借指愿意成为妻子，承担家务。出自《吕氏春秋·顺民》："孤将弃国家……执箕帚而臣事之。"

【译文】 巨螺生长在大洋深水之中。在经历漫长的岁月之后，鱼虾无法啃食它，人类无法捕捞它，它的外壳变得坚硬厚重，上面寄生着大量的蛎房、撮嘴等物，乍一看，就像被寄生物种控制的傀儡一般。这种螺在琉球国和浡泥国出产最多，所以这两个国家的进贡物品中一直有螺壳。张汉逸说："这是巨型钿螺，琉球国经常将它用作压舱石，它的掩厣就是甲香。"福建的能工巧匠把螺壳雕琢成杯子，去掉粗皮，带有绿色的叫作"鹦鹉杯"；去掉绿皮，带有珍珠光泽的叫作"螺杯"；在螺杯中心

□ **巨螺**

　　巨螺，大多产自琉球国和浡泥国的深海中，因在经年累月中长成巨大的体形而得名。它的外壳非常坚硬，常被用作压舱石，又因它华美无比，常被能工巧匠雕琢成器物。

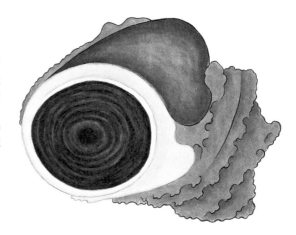

　　有个圆形红斑的，叫作"鹤顶红"。制杯残留的螺壳，还可以做成调羹、搔头以及各种玩具、装饰品等，碎屑则用于螺钿的加工。众多海螺中，只有巨螺光彩绚丽，而且用途广泛，全身是宝。

梭螺

　　【原文】　闽中海滨有一种螺，两头尖，其形如梭，名曰"梭螺"。《兴化志》有梭尾螺，疑即此也。

　　《梭螺赞》：银河晓望，织女颦蛾[1]。叹梭落海，变而为螺。

　　【注释】　〔1〕颦（pín）蛾：皱眉。

　　【译文】　福建海边有一种螺，它的身体两端是尖的，外形像梭子，名叫"梭螺"。在《兴化志》中记载的梭尾螺很有可能就是它。

□ **梭螺**

　　梭螺，产自福建海域，体形较小，因外壳中间圆两头尖而得名。

海蛳

【原文】 海蛳白色者产江浙海涂，三四月大盛。贩夫煤熟，去尾，加香椒，鬻于市。吾杭立夏比屋[1]以焰烧新豆、樱桃、海蛳为时品。然五六月后，则海蛳尽变，不但化蟹，并能为小蜻蜓鼓翼飞去。

《海蛳赞》：唧咋[2]寻味，美在其中。咀唔[3]难出，必然不通。

【注释】 〔1〕比屋：指家家户户，比喻众多、普遍。

〔2〕唧咋：咀嚼发出的声响。

〔3〕咀唔："龃龉"，郁塞不通的样子。

【译文】 白色海蛳产自江苏、浙江沿海一带的海滩，每年三四月份繁殖旺盛。商贩们将海蛳煮熟、去掉尾巴后，加入调料，拿到市场上贩卖。立夏时节，我们杭州家家户户都烹饪新豆、樱桃、海蛳作为当令食物。但是到了五六月份，海蛳就会全部变成其他生物，不但能变成螃蟹，还能变成小蜻蜓扇动着翅膀翩翩飞走。

□ 海蛳

　　海蛳常见于江浙一带的海滩。它通体白色，体形细长，繁生于三四月，到了五六月就化生为螃蟹、蜻蜓。

铜蛳

【原文】 铜蛳，其色如铜，亦名"青蛳"。产闽中海涂，闽人呼为"莎螺"，以其生斥卤[1]草泽间也。亦以春深发，然味苦不堪食。

《铜蛳赞》：铜蛳味苦，喜者难逢。放弃年久，变为老铜。

【注释】 〔1〕斥卤：盐碱地。

□ 铜蛳

　　铜蛳，产自福建，因其外壳为铜色而得名，又名青蛳、莎螺。由于常年生长在盐碱地和水洼中，它的味道非常苦，极难吃。

【译文】 铜蛳通身铜色，又名"青蛳"。产于福建海滩，福建人叫它"莎螺"，因为它生长于盐碱地的水洼之中。铜蛳在暮春时节大量繁生。它的味道苦涩，难以下咽。

短蛳螺

【原文】 短蛳螺，似海蛳而短，其壳甚坚，而唇[1]亦润，故名螺。春月繁生泥。螺中不足珍也。

《短蛳螺赞》：似蛳非蛳，蛳中之螺。春月海涂，繁生甚多。

【注释】 〔1〕唇：螺类开口处的边缘，就像嘴唇一样。

【译文】 短蛳螺的外形像海蛳，但个头比海狮短小。它的外壳十分坚硬，唇非常圆润，所以说它是螺。短蛳螺每到春季就大量繁生。它是螺类中的一个普通品种。

□ **短蛳螺**
　　短蛳螺，产自海涂，外形像海蛳，比海蛳短小，外壳坚硬，长着圆润的唇。每到春天，这种螺就会大量繁生。

铁蛳

【原文】 铁蛳，其色黑，其壳坚，产温台及闽中海涂。温台冬间即有，而盛于春，味亦美，与杭州白蛳[1]不相上下。产闽者不佳，而变蟹之候则皆同也。

《铁蛳赞》：煮海为盐，乃又有铁。炉而冶之，国用不竭[2]。

【注释】 〔1〕白蛳，见前文《海蛳》。

〔2〕国用不竭：古代盐铁是重要的战略资源，自汉代开始，盐铁官营，以获取可观利润，为此，西汉桓宽撰有《盐铁论》，对此现象进行批驳。这里指海里既有盐又有"铁蛳"，可以供国家

□ **铁蛳**
　　铁蛳，常见于浙江、福建一带的海涂。它的外壳为黑色，坚硬无比，在冬天出现，春天大量繁生。浙江的铁蛳比较美味，福建的味道稍差，但据说后者可以化生为螃蟹。

开采不尽。

【译文】 铁蛳，通身黑色，外壳坚硬，产自温州、台州及福建海滩。每到冬天，温州和台州地区就开始有铁蛳出现，到了春季便极其繁多，它的味道也十分鲜美，足以与杭州的白蛳相媲美。福建产的铁蛳品类不好，但和其他螺蛳一样，在同一时节变成螃蟹。

手卷螺

【原文】 手卷螺，颈长尾促，形如手卷[1]之未展者。产闽中海涂，而漳泉尤多。

《手卷螺赞》：龙王不俗，手卷数轴。不图山水，专画海错。

【注释】 〔1〕手卷：装裱中横幅的一种体式，可以握在手中顺序展开来阅览。手卷只供案头观赏，不能悬挂，也可以卷起来收藏，多见于书画作品的装裱。

【译文】 手卷螺，颈部修长，尾部短小，就像没有完全展开的卷轴。它们大多产于福建海滩，其中又以漳州、泉州数量最多。

□ **手卷螺**

手卷螺，常见于福建漳州、泉州的海滩。它的颈部特别长，尾部很短，如同半掩的卷轴，并因此得名。

鹦鹉螺

【原文】 鹦鹉螺，其形绝类鹦鹉蹲踞状，首昂而尾垂，色泽与绿衣使[1]无异。产海洋深处。古人酒器以此为珍，可不雕琢。今人剖而开之，去绿衣，以取光华夺目，鹦鹉螺杯反不取重矣。且今日螺荤[2]遍天下，即玉杯象箸，贫士可办，缅想茅茨土阶[3]，污樽抔饮[4]，何其戚也！故曰："尧让天下，让贫非让富。"

《鹦鹉螺赞》：汉晋螺杯，名传鹦鹉。拟物于伦，信而好古[5]。

【注释】 〔1〕绿衣使：即绿衣使者。一种鹦鹉名，出自五代王仁裕《开元天宝遗事·鹦鹉告事》。传说唐玄宗时期，长安杨崇义被妻子及其情夫谋害，并被埋尸伪装成失踪，目击者只有他生前饲养的鹦鹉。后来官府查案时，这只鹦鹉口吐人言，指认了两位真凶的罪行。唐玄宗听闻后，认为鹦

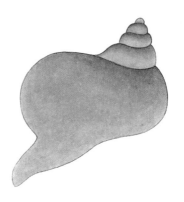

□ **鹦鹉螺**

　　鹦鹉螺，生长在海洋深处，因长得像鹦鹉而得名。它通身绿色，简洁雅致，常被人们制成酒器而珍爱有加。今人喜欢将它精雕细琢，反而画蛇添足。

鹉懂得报恩，封其为"绿衣使者"，学者张说亦据此撰写了《绿衣使者传》。

　　〔2〕荦（luò）：明显，分明。

　　〔3〕茅茨土阶：用茅草或芦苇盖的屋顶、用泥土筑的台阶，形容居所十分简陋。出自明冯梦龙《东周列国志》第三回："昔尧舜在位，茅茨土阶，禹居卑宫，不以为陋。"

　　〔4〕污（wū）樽抔饮：出自《礼记·礼运》："污樽而抔饮。"郑玄注："污樽，凿地为樽也。"孔颖达疏："以手掬之而饮，故云抔饮。"污，土坑。

　　〔5〕信而好古：出自《论语·述而》："述而不作，信而好古。"其意为：只叙述和阐明前人的学说，自己不妄下结论；相信并爱好古代的事物。

　　【译文】　鹦鹉螺，外形像蹲着的鹦鹉，头向上高高昂起，尾巴向下垂着，颜色和光泽与绿衣使者没有区别。鹦鹉螺生长在大洋深处，古人将它制成酒器，无须雕琢，并视为珍品。当代人把它的壳剖开，磨去表面的绿衣，使其光彩夺目，这样做成的鹦鹉螺杯反而不被珍视了。况且如今螺壳随处皆有，就算是穷苦人家，也都用得起玉杯和象筋，再遥想上古时代，以坑盛酒，以手捧为杯，是何等凄凉啊！所以有人说："尧禅让天下，是禅让贫穷，而不是禅让富足。"

刺螺

　　【原文】　刺螺，满壳皆刺，亦曰"角螺"。生海山石岩中。其性刚，肉不堪食，海人取之，但充玩好而已。或曰："其肉煮熟切碎，重煮自软，味亦清美。"《刺螺赞》：惟石岩岩〔1〕，有螺如蝟。执之棘手，其栗惴惴〔2〕。

　　【注释】　〔1〕惟石岩岩：出自《诗经·节南山》："节彼南山，维石岩岩。"岩岩，巍峨堆叠的样子。

□ 刺螺

刺螺，生长在海底的岩石中，又名
"角螺"。它的外壳上长满了尖刺，如同
刺猬，令人不敢接近。

〔2〕其栗惴惴：这里指害怕刺螺的尖刺。出自《诗经·黄鸟》："临其穴，惴惴其栗。"穴，殉
葬的坑穴。

【译文】 刺螺，外壳上长满了尖刺，又称"角螺"。它生长在海底山脉的岩石
间，生性刚猛，肉质粗糙，难以下咽，渔民捕得之后，只把它拿来作为把玩之用。也
有人说："将刺螺肉煮熟切碎后再放到锅里煮一下，螺肉就会变得柔软，味道也会变
得清鲜可口。"

黄螺

【原文】 黄螺，产闽海中，长乐海中最多，潜伏海底，捕者无由。渔人钓深
致远，乃驾船用长绳系竹筐数十，内置疫毙豚犬臭秽之物以为饵。黄螺海底清淡，
误贪其味，不觉入其壳中，渔人举筐，满载而归，夏月每市于城乡。闽人敬客，以
为时物，以沸汤煠熟，席间分竹针，挑吸食之。张汉逸曰："当地人称全味在尾，
而尾常缩而不出。肉坚难化，但涎有毒秽，岁时必有一二人中而毙者。其肉干之可
以贻远，然弗甚佳也。"予客云南省城，初夏亦有取螺于昆明池〔1〕者，云亦潜伏
于湖底。鬻之者亦以为头尾各售，头则熟食，尾常以姜芥生啖，多食不宜，亦性寒
也。然此皆浅近之说，游滇游闽者必能两辨之。但黄螺潜于海底，而亦能化蟹，其
理深奥，以俟后贤必有明辨之者。

□ 黄螺

黄螺常见于福建长乐的深海中。它喜欢潜伏在海
底而又贪恋肉味，因此人们捕捉它的时候，通常以死
猪、死狗等污秽恶臭的东西作为诱饵。黄螺的唾沫有
剧毒，肉也比较硬。

《黄螺赞》：海底潜藏，诱以饵香。误投世网[2]，利锁名缰[3]。

【注释】 〔1〕昆明池：滇池别称。

〔2〕世网：世情尘网，指传统礼教、伦理道德对人的束缚。

〔3〕利锁名缰：比喻名利对人的束缚，就像套上了锁链和缰绳。出自方千里《庆春宫》："人生如寄，利锁名缰，何用萦萦。"

【译文】 黄螺，产自福建海域，其中以长乐海中最多。这种螺潜伏在海底，人们难以捕捞，渔人为了捕捞它，往往需要驾着小船，用长绳系好数十只竹筐，里面盛放病死的猪狗等污秽恶臭之物作为饵料。黄螺生长在海底，吃的都是清淡的食物，难免贪图肉味，就会不小心误入竹筐之中，渔人趁机将竹筐拉出水面，满载而归。每到夏天，他们就会把黄螺拿到城乡各处售卖。福建人把黄螺作为应季食物，招待贵客。将它用沸水煮熟后端上桌，吃的时候分给客人竹针，用以挑出螺肉吸食。张汉逸说："当地人说黄螺的尾巴最美味，可惜它的尾巴常常缩在壳里不出来。"黄螺肉很硬，难以煮软，黄螺的唾沫还有剧毒，每年都有一两个人中毒而死。黄螺肉风干后可以运到远方售卖，但味道不怎么好。我客居云南昆明的时候，每年初夏都能看到渔民在滇池中捞螺。这些螺也都潜伏在湖底；售卖时也都是头尾分开出售，头部煮熟了吃，尾部则蘸着姜末和芥末生吃，这种螺吃多了对身体不好，因为太过寒凉。不过这些都是简单的说明，对于亲自到过云南和福建的人来说，一定能区别出这两种螺。然而，黄螺潜伏在海底，仍能变成螃蟹，这里面一定蕴含着精深义理，还是等待后世贤士来明辨吧。

苏合螺

【原文】 苏合螺，虽产闽海，亦不多觏。其形如蚶壳层叠，高下疏密适均，使巧匠有心镂之，恐精巧亦不至此也。亦名"丝蚶螺"。

《苏合螺赞》：螺名苏合，似蚶非蛤。化工巧手，层层折衲[1]。

【注释】 〔1〕折衲：折叠的僧袍。这里指苏合螺的外形像折叠的僧袍。

【译文】 苏合螺，虽然产自福建海域，但是不太常见。它的外形就像层层堆叠的蚶壳，高低有致，疏密适宜，恐怕即便是经过能工巧匠的精雕细琢，也不会如此精巧。苏合螺又名"丝蚶螺"。

□ **苏合螺**

苏合螺，产自福建海域，但较为少见。它的外壳既像折叠的僧袍，又像层叠工整的蚶壳，十分神奇。

桃红螺

【原文】 桃红螺，圆匾而有细纹，其色浅红可爱。

《桃红螺赞》：人面桃花，相映乃红。[1]螺中有女，其色必同。

【注释】〔1〕此句化自唐代诗人崔护的《题都城南庄》："去年今日此门中，人面桃花相映红。"

【译文】 桃红螺的体形扁圆，身上有着细小的纹路，通体浅红色，十分可爱。

□ **桃红螺**

桃红螺，一种扁圆形的螺类。它的外壳为浅红色，上面布满细小的花纹，精致可爱。

针孔螺

【原文】《针孔螺赞》：谁把绣针，碎刺螺房。蜗居疑暗，俾睹[1]天光。

【注释】〔1〕俾睹：使……看见。

□ 针孔螺

　　针孔螺，体形极小，外壳上布满的小孔，就像绣花针刺出的小洞。

空心螺

【原文】　空心螺，扁而白中带微红，状如一虫之盘，而虚其中，以绳贯之直透，见者莫不称异。亦产外洋，予得之琉球舶人。

《空心螺赞》：螺本非钱，何以中空。见者爱之，比孔方兄[1]。

【注释】　〔1〕孔方兄：铜钱的别称，中国旧时的铜钱外圆内孔方形。出自西晋鲁褒《钱神论》："钱之为体，有乾坤之象。内则其方，外则其圆……亲之如兄，字曰孔方。失之则贫弱，得之则富昌。"

【译文】　空心螺为扁圆形，通体白色中带有微红色。它的样子看上去就像一条盘绕起来的虫子，但中间是空心的，可以用细绳穿过，凡是见过的人无不称奇。空心螺在海外也有出产，我正是从琉球航海者那里得到它的。

□ 空心螺

　　空心螺，如同一条盘绕起来的虫子，中间为空心，可以用细绳穿过，以便拿着把玩。

雉斑螺

【原文】　雉斑螺，产琉球海洋。其螺甚坚，纹如雉羽，华美可爱。至美者如斗，亦可作号螺。余客福建省城，见此螺，玩而图之。然疑琉球产螺，不知何以如是其多。贾人曰："琉球，穷国，无他珍异，鱼腊而外，多以海螺、蚶壳压载入南台[1]，而闽中始有。"

《雉斑螺赞》：雄雉于飞[2]，泄泄其羽。入海为螺，斑纹如许[3]。

【注释】　〔1〕南台：即南台岛，福建省闽江流域第一大岛屿。这里泛指福建闽江一带。

　　〔2〕雄雉于飞：出自《诗经·雄雉》："雄雉于飞，泄泄其羽。"其意为：雄雉在空中飞翔，舒展着五彩翅膀。泄泄，展翅飞翔的样子。

　　〔3〕如许：依旧。

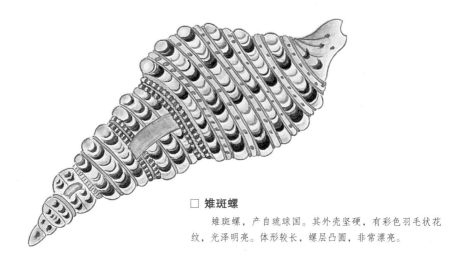

□ 雉斑螺

　雉斑螺，产自琉球国。其外壳坚硬，有彩色羽毛状花纹，光泽明亮。体形较长，螺层凸圆，非常漂亮。

【译文】　雉斑螺，产自琉球海域。它的外壳坚硬无比，上面缀以野鸡羽毛般的花纹，艳丽多彩，十分讨人喜欢。其中最漂亮的要数那种斗大的雉斑螺，还可以把它做成螺号。我客居福建省城时看到了这种螺，便买来把玩，顺便把它画了下来。但是令我不解的是，琉球的海螺产量为何会如此之大呢？商人解惑说："琉球是个穷国，那里除了鱼干，出产最多的就是海螺和蚶壳。这些产物经常被商船当作压舱物带到闽江流域，这才有了福建的雉斑螺。"

鸭舌螺

【原文】　鸭舌螺，口内有物如鸭舌，产南海。漳泉多取以为酒杯，名"鸭舌杯"，大者可受三爵[1]。

【注释】　〔1〕爵：中国古代的一种青铜酒器，一般只有贵族阶层才用得起。这里代指一升。《诗经注疏》："一升曰爵。"

□ 鸭舌螺

　鸭舌螺，产自南海，因壳内有一块鸭舌状的东西而得名。福建一些地方常用它做酒器。

【译文】　鸭舌螺，因其嘴巴里有一块鸭舌一样的东西而得名，产自南海。漳州、泉州人喜欢用鸭舌螺做成酒杯，称其为"鸭舌杯"，大的鸭舌杯可以盛放三升酒。

象鼻螺

【原文】　象鼻螺，其形如象鼻，产琉球海中，琢之可为酒器。但诸螺肉依壳盘曲，独此螺肉至半而止，止有一小孔或拖细尾及之。

《象鼻螺赞》：象耕海田[1]，麦浪望洋[2]。其鼻为螺，卷而不长。

【注释】　〔1〕象耕海田：传说舜帝死后，有大象为他耕田。《越绝书》："舜死苍梧，象为之耕。"有成语"象耕鸟耘"。

〔2〕望洋：联绵词，与"徜徉""汪洋"为同源关系，有"浩荡盛大"之意，形容麦浪一望无际的样子。

【译文】　象鼻螺，因外形像象鼻而得名，产自琉球海域，经过琢磨后可以做成盛酒的器具。各种海螺肉都是在壳内盘曲生长，占满整个螺壳；唯有象鼻螺肉只占了螺壳内的一半空间，螺壳末端处的小孔则长出一条细细的肉尾。

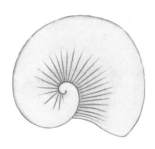

□ **象鼻螺**

象鼻螺，即今人所说的象鼻蚌，因长得像象鼻而得名。这种螺栖息在海底，从幼虫开始直到成年个体，几乎都是以浮游生物为食。

八口螺

【原文】　八口螺，边上冲出八嘴，式样甚异。然质粗重而无光彩，不堪为酒器、文玩，仅备螺名而已。亦名"蟹螺"，以其如八足也。闽海罕有，琉球洋中产也。

《八口螺赞》：人喜巧言，螺亦八口。使著《螺经》，定居其首。[1]

【注释】　〔1〕此赞意为：人们都爱听好话，这种螺更是长了八张巧嘴。如果有《螺经》传

□ 八口螺

八口螺，有八张"嘴巴"，嘴巴的形状像脚，因此又名"蟹螺"。这种螺由于品相和质地较差，所以几乎没有什么用处。

世，它必定能够凭借八张巧嘴居于榜首。

【译文】 八口螺的螺壳一侧长有八张小"嘴"，样子极为奇特。这种螺的螺壳粗糙、笨重、色彩暗淡，不能作为酒器和文玩之用，只是徒有"螺"的名号罢了。因为它的八张嘴巴就像螃蟹的八条腿，所以又名"蟹螺"。这种螺在福建海域很难看到，它主要生长在琉球海域。

棕辫螺

【原文】 棕辫[1]螺，其形甚奇，折叠之累累如棕辫，亦产琉球，不可多得。予珍藏一枚，依其式图，恨拙笔不能尽其奇巧。

《棕辫螺赞》：此螺状奇，形如棕辫。鲛人结成，世所罕见。

【注释】 〔1〕棕辫：棕绳。

【译文】 棕辫螺的外形十分奇特，宛如折叠成串堆积起来的棕绳。这种螺也产自琉球海域，较为少见。我有幸珍藏了一枚棕辫螺，并照着它的样子画了下来，只可惜我的画技拙劣，无法将它的奇特巧妙完全展现出来。

□ 棕辫螺

棕辫螺，样子很奇特，像是堆叠在一起的棕绳。这种螺产自琉球海域，比较稀少，极为珍贵。

大贝

【原文】 大贝虽不及《相贝经》所载，然此贝剖其腹可为酒杯。予得是贝珍藏，欲求善相贝者一品题，而不可得。

【译文】 在《相贝经》中没有关于大贝的记载，这种贝类从腹部剖开以后，就可以当作酒杯。我得到一枚大贝并收藏了起来，想找一位品贝行家一同赏玩，无奈始终没有找到这样的人。

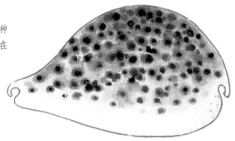

□ 大贝
　　关于大贝的记载几乎找不到。把这种贝的腹部剖开，就可以直接当酒杯用。在上古时期，人们视其为宝器。

酱色花贝

【原文】 酱色花贝，其壳甚坚。贾人多钻孔贯绳，盈千累百，以售遐方。人多系儿臂珍之。

【译文】 酱色花贝的外壳十分坚硬。商人一般在它的壳上钻出小孔，用细绳把它串起来，积攒到成百上千只，以便远销。人们喜欢把它系在孩童的手臂上，对它极其珍爱。

□ 酱色花贝
　　这种花贝的贝壳为酱色，上面布满斑纹，质地非常坚硬，人们常在它的壳上钻出小孔，再用细绳子串起来，以便系戴把玩。

白贝

【原文】 白贝罕有，迩来始得见之。三山市上，其大如拳，其色如白磁[1]，

□ **白贝**

　　白贝，略呈扁圆形，表面光滑，有拳头那么大，洁白如瓷。这种贝壳一般栖息在珊瑚礁及岩石间。

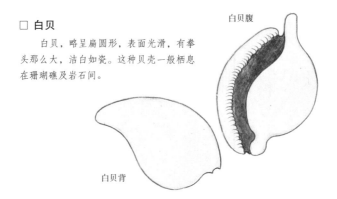

白贝腹

白贝背

而式亦与诸贝稍异，或有取材可补《相贝经》之未备。

　　【注释】〔1〕磁：磁，瓷的俗字，指瓷器。

　　【译文】白贝十分罕见，近来才得以见到。福建三山市场上的白贝足有一个拳头那么大，颜色洁白如瓷，外形也和其他贝类稍稍不同，也许可以用它来补充《相贝经》的阙漏。

鹌鹑螺

　　【原文】鹌鹑螺，形色如鹌鹑状，故名。其螺壳薄，可为酒杯，而不便雕镂。

　　《鹌鹑螺赞》：螺肖鹌鹑，类同鹦鹉。奈何久蹲，竟不飞舞。

　　【译文】鹌鹑螺，因其形状和颜色与鹌鹑相像而得名。这种螺的外壳很薄，虽然也可以做成酒杯，但不适合进行雕刻。

□ **鹌鹑螺**

　　鹌鹑螺，外形和颜色都很像鹌鹑。它的壳可以用作酒杯，但由于厚度不够，所以不适合镂刻。

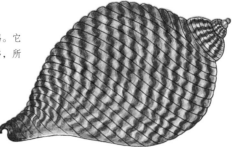

贝

【原文】 《交州记》〔1〕曰："大贝出日南〔2〕，如酒杯。小贝，贝齿也，洁白如鱼齿，故曰'贝齿'。古人用以饰军容，今稀用，但穿之为婴儿戏，画家或使研物〔3〕。明时，云南以小贝为钱货。"《说文》云："贝，海虫也。"《诗经》注"贝锦"〔4〕曰："水中之介虫，纹如锦。"当云海水中介虫之壳。始明《相贝经》曰："朱仲学仙于琴高〔5〕而得其法。及严助〔6〕为会稽太守，仲遗助以径尺之贝，并致此文于助曰：'三代之真瑞，灵奇之秘宝，其有次此者，贝盈尺，状如赤电黑云，谓之紫贝；素质红黑，谓之朱贝；青地绿文，谓之绶贝；黑文黄画，谓之霞贝。紫愈疾，朱明目，绶消气瘴，霞伏蛆虫。'"《埤雅》云："锦文如贝，谓之贝锦。其中肉如蝌蚪而有首尾。古者宝龟而货贝，至秦始废贝行钱。"〔7〕

愚按，贝之为物，其用甚古，而其字凡"资、财、贡、赋、贻、赠、贸、买（買）、贵、贱、贪、贫、货、贯、偿（償）、赏、贷、贮、赆、费、赏、赐、贿、赂、赢、赋、贼、质、赔、贴、贩、贾"等字皆从贝〔8〕，可知苍皇以上，文字之始即重贝，而古文贝字亦取象贝形〔9〕。云南以贝代钱，最为久远，至本朝顺治间，始铸钱革贝，然终难行。滇人寔利用贝，其所用者皆小贝也，大者古人珍之，今人亦视为平常。然而《相贝经》所云"径尺之贝"，近亦未之有也。今本图中皆载、闽广海滨皆产，花纹错杂不同，把之可玩。有黄质而紫黑点者名曰"豹纹贝"，有黄地而黑纹者名曰"虎斑贝"，有青贝，有纯黄贝，有大点贝、小点贝、金线贝、冰纹贝、织纹贝、松花贝、云纹贝、纯紫贝、黑灰贝、水纹贝，然其式皆上圆下平。又有一种上圆而下亦圆者，黄黑斑驳点，画家利取以研物，可以转活。考《篇海》，贝原有二种，在水曰"蜎"，在陆曰"螷"，或即圆平不同〔10〕之状有异名欤？予所见贝，不过四五种，黄允周居连江所见甚多，余皆为黄允周所图述。

《贝赞》：其名甚古，其质最刚。烟波云景，焕然成章。

【注释】〔1〕《交州记》：晋代刘欣期著，是记录邻南地区的重要志书，已散佚。

〔2〕日南：日南郡，位于今越南中部至大岭一带。中国古代行政区划，汉武帝时期设郡，南北朝以后被废止，存在时间600余年。

〔3〕研物：画家用来碾平画布的东西，可使画布更加平整。

〔4〕贝锦：出自《诗经·巷伯》："萋兮斐兮，成是贝锦。"锦，织锦。

〔5〕朱仲，神话传说中的仙人，相传住在大朱山。琴高，据传为战国时期赵国人，擅长鼓琴，懂

仙术，后在涿水乘坐鲤鱼化仙而去。

〔6〕严助：西汉大臣，曾任会稽太守，与淮南王刘安交好。会稽，古郡名，公元前222年设郡，郡治位于今苏州城区。

〔7〕这段引文出自《说文解字》。实际上，金属货币早在西周就开始通行，战国时期铸币流通已较为普遍，秦朝只是对铸币样式进行了统一。

〔8〕以上所列这些字的部首都是"贝"。其中，"买"字古作"買"，"偿"字古作"償"，偏旁"贝"已被简化。赊（shì），赊欠、出借。贶（kuàng），赠送。赇（qiú），贿赂。

〔9〕贝形：指"贝"字的甲骨文形如贝壳，属于象形字。

〔10〕这段引文出自《篇海》。作者认为"蜬（hán）""螵（biāo）"的区别在于贝壳底部是圆润或平整。"蜬"现在作水中之贝讲。

【译文】　《交州记》记载："大贝产自日南地区，外形像酒杯。小贝即贝齿，颜色洁白，因像鱼齿而得名。古时用它作军备的装饰物，但现在已经很少用到，大多是串起来给孩子把玩，也有画家用它碾平画布。明时，云南人用贝齿充当货币。"《说文解字》记载："贝，是一种海中的虫子。"《诗经》关于"贝锦"的注释为"水中的甲虫，其上有锦缎一般漂亮的花纹"，说的应该就是海里介类的外壳，我这才明白《相贝经》所说的："朱仲向琴高学习仙法，后来得道成仙。严助时任会稽太守，朱仲赠给严助一只贝壳，直径足有一尺多，并附上文字：'略次于上古三代之祥瑞，以及神奇玄妙之珍宝的，莫过于这种直径一尺的贝壳，其中像赤色闪电、黑色云雾的，叫作紫贝；白底，有红黑相间花纹的，叫作朱贝；青白色，上面有绿花的，叫作绶贝；有黑色花纹、黄色图案的，叫作霞贝。紫贝能治病，朱贝能明目，绶贝能消除气障，霞贝能杀死蛆虫。'"《埤雅》说："花纹像贝壳的，叫作贝锦。贝肉就像蝌蚪，有头有尾。古人珍视龟甲并用贝充当货币，直到秦朝才不用贝壳而改用铜钱。"

作者注：贝壳的使用历史悠久，比如汉字中的"资、财、贡、赋、贻、赠、贸、买（買）、贵、贱、贪、贫、货、贯、償（偿）、赊、贷、贮、贶、费、赏、赐、赂、赢、赇、贼、质、赔、贴、贩、贾"等，都以"贝"字为部首，由此可知，早在莽苍、三皇时代，自有文字以来，人们就非常重视贝壳。而且"贝"的古文字形，正是取用贝壳的象形。云南用贝壳作为钱币的历史最为久远，直到顺治年间，才开始铸造铜钱来取代贝壳，但实施起来始终有所困难。在云南用作货币的，都是小贝壳，而古人所引为珍品的大贝壳，在今天已成为寻常之物。然而，《相贝经》所记载的"直径一尺"的大贝，至今没有见到过。此处所绘制的，都是福建、广东海滨出产的贝类，它们的花纹各具特色，也都可以把玩欣赏。底色偏黄、有紫黑斑点的，叫作"豹文贝"；底色偏黄、有黑色纹路的，叫作"虎斑贝"。还有青贝、纯黄贝、大点贝、

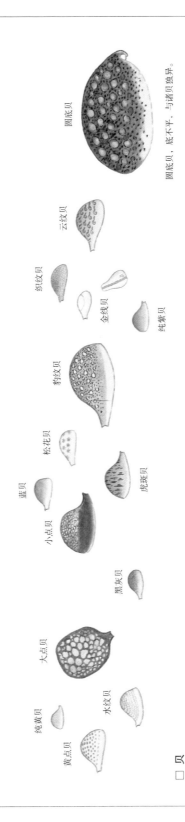

圆底贝

云纹贝

织纹贝

金线贝

纯紫贝

豹纹贝

松花贝

虎斑贝

小点贝

蓝贝

黑灰贝

大点贝

纯黄贝

水纹贝

黄点贝

圆底贝，底不平，与诸贝独异。

□ 贝

贝壳的使用历史悠久，它既可以用作军人的饰物，也可以充当孩童的玩物。贝壳分大贝壳和小贝壳。大贝壳在古时被人们视为珍品，至今却成了寻常之物。小贝壳则多被人们用来充当线币，特别在云南的通行时间相对较长。贝壳还可依照花纹样式，分为豹纹贝、虎斑贝、青贝等。

小点贝、金线贝、水纹贝、织纹贝、松花贝、云纹贝、纯紫贝、黑灰贝、水纹贝，它们的形状都是顶部圆润，底部平整。另有一种贝壳，上下都是圆的，壳上有黄色和黑色的斑点，画家经常用它来碾平画布，运转灵活。查考《篇海》，贝类原来分为两类，在水中的叫作"蜬"，在陆地上的叫作"蟏"，也许正是根据它们外形上的圆、平特征来区别命名的。我亲眼见过的贝类只有四五种，黄允周因为住在连江，所见过的贝类品种比较多，其余的绘图都是由他来完成的。

花螺

【原文】 花螺，白质紫斑，产闽中海涂。大者如指，而止煠熟，挑而啖之。头身味清，尾微作香气。

《花螺赞》：闽海画师，多买胭脂。点螺千万，不语人知。

【译文】 花螺产自福建海滩，螺壳为白色，上面布满紫斑。大花螺像指头那么大，只需用火烧熟，把肉挑出来吃就行了。它的头部和身体吃起来较为清淡，尾部则略带香气。

□ 花螺

花螺，个头不大，至多指头大小。其壳为白底花斑，所以名为"花螺"。这种螺一般煮着吃，清新爽口。

盆螺

【原文】 盆螺，其螺甚大，可为栽花之盆也。产海洋深处，渔人网中偶得之，则食其肉，而以壳为花盆。连江等处海乡人家，往往有此。

《盆螺赞》：陶冶在海，不土不石。螺盆天然，胜于埏埴[1]。

【注释】〔1〕埏（shān）埴（zhí）：用水和黏土揉成可制器皿的泥坯。

【译文】 盆螺的个头巨大，大到可以用作花盆。这种螺产自海洋深处，渔民偶尔捕到它，便把它的肉吃掉，把壳留作花盆。连江等地的海边人家，经常用它作花盆。

□ 盆螺

　　盆螺，个头很大。连江一带的渔民喜欢挑它的肉吃，然后把壳留下来当作花盆使用。

泥螺

【原文】　"泥螺"，越东之称，闽中称为"梅螺"，杭州则称"土贴"。春雨后发生于海滨泥涂间。壳薄而肉柔，如蜗牛状。必以灰洗其涎，然后腌之，始可食。小者，碎如米粒，名"桃花土贴"，甚美。大者，姑苏贾人以白酒糟拔去盐味，更以酒母好粕醉[1]，加以白糖，则能吐膏，为下酒上品。闽中泥螺不堪食，亦不善制，一种软螺出闽省，小而味长。

　　《泥螺赞》：霉雨薰蒸，阳气郁结。胎孕土中，湿生之一。

【注释】　〔1〕以酒母好粕醉：用酒母和上好的酒糟炮制。酒母，酒曲；粕，酒糟；醉，泡制。

【译文】　浙江东部地区的泥螺，福建人称之为"梅螺"，杭州则称之为"土贴"。每当春天的雨后，它们就会在海边的淤泥里繁殖。泥螺的外形像蜗牛，螺壳薄脆，螺肉柔软。吃泥螺的时候，一定要先用石灰水洗去它身上的黏液，进行腌制后才能食用。小泥螺像米粒一样细碎，人称"桃花土贴"，味道十分鲜美。至于大泥螺，

□ 泥螺

　　泥螺，又名泥蛳、泥糍、麦螺蛤，外形就像蜗牛，头盘大而肥厚，壳呈卵圆形，幼体的壳薄而脆，成体的壳较为坚硬。

姑苏商人都是先用白酒糟腌制，去除它的海水腥咸之味后，再用酒曲和上好的酒糟，加入白糖一起泡制，便能使它吐出油脂，成为下酒好菜。福建的泥螺不好吃，当地人也不太会烹制它。不过福建还有一种软螺，个头较小，味道更好。

深纹螺

【原文】 深纹螺，其纹甚深，白色。螺中罕觏，即海人亦奇。
《深纹螺赞》：高眉深准，匪独是蚶。有螺纹邃，雕镂所难。

【译文】 深纹螺，螺壳为白色，上面布满了颜色极深的纹路。这种螺十分稀有，就连渔民都很少见到。

□ 深纹螺

深纹螺，因其壳上有深色纹路而得名，螺壳底部为白色。这种螺世间少有，弥足珍贵。

青螺

【原文】 青螺，产连江海滨。土人称为"苏螺"。陈龙淮赞曰："苏螺青圆，莹泽如钿。外质轻虚，绿膏内咽。"其大概也。
《青螺赞》：海上浮萍，久苦零丁。[1]难看白眼，喜尔垂青。

【注释】 〔1〕浮萍，比喻漂泊不定、孤独无靠。北宋秦观《别贾耘老》："人生百龄同臂伸，断梗浮萍暂相亲。"零丁，形容无依无靠，孤独困苦。西晋李密《陈情表》："臣少多疾病，九岁不行，零丁孤苦，至于成立。"

【译文】 青螺产自连江海滨，当地人称其为"苏螺"。陈龙淮在赞文中说："苏螺青黑圆润，色泽光洁如同宝石饰品。外壳轻薄，壳中有绿色的膏液。"这就是

□ 青螺

青螺，又名塘螺、河螺，因其壳为深青色而得名。青螺的壳形椭圆，头颈部肉质坚硬，顶部有胶质构成的甲片，壳内有绿色的膏液，不能吃。

青螺的大致情况。

手掌螺

【原文】 手掌螺，金黄色，尾后三岐，如伸指掌。

《手掌螺赞》：庄生一指，天地可想。螺意难言，示诸其掌[1]。

【注释】 〔1〕出自《论语·八佾》："或问禘（tì）之说。子曰：'不知也。知其说者之于天下也，其如示诸斯乎！'指其掌。"孔子认为，深刻理解禘祭作用和意义的人，治理起天下来，才能将其完全掌控在手心里。禘祭，即为祭祀先祖。

【译文】 手掌螺，螺壳为金黄色，尾部分成三叉，就像摊开的手掌。

□ 手掌螺

　　手掌螺，通体金黄色，螺体细长，尾部分叉，小巧玲珑。

香螺

【原文】 香螺壳，其形似土贴壳而大，黄质，紫黑斑点不等。其肉有花纹如锦。

《小香螺赞》：黄壳青斑，吐肉如锦。昏夜缩身，衮烂[1]而寝。

【注释】 〔1〕衮烂：华美灿烂的衣服。

【译文】 香螺的外壳就像土贴壳，但是较之更大，其底色为黄色，上面分布着大小不一的紫黑色斑点。香螺肉上面有织锦般的花纹。

□ 香螺

　　香螺，通身为明丽的黄色，壳上有紫黑色的斑点，壳圆而厚重，壳质较坚硬，肉上有花纹，十分奇特。

石门宕

【原文】 石门宕，闽中土名也，以其螺掩坚厚如石，故名。他螺之掩皆薄，而此螺之掩独厚，似另附一物，有性灵而活为异。其掩闽人常取以置醋瓮中养醋[1]，故又名“醋螺”，其实即钿螺之小者。其形如蓼螺而扁，壳则圆而尾则平，亦多癌块如泡钉突起。巨细之体虽仿佛无二，而所用则不同：至大而岁久远者，为杯斝[2]、为器皿，其掩为甲香，亦名“流螺”；中大者，其肉虽亦可食，而其尾最麻人，其掩可以养醋；小者，其肉亦混入辣螺，可食而味薄，其掩如豆粒之半，上丰下平，投醋中能行，即《异物志》所谓“郎君子”，《海槎录》所谓“相思子”是也。

《异物志》云：“郎君子，生南海，有雌雄，状似杏仁，青碧色。欲验真假，先于口内含热，然后投醋中。雌雄相趋，逡巡便合，即下其卵如粟粒者，真也。主妇人难产，手握便生，极有验。”《海槎录》云：“相思子，生海中，如螺之状，而中实类石焉，大如豆粒。藏置箧笥，积岁不坏。若置醋内，遂移动盘旋不已。”合之《本草》“流螺”之说，信乎各自一物，而寄迹于螺者也。土人“石门宕”之名，搜求典籍，甚有味，故曰“妙在石门”[3]。然此物，边海之地不甚稀奇，而《异物志》珍之，必中原人士[4]为传闻者误也。

《石门宕赞》：螺有土名，虽不雅驯，旁搜典故，妙在石门。

【注释】 〔1〕养醋：指的是养醋蛾子，即醋液表面生成的白色胶状膜，主要成分为胶膜醋酸杆菌，这种菌膜也可以反过来酿造醋液。

〔2〕斝（jiǎ）：三足圆口的青铜酒器。

〔3〕据《晋书·吴隐之传》记载，传说广州石门有一口“贪泉”，人只要饮了这口泉里的水，就会变得贪得无厌。而“石门宕”的“宕”，就有“放纵”之意，恰好与“石门”相呼应。

〔4〕作者认为，《南州异物志》的作者万震久居中原，所以才会受到传言误导，致使记载出错。

螺掩　　　　　　　　　　　　　　　　　　螺掩

□ 石门宕

　　石门宕，因其掩甲硬如磐石而得名。事实上，它的掩甲就是钿螺（寄生）。石门宕与蓼螺相似，但螺身较之蓼螺更扁。石门宕最奇特的是，它的外壳上高耸着泡钉似的瘤块。

事实上，万震曾任东吴丹阳太守，是到过滨海地区的。

【译文】　石门宕，是其在福建当地的俗称，因掩甲如石头般坚硬厚实而得名。其他螺类的掩甲都很薄，唯有这种螺与众不同，它的掩甲很厚，仿佛附着另一种灵动的活物。福建人经常把它的掩甲放到醋瓮中，拿来养醋，所以又叫它"醋螺"，其实它就是小个儿的钿螺。石门宕的样子很像蓼螺，但比蓼螺扁，外壳比较圆，尾部比较扁，壳上高耸着泡钉似的瘤块。大小不等的石门宕，虽然外形都差不多，但是用途却各有不同：个头巨大、年岁久远的石门宕，可以制成杯碗、器皿，其掩甲可以制成甲香，又名"流螺"；中等大小的石门宕，肉可以吃，但是尾肉特别麻嘴，掩甲则可以用来养醋；小个儿的石门宕，可以和辣螺拌在一起吃，不过它的味道很淡。其掩甲就像半粒豆子，上面凸起、下面平坦，泡在醋中就会活动起来，正是《南州异物志》所记载的"郎君子"，以及《海槎录》所记载的"相思子"。

《南州异物志》记载："郎君子生长在南海，分为雌雄两性，外形像杏仁，为青碧色。要想辨别真假，可以先将它放在嘴中焐热，再放入醋中，如果雌螺和雄螺互相追赶，随即交合，并产下小米粒般的圆卵，就证明是真的郎君子。这种螺可以治妇女难产，只需把它握在手中就能够助产，十分灵验。"《海槎录》记载："相思子生长在海中，外形就像海螺，但里面实际上硬如石块，如同豆粒般大小。将它放在竹箱里，竹箱经久不会变质。如果把它放到醋缸里，它还会不停地绕圈。"再结合《本草纲目》关于"流螺"的记载，可见这种东西是一个独立的物种，寄生在螺类外壳之上。关于"石门宕"这个名字，我在查阅典籍以后发现了有趣的事儿，所以我在赞文中说"妙在石门"。这种生物在沿海地区不是什么稀罕之物，《南州异物志》却把它列为珍品，我想，可能是被这位久居中原人士（万震）谣传误导了吧？

簪螺

【原文】　簪螺，似海蛳而长，亦曰"长螺"。小者一二寸，多紫色。大者三五寸许，白质紫纹如织。食法俱同海蛳，而性寒，非多加姜、椒，必致大泄[1]。产闽中海滨。

《簪螺赞》：簪螺满握，白质紫纹。谁为巧织，龙女经纶[2]。

【注释】　[1]大泄：腹泻。
[2]经纶：整理丝缕并编织成绳，后多比喻策划、处理国家大事。

□ **簪螺**

簪螺，又名长尾螺、锥螺，外壳为细长锥形，外观如一个高塔。其壳为白色，上面缀满织锦般的花纹，极为精致。这种螺通常埋栖在海底砂泥。

【译文】 簪螺就像海蛳，但体形比海蛳更长，又叫作"长螺"。小簪螺有一两寸大，外壳大多为紫色。大簪螺有三五寸长，外壳为白色，上面有织锦般的紫纹。簪螺的吃法和海蛳一样，但它性味寒凉，必须多加生姜和花椒，否则吃了会致人腹泻。这种螺多产自福建沿海。

蓼螺

【原文】 蓼螺，即辣螺，产闽中海滨，有大小不等，皆同，壳生瘟。煮食、腌食俱辛辣，能开人胃气。土人擂碎其壳，取肉腌之，不假椒料，自然可口。极辣者亦令人口麻。张汉逸曰："冬月，淡盐腌之，沥卤，煎过重渍，经时可口。夏月，盐多则丁，盐少易败，薄腌旋食可耳。"

《蓼螺赞》：物生海中，以咸为常。独尔味辛，螺中之姜。

【译文】 蓼螺就是辣螺，产自福建海滨。其大小不一，但壳上都有凸起的疙瘩。蓼螺无论是煮着吃还是腌制了吃，味道都很辣，吃了能开人胃气。福建当地人把它的外壳敲碎，取出螺肉腌制，不需要添加香辛料，天然爽口。太辣的蓼螺吃了会使

□ **蓼螺**

蓼螺，又名辣螺，螺层上部膨大，基部缩小，一般栖息在泥沙质海底。《本草拾遗》中说："蓼螺，生长在永嘉海域，性味像蓼草一样辛辣，并因此得名。"《本草纲目》中说："根据《韵会》的记载，蓼螺的外壳有紫色斑纹。"

人嘴巴麻木。张汉逸说："冬天的时候，将蓼螺用少量盐腌制，滤去卤水，煎一下，再加大量盐腌制，然后放置一段时间再吃，非常美味。夏天的时候，用盐太多会结块，用盐太少又容易腐烂，所以还是稍微腌制后马上吃掉为宜。"

观音髻

【原文】 观音髻，其螺如髻，仿佛如田螺状，而青翠过之。产海岩石下有咸水处。其肉亦可食。

《观音髻赞》：髻称观音，何人敢食。止许秃女，借为头饰。

【译文】 观音髻，形状像发髻，又像田螺，但颜色比田螺更绿。这种螺大多生长在海边岩石下蓄积咸水的地方。它的肉可以吃。

□ 观音髻

　　观音髻，因样子像盘旋的观音发髻而得名。它的颜色鲜绿明亮。一般栖息在海边岩石下的咸水洼里。

沙虮

【原文】 沙虮，小蟹也。产福宁之三沙海涂上，以沙为穴。其色灰，其体薄，不堪食，捉置掌中，每为海风一吹而去。

吴日和曰："此蟹善走，亦曰'沙马'，沙上数穴相通，疾行如飞，人不能捕。即得，亦不可食。有欲取以为鱼饵者，常于黑夜以火焰之，用木圈围之，捕住，钩于鱼钩作饵，入水尚能动，以饵海滨鲙鱼。盖鲙性不入大海、不入泥涂，惟于海岩石傍食石乳等物。渔人每于此处垂纶，有此蟹，无不获者。"

《沙虮（一名沙马）赞》：蚁号位驹[1]，蟹名沙马。乘之者谁？黍民[2]为雅。

【注释】 〔1〕位驹：即"玄驹"，为了避康熙皇帝玄烨的讳而写作"位驹"，蚂蚁的别称，又称"蚁驹"。《大戴礼记·夏小正》："玄驹贲。玄驹也者，蚁也。贲者何也，走于地中也。"

〔2〕黍民：指蚊蚋。古人认为蚊蚋可以骑在大蚁身上。出自西晋崔豹《古今注》："河内人并河

□ 沙虮

　　沙虮，一种体形很小的蟹，通体灰色，身形单薄，风吹即跑。它穴居在海滩的沙土中，巢穴相通，奔跑如飞，难以捉到。人们若是捉到它，大多拿它当作钓鲑鱼的饵。

　　而见人马数千万，皆如黍米，游动往来，从旦至暮。家人以火烧之，人皆是蚊蚋，马皆是大蚁。故今人呼蚊蚋曰'黍民'，名蚁曰'玄驹'也。"

　　【译文】　沙虮是一种小蟹，产自福宁三沙的海滩，穴居于沙土之中。它的外壳为灰色，身体瘦削，不能吃，捉来放在掌中，海风一吹就把它吹走了。

　　吴日和说："这种螃蟹跑得很快，又叫作'沙马'。它的洞穴在沙中相互连通，再加上它跑起来像是在飞，所以人们根本捉不到它。就算有幸捉到了它，也不能吃。有人想捉沙虮当鱼饵，便在夜里点火照它，用木圈围住它，捉住以后把它钩在鱼钩上——放入水中以后它还能动——这样就可以用来钓鲑鱼了，这是因为鲑鱼既不到海里也不到泥涂里，而只在海边岩石旁吃石乳类的东西。渔民每次只要用沙虮作鱼饵，就一定能钓到鲑鱼。"

化生蟹

　　【原文】　予客台瓯，目击海狮实能化蟹；及客闽，又得见诸螺之无不能化蟹，故汇而图之：一白蛳、二青蛳、三铁蛳、四黄螺、五簪螺、六苏螺、七辣螺、八角螺，俱系目击。其中蟹自螺肉所化，二螯直舒，前四足长，后四足隐而短，而有一尾。行则负其壳于水，卧则缩而潜于其身于房[1]。而土人多以予言为谬，云此寄生蟹，盖蟹寄食于其中者也。夫蟹之寄居，别有寄居之说，而非诸螺之蟹也。即偶有之，如《汇苑》所载"海中之螺，出壳而游，朝去则有虫类蜘蛛者入其壳中。螺夕返，则此虫让之而去"，古人所谓"鹦鹉外游，寄居负壳"[2]者，偶然有之，然无人见。今诸螺蓄于盆，盖终始于此，无以彼易，此之状且俱于五六月一阴生[3]之后而变，气候使然。世之执寄居之说者，多为陶隐居之说所误，陶隐居盖未亲历边海也，其说著之《本草》，以讹传讹，竟以化生之螺为寄居，谁则辨之[4]？

　　夫"蠢动无定情，万物无定形"[5]，化生之物岂独一蟹哉？鲤化龙，雉化蛟，马为蚕，蛙化鹑，鼠变蝠，蛇化鳖，橘虫化蝶，桑虫化蠋蝎[6]，屈指无算。

若夫朽木化蝉，腐草化萤，枫叶化鱼，芦苇化虾，草子化蚊，瓜子化衣鱼，是尤以无情化有情。蛳螺化蟹，互为介虫，有情而还以化有情也，又何疑为？存其说，用补《齐丘化书》之未备。

《化生蟹总赞》：蝗可变虾，螺亦化蟹。换面改头，沉沦欲海。

【注释】〔1〕此处应为"潜其身于房"，文中的第一个"于"，或许是传抄、刻印时误加的文字。

〔2〕鹦鹉外游，寄居负壳：出自东晋山水诗人庾阐的诗，诗题不详。

〔3〕古人认为冬至后白昼渐长、夜晚渐短，阳气开始生发，称为"一阳生"；夏至后白昼渐短，夜晚渐长，阴气开始生发，称为"一阴生"。农历五六月，应为"一阴生"，原文作"一阳生"应为作者笔误。

〔4〕谁则辨之：作者认为陶弘景的"寄居说"贻害后人，实际上他本人所持的"化生说"才是有违科学事实的。

〔5〕蠢动无定情，万物无定形：出自五代谭峭《化书》（见前注）。这句话的意思是：本性萌动没有固定的情态，万事万物没有固定的形态。蠢动，出于本性的自发行动。

〔6〕蠮（yé）螉（wēng）：一种腰身细长的蜂，俗称"细腰蜂"，黑身黄翅，常在地下筑巢。

【译文】我客居台州、温州的时候，亲眼看到海蛳变成螃蟹；客居福建时，看到各种螺类都能变成螃蟹，所以把它们集中画在一起：一白螺、二青蛳、三铁蛳、四黄螺、五篙螺、六苏螺、七辣螺、八角螺。这些都是我亲眼目睹其变化的。其中海蟹

□ 化生蟹

化生蟹，就是由各种螺类变成的螃蟹。作者认为，这种化生现象由气候变化所致。他还指出，除了螃蟹，化生而来的物种很多，比如鲤鱼变成龙、野鸡变成蛟、骏马变成蚕、青蛙变成鹌鹑等。

是由螺肉变成的，它的两只钳子前伸，前四条腿修长，后四条腿短而不露，有一条尾巴。它们在水中背着螺壳活动，休息时把身体缩进壳内。当地人认为我的"化生说"是荒谬的，他们觉得这是寄居现象，即一种小蟹寄生在螺壳之中。殊不知寄居蟹的寄居现象另有所指，而不是指这种螺类变成螃蟹的现象。即使偶尔有寄居蟹，也应该类似于《汇苑》所记载的"早上，海螺褪出螺壳悠游，当它离开后，便有蜘蛛之类的虫子爬进去。待海螺晚上回来时，这些虫子便让出螺壳，自行离开"的情况，而古人虽有关于"鹦鹉螺出壳行动，寄居者窃取外壳"的记载，却没有人亲眼见过。现在把这些螺类蓄养在盆中，一直不去移动它，这些螺类到五六月夏至后，就全部变成了螃蟹，乃是气候变化的缘故。世人支持"寄居说"的，大多是被陶弘景的观点所误导。陶弘景应该没有到过东南沿海，而他的观点却被《本草纲目》所引用，以讹传讹，竟让世人都相信化生蟹是寄居蟹，可是又有谁能辨明呢？

正所谓"本性萌动并非出于同一种感情，万事万物也并非一成不变的形态"，化生而来的物种，难道只有螃蟹这一种吗？鲤鱼能变成龙，野鸡能变成蛟，骏马能变成蚕，青蛙能变成鹌鹑，老鼠能变成蝙蝠，蛇类能变成鳖，橘虫能变成蝴蝶，桑虫能变成蟏蛸，数不胜数。甚至还有朽木变成知了，腐草变成萤虫，枫叶变成鱼类，芦苇变成虾子，草籽变成蚊子，瓜子变成衣鱼，无血肉的东西，竟然也能变成有血肉的东西。螺蛳变成螃蟹，二者同属介类，又都是有血肉的生物之间的互相转化，又有什么值得怀疑的呢？我记录下我的观点，以补充《齐丘子化书》的缺漏。

台郡溪蟹

【原文】 台郡溪蟹，不居土，专穴溪岸石隙，故亦号"石蟹"。其背平，色微赭，黑斑而足鲜冗毛。四季繁生，牧竖多捕而食之。一说溪蟹浸以童便[1]，饮

□ **台郡溪蟹**

台郡溪蟹，头胸甲略呈方圆形，隆起，外形与一般方蟹相似，喜欢栖息在溪岸的石缝中。这种蟹为杂食性蟹类，但偏好肉食，主要以鱼、虾、昆虫、螺类以及腐烂变质的动物尸体为食，有时也捕食同类。

其汁能治嗽。

《台郡溪蟹赞》：不党蟛蜞[2]，不附青蟛[3]。平平无奇，老死岩穴[4]。

【注释】 〔1〕童便：童子尿。

〔2〕蟛蜞：相手蟹，详见本册《蟛蜞》。

〔3〕青蟛（yuè）：蟛蟛，详见本册《蟛蟛》。

〔4〕岩穴：隐士的代称，本指"隐士平凡地过一生"，这里指溪蟹外形普通，而又不与其他蟹类为伍。

【译文】 台州的溪蟹，不在陆地上生活，而是住在溪水岸边的石缝中，所以又名"石蟹"。它的背部平坦，颜色微红，略有黑斑，腿脚上几乎没有茸毛。这种蟹四季繁生，牧童经常捉来吃。有人说，把溪蟹浸泡在童子尿中，喝下这种汁水能治疗咳嗽。

金钱蟹

【原文】 金钱蟹似螃蟹而小，如蟛蟛而大，壳扁略似钱状，背黑绿，八跪微红有毛，两螯亦微红。他蟹目额参差多刺，惟此蟹额平。生海滨斥卤田中，繁于夏秋，醉酱堪入酒肴。吾浙惟瓯中多，福建沿海皆有，《闽志》亦载。

《金钱蟹赞》：金钱八足，运出海产。不向贫家，专投有福。

【译文】 金钱蟹像螃蟹而比螃蟹个头小，像蟛蟛而比蟛蟛个头大。它的外壳微扁，像铜钱，背部为黑绿色，八条腿呈微红色，长着茸毛，两只钳子也为微红色。其他蟹类的眼睛和额头处，一般都长着许多参差不齐的尖刺，只有金钱蟹头顶平坦光

□ **金钱蟹**

　　金钱蟹，甲壳几近圆形而呈扁平状，因像铜钱而得名。它生长在海岸线的泥沙中，善于钻沙，也特别擅长于游泳。金钱蟹还有伪装的本领，那是因为它甲壳上的深色花纹与周围的生活环境类似，所以不易被其他生物发现。

滑。它生长在海边的盐碱地中，夏秋时大量繁生，用酒腌制后做成蟹酱，是下酒的好菜。金钱蟹在我们浙江只有温州地区出产较多，而福建的沿海地区也都有出产，《闽志》也有关于它的记载。

长眉蟹

【原文】 长眉蟹，浙东海乡土名，无可考，但他蟹皆有目，此蟹独无目。细视其形，长者非眉而戆须，或以须为目，未可知也。物理之奥虽难意拟，然龙无耳尝以角听[1]，又安知蟹之无目，不可以须为视乎？二螯亦较巨，须下又有二毛爪，似取食入口之具。其蟹凡虾中多得之，大约水中化生之物，故尝与虾为侣。

《长眉蟹赞》：蟹不永年，长眉难觏。介虫得此，以介眉寿[2]。

【注释】 〔1〕传说神龙没有耳朵却能听到声音。《埤雅》："龙无耳，故以角听。"
〔2〕以介眉寿：出自《诗经·七月》："八月剥枣，十月获稻。为此春酒，以介眉寿。"其意为：十月收割了稻谷，用这稻谷酿成春酒，我便用这春酒祈求长寿。介寿，祝寿之意，介为助词。眉寿，长寿。人年老时，眉毛会变长，为长寿的象征，所以称长寿为眉寿。

【译文】 长眉蟹是浙江东部沿海地区对其的俗称，但无从考证。然而，其他蟹类都有眼睛，唯独这种蟹没有眼睛。我仔细观察它，发现它的长毛并不是眉毛，而是胡须，难道它就是用胡须来看东西的吗？我也不得而知。世间虽有许多神秘莫测的事物令人匪夷所思，既然龙没有耳朵却可以用龙角来听声音，那么又怎么知道没有眼睛的螃蟹不会用胡须来看东西呢？长眉蟹的两只钳子非常大，胡须下面有两只长着茸毛的小爪，像是专门用来将食物送入口中的。这种蟹在虾群里比较常见，也许它是化生而来的，所以才会和虾类相伴出现。

□ **长眉蟹**

　　长眉蟹产于浙江东部沿海，因头部有长长的"眉毛"而得名。这种蟹与其他蟹类最大的不同是没有眼睛。作者认为，它头部的长毛并非"眉毛"，而是胡须，并怀疑它就是依靠"胡须"来听声音的。

瓯郡溪蟹

【原文】 凡蟹，多生近海，及潮信[1]所及处为多。独溪蟹之为物也，不邻海

□ 瓯郡溪蟹

　　瓯郡溪蟹，八条腿上长满茸毛，非常凶猛，会夹人。这种蟹一般栖息在石洞、桥墩或水岸边。

潮，而产岩畔、溪涧及山巅水泽，性益寒。图中瓯郡溪蟹，产不繁，每伏石阶桥础水际。不可食，食之伤人。其力佇倔[2]，螯伤人甚毒。性嗜水，故八足多长毛，如石在水之有苔者[3]。

　　《瓯郡溪蟹赞》：野蟹离潮，甘心泉石[4]。鱼虾视尔，疑为山客。

　　【注释】〔1〕潮信：潮水。因潮来潮去有定时，所以称为"潮信"。出自李益《江南曲》："早知潮有信，嫁与弄潮儿。"

　　〔2〕佇倔：倔强、凶猛。

　　〔3〕作者认为，嗜水的螃蟹长腿毛和水中的石头长苔藓是一个原理。

　　〔4〕泉石：泛指山水风景。出自《梁书·徐摛传》："摛年老，又爱泉石，意在一郡，以自怡养。"

　　【译文】螃蟹大多生活在近海或潮水流经的地方。唯有溪蟹并不居住在邻近海潮的地方，而是栖息在岩边、溪涧、山顶水泽之中，其性味更加寒凉。此处绘图为温州溪蟹，其繁殖并不旺盛，经常潜伏在石洞、桥墩或水岸边。这种蟹不能吃，吃了对人体有害。它的力气很大，脾气暴烈，钳子夹人凶猛。它生性喜水，所以八条腿上茸毛丛生，就像水中的石头爬满苔藓一样。

　　镜蟹

　　【原文】镜蟹，形圆，色白，其背亦平，故以"镜"名。伸其钳足，则一蟹也；若缩钳足于腹下，如一石子无异。产福宁南路湖尾[1]海边。其形虽异，肉不

□ 镜蟹

镜蟹，因甲壳和背部平滑如镜而得名。这种蟹的钳子和腿露出来时，就是螃蟹的样子；当它的钳子和腿缩而不见，俨然就是一颗石子。

堪啖，不在食品，故志书不载。

《镜蟹赞》：月落万川[2]，尽幻成蟹。至今圆白，如镜满海。

【注释】〔1〕湖尾：湖尾村，今福建泉州晋江市附近。

〔2〕月落万川：这里指镜蟹外形圆整。出自北宋陈渊："月落万川，处处皆圆。"

【译文】 镜蟹的甲壳洁白圆整，背部平滑如镜，并因此得名。当它的钳子和腿伸出来时，和螃蟹没有区别；一旦它把钳子和腿缩到腹下，简直就是一颗石子。这种蟹多产自福宁南路湖尾村附近的海域。它的样子原本就很怪异，肉也不能吃，不能归入食物类，所以在志书中也没有关于它的记载。

竹节蟹

【原文】 造化钧陶万物[1]，不使无知之草木与有知之鸟兽虫鱼异体而不亲。于是乎，竹有鹤膝，茶有雀舌，苋有马齿，菊有鹅毛，瓜有虎掌，豆有羊眼，柿有牛心，菜有鹿角，草有凤尾、龙须、鱼肠、鼠耳，花有鸡冠、鸭脚、蝴蝶、杜鹃[2]。既以有知寄无情，还以无情属有知。[3]于是乎，又以栗房及猬，艾叶及豹，桐花及凤，菜花及蛇，荔枝及蚌，箬叶及鱼，竹节及蟹[4]。而造化之陶钧极矣！

竹节蟹，产东瓯溪涧，色别青黄两种，背足全肖竹形。吴俗不经见，惟西陵徐上扶[5]为知音。

《竹节蟹赞》：蟹生绿壳，确肖管竹。剖壳食蟹，竹不如肉[6]。

□ **竹节蟹**

竹节蟹，因背部和腿脚像竹枝而得名，有青色和黄色两种。

【注释】 〔1〕造化钧陶万物：造物主（自然）创造了世间万物。造化，自然界的创造者，也指自然。钧陶，用钧制造陶器。

〔2〕鹤膝，即竹杖，竹枝。因其形如鹤膝，故名。雀舌，即湄潭翠芽（茶），因小巧似雀舌而得名；羊眼豆，即白扁豆；鹿角菜，即角叉菜，详见册三《鹿角菜》；凤尾，即凤尾蕨；龙须，即灯芯草；鱼肠，即报春花根；鼠耳，即鼠耳草。此处所列举的草木都是用动物名称来命名的。

〔3〕此句是说，不仅有以有血肉的动物来为无血肉的植物命名的，也有以无血肉的植物来为有血肉的动物命名的。

〔4〕栗房猬，即指刺猬，因其外形如同未开裂的栗实；艾叶豹，即雪豹；桐花凤，即蓝喉太阳鸟，暮春时候常常聚集在桐花上；荔枝蚌，详见册三《海荔枝》。箬叶鱼，详见册一《箬叶鱼》。此处所列举的动物，都是用草木名称来命名。

〔5〕徐上扶：清代进士，生平不详。

〔6〕竹不如肉：出自陶渊明《晋故征西大将军长史孟府君传》：丝不如竹，竹不如肉。其意为：丝弦弹出的曲子不如竹笛吹出的曲子悠扬，而竹笛吹出的曲子又比不上人的喉咙唱出的歌曲婉转。这里指竹节蟹的味道不如普通肉蟹。

【译文】 造物主创造了世间万物，不会使形态各异的没有血肉的草木与有血肉的鸟兽虫鱼之间毫无联系。这就有了（以动物名命名的）鹤膝竹、雀舌茶、马齿苋、鹅毛菊、虎掌瓜、羊眼豆、牛心柿、鹿角菜、凤尾草、龙须草、鱼肠草、鼠耳草、鸡冠花、鸭脚花、蝴蝶花、杜鹃花。既用有血肉的动物命名无血肉的草木，自然也用无血肉的草木命名有血肉的动物。这就有了（以植物名命名的）栗房猬、艾叶豹、桐花凤、菜花蛇、荔枝蚌、箬叶鱼、竹节蟹。造物主造就万物的本领，真是巅峰造极啊！

竹节蟹生长在温州东部的溪涧之中，有青色和黄色两种，它的背部和腿脚就像竹枝。这种蟹在江苏一带并不常见，只有西陵的徐上扶对它较为了解。

□ **石蟳蟳**

　　石蟳，除了钳子的颜色与青蟳有所不同之外，它们的样子几乎完全相同。石蟳穴居于海边岩石的缝隙中，较为少见。

石蟳

【原文】　此石蟳也，状与青蟳同，而螯端上黑下蓝。不穴于沙土，而穴于海岩石隙间，故曰"石蟳"，如一姓而分其居者也。亦可食，但不似青蟳之广，渔人偶得之耳。

《石蟳赞》：宗派本蟳，居处各地。托乎石间，便觉有异。

【译文】　此处绘图为石蟳，它的外形与青蟳极为相似，不过钳子上端为黑色，下端为蓝色。石蟳不是穴居在沙土里，而是生活在海边岩石的缝隙中，并因此得名，即冠之以其居住地的"姓氏"。石蟳也可以吃，但不如青蟳常见，渔民也只是偶然获得。

云南紫蟹

【原文】　《蟹谱》向携维扬[1]张去瑕[2]先生见而叹赏不已。及康熙庚午游

□ **云南紫蟹**

紫蟹，产于云南部分地区水域，外壳为淡青色，因平背上有黑紫色的斑纹而得名。这种蟹只能经过酒糟腌制才能吃。

滇，去瑕先生又绾昆华之绶[3]。公余论及云南紫蟹，图得其形，甚肖。其蟹产昆池及抚仙湖等水涯。黑紫细斑，而质淡青，螯足纹同。左右各七尖，而平其背。土人称为"紫蟹"，以其有紫斑也。不堪烹以作馔，止可糟醉[4]。滇俗土制，舍椒加姜[5]，味稍恶。又有白蟹，形同色异，难食。

《云南紫蟹赞》：图存滇蟹，万里如在。苟非笔收，有钱难买。

【注释】〔1〕维扬：扬州的别称。

〔2〕张去瑕：疑指张谨，字去瑕，扬州江都人，曾任昆明知县。

〔3〕绾昆华之绶：去昆明任职。绾绶：系结绶带，即佩挂官印。古代官员的印信需用绶带悬挂，所以"挂印""绾绶"皆指做官任职。昆华，昆明的别称。

〔4〕糟醉：用以酒或酒糟汁为主的调味品将原料浸渍入味而成的食品，类似于腌制。

〔5〕舍椒加姜：不放辣椒放生姜。加姜，原文为"加蘆（芦）"，义不可通，疑为"薑（姜）"，形近致误，今改。

【译文】 我曾带着拙著《蟹谱》拜访扬州的张去瑕先生，他对这本书赞叹不已。康熙二十九年，我去云南游玩，适逢张去瑕先生在昆明任职。他闲暇时谈起云南紫蟹，并将它画了下来，惟妙惟肖。这种蟹产自滇池、抚仙湖等水域。它的外壳呈淡青色，上面有许多细小的黑紫色斑纹，钳子的花纹与腿脚上的一样。它的背部比较平整，两侧各有七个小尖。当地人叫它"紫蟹"，是因为它身上有许多紫斑。紫蟹不能煮来吃，只能用酒糟腌制后食用。云南当地的烹饪方法是不放辣椒只放生姜，味道不怎么好。还有一种白蟹，除了颜色不同，外形与紫蟹一样，也很难吃。

□ 蒙蟹

蒙蟹，通体墨绿色，背部、钳子和腿脚皆"镶"着金（线）边。这种蟹每到六月采食稻花，到了八月便绝迹。

蒙蟹

【原文】 蒙蟹，产福宁南路海涂，背黑绿，周围有金线一条，蚶足并有金线相间。六月上田间食稻花，至八月则尽入海无存矣。《本草》谓蟹至八月则输芒[1]于海神，此蟹至期无踪，亦奇。

《蒙蟹赞》：八月输芒，敬慎为心[2]。龙神重尔，特赐腰金[3]。

【注释】 〔1〕输芒：相传八月稻谷成熟，蟹的腹中就会有一粒稻芒，用来进献给海神。唐代段成式《酉阳杂俎》："蟹八月腹中有芒，芒真稻芒也，长寸许，向东输与海神，未输不可食。"输，进献。

〔2〕敬慎为心：对君王心存恭敬，谨小慎微。出自《诗经·大雅·抑》："敬慎威仪，维民之则。"

〔3〕腰金：古代朝臣的腰带根据品级镶嵌着不同的金饰，泛指位居显要。

【译文】 蒙蟹，产自福宁南路的浅滩。它的背部呈墨绿色，四边环绕着一条金线，钳子和腿脚上也间杂着金线。每年六月，这种蟹便会到稻田里采食稻花，到八月便全部回归大海，杳无踪迹。据《本草纲目》记载，螃蟹每到八月就会向海神进献稻芒，而蒙蟹一到八月就消失不见，也很神奇。

合浦斑蟹

【原文】 斑蟹亦产合浦，本色绿而斑点作红褐色，参差不一。皆粤人谢友所图述，并有文以附于后。

谢三玉曰："余魏鄙庸[1]，性好飘蓬[2]。落落孤踪[3]，落游三冬[4]。咄咄书空[5]，转邀浙东。丁卯孟春，幸炙高风[6]。丰度雍雍[7]，珠玑满腔[8]。未关茅衷[9]，《蟹谱》先蒙。两螯芃芃[10]，八足介虫。青赤紫黄，其类甚众。赋咏歌讽，悉经巨公。予乃陋佣，奚须志颂。间尝阅历，每见奇容。有若佩珰[11]，遍身刺锋。有如衣锦，满甲斑红。更有一种，实异名仝[12]。在水之中，活活能动。起于涯陇[13]，寂寂硁硁[14]。欲投釜鼎，不堪荧烹。询我崖农，捕伊何用？"扁鹊[15]药笼，藏以治肿。千般肿痛，一遇消松。"《本草》载铭，出崖[16]海滨。此石蟹也，谨绘斯形。复先生命。"

《合浦斑蟹赞》：合浦产珠，乃亦繁蟹。老蚌有知，同看斑彩。

【注释】〔1〕余魏鄙庸：我的品性粗鄙庸俗，与下文"予乃陋佣"相呼应。余魏，谢三玉自称，或为其本名。

〔2〕飘蓬：原指随风飘荡的飞蓬，后比喻漂泊不定。南朝梁刘孝绰《答何记室》："游子倦飘蓬，瞻途杳未穷。"

〔3〕落落孤踪：形单影只，独来独往。落落，零落，形容孤独。语出西晋左思《咏史》诗："落落穷巷士，抱影守空庐。"有成语"落落寡合"。

〔4〕燕游三冬：四处周游三年。燕游，闲游。三冬，这里指三年。

〔5〕咄咄书空：出自《世说新语·黜免》："殷中军被废，在信安，终日恒书空作字。扬州吏民寻义逐之，窃视，唯作'咄咄怪事'四字而已。"其意为：晋代殷浩被贬黜后，虽口中没有怨言，但每天用手指在空中写字，有人偷偷观察，发现他写的是"咄咄怪事"四个字。咄咄，形容吃惊或感叹。书空，用手指在空中写字。后世以这个典故形容心有怨尤，难以表达；或指事物令人惊奇。

□ 合浦斑蟹

合浦斑蟹，甲壳为绿色，全身布满各种颜色的斑点。它的钳子和腿脚上茸毛密生。这种斑蟹远远看去如同一枚五彩斑斓的玉佩。

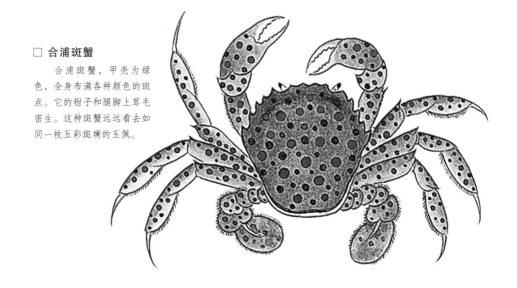

〔6〕幸炙高风：敬语，有幸接受对方的教导和熏陶。出自《孟子·尽心》："非圣人而能若是乎？而况于亲炙之者乎？"朱熹集注："亲近而熏炙之也。"炙，受到教益。高风，高尚的风操。

〔7〕丰度雍雍：举止神态从容优雅。雍雍，从容不迫的样子。

〔8〕珠玑满腔：形容说话语句优美，妙语连珠。珠玑：珠子。形容每个字都像珠玉一样。唐代方干《赠孙百篇》："羽翼便从吟处出，珠玑续向笔头生。"

〔9〕茅衷：西汉方士，字思和，道教茅山派祖师茅盈之弟，后辞官寻兄，与兄同在山中修道。这里谢三玉是说，他自己没有像茅衷一样追随茅盈那样接受聂璜指教。

〔10〕芃（péng）芃：植物茂盛的样子，这里形容蟹钳多毛。

〔11〕佩珰：玉佩。出自李贺《李夫人歌》："红璧阑珊悬佩珰，歌台小妓遥相望。"原文作"佩铛"，义不可通，今改。

〔12〕仝（tóng）：通"同"，相同。

〔13〕涯陇：水边陆地。

〔14〕硁（kēng）硁：形容见识浅薄而又固执己见。

〔15〕扁鹊：原名秦越人，又号卢医，春秋战国时期的名医。由于他医术高超，医德高尚，遂成为人们心目中的神医，世人皆以"扁鹊"（源于"灵鹊兆喜"，灵鹊代称神医）来尊称他。此后，"扁鹊"成了"良医上工、医济天下"的苍生大医的称谓，亦是称呼古代医术精湛者的一个通用名词。

〔16〕崖：指崖州，位于今海南三亚市。

【译文】 合浦也有斑蟹，它的甲壳为绿色，有红褐色的斑点，参差斑驳，杂乱无序。这些都是我的广东朋友谢三玉画下来并予以记录的，他还随图附了文字。他这样写道："我天性粗鄙庸俗，生来喜欢四处流浪。孤身来去，游玩三年。失意懊恨之余，转往浙江之东。康熙二十六年初春，有幸亲见到先生，沐浴先生德风，感佩先生的从容优雅和字字珠玑。既然没有来得及追寻您的脚步，便先从《蟹谱》开始受教。斑蟹两个钳子茸毛繁茂，有八条腿，青的、红的、紫的、黄的，五颜六色。歌咏吟诵，那是大师的事情。我乃一介庸民，不善记述赞颂。我只是曾经偶尔亲眼见过，每次看到它的样子都为之惊叹。它们如同玉佩，满身都是锋利尖刺。它们如同穿上华服，甲壳上缀满红斑。另有一种螃蟹，名字虽然相同，但并不是同一种类。这种螃蟹在水里活泼好动，一到岸上就如泥塑木雕。想要把它放进锅里煮来吃，可它又不经煮。我便询问当地农夫，这种蟹捉来有什么用？他们告诉我："医生将它收藏起来，用以治疗肢体肿痛。无论什么肿痛，用此蟹立即见效。"《本草纲目》说这种蟹产自崖州海边。这就是斑蟹，我画下它的样子，以不负先生之托。"

广东石蟹

【原文】 石蟹之为物也，其形则蟹，其质则石，螯足不全，但存形体大概。剖之，仍具壳内脉络，始信非石也，蟹也。今药室中多有其形，大小横斜，色泽不一，《谱》中所图，亦就予所偶见者写之。按《本草》[1]注："石蟹生南海，云是寻常蟹耳，年月深久，水沫相着，因而化成。"又曰："近海州郡多有，质体石也，而都与蟹相似，但有泥与粗石相杂耳。顾时珍《海槎录》[2]云：'崖州榆林港内半里许，土极细，赋性最寒，但蟹入，则不能运动，片时成石。人获之，置几案间，能明目。'"石蟹性寒，细研入药，原能疗目，然粤东谢友又云磨治肿毒，何欤？盖毒多发于火，寒药可除热结[3]，况蟹性又能散乎？则医肿与医目，同功而异用。书传所记，多传石中生蟹，每有人于深土石璞中剖石得蟹者，此又不知何从而孕。又有人云有得活玉蟹者，称为世宝，旷世难觏。图中所载石蟹，非石之能为蟹，乃蟹之化为石也。若此则《本草》所载石蛇、石燕、石鳖、石蚕[4]，其亦为蛇、燕、蚕、鳖之所化乎？更推而广之，星堕为石[5]、老松化石[6]、雉鸡化石[7]、武当山妇人望夫化石[8]，则化石之物又不止一蟹。然则丈人峰、老僧岩[9]，今而后定当以袍笏[10]加礼，尚敢以顽石目之耶！

《广东石蟹赞》：面壁几年[11]，一朝坐脱。躯壳不朽，千年如活。

【注释】 〔1〕此处为《开宝本草》，即《开宝详定本草》，是北宋刘翰、马志等医官于开宝六年奉诏在《唐本草》的基础上增补编订而成。

〔2〕《海槎录》作者为顾玠，作者此处误讹为"顾时珍"。

〔3〕毒多发于火、热结，皆为中医语，火毒又名热毒，火热病邪郁结成毒，易形成疔疮痈肿等

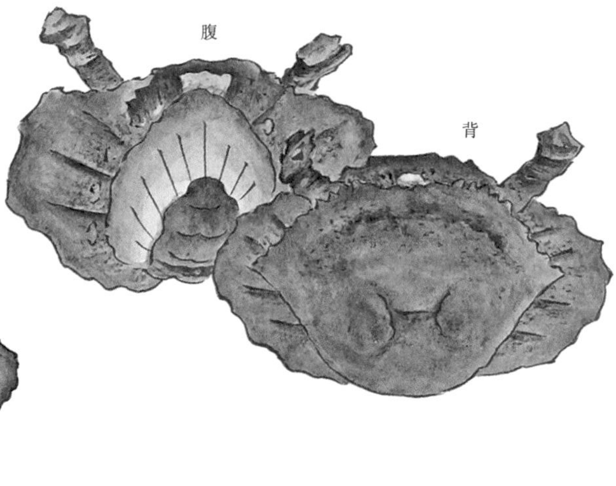

□ **广东石蟹**

石蟹，因外形为螃蟹、身体为石质而得名，但它实际上并非石头，而是螃蟹。石蟹性味寒凉，可以治疗肿痛热毒。

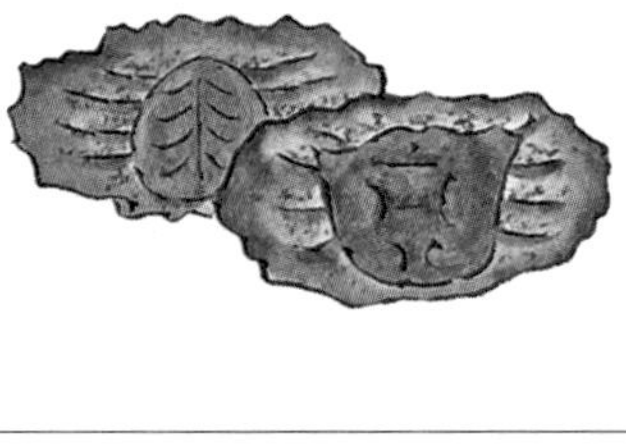

腹

背

肿包。

〔4〕石蛇、石燕、石鳖、石蚕，皆为中药名。

〔5〕星堕为石：出自《史记·秦始皇本纪》："三十六年，荧惑守心。有坠星下东郡，至地为石，黔首或刻其石曰'始皇帝死而地分'。"

〔6〕老松化石：《图经本草》："今处州出一种松石，如松干，而实石也。或云松久化为石。"

〔7〕雄鸡化石：《艺文类聚》："武陵舞阳县……有一石雄，远望首尾，可长二丈，申足翔翼，若虚中翻飞，颈缀著石。"

〔8〕望夫化石：出自刘义庆《幽明录》："武昌阳新北山上有望夫石，状若人立。古传云：昔有贞女，其夫从役，走赴国难，携弱子饯送此山，立望夫而化石。"

〔9〕丈人峰和老僧岩分别位于今山东泰山玉皇顶、浙江温州雁荡山。

〔10〕袍笏：古代大臣朝觐时穿的官服和玉板。

〔11〕面壁几年：相传达摩祖师在少林寺后山面壁九年，结庐修真，创立了中土佛教禅宗，教义讲究明心见性、一朝顿悟。

【译文】 石蟹，外形是螃蟹，质地为石头，蟹脚不完整，不过有个大致的螃蟹样子罢了。将它剖开，能够看见壳内的脉络和构造，这才相信它本来并不是石头，而是螃蟹。如今药房大多有这种石蟹，或大或小，或横或斜，色泽也各不相同，在《蟹谱》中的石蟹，也不过是我偶然看到并描摹下来的。《本草纲目》注："石蟹生长在南海，原本是普通的螃蟹，但是经年累月，水沫附着在它的甲壳上，就逐渐化为了石头。"其中又说："沿海州郡常有这种石蟹，体质和形体都是石头，而且与螃蟹相似，只是混杂在泥沙和粗石中罢了。"顾玠《海槎录》说："崖州榆林港内半里左右，土质细腻，天然寒性最重，螃蟹一旦钻进去，便无法活动，不久就会石化。人们得到石蟹后，把它放在桌上，可以明目。"石蟹性味寒凉，细磨成粉入药，确实可以治疗眼病，不过据我的广东朋友谢三玉说，它还可以治疗肿痛热毒。这是怎么回事呢？原来热毒大多是邪火所致，而寒凉的药物可以祛热解毒，更何况石蟹药性发散？这样看来，治疗肿痛与治疗眼病的原理是相同的，只是用法不同而已。古籍所记载的石蟹，大多产自岩石中，常常有人从地底下挖开的玉石中发现石蟹，却不清楚它是如何生成的。还有人说，有一种活玉蟹，被奉为稀世珍宝，千年难得一见。我图中绘制的石蟹，并不是岩石变成的螃蟹，而是螃蟹化成的岩石，那么《本草纲目》所记载的石蛇、石燕、石鳖、石蚕，是否皆为蛇、燕、蚕、鳖变化而成的呢？再推而广之，行星坠地变为石头、老松树变为石头、雄鸡变为石头、武当山望夫的妇人变为石头，可见能够变成石头的东西并不只有螃蟹啊。既然如此，那么人们对于丈人峰、老僧岩，今后定然要以厚礼相待，而不能再把它们视作普通的石头了！

□ **蛎虱**

蛎虱，福建人的叫法，它实际上是指寄居在蛎房中的小蟹。这种蟹通体微红色，个头极小，是当地的宴客佳品。

蛎虱

【原文】 海岛间常有浮石漂流水面，盖水泡与沙土结成，小者如盘盂，大者如几如舟，凡撮嘴及蛎房与小蟹并附焉。

小蟹常寄居于蛎房之中，其形微红而小弱，闽人称为"蛎虱"。冬春之候，蟹卵初育，随潮飘散，到处皆是。蛎张壳吸水，每投其中，逾时成形，气体日亲，久而不去；而蛎亦遂相安，若己子然。所谓蟏蛸腹蟹，亦是类也。海人好事者，每于蛎肉内寻小蟹，以为晏客佳品。凡蟹背大乎脐，独蛎虱则脐包乎背，在柔肉之中，长壳为难，而长脐[1]则易也。

《附浮石赞》：是石没根，无端而生。幻泡成住[2]，浪得浮名[3]。

《蛎虱赞》：有蟹寄居，不寒不饥。宁神静卧，常掩双扉。

【注释】 〔1〕脐：螃蟹腹部下面的甲壳。

〔2〕幻泡成住：这里指浮石是水泡形成的。幻泡，佛教语，出自《金刚经》："一切有为法，如

梦幻泡影，如露亦如电，应作如是观。"成住，佛教认为世间有"成、住、坏、空"四劫，成劫和住劫分别对应事物的形成和存续。

〔3〕浪得浮名：双关语，本指"徒获虚名"，这里指浮石因水浪而获得"浮"字为名。

【译文】 海岛之间常有石头漂浮在水面上，大概是由水泡与沙土凝结而成的，小的像盘盂那么大，大的有如桌子、舟船。浮石上常常附着撮嘴、蛎房和小蟹等物。

有一种小蟹为淡红色，非常幼弱，经常寄居在蛎房中，福建人称它为"蛎虱"。冬春时节，蟹卵刚开始繁殖，随潮水四处飘散。蛎房张开外壳喝水，经常会有蟹卵进入壳中，过了一段时间，小蟹成形，精气和身体融合密切，久久不愿离开蛎房；而蛎房也安然无事，将其视为己出。人们所说的"蟷蠰腹蟹"，便是相同的现象。对此特别感兴趣的渔民，经常在蛎肉里找小蟹，将它作为款待客人的佳肴。寻常螃蟹的背甲一般都比腹甲大，唯有这种蛎虱的腹甲几乎包住了背甲，这是因为蛎房肉质柔软，不易生长背甲，而生长腹甲则容易得多。

狮球蟹

【原文】 狮球蟹身小如豆而薄，无腹脏，无螯、目，五足如带，能行于水，体淡灰色，而足微有毛。类书、志书并不载。予客福宁，有鬻海鲜于市者，筐中检得，怪而问之，曰："此物不穴沙土，惟随潮与鱼虾逐队而已。海人以其如狮球也，遂以狮球名之。"愚按此物宜入蝶虫。

《狮球蟹赞》：梅花为体，蒲根〔1〕为足。蟹以球名，随其乡俗。

【注释】 〔1〕蒲根：中药名，即蒲草根，晒干后黑软蜷曲，可以清热利湿，具有解毒功效。

【译文】 狮球蟹就像豆子那么大，身体纤薄，没有内脏、钳子和眼睛。它通身淡灰色，五条腿就像五条丝带，腿上有些许茸毛，能在水中行走。在各种类书和地方志中都没有关于它的记载。我客居福宁州时，在市场上售卖海鲜的人那里拣选出了这种狮球蟹，惊奇之余便向他请教，他告诉我："这种东西并不在沙土里巢居，而是与鱼虾一起随着潮水漂流。海边渔民见它就像舞狮的绣球，便叫它'狮球'。"我认为

□ **狮球蟹**

狮球蟹，外形奇特，只有豆子般大小。它的身体细弱，全身器官只有五条腿，就像舞狮的绣球，并因此得名。这种蟹能在水中行走。

这种蟹应该归入裸虫类。

交蟹

【原文】 交蟹产宁波海涂，甚小，且不繁生。四明宴上客必需此为翻席[1]。生置盆中，乘活投盐豉[2]唼之，以为珍品。昔忠懿王[3]宴陶谷[4]，自蜎蠬至蟹虭[5]几十余种，谷尝之，以为"一蟹不如一蟹"[6]。疑即昔日之蟹虭乎？"虭"字别作"蛨"[7]，未知孰是。四明范天石曰："此蟹名'交'，彼此衔结也。"予故以"同生同死"赞之。或又曰："山西宴客觅初生小鼠，乘活蘸蜜唼之，口内尚作声，名曰'蜜唧唧'[8]。越中嚼活蟹，同一异事。遐方人士投足[9]偶见，能不作惊态，投箸而起者，未之有也。"

《交蟹赞》：蟹之交结，何为如此。登之几筵，同生同死。

【注释】 〔1〕翻席：吴语，指一席未终，又在他处另设一席。

〔2〕盐豉：即豆豉，黄豆煮熟霉制而成，常用作调味品。

〔3〕忠懿王：五代吴越王钱弘俶。太平兴国三年（公元978年），纳疆土向北宋称臣，卒后追谥"忠懿"。

〔4〕陶谷：北宋大臣，早年历仕后晋、后汉、后周，曾作为北宋使者出使吴越国。

〔5〕蟹虭（jué）：蟹名，不详。

〔6〕一蟹不如一蟹：这些蟹一种比一种差。这段引文出自宋代王君玉《国老谈苑》："陶谷以翰林学士奉使吴越，忠懿王宴之。因食蜎蠬，询其名类，忠懿王命自蜎蠬至蟛蜞，凡罗列十余种以进。谷视之，笑谓忠懿曰：'此所谓一蟹不如一蟹也。'"

〔7〕蛨：此字不详，现收录于日本汉语中，读音shirami，虫名。

〔8〕蜜唧唧：传说为岭南菜肴。出自张鷟（zhuó）《朝野金载》："岭南獠民好为蜜唧，即鼠胎未瞬、通身赤蠕者，饲之以蜜，钉之筵上，嗫嗫而行。以箸挟取，咬之，唧唧作声，故曰蜜唧。"此处作者说"山西宴客"，疑有误。

□ 交蟹

　　交蟹，生长在宁波海滩，体形非常小，数量也比较少。当地人将活的交蟹与咸豆豉拌在一起生吃，将其视为宴客佳品。

〔9〕投足：投宿。

【译文】 交蟹产自宁波海滩，体形极小，繁殖也不多。浙江宁波人宴请宾客时，交蟹作为另设宴席的开胃菜是必不可少的。将活交蟹放进盆里，趁机倒入豆豉拌着生吃，不啻为珍馐美馔。从前忠懿王招待陶谷，准备了从蝤蛑到蟹蚼等几十种螃蟹。陶谷品尝之后，认为这些蟹一种比一种难吃。交蟹估计就是古时的蟹蚼吧？"蚼"又写作"蚆"，不知哪种写法是正确的。四明人范天石说："这种螃蟹名字叫作'交'，是因为它们总是相接出现。"所以我在赞语中称赞它们"同生同死"。还有人说："山西人宴请宾客时会捕捉刚出生的幼鼠，蘸着蜂蜜生吃，幼鼠吃到嘴里还会叫唤，所以这道食物被称作'蜜唧唧'。这和浙江生嚼活蟹一样，皆为怪事。远方来客投宿时偶然看到这种情形，无不大惊失色，扔下筷子起身逃跑。"

鳓蟹

【原文】 鳓蟹产广东合浦，粤人谢汝爽[1]为予图于赤城。其背足多刺。

《鳓蟹赞》：披坚执锐，原是蟹类。更有鳓躯，还如刺猬[2]。

□ **鳓蟹**

　　鳓蟹，生长在广东合浦海域，样子既像鳓鱼，又像刺猬一样浑身带刺。

【注释】 〔1〕谢汝奭（shì）：作者好友，广东人，生平不详。

〔2〕蟳蟹的外形像蟳鱼；又因为它的甲壳上有锯齿状的尖刺，所以也像刺猬。

【译文】 蟳蟹产自广东合浦，它的这幅配图是广东人谢汝奭为我绘制于浙江台州。蟳蟹的背部和腿脚上有很多尖刺。

长脚蟹

【原文】 长脚蟹杂于蟛蜞间，浙闽海涂皆产，牧人摘之掌上玩视，能伪作死状，弃之于地，则疾行而去。

《长脚蟹赞》：介士长脚，其状善走。临阵脱逃，不落人后。

【译文】 长脚蟹杂居在蟛蜞群里，浙江、福建的海滩都有出产。放牧者捉它放在手里玩赏，它就假装死掉；一旦将它扔到地上，它便飞快地逃走了。

□ **长脚蟹**

　　长脚蟹，常见于浙江、福建的海滩，喜欢混杂在蟛蜞群中。它被人捉住就会假死，被人扔到地上后瞬间逃得无影无踪，因为它的脚很长，所以跑得飞快。

芦禽

【原文】 芦禽，灰色，背有水纹，并有黑方块如印，两钳赤色。产福宁南路海涂。

《芦禽赞》：有蟹似鸟，不藏深林。有时缘荻〔1〕，指为芦禽。

【注释】 〔1〕荻：荻芦，生长在水边，叶子长形，像芦苇。它的茎可以制造纸和人造纤维，也可以用来编席。

【译文】 芦禽的身体为灰色，背壳上有水波一样的花纹，并有一块印章形的黑

□ 芦禽

芦禽，一种生长在福宁南部海滩的蟹类。它的身体和脚为灰色，钳子为红色，背上有水波纹和印章纹，外形有点像鸟。

色方纹。它的两只钳子为红色。这种螃蟹大多产自福宁南部的海滩。

蟛蚑

【原文】 台乡蟛蚑，红足绿背，色虽可观，亦不堪食。

《蟛蚑赞》：红裙绿袄，海乡丘嫂[1]。洒扫随人，中馈[2]弗好。

【注释】 〔1〕丘嫂：汉高祖刘邦的长嫂。其事迹见本册《鲨鱼》。《汉书·楚元王传》："高祖微时，常避事，时时与宾客过其丘嫂食。嫂厌叔与客来，阳为羹尽栎（lì）釜，客以故去。"这里指台湾蟛蚑不好吃，食客对其敬而远之。

〔2〕中馈，妇女在家中主管的饮食等事，出自《周易·家人》："无攸遂，在中馈。"这里是说，不管烹饪得多么精致，台湾蟛蚑还是不好吃。

【译文】 台湾蟛蚑的腿脚为红色，背甲为绿色，外观看起来很漂亮，但一点儿也不好吃。

沙蟹

【原文】 沙蟹，浙东之称也，闽中谓之匾蟹，其形匾也。四季繁生之，人腌藏而食。其形横脊，其色青黄不等，其目长而细，其螯白而曲，其行趑趄[1]而不

□ 蟛蜞

　　蟛蜞，一种体形较小的蟹类，大的至多指甲般大小。它的头胸甲略呈方形，背壳为绿色，脚为红色。蟛蜞喜欢栖息在海边的洞穴中，以腐殖质为食，钻洞能力很强，行走速度极快。

　　疾。蟹中有名"倚望"者，东西顾眈[2]，行不四五步，以足起望，入穴乃止。今玩其足目，得无是欤？吾欲革沙蟹之名，而以"倚望"当之，何如？

　　《沙蟹赞》：也土也水，曷独称沙？种类必繁，运恒河车[3]。

【注释】　〔1〕趑（zī）趄（jū）：想要前进却又犹豫徘徊的样子。

　　〔2〕东西顾眈：四处张望、环视。

　　〔3〕河车：金丹学术语。道教早期把它当作铅的异名；隋唐以来，道家把它解读为"真一之气"的运行，因为真一之气运转周流，反复无穷，如车载物，所以叫作"河车"。白玉蟾《快活歌》："昼夜河车不暂停，默契大造同运行。"这里指沙蟹四季繁生、永不停歇。

□ 沙蟹

　　沙蟹，常见于浙江、福建海滩，喜欢穴居于洞中。这种蟹有青色和黄色两种，头胸甲为横四角形或横椭圆形，背甲隆起，眼窝横长，水陆两栖。

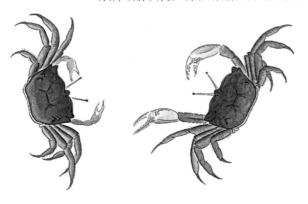

【译文】 沙蟹是浙东地区对其的叫法，福建人把它叫作"扁蟹"，那是因为它的身体为扁形的缘故。沙蟹四季繁生，人们一般将它腌制后收藏食用。沙蟹长着一条横脊，体色有青色和黄色两种，眼睛又长又细，钳子洁白弯曲，动作缓慢迟疑。有一种叫作"倚望"的螃蟹，喜欢左顾右盼，每走四五步，就要立起身来张望，直到回到洞穴为止。如今看这沙蟹的腿脚和眼睛，不正是"倚望"的形象吗？我想废除"沙蟹"这个名字，将它改为"倚望"，大家觉得怎么样呢？

无名蟹

【原文】 此蟹生福宁州海涂，渔人得之，赠余入图。形状甚异，遍示土人，莫有识其名者。其背前狭后宽，周回有刺，而尾后更锐，背上凹凸如老僧，头颅有大小紫点，目上有双钩紫纹。两螯尤异常蟹，角刺排列如雄鸡之帻。或曰："此沙钻也，穴于沙。"未实。

《无名蟹赞》：此蟹殊形，遍访无名。视两螯张，若斗鸡鸣。

【译文】 这是一种生长在福宁州海滩的螃蟹，有渔民捉到它，送给我作绘图

□ **无名蟹**

这是一种不知名的蟹类。它的外形奇异，头上有紫色斑点，眼睛上有紫色花纹，背部有褶皱且边缘带刺，尾部有尖刺，连两个钳子上都长满角刺。

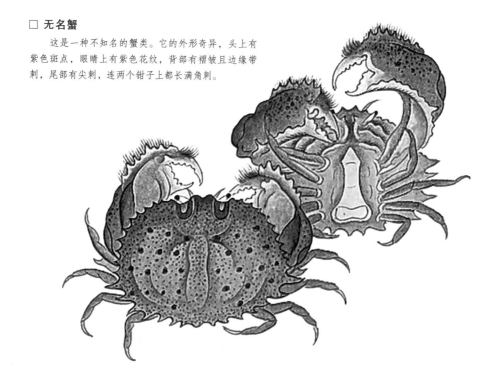

用。这种螃蟹的样子十分奇特，我把它拿给当地百姓看，却没有人认识它。它的背部前窄后宽，周围有刺，尾部的刺尤其尖利，背上高低不平，如老和尚的褶皱一般。它的脑袋上有大小不一的紫色斑点，眼睛上还有两道弯钩状的紫色纹路。两个钳子更是与普通螃蟹不同，纵横排布的角刺宛如雄鸡冠。有人说："这是沙钻，穴居在沙土之中。"这个说法无从证实。

铁蟹

【原文】 铁蟹，紫黑色如铁，其形不小，产闽之连江县海岩石隙间。食之无肉，把玩而已。

《铁蟹赞》：谁谓无肠[1]，我且面铁[2]。行部[3]海上，驻扎石壁。

【注释】 〔1〕无肠：螃蟹腹中没有肠子，故别称"无肠公子"。出自《抱朴子》："称无肠公子者，蟹也。"

〔2〕面铁：铁面，指黑脸。这里是说铁蟹的颜色为铁一样的紫黑色。

〔3〕行部：指巡行所视察的地方。这里指铁蟹的活动之所。

【译文】 铁蟹通身为铁一样的紫黑色，体形较大，生长在福建连江海边的石缝中。这种蟹吃起来没有肉，只能当作把玩之物。

□ 铁蟹

　　铁蟹，产于福建连江海边的石壁中，因外壳紫黑如铁而得名。这种蟹没有肠子，不宜食用。

虎蟳

【原文】 余于康熙戊午[1]，客永嘉之宁村[2]，偶得虎蟹，睹其全体，色正黄，背肖虎面，目鼻俨然，而八跪[3]斑斑，描尽虎状，虽善绘者莫逾于此。悬诸国门，即吴越人士无不惊疑，又岂特秦俗能辟疟[4]哉！聊为《虎蟳吟》四章，以夸其文炳云。

□ 虎蟳

虎蟳，一种外形像老虎的蟹。它全身包括腿脚皆为黄色，且带有和老虎纹一模一样的华丽花纹，背壳像是老虎的头脸，并有着老虎般的眼睛和鼻子。人们十分害怕它，甚至用它辟邪祛病。

其一：山君[5]传是兽之王，敛迹潜身入蟹筐[6]。从此渡河浮海去，知无苛政到遐荒[7]。

其二：类狗[8]丹青画未真，如何介体肖全神。虎威莫怪狐狸假，公子无肠也效颦。

其三：有目眈眈视四方，雄心收拾壳中藏。把来掌上随人玩，不假蓑衣护色黄。

其四：虎变非徒拟大人[9]，也教郭索振凡尘。随潮涌入龙宫里，会际风云[10]出隐沦[11]。

吴志伊[12]曰："大海之滨有怪物，昌黎公或亦有所见[13]而云。然耶？非耶？世之读《山海经》者，于图见'陆吾'[14]，虎身虎爪，人面而九首，曰怪也；于图见'驺虞'[15]，尾长于身，五采而虎形，曰怪也；于图见'马腹'[16]，人面而虎身，曰怪也；于图见'英招'[17]，马身人面，虎尾而鸟翼，曰怪也；于图见'泰逢'[18]，两目有光，人身而虎尾，曰怪也；于图见'天吴'[19]，虎身人面，八足八尾而八首，曰怪也；于图见'疆良'[20]，人身虎首，长肘而衔蛇，曰怪也；于图见'鹿蜀'[21]，马面而虎文，曰怪也；于图见'駮'[22]，虎爪虎牙，一角而马身，曰怪也；于图见'蛊围'[23]，羊角人面而虎爪，曰怪也；于图见'蛊姪'[24]，九尾九首狐身而虎爪，曰怪也；此皆见其图形而未见其真形者也。若存庵之于虎蟹，既得见其真形，而并即其真形图之，怪哉虎蟹，又何疑焉！夫天下之物，苟非亲见，则不可信。然天下之物，又岂必尽亲见而后可信哉！昔禹铸九鼎[25]，以象百物，使民知神奸，禹非惑世诬民者也。殆九鼎沦亡，载籍幸存，后人即经义以图形，虽不亲见，无不可信。其或有不能尽信者，吾将以虎蟹图辨《山海经》之不诬。"

吴志伊先生，讳任臣，与予同里，向辑有《山海经图》行世，学古入官[26]，以鸿词科策名天府[27]。康熙巳未，以游记诗稿寄京，并附虎蟹图，志伊先生见而异之，即以《山海经图》论虎蟹取经中，凡物有一体肖虎，皆得与此蟹作宾。文成遥掷读之，在彼意虽为《山海经》辨疑，在我殊为虎蟹图生色。久存其稿，得录于谱。

《虎蟳赞》：悬门断疟，必尔入秦。鬼虽见畏，不咥人亨[28]。

【注释】〔1〕康熙戊午：康熙十七年，公元1678年。
〔2〕宁村：今浙江温州龙湾区海滨街道宁村。据《永嘉县治》载：宁村所城于明洪武二十年（1387年）由信国公汤和建。
〔3〕八跪：八条腿。跪，腿脚，《荀子·劝学》："蟹六跪而二螯。"
〔4〕秦俗辟疟：古代西北内陆百姓不认识螃蟹，只将它作为神物挂起来辟邪祛病。沈括《梦溪笔谈》："关中无螃蟹。元丰中，余在陕西，闻秦州人家收得一干蟹。土人怖其形状，以为怪物。每人家有病虐者，则借去挂门户上，往往遂瘥。不但人不识，鬼亦不识也。"
〔5〕山君：指老虎。《说文解字》："虎，山兽之君也。"
〔6〕蟹筐：原指螃蟹的背壳像竹筐，这里泛指螃蟹。《礼记·檀弓下》："蚕则绩而蟹有匡。"孔颖达疏："蟹有匡者，蟹背壳似匡，因谓蟹背作匡。"
〔7〕退荒：边远之地。
〔8〕类狗：比喻模仿不到位，反而不伦不类。出自《后汉书·马援传》："效季良不得，陷为天下轻薄子，所谓'画虎不成反类狗'也。"有成语"画虎类犬"。
〔9〕此处比喻地位显赫的人，行动往往变化莫测。出自《周易·革卦》："大人虎变，未占有孚。"
〔10〕会际风云：际会风云。古人认为，龙象征君王、虎象征贤臣，所以"际会风云"比喻有能力的人遭逢好的际遇。
〔11〕隐沦：指隐士，亦指神仙。颜延之《五君咏》："立俗迕流议，寻山洽隐沦。"
〔12〕吴志伊：吴任臣，清代文学家、藏书家。好读奇书，博学多闻，著有《山海经广注》《十国春秋》等。
〔13〕韩愈被贬潮州期间，所作诗歌大多反映南方物产，如《初南食贻元十八协律》《答柳柳州

食虾蟆》等，因此吴志伊说韩愈可能亲眼见过大海中的怪物。

〔14〕陆吾：古代神话传说中的昆仑山神明。出自《山海经·西山经》："西南四百里，曰昆仑之丘，是实惟帝之下都，神陆吾司之。其神状虎身而九尾，人面而虎爪；是神也，司天之九部及帝之囿时。"

〔15〕驺虞：古代传说中的仁兽，出自《山海经·海内北经》："林氏国有珍兽，大若虎，五彩毕具，尾长于身，名曰驺虞，乘之日行千里。"

〔16〕马腹：出自《山海经·中山经·蔓渠山》："又西一百二十里，曰蔓渠之山，其上多金玉，其下多竹箭。伊水出焉，而东流注于洛。有兽焉，其名曰马腹，其状如人面虎身。"

〔17〕英招：管理天帝花圃的神兽。出自《山海经·西次三经》："又三百二十里，曰槐江之山……实惟帝之平圃，神英招司之，其状马身而人面，虎文而鸟翼，徇于四海，其音如榴。"

〔18〕泰逢：出自《山海经·中山经》："又东二十里，曰和山，其上无草木而多瑶碧，实惟河之九都……吉神泰逢思之，其状如人而虎尾，是好居于萯山之阳，出入有光。泰逢神动天地气也。"

〔19〕天吴：出自《山海经·海外东经》："朝阳之谷，有神曰天吴，是为水伯。在蚕（hóng）蚕北两水间。其为兽也，八首人面，八足八尾，背青黄。"

〔20〕疆良：出自《山海经·大荒北经》："大荒之中，有山名曰北极天枢，海水北注焉。有神，九首人面鸟身，名曰九凤。又有神，衔蛇操蛇，其状虎首人身，四蹄长肘，名曰疆良。"

〔21〕鹿蜀：出自《山海经·南山经》："又东三百七十里，曰杻阳之山，其阳多赤金，其阴多白金。有兽焉，其状如马而白首，其文如虎而赤尾，其音如谣，其名曰鹿蜀、佩之宜子孙。"

〔22〕駮（bó）：一种传说中的猛兽。郭璞注："《山海经》云：'有兽名駮，如白马，黑尾，倨牙，音如鼓、食虎豹。'"

〔23〕蟲（tuó）围：出自《山海经·中山经》："又东北五十里，曰骄山，其上多玉，其下多青藚，其木多松柏，多桃枝钩端。神蟲围处之，其状如人面，羊角虎爪，恒游于睢漳之渊，出入睢有光。"

〔24〕蠪（zóng）姪（zhí）：亦作"蠪蛭"，神话中的野兽。出自《山海经·东山经》："又南五百里，曰㐀丽之山，其上多金玉，其下多箴石。有兽焉，其状如狐，而九尾、九首，虎爪，名曰蠪蛭，其音如婴儿，是食人。"

〔25〕禹铸九鼎：相传大禹取世间万物之象，铸成九个大鼎，后皆不知所踪。出自《左传·宣公三年》："夏之方有德也，远方图物，贡金九牧，铸鼎象物，百物而为之备，使民知神奸。"

〔26〕学古入官：出自《尚书》："学古入官，议事以制，政乃不迷。"其意为：当先学古训，然后从政。按照礼制议事治国，政局才不会混乱无序。

〔27〕策名天府：名字被写入天子府库的策书之中，指入仕后深受朝廷重用。北帝郑述祖《天柱山铭》："遂秉笏朝门，策名天府，出入藩邸，陪从帷幄。"

〔28〕不咥（dié）人亨：出自《周易·履卦》："履虎尾，不咥人。亨。"其意为：踩了老虎

尾巴，老虎却不咬人，这是好兆头。这里指虎蟳能吓跑鬼怪，却对人类无害。

【译文】 康熙十七年，我客居永嘉宁村，偶然得到虎蟹，得以观察它的样子。它通体正黄色，背壳就像老虎的面部，上面还有老虎的眼睛和鼻子。它的八条腿上也有许多斑驳的虎纹，和老虎的样子一模一样，就算是擅长画虎的人，也未必能画得比它逼真如虎。将它悬挂在城门之上，就连江浙百姓都会惊恐疑惑，更不必说西北内陆的百姓拿它辟邪祛病了。我且写了四首《虎蟳吟》，来赞美它的华丽花纹。

其一：山君传是兽之王，敛迹潜身入蟹筐。从此渡河浮海去，知无苛政到遐荒。

其二：类狗丹青画未真，如何介体肖全神。虎威莫怪狐狸假，公子无肠也效颦。

其三：有目眈眈视四方，雄心收拾壳中藏。把来掌上随人玩，不假襄衣护色黄。

其四：虎变非徒拟大人，也教郭索振凡尘。随潮涌入龙宫里，会际风云出隐沦。

吴志伊说："海边有怪物，韩愈可能亲眼见过并记录下来。这是真还是假呢？世人读《山海经》，看到'陆吾'的绘图，有着老虎的身体和爪子，人类的面孔，以及九个脑袋，啧啧称奇；看到'骓虞'的绘图，有着老虎的身体，且尾巴比身体长，全身五彩斑斓，啧啧称奇；看到'马腹'的绘图，有着人类的面孔、老虎的身体，啧啧称奇；看到'英招'的绘图，有着骏马的身体、人类的面孔，还有老虎的尾巴和鸟类的翅膀，啧啧称奇；看到'泰逢'的绘图，有着人类的身体和老虎的尾巴，而且两眼放光，啧啧称奇；看到'天吴'的绘图，有着老虎的身体和人类的面孔，而且有八只脚、八条尾巴和八个脑袋，啧啧称奇；看到'疆良'的绘图，有着人类的身体、老虎的脑袋，手肘修长，口中还叼着一条蛇，啧啧称奇；看到'鹿蜀'的绘图，有着骏马的面孔、老虎的花纹，啧啧称奇；看到'駮'的绘图，有着老虎的爪子和牙齿、骏马的身体，还有一只犄角，啧啧称奇；见到'蛊围'的图，有着山羊的犄角、人类的面孔和老虎的爪子，啧啧称奇；看到'蠪姪'的绘图，有着狐狸的身体和老虎的爪子，啧啧称奇……这些都只是看到绘图而没有亲眼见到的例子。然而存庵先生既见到了虎蟹的真容，又把它的真实模样画了下来，就算虎蟹再奇特，也没有什么好怀疑的。世间万物，若非亲眼所见，便不可信。但天下事物无穷无尽，又何必都要亲眼看到后才肯相信呢？从前大禹铸造九鼎，用来记录世间万物，让百姓能够分辨神鬼善恶。所以大禹并不是欺世盗名、愚弄百姓的人。九鼎失传以后，典籍文献都还幸存，后人便根据经书内容来绘制九鼎的形状，虽然人们没有亲眼见到，但没有人不相信它。其中可能也存在一些不能直接取信的内容，所以我要用《虎蟹图》来证明《山海经》不是虚妄的。"

吴志伊先生，又名吴任臣，和我住在同一个城市，曾辑录的《山海经图》流行于世，熟习古训古法，考取了博学鸿词科，深受朝廷重用。康熙十八年，我把自己的游记诗稿寄到京城，并附上《虎蟹图》，吴志伊见后十分惊奇，随即用《山海经图》来论证虎蟹取自经书之中，任何生物，只要有一个部位像老虎的，都能与这种螃蟹做伴。他把文章写好之后，不远万里寄给了我，虽然他的本意只是为了给《山海经图》解决疑难，但是对我来说，却为《虎蟹图》增色不少。因此我将他的文稿一直保存着，并录入《蟹谱》中。

金蟳

【原文】 余戊午客瓯，见虎蟹而外，又有黄色而赤斑点者。背足之斑点，绝似槟榔之剖破状，两螯如胭脂之衬白玉，莹润可爱，八足软而无爪，前浚[1]如拨棹[2]形。其性必宜于水而非陆处者，土人莫能辨，混称为花蟹。及客闽，始知此名"金蟳"。凡后二足扁者，皆谓之蟳，其色黄，故以"金"名。《闽志》亦载。

《金蟳赞》：纹紫质黄，剖破槟榔。思邈医龙[3]，遗漏药囊。

【注释】 〔1〕前浚：螃蟹最前端的一对腿脚，形似开浚水道的铲锹。
〔2〕拨棹：一种大型蟹，后腿形似船桨，因此得名。详见本册《拨棹》。棹，船桨。
〔3〕思邈医龙：相传孙思邈曾经医治好泾阳龙子，故事出自五代沈汾《续仙传》。《续仙传》为道教神仙传记，共记真仙三十六人。

【译文】 康熙十七年，我客居温州，发现虎蟹之外，还有一种通体金黄色并带

□ 金蟳

　　金蟳，一种通身金黄色的螃蟹。它的全身皆有斑纹，就像被剖开的槟榔，两只钳子白里透红，煞是好看。这种蟹可以入药，但是世上很少有人知道。

有红色斑点的螃蟹。它的背部和腿上的斑点很像槟榔剖开的样子，两只钳子宛如白玉抹上了胭脂，晶莹剔透，温润可爱。它的八条腿脚都很柔软，最前端的一对腿脚和拨棹很相似。这种螃蟹必定适合生长在水中而不是陆地上，但是当地人并不认识它，只将它含混地称为花蟹。直到我移居福建，才知道这种螃蟹叫作"金蟳"。凡是后两条腿脚比较扁平的螃蟹，都被称为"蟳"，因它全身金黄色，所以冠以金名。《闽志》对它也有所记载。

拨棹

【原文】 天地生物，既赋以物性矣，又必授以物形。若使其形稍有不足，以违其本性，而拙于展施，则物不任受过，而造化之心有遗憾矣。是以虎豹至威，无爪牙则困；骏马善行，而无坚蹄则困；牛羊无犄角，则不能自强而困；象徒臃肿其躯，无鼻以为一身之用则困；鸟无啄，则毛羽虽丰能飞，而不利于食则困；鱼无漏脱[1]则水为之臜[2]，无鳞尾则不能自主而困；龟鳖鼋鼍好静，不假以壳，若为之笥而穴之，则为物扰而困；螺蚌蛤蛎之属，质柔脆，无坚房以闭藏其身则困；蜂无针，则无以自卫而困；蝶入花丛，以须为鼻，无须则芬芳不别而困；蝉蜩、蟋蟀、蝇蚊之属，躯微不能鼓气，不假以翼而助之鸣则困；鹅鸭雁鹭善入水，使济水之具偶缺而不生方足则困；乃天则皆有以各足其形夫！是以物物能顺其性、各用其所长，而无所乖忤[3]也。

蟹中之有拨棹，亦若是矣。拨棹身阔而横背，前有二十尖刺，目以下又有三尖刺、四须、二短爪如足。色有青者、有紫者，皆有大弯文及斑点。两螯甚利，螯颈有刺难犯，前二足向前，后二足匾阔如拨棹，六节连续若活机[4]。在闽则呼为蟳而巨；瓯人呼为紫蟹，其色紫也，游于江中淡水者，其色鲜丽，亦呼为江蟹，以其多潜江水也。渔人必施网罟始得，盖他蟹多穴于沙土，或伏于石垄，惟此蟹游泳于江海波涛之中，乘水则强，失水则毙，天特界以阔足圆机，俾嗜水之性与形相俦，一如鹅鸭雁鹭之方足，与不利水之旱禽原异也。顾名思义，惟此蟹能专拨棹之称。《本草》注混以蟛蜞为拨棹，岂其可哉！盖蟛蜞后二足虽阔，但能水亦能陆，非全以水为性者也。若此蟹专利浮没，故不但后足如拨棹，而前二足亦若双橹，在水得势，其行如飞。吕《谱》[5]分别蟛蜞居前、拨棹居次，二之也，虽不得见其图形，而名号、轮次炳如[6]，吾用是信之。因形拟性，因性辨名，乃得类推万物之形性，以明造化之意蕴，而为之说。

□ 拨棹

拨棹，一种体形较大的螃蟹，大多为紫色，少数为青色，温州人又称它为"紫蟹"。这种螃蟹的背甲上有着醒目的弯形纹路及细小斑点，钳子和后腿上也有斑点。它的背部前缘上面和眼睛下面都有尖刺。它在水中十分凶猛，出水就会死去。

《拨棹赞》：墨鱼善碇，鲨鱼善帆[7]。拨棹逐队，随其往还。

【注释】 〔1〕漏脱：这里指鱼类用来排水的鳃孔。

〔2〕臌（gǔ）：中医语，由积水导致的身体鼓胀。

〔3〕乖忤：违逆、违背。乖，古文字，形如"分别""背离"的样子，引申为"违背"之义。

〔4〕活机：灵活的机关。

〔5〕吕《谱》：北宋吕亢所著《蟹谱》，今已失传。

〔6〕炳如：明白清楚、显而易见的样子。

〔7〕墨鱼善碇，鲨鱼善帆：墨鱼善于依附巨石作为固定，鲨鱼善于扬起外壳作为风帆。分别详见册二《墨鱼》、本册《鲨》。

【译文】 天地孕育万物，不但赋予它们秉性，还要赋予它们形貌。如果形貌有所欠缺，与秉性相违背，造成秉赋难以自由施展，那么这也不是生物本身的过错，而是造物主匠心的缺憾。因此，虎豹最为凶猛，没有爪子和牙齿就会陷入困顿；骏马善于奔跑，没有坚硬的马蹄就会陷入困顿；牛羊没有犄角，就不能自力更生，从而陷入困顿；大象徒有硕大的身躯，没有鼻子为己所用，就会陷入困顿；鸟类没有尖嘴，虽然羽翼丰满，能够飞翔，但也会因难以捕食而陷入困顿；鱼类没有鳃孔就会积水鼓胀，没有鳞片和尾巴就不能自主游动，从而陷入困顿；龟鳖鼋鼍喜静，如果不借助外壳而寄居筒中，就会被外物打扰，从而陷入困顿；螺蚌蛤蛎之类的生物，质地柔软，如果没有坚硬的外壳保护身体，就会陷入困顿；蜜蜂如果没有针刺，就会因无法自卫而陷入困顿；蝴蝶飞入花丛，用触须当作鼻子，如果没有触须，就会因分辨不出香味而陷入困顿；蝉蜩、蟋蟀、蝇蚊之类，身体微小，不能吸气，如果不借助翅膀来发出鸣响，就会陷入困顿；鹅鸭雁鹭善于游水，如果用来划水的方形脚蹼缺失，就会陷入困顿；这是造物主分别从形貌上满足了它们自身的需要啊！正因如此，万物才能遵循秉性，各显所长而无所违逆。

螃蟹中有一种叫作"拨棹"的，也是如此。它身形宽阔，背部横出，面前有二十根尖刺，眼睛下方有三根尖刺、四根短须以及两只形如腿脚的短爪。拨棹有青色的，也有紫色的，身上都有着巨大的弯形纹路，还零散分布着一些斑点。它的两只钳子非常锋利，腕部上的尖刺也昭示着生人勿近，前两条腿脚向前探出，后两条腿脚扁平宽阔如同船桨，六个关节环环相扣，像是灵活的机关。福建人称这种螃蟹为"蟳"，但它比蟳体形庞大；由于它多为紫色，温州人又叫它紫蟹；此类螃蟹有的在江河淡水中潜游，色泽鲜艳，所以还有人称它为江蟹。渔民一定要撒网才能捉到拨棹，因为它与其他穴居沙土、潜身石垄的螃蟹不同，能在江海浪涛中游动自如。它在水中如鱼得水，离开水便会直接死掉。上天特地赐予它宽阔的腿脚、圆滑的关节，使其嗜水的秉性与它的外形相匹配，正如鹅鸭雁鹭有着方形的脚蹼而与陆地的其他禽鸟不同。因此，顾名思义，只有这种螃蟹才能专享"拨棹"的名称，《本草》在注释中把蟛蜞混淆成了拨棹，怎么可以呢？蟛蜞的后两条腿脚虽然也很宽阔，但它既能游水也能上岸，但并非只生长在水里。而这种拨棹，最擅长在水中沉浮游动，不但后腿像船桨，前腿也很像船橹，得到水流的助力之后，就能游动如飞。吕亢的《蟹谱》把蟛蜞录在前面，把拨棹录在其后，它们是两种类型、我虽然没有见过它们的绘图，但名称和排序都很清晰明了，我便采信并沿用了《蟹谱》的说法。由形貌塑造秉性、由秉性确立名称，这样才能类推万物的形貌和秉性，揭示并阐明造物主的深刻用意。

膏蟳

【原文】 膏蟳者，闽中有膏之蟳也。三四月将孕卵之候，其膏甚满，较吾浙宁台温之蟳为巨，其卵甚繁。大约皆发于南海而后及东海，蟳至此伟极矣。生子后，多死，故无更大于此者。《闽志》有蟳，即此。《字汇》曰："虫名。"《尔雅》、类书之内无可考。

□ **膏蟳**

　　膏蟳，常见于福建地区，一种蟹黄（膏）极多的螃蟹。它的背壳宽阔，钳子宽扁锐利，较为凶猛。春季的时候，膏蟳的腹部就会膨大鼓起，因为此时它的蟹黄最多，但是它的生命也会随着产卵而结束。

　　《本草》注云："阔壳而多黄者名蟳，生海中。其螯最锐，断物如芟刈[1]焉，扁而阔大。后足阔者为蝤蛑，岭南谓之'拨棹子'，以后脚如棹也。"若此，则蝤蛑即拨棹，吕亢《蟹谱》又何为别蝤蛑自为蝤蛑、拨棹自为拨棹哉！予深维其故，吕亢《蟹谱》存名十二种，内无蟳名，拨棹非蟳，孰敢当之？故两图拨棹于蝤蛑之后，以明拨棹之所以为拨棹，非无据矣。考《闽志·物产卷》，福、兴、漳、泉、福宁州，四府一州并有蟳。《本草》注所谓"生南海中"，似矣；独以蝤蛑为拨棹，则误。吕公《蟹谱》别类分门，必有确见，《本草》注未经深考，遂使蟳失拨棹之名，而并失拨棹之实，予故图膏蟳矣，而复图拨棹，而两申其义。

　　《膏蟳赞》：春潮舍膏，巨腹膨脝[2]。味三山[3]蟳，胜五侯鲭[4]。

【注释】　〔1〕芟（shān）刈（yì）：用利器砍割。

〔2〕膨脝（hēng）：腹部鼓胀的样子。

〔3〕三山：今福建福州境内三座大山，分别是于山、乌石山、屏山。这里代指闽中地区。

〔4〕五侯鲭（zhēng）：出自《西京杂记》"五侯不相能，宾客不得来往。娄护丰辩，传食五侯间，各得其欢心，竞致奇膳，护乃合以为鲭，世称五侯鲭，以为奇味焉"。其意为：娄护同时与五位王侯交往，并用他们赏赐的食物制成杂烩，后比喻另类的美味，或指人善于交游显贵。五侯，即汉成帝母亲的五位哥哥，分别是王谭、王根、王立、王商、王逢时，他们在同日封侯，竞相沽名争宠。鲭，鱼、肉混合的杂烩。

【译文】 所谓的"膏蟚",就是福建一种富含油脂的蟛蟹。三四月份是蟹类的产卵期,此时这种蟹的油脂含量会变得很高,比我们浙江宁波、台州、温州的蟛蟹大得多,产卵量也很大。这种蟹一般先集中出现在南海,然后迁往东海,蟛蟹能有这个习性真是非常了不起。膏蟚一般产下卵后就会死掉,所以没有比这个时节的蟛蟹更大的了。《闽志》记载的蟚正是这一种,《字汇》只注释说是"虫名",而《尔雅》及各大类书都没有任何记载。

《本草纲目》的注释说:"外壳宽阔、蟹黄很多的螃蟹,叫作'蟚',生活在海洋之中。它的钳子又扁又宽,十分锋利,斩断物体就像割草砍树。后腿宽阔的叫作'蟳蛑',在岭南叫作'拨棹子',因为它的后腿很像船桨。"如果是这样的话,那么蟳蛑就是拨棹,吕亢的《蟹谱》又何必把蟳蛑和拨棹单独分类呢?我苦苦寻思其中的缘故,认为吕亢《蟹谱》录有十二种蟹类,但没有"蟚蟹",如果拨棹不是蟚蟹的话,还有哪种螃蟹能对应它呢?因此,吕先生在蟳蛑之后又画了拨棹,将两者分开来表明拨棹自成一种,并非毫无根据。我查阅《闽志·物产卷》,发现福建福州、兴化、漳州、泉州、福宁州,共四府一州都有蟚蟹的记载,说明《本草纲目》注释中所说的"生南海中"是正确的。但《本草纲目》又说蟳蛑就是拨棹,这却是错误的。吕先生的《蟹谱》之所以分门别类,一定有其确凿的证据,而《本草纲目》的注释没有经过深入的考察,让蟚蟹丢失了拨棹的名号,更否定了拨棹的存在,正因如此,我才要画下膏蟚和拨棹,并分别介绍它们。

篆背蟹

【原文】 篆背蟹,产福宁州海涂,背淡黑色,而白纹如篆书。不在食品,不入志书,予于蛎肉内偶见而识之。

《篆背蟹赞》:黑背白纹,有篆如写。小现图书,追踪龙马。

【译文】 篆背蟹,产自福宁州的海滩,背部为淡黑色,上面有白色的篆书花

□ **篆背蟹**

　　篆背蟹,一种体形极小的螃蟹,它的背壳和腿脚为黑色,钳子为金色,因背上有篆书一样的白色花纹而得名。这种螃蟹有时候会藏身于牡蛎中。

纹。它既不在常规的食谱中，也不被各种地方志所记载，我偶然在牡蛎肉中发现了它，才将它记录下来。

红蟹

【原文】 广南、琼、崖海中有蟹，殷红色，巨者可为酒觞，颇不易得，此一种红蟹也。越中有蟹名"石蜫[1]"，足壳皆赤，状如鹅卵，此又一种红蟹也。两者皆非吾谱中所谓红蟹。谱中所图，其形似螃蜞，四五月繁生山涧，及江湖边或大泽蒲苇中。常爱玩而为兹蟹作咏："爝火[2]星星泽畔烧，夜行无烛亦通宵。山溪误认桃花落，御苑惊看红叶飘[3]。岂是鲛人挥血泪，还疑龙女剪朱绡。石崇击碎珊瑚树，遍撒江湖泛海潮。"曾以此诗寄友人，友人答书云："昔孟浩然咏：'春眠不觉晓，处处闻啼鸟。夜来风雨声，花落知多少。'诮之者曰：'此瞽目[4]诗也。'今见红蟹之作八句，皆从想象，不又成眇目之诗乎？"予苦近视，老伧[5]故讥之。

《红蟹赞》：有蟹触目，不黄不绿。含膏外泛，未煮先熟。

【注释】 〔1〕蜫（kǔn）：虫名。

〔2〕爝（jué）火：火把，小火。

〔3〕此处化用"红叶题诗"的典故，出自唐范摅《云溪友议·题红怨》（见前注）。

〔4〕瞽（gǔ）目：与后文的眇（miǎo）目一样，都是眼盲的意思。

〔5〕老伧（cāng）：浙闽方言，粗人、无赖，这里代称作者的朋友。章炳麟《新方言》："今自镇江而下，浙闽沿海之地，无赖相呼曰老伧。"

□ 红蟹

　　红蟹，一种长得像螃蜞的红色螃蟹，常见于山涧、江河及湖畔的蒲草芦苇中，四五月份大量繁生。这种螃蟹的样子十分惹人喜爱，常被人捉来把玩。

【译文】 广州南方及琼州崖州的周边海域，有一种殷红色的螃蟹，个头大的可以制成酒杯，很难捉到，这是红蟹中的一种。江浙地区有一种叫"石蜖"的螃蟹，腿脚和外壳都是红色的，外形像鹅蛋，这是另一种红蟹。但这两种都不是我的《蟹谱》所绘制的红蟹。谱中的红蟹，外形像蟛蜞，四五月份时，这种蟹会在山涧、江河及湖畔的蒲草芦苇之中大量繁殖。我曾反复玩赏它，爱不释手，还为它写了一首诗："爝火星星泽畔烧，夜行无烛亦通宵。山溪误认桃花落，御苑惊看红叶飘。岂是鲛人挥血泪，还疑龙女剪朱绡。石崇击碎珊瑚树，遍撒江湖泛海潮。"我将这首诗寄给朋友，他回信说："孟浩然曾写诗道：'春眠不觉晓，处处闻啼鸟。夜来风雨声，花落知多少。'有人讽刺他说：'这是盲人的诗呀！'如今我读你的红蟹诗八句，一字一句全凭想象，这不也是盲人的诗吗？"这是因为我久受近视之苦，所以这位损友才这般嘲笑我。

飞蟹

【原文】 飞蟹，状如金钱蟹，产广东。常以足束并如翼，从海面群飞，渔人以网获之。其味甚美。类书及《广东新语》皆载。

《飞蟹赞》：有足不行，无翼而飞。粤东奇产，他处罕希。

【译文】 飞蟹，外形非常像金钱蟹，产自广东。它的腿脚总是并拢在一起，就像翅膀的样子，并成群结队地飞翔在海面上，渔民趁机撒网捕捉它们。这种蟹的味道十分鲜美。类书和《广东新语》对它均有记载。

□ **飞蟹**
　　飞蟹，一种长得像金钱蟹的螃蟹。它有脚却不会爬行，没有翅膀却会飞翔（用脚当翅膀），只生长在广东东部，其他地方十分罕见。

崎蟹

【原文】 崎蟹产福宁州海岩，于石隙间作穴，甚窄隘。欲捕者手不能入，取之甚难而避之亦深，海人置铁钻戮死钩出。壳绿色，甚坚，而煮之亦脆，内有红膏，

□ 崎蟹

崎蟹，产自福建福宁州，喜欢穴居在石头缝中。它绿色的外壳十分坚硬，蟹肉十分美味。每当人们企图捕捉它时，它就会奋力反抗，藏到石缝深处，至死都不出来。

称珍品焉。冬多夏少。

《崎蟹赞》：他蟹生擒，尔以死拒。比之田横[1]，其志可取。

【注释】〔1〕田横：秦末勇士，曾率民众起义反秦，割据齐地而治。刘邦统一天下后，田横拒绝招安，自杀于首阳山，其麾下五百壮士亦追随赴死。

【译文】崎蟹生长在福宁州的海岩间，它的巢穴筑在石头缝隙中，一般都很狭窄。渔民想要捕捉它，但手无法伸进石缝，所以很难捉到，它反而越藏越深，渔民只好用铁钻将它杀死后钩出来。崎蟹的外壳为绿色，十分坚硬，水煮后就会变软，壳内有红色油脂，可谓上等珍品。这种蟹在冬天大量出现，夏天则很少。

鬼面蟹

【原文】鬼面蟹产浙闽海涂，小而不大，有而不多。其形确肖鬼面：合睫而竖眉，丰颐而隆准[1]，口若超额，额如际发，前四足长而大，后四足短而细。他蟹之脐全隐腹下，故八跪尽伏，此蟹之脐小半环背，故四足掀露。其行也，挺背壁立，而腹不着地，独与他蟹异。疑为螺中化生，故无卵而盛于夏秋间也。或称关王[2]蟹，或称孟良[3]蟹，或称蚩尤[4]蟹，皆以面貌相像之。此蟹吕亢所不及详，陶谷所未尝食，古人罕议及此，岂以蟹形鬼面、绝无妙义存于其间，故置勿道乎？然甲胄之梦[5]，纪自《宋书》；彭越[6]之名，推于汉代，又何鬼面一蟹之无关至理乎？苟不研穷其故，则睹兹异蟹终不能无疑，为著《鬼面蟹辨》。

嘻！异哉！曷为乎有鬼面耶？曰：无异也。自三才[7]分而物数号万，肖象者多矣。一果核也，而太极含形；一鸟卵也，而天地混象。阳，实也[8]，而乾道成男；阴，虚也，而坤道成女[9]。本乎天者亲上，而鸟羽如木叶；本乎地者亲下[10]，而兽毛如野草。宇内人物，无不就太极、阴阳、五行分类以肖，而蟹体尤全：身，其太极也；螯，其两仪也；八足，其八卦[11]也。八月输芒，以应气候；背十二

□ **鬼面蟹**

　　鬼面蟹，产自浙江、福建的海滩，因背壳如同狰狞的鬼面而得名。它的个头较小，但腿脚很长，直立移动，十分神奇。作者怀疑它是由螺类化生而来的。

星，以应地支，直以龙马之负图、神龟之出书比美，又匪独"象感摇光〔12〕、虎符太白〔13〕、鲤合六六、龙合九九〔14〕"始为物理之精微、上通元造哉！若夫鬼面特幻、奇容孚感、宁无奥义？未必非蚌中罗汉〔15〕、螺内仙姝，意有所属、形随物寓，可类观也。更以雷州之雷推之：夫雷，天地阴阳抟激〔16〕之气也，而江赫仲、谢仙〔17〕爰有雷神之名，亦遂有雷神之形。雷神之形，其首如夔而有翼，但鼓动两间。神自为神，与物初无与也，乃雷州之地，古号产雷之乡，雷当发生于土。考雷郡英灵，罔有物名，多生地中如夔状。秋后伏气，土人掘得，不顾忌讳，常烹而食之，苟非神雷钟气、结形胚胎，乌能若斯？然则鬼面之蟹，要必有正大刚气郁塞两间，灵识偶尔依凭物类，于焉照象，异代迁流，漫沿广斥，即雷以推，要当如此，而况传记百家言实有蚌中罗汉、螺内仙姝，历历并传神异者乎？则鬼面之为鬼面，肖像如此，其真不可为无所托也。舜殛鲧〔18〕，而鲧化黄熊，黄熊戮蚩尤〔19〕，而蚩尤为蟹也亦可。

　　《鬼面蟹赞》：蟹具面庞，莫褎关王。绝类蚩尤，浪比孟良。

【注释】　〔1〕丰颐而隆准：脸庞圆润，鼻梁高高。隆准，高鼻梁。

〔2〕关王：指三国名将关羽，其面如重枣，被后世道教奉为关王。

〔3〕孟良：北宋勇将，面貌粗犷，在民间《杨家将》故事中为杨延昭的部下。

〔4〕蚩尤：上古部落领袖，相传其面目丑恶，曾率族与炎黄二帝作战，最后兵败身死。

〔5〕甲胄之梦：据《临安志》记载，南宋绍兴二年，进士考生徐杨梦见吃巨蟹，认为是"必中黄甲之兆"，结果果然应验中举。邵雍《梦林玄解》："梦食螃蟹，吉。为甲胄之象，又为解散之兆。武将在军为解甲，举子应试登黄甲。乡试梦食其足，作解元。"

〔6〕彭越：汉初名将，协助刘邦击败项羽，统一天下，后受诬谋反被杀。作者认为"彭越"可能是"蟛蛾"的词源，详见本册《蟛蛾》。

〔7〕三才：指天、地、人，出自《周易·系辞》："有天道焉，有人道焉，有地道焉。兼三才而两之，故六。六者非它也，三才之道也。"

〔8〕"阳，实也"：中医语，中医的"八纲辨证"包括"阴、阳、表、里、寒、热、虚、实"，其中疾病类别分为阴证和阳证，正邪盛衰分为实证和虚证。这里仅指阳与实有关、阴与虚有关。

〔9〕"乾道成男……坤道成女"：大意是阳刚为父，阴柔为母，化成万物。出自《周易·系辞》："乾道成男，坤道成女。乾知大始，坤作成物。"朱熹注："阳而健者成男，则父之道也；阴而顺者成女，则母之道也。是人物之始，以气化而生者也。"

〔10〕"本乎天者亲上……本乎地者亲下"："物各有类，上者自应居上，下者自应居下"，作者借指空中的物种接近上天，地面的物种接近下土。出自《周易·乾》："本乎天者亲上，本乎地者亲下，则各从其类也。"

〔11〕太极、两仪、八卦：三类由爻符组成的卦象，本质上是一种文字符号系统，承载着古代基本哲学概念。出自《周易·系辞》："易有太极，是生两仪，两仪生四象，四象生八卦。"

〔12〕象感摇光：相传大象由北斗七星中的摇光化成，象征祥瑞、和平。《春秋运斗枢》："瑶光之精，散为象变。江淮不祠，斩伐无度，则瑶光不明。"大象是依据一卦的基本观念，扩大说明事物变化和人事现象。摇光，即瑶光，北斗七星之一，位于斗柄的最末端。

〔13〕虎符太白：相传老虎是西方太白星所化成，象征变动、兵杀。《石氏星经》："昴者，西方白虎之宿也。太白者，金之精。太白入昴，金虎相薄，主有兵乱也。"太白，即金星，又或名启明、太庚。

〔14〕鲤合六六、龙合九九：相传鲤鱼有三十六枚鳞片，神龙有八十一枚鳞片。分别出自《坤雅》："鲤三十六鳞，具六六之数，阴也。"《尔雅翼》："龙者鳞虫之长……其背有八十一鳞，具九九阳数。"

〔15〕蚌中罗汉：北宋大观年间，吴郡邵宗益从蚌中剖出罗汉像。《佛祖通载·慈感寺》："吴兴郡民邵宗益，剖蚌得罗汉像，归于本寺。后至建炎间，宪使杨应诚传玩，跃入于溪，渔人再获，建阁以藏之。"

〔16〕抟激：交汇激荡。

〔17〕江赫仲、谢仙：二者皆是民间传说中的雷神。江赫仲，又名江赫冲，《清微元降大法》："雷公上相江赫仲，电母紫英夫人秀文英。"谢仙，出自宋代张耒《明道杂志》："谢仙是雷部中神名，主行火。"

〔18〕舜殛（jí）鲧：舜处死鲧。上古时期洪水泛滥，鲧治水不力，舜将他处死，命其子禹继续治水。出自《左传》："昔尧殛鲧于羽山，其神化为黄熊，以入于羽渊。"但根据郭璞《尔雅注》"三足鳖名能"，则鲧应是化为三足神鳖，而不是黄熊。后世将鲧与黄帝有熊氏串联附会，是华夏文明逐渐形成的大一统帝王世系的体现。

〔19〕黄熊戮蚩尤：相传上古黄帝有熊氏曾击败蚩尤部族。《史记·武帝本记》："蚩尤作乱，

不用帝命。于是黄帝乃征师诸侯，与蚩尤战于涿鹿之野，遂禽杀蚩尤。"《史记集解》注："号有熊者，以其本是有熊国君之子故也。"

【译文】 鬼面蟹生长在浙江和福建的海滩上，个头不大，数量不多。它的外形确实很像鬼面：睫毛合拢，怒眉倒竖，脸庞圆润，鼻梁隆起，张开的大嘴像是超出了下巴，额头如同连着发际。它的前面两对腿又长又大，后面两对腿又短又细。其他螃蟹的腹部都隐藏在肚子下面，所以八条腿都是趴着的，这种蟹的腹部却有一小半包着背部，所以四条腿都是翻过来露在外面的。它移动的时候，背部如墙壁般挺立，腹部不沾地面，与其他螃蟹很不一样。我怀疑它由螺类化生而成，因为它并不产卵，却能在夏秋之际大量繁殖。它又名关王蟹、孟良蟹和蚩尤蟹，都是由于外貌相似而得名的。之于这种螃蟹，吕亢尚未来得及仔细研究，陶谷也不曾品尝过，古人很少谈论它，难道是因为它形似鬼面，没有值得深挖的义理，所以都认为它不足称道吗？然而，"甲胄之梦"被记载于宋朝书籍，"彭越之名"可追溯到西汉时期，哪里只是鬼面蟹不合精深之理呢？如果不深入研究鬼面的由来，看到这种奇特的螃蟹，人们不可能不心存疑惑，为此我特意写下《鬼面蟹辨》：

哎！真奇怪！它为什么生有鬼面呢？答曰：其实并不奇怪。自从天、地、人出现分化，物种数量千千万万，其中外形相像的事物不可计数。区区一个果核，蕴含着阴阳太极的形态；区区一枚鸟蛋，包容着天地混同的物象。阳是实的象征，所以乾道育成男性；阴是虚的象征，所以坤道育成女性。空中的物种接近于天，所以鸟类羽毛形似树叶；地面的物种接近于土，所以兽类茸毛形似野草。世间的万事万物，无不根据太极、阴阳、五行的分类来确定其外形，而在螃蟹身上体现得尤其完备：螃蟹的身体是太极，双钳是两仪，八条腿是八卦。螃蟹在八月进献稻芒，顺应气候；背部有十二颗星斑，顺应地支，简直能与传说中的"龙马负图、神龟献书"相媲美。显明真理、通达造化的事物，又何止"摇光化成大象、太白化成老虎、鲤鱼生有三十六鳞、神龙生有八十一鳞"呢！这种蟹鬼面奇幻、感通神魂，怎么可能不蕴藏深奥的义理呢？或许它也像蚌中罗汉和螺内仙女那样，是意象有所归属、外形寄寓于物的体现，这些都可以视为同类现象。我再用雷州的雷电加以证明：雷电是天地阴阳交汇激荡产生的气象，但自从江赫仲和谢仙获得雷神的名号，雷神便有了具体的形态。雷神的脑袋像猪，有一对翅膀，在天地之间自由飞翔。神明本来就是神明，最初与凡间物种没有关联，但雷州自古号称"产雷之乡"，这个地方的雷电，是发生在地面上的。正因如此，雷州的雷神没有具体的名字，它生长在土地之中，外形如猪。秋后伏热未消，当地人将它挖出来，不顾忌讳，直接煮了吃掉。如果不是神雷吸收灵气凝结成形，变成这种东西的胚胎，那它的来历又作何解释呢？既然这样，那么鬼面蟹中也必定充斥着天地之间的正大阳刚之气，这种灵气偶然寄托在生物体内，表现出具体的形态，历代迁居繁衍，变得流传甚广。就算用雷电推论，也应该是这个道理，更何况传记百家的书籍中，确实有蚌中罗汉和螺内仙女这样详细而神奇的记载。看来，如此惟妙惟肖的鬼面，确实不可能毫无来历。从前舜帝将鲧处死，鲧化为了黄熊，而黄熊又杀死了蚩尤，那么蚩尤化为螃蟹，也是很有可能的。

蟛蜞

【原文】 蟛蜞，江浙皆产，秽黑丛毛，其状丑恶，不充庖厨[1]，食之令人作呕，所以"《尔雅》不熟[2]，误唉遗羞"，蔡谟前车，已鉴[3]往哲。此吕亢谱诸蟹，独位置蟛蜞于末，贱之也、恶之也，非有所取也。然闽广蟛蜞又可食，往往腌没，以市山乡。南荒边海物性变易，又自如此，可为疏《尔雅》者作圜外注。

《蟛蜞赞》：不读《尔雅》，误食蟛蜞。闽广不然，物理[4]之奇。

【注释】〔1〕庖厨：厨房，这里指菜肴。

〔2〕《尔雅》不熟：东晋重臣蔡谟不熟悉《尔雅》，所以不认识蟛蜞，误食后险些丧命。出自《晋书·蔡谟传》："谟初渡江，见蟛蜞，大喜曰：'蟹有八足，加以二螯。'令烹之。既食，吐下委顿，方知非蟹。后诣谢尚而说之。尚曰：'卿读《尔雅》不熟，几为《劝学》死。'"

〔3〕化用"前车之鉴"的典故，出自《盐铁论》："前车覆，后车诫，殷鉴不远，在夏后之世矣。"

〔4〕物理：事物的道理。

□ 蟛蜞

蟛蜞，产自江浙一带的海滩，又称磨蜞、螃蜞。它通身黑色，身上长满茸毛，丑陋不堪，令人作呕，一般人都不会吃它。

【译文】 蟛蜞生长在江浙一带。它污秽色黑，茸毛丛生，外形丑恶，一般不拿来食用，吃了也会令人作呕，想必蔡谟"不熟悉《尔雅》内容，误食后丢脸"的轶事，已经被前人引以为鉴。吕亢给蟹类画谱，独独将蟛蜞列在最后，也是轻视厌恶它的表现，因为在他看来，这种蟹没有什么可取之处。但是，在福建和广东出产的蟛蜞却是可以食用的，腌制后还能卖到山区。南方沿海地区的物种，其性状大多会发生变化，这可以提供给《尔雅》的注者当作额外的补充材料。

蝤蛑

【原文】 昔吕亢谱蟹十二种，以蝤蛑居第一，谓其形独伟乎？惜其图与说失传，但存其名而已。蝤蛑一名"蝤蟆"，闽人呼之为蟳，然考《字汇》、韵书，无"蟳"字。闽中四季俱食，云宜人，即病夫、产妇亦需之，非毛蟹比也，宴客亦以之佐肴。浙东冬春始盛，杭俗鲜有，偶得珍之，号曰"黄甲"。广东亦产，贾人干之，其色大赤，以携入云贵四川，莫不惊异，传玩不已。此蟹较他蟹独大，壳广而无斑，螯圆而无毛，前四须如戟，后匾足若棹，背有二十四尖，与鲤之三十六鳞并付殊形，是以有斗虎之异。然闻小鱼反能食之，亦可怪也。

《本草》注："蝤蛑，大者背长尺余，八月能与虎斗，虎不如也。"尝奇其说，以询海乡老人，老人笑而告予曰："蝤蛑大者尤强，虎欲啖，方张口，而蝤蛑之螯且夹其舌，甚坚。虎摇首，蝤蛑摧折其螯，脱去。虎舌受困，数日不解，竟咆哮而毙。"有斗虎而虎不如之事。《本草》谓蝤蛑即拨棹，非也，别有辨。

《蝤蛑赞》：蝤蛑巨体，蟹中之豪。八月斗虎，气壮秋涛。

【译文】 从前，吕亢为十二种螃蟹绘谱，把蝤蛑排在第一位，是因为它体形庞大而雄壮吗？可惜他的图画和描述都失传了，只留下了名目。蝤蛑又叫作"蝤蟆"，福建人还把它称为"蟳"，但我查阅《字汇》及其他韵书，都没有找到"蟳"字。福建人四季都爱吃这种蟹，认为它对身体有好处，就连多病的男性、临产的妇女，都需要它的滋补，这是普通毛蟹所不能企及的。在浙东地区，这种蟹到冬春两季才会大量繁殖，在杭州更是难得一见，人们偶然捉到，便会奉若珍宝，尊称它为"黄甲"。在广东也产这种蟹，商人将它风干，它的外壳会变成大红色，运输到云南、贵州、四川等地，当地人无不惊异，互相传看，观赏把玩。这种蟹比其他蟹大得多，外壳宽阔，没有斑纹；两钳滚圆，不生茸毛。它前面的四条胡须如同长戟，后面的扁足如同船桨，背上还有二十四根尖刺，与鲤鱼三十六枚鳞片同属异象，所以才会有它与老虎搏

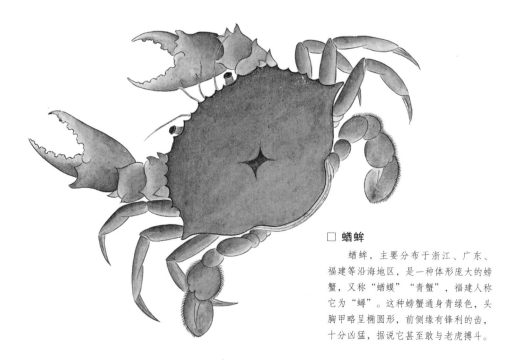

□ 蟳蛑

　　蟳蛑，主要分布于浙江、广东、福建等沿海地区，是一种体形庞大的螃蟹，又称"蟳蟆""青蟹"，福建人称它为"蟳"。这种螃蟹通身青绿色，头胸甲略呈椭圆形，前侧缘有锋利的齿，十分凶猛，据说它甚至敢与老虎搏斗。

斗的传说。但听说小鱼反而能捕食它，这也太奇怪了。

　　《本草纲目》注释说："蟳蛑，个头大的背部足有一尺多长，八月时能与老虎搏斗，并将老虎打败。"我感到十分神奇，便向老渔民请教此事，老人笑着对我说："大蟳蛑十分强壮，老虎想要捕它，刚一张口，它的钳子就会紧紧夹住老虎的舌头，使之很难挣脱。老虎开始摇晃脑袋，蟳蛑便自断巨钳，飞速逃走。老虎的舌头深受巨钳伤害之苦，好多天都不能缓解，最终只能咆哮而亡。"如此看来，这种蟹确实与老虎搏斗过，而且老虎打不过它，但《本草纲目》把蟳蛑当成拨棹一事，则肯定有误，应该别有说法。

拜天蟹

　　【原文】　宁、台、温海涂有小蟹，日以为螯作拱揖状，土人名之为"拜天蟹"然。日出则拜向东，日午则拜向中，日晡[1]则拜向西，微物若此，可为奇矣。其蟹颇小，永不能大，繁生沙涂，土人杂他蟹，亦醢而食之，惜哉！

　　《拜天蟹赞》：孱弱小兵，从不出征。拜天私祝，惟愿太平。

　　【注释】　〔1〕日晡：太阳西垂，傍晚。晡，古代申时，即午后三到五点。

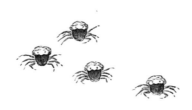

□ 拜天蟹

　　拜天蟹，常见于浙江沿海的海滩，是一种永远长不大的小型
蟹，毫无攻击性。它的两只钳子总是呈抱拳作揖状，朝着太阳作
拜，因此得名。

　　【译文】　在宁波、台州、温州的海滩上有一种小螃蟹，每天用钳子抱拳作揖，当地人把它叫作"拜天蟹"。太阳升起时，向东朝拜；正午时，向天空正中朝拜；临近傍晚时，向西朝拜。这种微小的东西，竟然能有如此行为，实在令人称奇。这种蟹个头很小，永远长不大。它在沙滩上大量繁殖，当地人把它和其他螃蟹混在一起制成肉酱食用，实在是太可惜了！

和尚蟹

　　【原文】　和尚蟹，俗名也。剖之无肉，不可食。背突而高，若老僧头颅状，

□ 和尚蟹

和尚蟹的外形十分怪异。它的背部隆起，又圆又光滑，就像和尚的脑袋，所以人们称它"和尚蟹"。这种蟹没有肉，无法食用。

故以和尚名。予即和尚作颂曰："有物类僧秃首，问尔此中何有，一日潮来脱壳，解脱此身无垢。"

《和尚蟹赞》：苦海无边[1]，何难获渡。若经棒喝[2]，顿教觉悟。

【注释】〔1〕苦海无边：佛教认为生死轮回如同无边苦海，唯有皈依佛门，方能得到度化解脱。《朱子语类》："道人题壁云：'苦海无边，回头是岸。'"

〔2〕棒喝：佛教禅宗临济流派的著名教法，用木棍敲头或大喝一声，以测试初学者的临场反应和顿悟能力。有成语"当头棒喝"。

【译文】和尚蟹是民间对它的俗称。这种蟹剖开后没有肉，不能吃。它的后背高高突起，如同老僧的脑袋，因此得名"和尚"。我根据这个特征，为它写了一首颂诗："有物类僧秃首，问尔此中何有，一日潮来脱壳，解脱此身无垢。"

蟛蚎

【原文】类书云："蟛蚎，一名'蟛蟹'，又名'蟛蜎'。"[1]浙东呼为"青蟹"，凡近海之乡皆有。吾乡钱塘海涂冬春尤繁，贩夫腌浸，呼鬻于市。《汉书》称汉王醢彭越，赐九江王布食[2]，俄觉而哇于江[3]，变为小蟹，遂名"蟛蚎"。诚然乎？但谢豹化虫[4]、杜宇化鸟[5]、牛哀化虎、鲧化黄熊，又安知彭越之不化为蟹也。

《蟛蚎赞》：彭越幻蟹，雄心未罢。意托横行，千变万化。

【注释】〔1〕"蜎（huà）""蚎"古音接近，民间将"蟛蜎"讹传为"蟛蚎"，附会出"彭越化蟹"的传说。颜之推《证俗音》："有毛者曰蟛蜞，无毛者为蟛蜎，堪食。俗呼蟛蚎，讹耳。"

〔2〕赐九江王布食：出自《汉书·黥布传》："汉诛梁王彭越，盛其醢以遍赐诸侯。至淮南，淮南王方猎，见醢，因大恐。"其意为：刘邦处死彭越，将其肉酱传示诸侯，令淮南王英布十分害怕。英布，又称黥布，秦末汉初名将，在项羽帐下封九江王，后叛楚归汉，封淮南王。《汉书》，东汉班

□ 蟛蜞

蟛蜞，生长在海滩上，繁殖能力极强，在沿海城市十分常见，又名"蟛蚎""蟛蜠"。相传这种螃蟹由汉朝的梁王彭越死后化生而成。

固所撰，是我国第一部纪传体断代史，详细记载了汉高祖至王莽新朝的史事。

〔3〕哇于江：呕吐在江中。关于"哇于江，变为小蟹"的情节，并非《汉书》内容，而是出自各类文人笔记，如《蟹略》《弇州四部稿》《事物纪原·虫鱼禽兽·彭越》等，一说为"英布不忍视之，覆江中化此（蟛蜞）"。哇，呕吐。

〔4〕谢豹化虫：谢豹，杜鹃别名，也是一种虫的名字。出自《酉阳杂俎》："虔州有虫名谢豹，常在深土中……或出地听谢豹鸟声，则脑裂而死，俗因名之。"作者认为这种虫是由杜鹃变化而成的。

〔5〕杜宇化鸟：杜宇，上古蜀地帝王，传说他死后化为杜鹃，依旧守护着蜀地子民。

【译文】 类书记载："蟛蜞，又名'蟛蚎''蟛蜠'。"这种蟹在浙东叫作"青蟹"，凡是沿海的城乡都能见到它。在我家乡钱塘的海滩，这种蟹特别多，小商贩将它腌制后拿到市场上去卖。据《汉书》记载，刘邦处死彭越，将他的肉酱赐给英布吃，英布觉察后在江边呕吐，吐出来的东西变成了小蟹，于是人们便叫它"蟛蜞"。事实果真如此吗？然而谢豹能化为虫子，杜宇能化为杜鹃，牛哀能化为猛虎，鲧能化为黄熊，又怎么能断言彭越不能变成螃蟹呢？

蟳蛄腹蟹

【原文】 蟳蛄，非海月也。产广东海滨白沙中，性最洁，不染泥淖。其形如蚌，青黑色，长不过二三寸，有两肉须如蛏。小蟹常在其腹，每出取食，蟹饱则蟳蛄亦肥。郭璞谓"蟳蛄腹蟹"，葛洪谓"小蟹不归而蟳蛄败"，是也。《广东新语》名"月蛄"，又名"共命螺"，遇腊则肥美，盖海错之至珍也。

《蟳蛄腹蟹赞》：西山有鸟，与鼠同穴。[1]南海有蟹，腹于蟳蛄。

□ 蟳蛄

蟳蛄，产自广东海滨的白沙之中。它的体形很小，最多不过两三寸，通身青黑色，有两根肉须探出壳外。它的腹中常有小蟹寄居，它便依靠吸取小蟹的营养生存，二者生死相依。

【注释】〔1〕此句是指鸟鼠同穴。传说渭水发源自鸟鼠山，山中的鸟与鼠同居共衍。孔安国《尚书》注："鸟鼠共为雌雄，同穴处此山，遂名山曰鸟鼠，渭水出焉。

【译文】蟳蛄并不是海月蛤。它生长在广东海滨的白沙之中，质地最为洁净，不被淤泥所污染。它的外形就像蚌类，呈青黑色，长度不超过两三寸，有两根蛏子一样的肉须。常有小蟹寄居在蟳蛄的腹中，小蟹出去寻找食物，吃饱后回到它的体内，它也就随之吃饱了。郭璞所说的"蟳蛄腹中藏着螃蟹"，葛洪所说的"小蟹不归来，蟳蛄就腐烂"，都是正确的见解。《广东新语》称它为"月蛄"，又称作"共命螺"，到了腊月，它就会变得异常肥美，是海产中的极品美味。

拥剑蟹

【原文】拥剑，其螯一巨一细，巨者如横刀之在身，故曰"拥剑"。俗名"遮羞"，以大螯尝蔽睫前也。雌者两螯皆小，惟雄者一巨一细耳。吕亢之谱，次拨棹而先蟛蜮，重武备欤？四言之赞，不足以尽，更为之作传。

郭汾阳[1]后有佳公子，博带翩翩，豪放不羁，能为青白眼[2]，口善雌黄[3]人物，而身无长技。向蛙学书，性苦躁，未能黾勉[4]从事，学书竟不成。其父兄族党尽介士也，曰："螳执斧而蜣弄丸，萤悬灯而蛛布网，皆能执一技以成名。大丈夫安事毛锥[5]哉！"乃劝弃书学剑，公子欣然披重铠、配干将，时就公孙大娘[6]舞，而技日益进。将门子学书虽未成，无虑拥剑又不成也。得卒业[7]，遂终其身以"拥剑"名。

《拥剑蟹赞》：经营四方，勇力方刚。抚剑疾视，彼恶敢当[8]。

【注释】〔1〕郭汾阳：指郭子仪，唐代名将，封汾阳王。他文武双全，风度翩翩，所以作者借喻其为"佳公子"拥剑蟹的前辈。

〔2〕青白眼：眼睛正视称为青眼，指尊重对方；斜视称为白眼，指蔑视对方。出自《晋书·阮籍传》："籍又能为青白眼。见礼俗之士，以白眼对之。"阮籍，魏晋时期诗人，性格疏放，"竹林七贤"之一。

〔3〕雌黄：一种矿石，古代常用来涂抹修改错字。这里指随意发表评论。

〔4〕黾（mǐn）勉：勤勉。

〔5〕毛锥：泛指毛笔。《幼学琼林》："弃文就武，曰安用毛锥。"

〔6〕公孙大娘：唐代舞剑大师，常应邀至宫廷表演，创制了《西河剑器》等剑舞。

〔7〕卒业：完成学业，毕业。

〔8〕彼恶（wū）敢当：他岂敢阻拦我。出自《孟子·梁惠王下》："夫抚剑疾视，曰：'彼恶敢当我哉！'此匹夫之勇，敌一人者也。"恶，疑问虚词。

【译文】　拥剑蟹的两钳一大一小，大钳如同身上横挂着一把大刀，因此得名"拥剑"。它又俗称"遮羞"，是因为它常用大钳遮住眼睛。雌蟹两钳都很小，雄蟹的两钳才是一大一小。吕亢的《蟹谱》将它安排在拨棹的后面、蟛蜞的前面，难道是为了表示对兵器的重视吗？四字一句的赞语难以尽述这种生物，所以我特地为它写了一篇传记。

在郭子仪之后，又出现了一位翩翩公子，他衣袍宽敞，豪放不羁，待人毫不掩饰自己的好恶，还喜欢随意评论别人，没有一技之长。他从前跟随青蛙学习做文章，由于性格轻躁，不肯发奋钻研，最终没能学成。他的父亲兄弟和同族亲属都是武士，对他说："螳螂操持斧头，蜣螂制造粪丸，萤虫悬挂明灯，蜘蛛布置丝网，它们都有一技之长，因此远近闻名。你一个大丈夫，为什么要执着于学做文章呢？"于是劝他放

□ 拥剑蟹

拥剑蟹，广泛分布于沿海一带的滩涂，又名招潮蟹。这是一种小型蟹，但雄蟹的两只蟹钳一大一小，如同在身上横挂了一把大刀，所以人们称之为"拥剑蟹"。晋代人崔豹所写的《古今注·鱼虫》指出，老百姓也称这种螃蟹为"越王剑"。

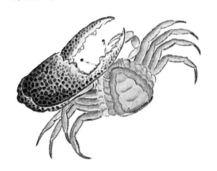

弃读书，学习剑术。这位公子欣然答应，披上重型铠甲、佩带干将，向公孙大娘学习舞剑，武艺日益精湛。他身为将门子弟，虽然没能学好做文章，却不必担心学不好剑术。公子完成学业后，便终生以“拥剑”为名。

虾蟆蟹

【原文】虾蟆蟹不繁生，八足常敛而促，两螯常竖而耸，其背昂然，俨若一虾蟆也。且其行趦趄，亦若蛙步，故名。产闽中海滨。

《虾蟆蟹赞》：但走不跳，亦坐不叫。混入池塘，公私难较[1]。

【注释】〔1〕公私难较：这里是指，难以辨别虾蟆蟹是真虾蟆还是假虾蟆。出自《晋书·惠帝纪》：“帝又尝在华林园，闻虾蟆声，谓左右曰：‘此鸣者为官乎？私乎？’或对曰：‘在官地为官，在私地为私。’”

【译文】虾蟆蟹繁殖不多。它的八条腿脚经常蜷曲收缩着，两只钳子经常竖立高耸着，背部挺立，像是一只蛤蟆。它步履蹒跚，就像青蛙走路，并因此得名。这种蟹多产自福建海滨。

□ **虾蟆蟹**

虾蟆蟹，产自福建海滩，是一种并不常见的螃蟹。它的腿脚总是收缩着，两只蟹钳总是竖起来，背部直立，看起来就像虾蟆。这种蟹会走不会跳，会坐不会叫。

毛蟹

【原文】毛蟹，食品也，多生于海傍、田河中，江北谓之螃蟹，浙东谓之毛蟹，以其螯有毛也。北自天津，以达淮扬吴楚；南至瓯闽交广，无不产焉。但江北者肥而大，闽粤产者小而不多，蟳蠘反繁生焉。淮扬之间，五六月即盛，不必橘

□ 毛蟹

毛蟹，因蟹钳上长有茸毛而得名。这种蟹从北到南的沿海一带皆有出产，只不过有的地方的毛蟹比较肥大，有的地方则比较瘦小，而繁生的时间也因地区不同而有所差异。

绿橙黄[1]也。闽粤冬月孕卵膨脝，早于江浙河北，地暖使然，不独李梅先实[2]已也。

《毛蟹赞》：雄曰螂蚁，雌曰博带。[3]钱崑[4]嗜尔，官求补外。

【注释】〔1〕橘绿橙黄：橘子变绿、橙子变黄，指秋季来临。出自苏轼《赠刘景文》："一年好景君须记，正是橙黄橘绿时。"

〔2〕李梅先实：李子和梅子率先开花结果。出自《汉书》："僖公三十三年，十二月，李梅实。刘向以为周十二月，今十月也，李梅当剥落，今反华实，近草妖也。"

〔3〕螂蚁和博带出自《广雅》："蟹，蛫也。其雄曰蜋螘（yǐ），其雌曰博带。"螂蚁可能是形容雄蟹数量繁多。博带，衣带宽大的样子，应该是形容雌蟹个头较大。螘，同"蚁"。

〔4〕钱崑：指钱昆，五代吴越王钱倧之子，后归顺北宋。他酷爱吃蟹，为了能品尝各处螃蟹，主动申请调至外地就职，出自欧阳修《归田录》："往时有钱昆少卿者，家世余杭人也。杭人嗜蟹，昆尝求补外郡，人问其所欲何州，昆曰：'但得有螃蟹、无通判处，则可矣。'"

【译文】 毛蟹是一种食物，多生长在海边及田间河流中。江北人直接叫它螃蟹，浙东人叫它毛蟹，因为它的钳子上长着茸毛。从北方天津开始，往南到淮扬吴楚，一直到温州、福建、交州、广东，都有毛蟹出产。江北的毛蟹又肥又大，福建、广东的毛蟹个头很小、数量也不多，当地以蟳蠘居多。淮扬一带的毛蟹从五六月份就开始繁生，不会等到秋季。福建、广东一带的毛蟹，在寒冬腊月里育出满腹蟹卵，比江浙、河北早得多，这是气候温暖的缘故，在这种地方不只是李子、梅子会提早开花结果。

《蟹谱》序两篇

【原文】 予《蟹谱》中序甚多，皆冗长，不便附叙，今止录妇翁丁叔范[1]序及自序二篇于后。

妇翁丁叔范序曰：

昔张司空茂先[2]在乡间时，著《鹪鹩赋》，既嗣宗见之，叹为公辅才。夫鹪鹩，微物也，其咏之者亦渺小矣，而识者顾以公辅期之，何哉？盖其所赋者小，而其所寄托甚远也。聂子存庵，余门下倩玉[3]也，好古博学，每遇一书一物，必探索其根底、覃思其精义而后止。一日自宁台过瓯城，见蟹之形状可喜可愕者甚众，土人悉能举其名，因取青镂[4]图之，并发抒其心之所得与所欲言者，著之于册。使当世有嗣宗，其以青眼读之耶？其以白眼视之耶？抑亦以公辅期之，而与张司空埒[5]耶？余皆不得而知之也。马况[6]曰："良工不示人以朴，且从所好。"予于聂子《蟹谱》当亦云然。

附《蟹谱》图说自序

蟹之为物，《禹贡》方物不载，《毛诗》咏歌不及，《春秋》灾异不纪。然而"蟹筐蚕绩"[7]，引附《檀弓》；"为蟹为蟞"[8]，系存《周易》。三代而下，载籍既广，称述不一：《太元》[9]著"郭索"之名，《搜神》传长卿之梦[10]，"拨棹"录收《岭表》，"拥剑"赋入《吴都》。化漆为水[11]，《博物》志也；悬门断疟，《笔谈》及之。蟹醢疏于《说文》[12]，蟹螯称于《世说》[13]。《淮南》知其心躁[14]，《抱朴》命以无肠。《酉阳》识潮来而脱壳[15]，《本草》论霜后以输芒。蟹经吾夫子定《礼》赞《易》，而后其说，不亦广哉，而未已也。"介士"为吴俗之别名，"钤公"为青楼之隐语。吕亢叙一十二种之形，仁宗惜二十八千之费[16]。忠懿叠进，惟其多矣；钱岜补外，又何加焉[17]。此"半壳含红"[18]之句，既欣慕于长公；而"寒蒲束缚"[19]之吟，宁不垂涎于山谷也耶？若夫旁搜杂类，穷极遐荒，则寄生于蚌者有之，化生于螺者有之，力能斗虎者有之，智可捕鱼者有之。而且螯若两山[20]，述于《广异》；身长九尺[21]，详及《洞冥》。姑射之区，大称千里[22]；善化之国，繁生百足。《建宁志》载，直行独异〔23〕；鼋鼍鲎产，飞举犹奇。虽然，尽信书之不如无书〔24〕也，闻知不若见知〔25〕之为宝也，独玩之不若共赏之之为快也。戊午过瓯，把玩诸蟹，得摩其形，谩成〔26〕斯谱，聊为博物君子一噱云尔。

【注释】〔1〕丁叔范：丁文策，字叔范，作者岳父，著有《江樵杂录》《壮非琐言》等。

〔2〕张司空茂先：即张华，字茂先，西晋文学家，官至司空，著有《鹪鹩赋》等。鹪鹩，一种黄棕色小鸟。

〔3〕门下倩玉：对自家女婿的美称。《说文解字》："东齐婿谓之倩。"段玉裁注："倩，犹甫也，男子之美称。"

〔4〕青镂：青玉雕镂而成的笔管，泛指毛笔。

〔5〕埒（liè）：等同，并立。

〔6〕马况：汉代名将马援之兄。这段引文出自《汉书·马援传》："（马）况曰：'汝大才，当晚成。良工不示人以朴，且从所好。'"其意为：高明的工匠不拿非成品示人，而当使其日臻完美。形容一定要把事情做完美。

〔7〕蟹筐蚕绩：出自《礼记·檀弓》："蚕则绩而蟹有匡。"其意为：蚕丝叫作"绩"，蟹壳叫作"筐"，名称虽相同，实物有差异。《檀弓》，《礼记》篇目之一，相传为战国时期檀弓所撰，文中介绍了丧葬的各种礼仪。

〔8〕为蟹为鳖：出自《周易·说卦》："离为火。为日、为电、为中女、为甲胄、为戈兵。其于人也，为大腹。为乾卦，为鳖、为蟹、为蠃、为蚌、为龟。"其意为：离卦阳刚在外，故能象征蟹鳖等物。

〔9〕《太元》：即扬雄所著《太玄》，本书避康熙帝玄烨讳，故改"玄"为"元"。

〔10〕长卿之梦：出自《搜神记》"蟛蜞，蟹也，尝通梦于人，自称'长卿'。今临海人多以'长卿'呼之"。后世据此编撰出具体情节，如《琅嬛记》："王吉夜梦一蟛蜞，在都亭作人语曰：'我翌日当舍此。'吉觉异之，使人于都亭候之。司马长卿至，吉曰：'此人文章当横行一世。'天下因呼'蟛蜞'为'长卿'。卓文君一生不食蟛蜞。"

〔11〕化漆为水：出自《博物志》："蟹漆相合成水。"漆，干漆，一种中药，为漆树分泌的黑色树脂。古人认为螃蟹能使干漆化成水，服用此水后可以长生不老。

〔12〕蟹醢疏于《说文》：出自《说文解字》"胥，蟹醢也"。其意为："胥"字有"蟹酱"的义项。疏，古代注释体例的一种。

〔13〕蟹螯称于《世说》：出自《世说新语》："毕茂世云：'一手持蟹螯，一手持酒杯，拍浮酒池中，便足了一生。'"其意为：蟹钳搭配美酒，一生别无所求。毕茂世，即毕卓，东晋大臣，酷爱痛饮美酒。

〔14〕《淮南》知其心躁：这段引文实际出自《荀子·劝学》："蟹六跪而二螯，非蛇鳝之穴无

可寄托者，用心躁也。"其意为：螃蟹有八腿两钳，但心浮气躁，不得不寄身于蛇鳝之穴。

〔15〕识潮来而脱壳：出自《酉阳杂俎》："蝤蛑，大者长尺余，两螯至强。八月，能与虎斗，虎不如。随大潮退壳，一退一长。"

〔16〕仁宗惜二十八千之费：出自《后山谈丛》："是岁秋初，蛤蜊初至都，或以为献，仁宗问曰：'安得已有此邪？其价几何？'曰：'每枚千钱，一献凡二十八枚。'上不乐，曰：'我常戒尔辈勿为侈靡，今一下箸费二十八千，吾不堪也。'遂不食。"仁宗，北宋仁宗赵祯，以节俭爱民闻名。

〔17〕又何加焉：还能做什么呢？这里指无人能超越钱昆对螃蟹的喜爱。出自《论语》："子曰：'庶矣哉！'冉有曰：'既庶矣，又何加焉？'曰：'富之。'曰：'既富矣，又何加焉？'曰：'教之。'"

〔18〕半壳含红：出自苏轼《丁公默送蝤蛑》："半壳含黄宜点酒，两螯斫雪劝加餐。"此处"含红"有误。后文的长公就是指的苏轼，因其为苏洵长子，故尊称长公。

〔19〕寒蒲束缚：出自黄庭坚《谢何十三送蟹》："寒蒲束缚十六辈，已觉酒舆生江山。"黄庭坚，号山谷道人，北宋文学家，"苏门四学士"之一。

〔20〕螯若两山：出自《广异记》："俄见两山从海中出，高数百丈，胡喜曰：'此两山者，大蟹螯也。其蟹常好与山神斗，神多不胜，甚惧之。今其螯出，无忧矣。'"《广异记》，唐代戴孚编，继承了六朝的志怪模式，兼采唐代传奇笔法，记录了许多神仙鬼怪故事。

〔21〕身长九尺：出自《洞冥记》，引文见前注。《洞冥记》，全称《汉武帝别国洞冥记》，相传为东汉郭宪所撰，记录了西域国家的珍异贡物及民俗传说。

〔22〕大称千里：出自郭璞《山海经图赞》："姑射（yè）之山，实栖神人。大蟹千里，亦有陵鳞。旷哉溟海，含怪藏珍。"姑射山，传说有神仙居住的海山，不是山西临汾的姑射山，《山海经·海内北经》："列姑射在海河州中。姑射国在海中，属列姑射，西南，山环之。"

〔23〕直行独异：指一种直立行走的白蟹，出自《建宁志》："建阳县南兴上里，山谷中水极清冽，尝产白蟹，有直行之异。遇岁旱，乡人入谷，以盆贮之，迎而归，即雨。"

〔24〕尽信书之不如无书：完全相信书本内容，还不如不看书。出自《孟子·尽心下》："尽信书，则不如无书。"

〔25〕闻知不若见知：听说过不如亲眼见证。出自《荀子·儒效》："不闻不若闻之，闻之不若见之，见之不若知之，知之不若行之。"

〔26〕谩成：自谦语，即"漫成"，姑且完成，随意写成。

【译文】 我的《蟹谱》中有多篇序文，都很冗长，不便于誊抄附录，如今只在下文抄录我岳父丁叔范的序文和我的自序，共计两篇。

岳父丁叔范序文说：

西晋司空张华从前在家乡未出名时，创作了《鹪鹩赋》，阮籍读后感叹他是辅君治国的贤才。鹡鸰只是微小生物，歌咏它的人也同样微小，但有见地的人却期待他能辅君治国，这是为什么呢？因为他所歌咏的事物虽然微小，但所寄托的情怀却十分深远。聂璜存庵，是我家中的贤婿，喜好古道，博学多识，每次遇到一本古书、一件物什，一定要刨根问底，深思熟虑后才肯罢休。有一天，他从宁波、台州途经温州，见到许多形貌奇特、令人或喜爱或恐惧的螃蟹，当地住民都能说出它们的名字，他便找来笔当场绘图，把自己的所思所感也一并记录下来。如果今世有阮籍那样的狂士，是会青睐这本书，还是对它投以白眼呢？又或者像对待张司空的态度一样，期待他能够辅君治国呢？我皆不得而知。马况说："高明的工匠不拿非成品示人，而是使其日臻完美。"我希望聂璜写这本《蟹谱》也是如此。

附《蟹谱》图说自序：

螃蟹这种东西，《禹贡》的地方物产中未能收录，《毛诗》的诗篇里没有涉及，《春秋》的异常灾害事件中不曾提及。但是《礼记·檀弓》引述了"蟹筐蚕绩"的比喻，《周易·说卦》留存着"为蟹为鳖"的解说。上古三代以后，书籍逐渐繁多，对螃蟹的记载也变得丰富多样起来：《太玄经》著有"郭索"的名号，《搜神记》流传"长卿"的托梦，"拨棹子"收录于《岭表录异》，"拥剑蟹"被编入《吴都赋》中。据《博物志》记载，在干漆中投入螃蟹，能够化漆为水；《梦溪笔谈》记载，门口悬挂螃蟹，能够祛除瘟病。《说文解字》用"蟹醢"作为注解，《世说新语》将"蟹螯"称赞一番。《淮南子》说它心浮气躁；《抱朴子》称其没有肝肠。《酉阳杂俎》记载着蝤蛑涨潮蜕壳，《本草纲目》记载着蟹类霜降输芒。经过孔夫子修订古礼、序赞《周易》后，关于螃蟹的传奇异闻，难道不是越传越广，永无止境吗？"介士"是吴地的俗称，"钤公"是青楼的隐语。吕亢叙录十二种螃蟹外形，仁宗痛惜花费两万八千国帑。忠懿王钱俶频频呈上蟹看，因为螃蟹种类实在繁多；北宋钱昆请求调任外地，对螃蟹怎一个喜爱了得。苏轼一句"半壳含红"，招来多少人艳美；黄庭坚一句"寒蒲束缚"，惹来多少人垂涎。搜寻庞杂繁多的蟹类，找遍遥远偏僻的地方，有的蟹寄生蚌中，有的蟹变化成螺，有的蟹力能斗虎，有的蟹智可捕鱼。况且《广异记》记载有蟹钳宛如山丘，《洞冥记》记载有螃蟹身长九尺。姑射山的螃蟹，身躯有千里之大；善化国的螃蟹，腿脚有百条之多。《建宁志》记载白蟹笔直行进，鼍鼊岛出产飞蟹能够滑翔。虽然如此，但也不能完全相信书本内容，这样还不如不读书；如若只是耳闻，不如亲眼见证；独自享乐，不如共同分享来得快意。康熙十七年，我途经温州，把玩了许多螃蟹，得以描摹它们的形貌，草草写成这本《蟹谱》，姑且为了博得各位博学之士一笑罢了。

□ **虾公蟹**

虾公蟹，产自福建福宁州，作者要用它来连接虾类与蟹类这两个部分的内容。它与寻常蟹的区别在于，它的脖颈上有一根与虾一样的铁锯般的硬刺，此外，它的外壳周围也有一圈尖刺。

虾公蟹

【原文】 蟹尽则续以虾，虾尽则继以蟹，难乎其为继续矣。乃有蟹以虾公名者，介召乎其间。是虾背绿而螯黄，后足扁如蟳，颈上有坚刺一条如锯，一如虾首之所有，无异，故以虾公名。周壳一圈皆尖刺，与他蟹不同。瓯之瑞安铜盘山麓[1]海滨产此。渔人偶得之，亦不多靓。访之福宁，云亦有虾公蟹。

《虾公蟹赞》：蟹本是蟹，虾本是虾。蟹冒虾形，混成一家。

【注释】〔1〕瑞安铜盘山麓：浙江温州铜盘山，位于今瑞安市北龙乡境内。

【译文】 蟹类的后面是虾类，虾类的后面又是蟹类，前后难以接续，于是有了"虾公蟹"作为虾蟹两类的过渡。虾公蟹背部为绿色，两钳为黄色，后腿像蟳蟹一样扁平，脖颈上有一条铁锯般的硬刺，与普通虾类头部的硬刺没有区别，所以叫它"虾公"。它外壳周围有一圈尖刺，与蟹类不同。这种蟹产自温州瑞安铜盘山脉的海滨。渔民偶尔能捕到它，并不太常见。我也在福宁寻访过，得知那里也出产虾公蟹。

拖脐蟹

【原文】 予著《蟹谱》，原谓虾之与蟹，合体而异名者也。所以蟹之背即虾之头，虾之身即蟹之脐也，故蟹黄在背，而虾膏亦在脑，其目突眥[1]，亦正相等。公子号无肠，蟳将军[2]又岂有肝胆耶！其钳、爪、髯、足亦仿佛相似，特长之与短有异：蟹体短也，故以横为直，虾身长也，故以退为进，其行止并与水族相反。造物主经营万象，而至于介虫虾蟹，伸之使长则为虾，揉之使短则为蟹，遂令千万年永为定格，不令世有短虾长蟹，两失真也。客闽以来，得见缩颈之虾，尚未足以抗蟹，及睹拖尾之蟹，适正可以论虾。其蟹产福宁海滨，小仅如豆，处陆与蟹无异，在水则伸脐敛足直行，而游如蝌蚪状。其色背青而钳足黄，牧儿捕得，试于盘中，甚怪。《建宁志》载有直行蟹，殆其类欤？予谓可以助吾虾蟹共体之说，故录虾蟹交接之间，自兹以还，虾与蟹慎毋曰异体而不亲。

《拖脐蟹赞》：蟹脐敛腹，种类相袭。拖尾变形，噬脐何及[3]。

【注释】〔1〕突眥（zì）：眼眶突出，眥，眼眶。

〔2〕髯将军：泛指有美须长髯、威仪凛然的将军，这里比喻前须修长的虾类。杨维桢《髯将军》："髯将军，将之武，相之文。文武长才不世出，将军兼之今绝伦。"

〔3〕噬脐何及：咬自己的肚脐，是无论如何都够不到的，比喻徒劳无功，悔之莫及。出自《左传·庄公六年》："亡邓国者，必此人也。若不早图，后君噬脐，其及图之乎？"杜预注："若啮腹脐，喻不可及也。"

【译文】我撰写《蟹谱》时，原本认为虾和蟹其实是同一类物种，只是名称不同罢了。因为螃蟹的背部很像虾类的头部，虾类的身躯很像螃蟹的腹部，而且蟹黄生在背部，虾膏生在头部，它们凸起的眼珠也很相似。螃蟹号称无肠公子，而虾子号称髯将军，又怎么会保留肝胆呢！它们的两钳、爪尖、长须、腿脚都很相似，只是长短有所不同：螃蟹身躯较短，所以用横行代替直行；虾子身躯较长，所以用后退代替前行，它们的行动习惯都与普通水生物种相反。造物主规划治理着世间万物，对于介类的虾蟹，他将其拉伸变长，就成为了虾类；他将其揉搓变短，就成为了蟹类，于是千百年来形成了定格，世上既没有短虾，也没有长蟹，使虾和蟹不至于失真。我客居福建以来，见到过蜷缩着脖颈的虾子，但尚不足以断定虾蟹物种是否相同，直到我发现了拖尾蟹，才认定正好可以用它来论证虾蟹的关系。拖尾蟹产自福宁海滨，只有豆粒大小，在陆地上与普通螃蟹没有什么两样，到了水中就会张开腹部、收敛腿脚，径直行走，游动时宛如蝌蚪。它的背部为青色，两钳和腿脚都是黄色的，牧童捉到它以

□ 拖脐蟹

　　拖脐蟹，常见于福宁海滩，体形极小，如同豆粒。它在陆地上时收敛腹部，就是一只普通的螃蟹；一旦到了水中，它的腹部张开，脐部变长，就像拖在身后的尾巴，并像蝌蚪一样游动，十分神奇。

后，便将它放入盘中玩弄，十分奇异。《建宁志》记载的能直立行走的螃蟹，难道是它的同类吗？我认为这种蟹可以佐证我"虾蟹共体"的观点，所以将其抄录在虾类与蟹类之间。从此以后，大家可千万不能说"虾蟹物种不同，关系不近了"。

虾化蜻蛉

【原文】 蜻蛉，一名蜻蜓，《本草》虽云有五六种，大约多从水中化生。《淮南子》曰："虾蟆为鹑，水蛆为䗜。"[1]虾蟆化鹌鹑，其说详述羽虫内，兹不多赘。䗜，《篇海》注云："蜻蛉也。"水蛆虽不专指虾，而虾为水虫化生，其说已见于《淮南子》矣。《本草》载崔豹[2]云："辽海间有蜚虫，如蜻蛉，名绀蟠[3]。七月群飞暗天，夷人捕食，云是虾化为之。"按此种蜻蜓色红，吴楚浙闽亦常，于夏秋天将雨，则匝野[4]纷飞，不独辽海也。大都青色，是蜻蛉，红色者为绀蟠，崔豹之说，又可与《淮南》相发明。又考《衍义》[5]云："蜻蛉生化于水中，故多飞水上。"杜诗云："点水蜻蜓款款飞。"[6]合三说而观之，蜻蜓之化自水虫，大要不离乎！虾者近是，虽然，水虫之善化，岂独虾为然哉！蚊蚋之为物也，亦同乎蜻蛉之化自虾。《尔雅翼》谓蚊乃恶水中"孑孓"[7]所化，"孑孓"音"决结"，即吴俗所谓"筋斗虫"[8]是也。在水头大而身细，已具蚊体，但少翅足耳，多生夏秋雨水中。或谓吴俗常贮霉水于瓮罂[9]，虽封闭甚密，而此虫无种自生，何欤？曰：此雨水化生之虫。如蠛蠓[10]细虫，字书云"因雨则生"；又《南越志》云"石蝴得春雨则生花"，盖雨水之妙能化生也。或谓蚊母"鸟蚊"，自口中吐出，虻母"草蚊"，自叶中包裹而生，并无水虫所化、无端而自出，何欤？不知此雨水归池泽、瓶盎[11]，则为池泽、瓶盎之水，而虫生也。鸟当是时而饮此水，有素袋[12]以畜之；草当是时而披此水，有隙孔以留之，又安知雨水生虫之理？不即分寄于草叶、鸟腹，以为池泽、以为瓶盎，孕而为孑孓，散而为蚊虻乎？总之，蜎飞蠕动[13]，皆属雨水化生，又岂特百谷草木沐雨泽之神功哉！君子之教，孟子比之雨化，注云"潜滋暗长"，止据有形而化，而不知更有无形之化：百谷、草木之发生，有形之化；孑孓、蠛蠓之无端而生，无形之化也。夫化至无形，而能为有形，可为神矣，是岂雨水之性能然哉！龙为之也。夫虾化蜻蛉，细等孑孓之为蚊，大比鲲鱼之为鹏，可以引伸而触类者如此。若夫龙之变幻，即据雨水而言其奥妙，不可以言语形容，故但拟之为万化之宗云。

《虾化蜻蛉赞》：虾学鲲鱼，飞欲鹏比。恶居下流[14]，水穷云起[15]。

□ 虾化蜻蛉

  作者依据古籍中"水虫变成蜻蜓""虾由水虫化生
而来"的说法，断定虾能化生为蜻蛉。

【注释】 〔1〕出自《淮南子》："夫虾蟆为鹑，水虿（chái）为蟌（cōng），皆生于非其
类。"高诱注："老虾蟆化为鹑，水中虿虫化为蟌。蟌，蜻蛉也。"虿，毒虫的统称。蟌，蜻蜓。

  〔2〕崔豹：西晋经学博士，著有《古今注》三卷，书中诠释古今各类事物，记载了许多自然界、
典章制度和风土习俗的内容。

  〔3〕绀（gàn）蟠（pán）：蜻蜓别称。

  〔4〕匝野：充满草野。匝，围绕、充满。

  〔5〕《衍义》：指《本草衍义》，见前注。

  〔6〕出自杜甫《曲江》："穿花蛱蝶深深见，点水蜻蜓款款飞。"款款，缓慢从容的样子。

  〔7〕孑（jié）孑：蚊虫幼体"孑孓（jué）"的俗称。联绵词，即"蛣蟩""孑孓"，音近
相通。

  〔8〕筋斗虫：蚊虫幼体"孑孓"的俗称。筋斗，联绵词，与"果蠃""疙瘩"有同源关系，形容
脑袋圆滑的样子。

  〔9〕瓮甓（pì）：陶罐陶瓶。甓，瓴甓，一种陶瓶。

  〔10〕蠛（miè）蠓（měng）：一种黑色小虫，以吸人畜血维生，俗称"墨蚊"。

  〔11〕盎（àng）：一种口大腹小的盆。

  〔12〕素袋：即"嗉囊"，一般位于动物下颌或食管后方，鼓胀后可暂存食物，近似人类的腮
帮子。

  〔13〕蜎（yuān）飞蠕动：飞虫滑翔，爬虫蠕动，泛指各种昆虫。出自《易林》："蜎飞蠢动，
各有配偶，小大相保，咸得其所。"

  〔14〕恶居下流：不愿处在卑下的地位，后多指不甘心处于下游。出自《论语·子张》："是以
君子恶居下流，天下之恶皆归焉。"

  〔15〕水穷云起：这里指虾类穷则思变，得以化生蜻蛉。出自王维《终南别业》："行到水穷
处，坐看云起时。"

【译文】 蜻蛉也叫蜻蜓，虽然《本草纲目》罗列了五六种，但大多都是从水中

化生而成的。《淮南子》说："蛤蟆变成鹌鹑，水虫变成蜻蜓。"蛤蟆变成鹌鹑一事，我在羽类部分有详细的阐述，这里不再赘言。关于"蜘"字，《篇海》注释说是"蜻蜓"。而水虫虽然不特指虾类，但虾类从水虫化生而来，可以在《淮南子》中找到相关记载。《本草纲目》引用崔豹的记载："辽海附近有一种飞虫，非常像蜻蜓，叫作'绀蟠'。七月，它们铺天盖地飞到空中，人们纷纷捉它来吃，说它是虾类变成的。"这种红色蜻蜓在江苏、湖北、浙江、福建都十分常见，夏秋季节将要下雨时，它们就漫山遍野地四处纷飞，并非辽海地区所特有。蜻蜓大多是青色的，而这种红色蜻蜓就是所谓的"绀蟠"，崔豹的描述，又可以与《淮南子》相验证。我又找到《本草衍义》的记载："蜻蛉从水中孕化而生，所以大多飞在水面上。"杜甫也有句诗："点水蜻蜓款款飞。"把这三种说法综合来看的话，基本可以断定蜻蜓确实是水虫化生而成的！虾类孳生也近似这种原理，但即便如此，变化无穷的水虫又怎么只会变虾类呢？蚊蚋的化生，也和蜻蜓变成虾子相近。《尔雅翼》说蚊虫是污水中的"孑孓"变成的，"孑孓"的读音与"决结"相同，也就是吴地俗称的"筋斗虫"。这种幼虫在水中脑袋很大，身子很小，已经基本长出了蚊子的形体，只是翅膀和腿脚还没长成，大多诞生于夏秋季节的雨水里。有人说，吴地百姓经常把霉水贮藏在瓮瓶里，尽管封存得很严密，但这种小虫仍然会无中生有，这是为什么呢？答案是：这种雨水中生出的小虫，就像蠓蠓小虫一样，字书上说它们都是"随雨而生"，而《南越志》又记载"石蜐遇到春雨就会生花"，说明雨水特别容易导致化生现象。有人说，蚊虫是"鸟蚊"所生，是从其口中吐出来的；而虻虫是"草蚊"所生，是从叶子的包裹中诞生的，并没有水虫无中生有的说法，这又是为什么呢？他们有所不知，雨水流入池泽瓶盆之中，就成了池泽瓶盆的水，自然就能滋生出虫子了。这时候，鸟类饮用了这种水，会用嗉囊保存起来；草丛沐浴了这种水，会用隙孔贮藏起来，都很隐蔽，人们又怎会知道雨水生虫的道理呢？就算没有分散到草叶和鸟腹之中，仍然保存在池泽和瓶盆里，不也能孕育成孑孓、流散成蚊虻吗？总而言之，不管是飞虫还是蠕虫，都是从雨水中孕育而生，能够沐浴雨露恩惠的，又何止谷物和草木呢？孟子将君子的教化比喻成"雨化"，注释说是"隐秘诞生、悄然成长"，这只是认识到有形的变化，却不知道还有无形的化生：谷物和草木的生长，是有形的变化；而孑孓和蠓蠓无中生有，是无形的化生。化生能从无形变为有形，可谓非常神奇，难道是由雨水的本性导致的吗？其实都是神龙造就的呀。虾子化为蜻蜓，从小处着眼，就像孑孓长成蚊虫；从大处着眼，堪比鲲鱼化为鹏鸟，这些都可以互相引申、触类旁通。神龙这种生物变幻莫测，我们必须通过雨水的神奇来体现神龙的奥妙，并不能直接用言语形容出来，所以我们才把神龙尊为万化之宗。

蝗虫化虾

【原文】 考《汇苑》有蝗虫化虾之说，然蝗盛之时，农人往往罗食，亦同虾味。类书载吴俗有"虾荒蟹兵"[1]之语，蟹兵者，言蟹披坚执锐[2]，繁盛之地多有兵兆，此理易明也。虾荒之谚，所不可解，及考蝗可化虾，而得悉其故矣。盖久潦[3]未必不多虾，久旱未必不多蝗，天道旱后常多潦，潦后又常多旱，此水潦、旱蝗相继而及也。潦固多虾，而旱年之蝗亦能变虾，潦与旱总皆以虾兆，故曰"虾荒"。凡蝗化虾，蝗入水解其蜕，所存之肉则为虾。考杜台卿[4]《淮赋》亦云"蝗化为虾、雉化为蜃"云。

《蝗虫化虾赞》：蝗虫入海，德政所致[5]。化而为虾，其毒不炽[6]。

【注释】 〔1〕虾荒蟹兵：虾蟹成灾，将稻谷荡尽，旧时认为它是战乱的征兆。出自宋傅肱《蟹谱》："吴俗有虾荒蟹乱之语，盖取其披坚执锐，岁或暴至，则乡人用以为兵证也。"傅肱，字子翼，会稽人，著有《蟹谱》二卷。

〔2〕披坚执锐：身披铠甲，手执武器。出自《战国策》："吾被坚执锐，赴强敌而死，此犹一卒也，不若奔诸侯。"坚，坚硬的铠甲；锐，锐利的武器。

〔3〕潦（lǎo）：古同"涝"，水灾，雨水过多。

〔4〕杜台卿：隋代文学家，博学多闻，著有《玉烛宝典》，书中按照《礼记·月令》的编写体例，记载了许多风土人情。他的《淮赋》散句，多被《本草纲目》引用。

〔5〕古代认为蝗虫飞入海中，是当时政治清明的体现。出自《东观汉记》："马稜为广陵太守，郡连有蝗虫，谷价贵。稜奏罢盐官、振贫羸、薄赋税，蝗虫飞入海，化为鱼虾。" 马稜，汉代名将马援的族孙，以威武尚德著称。

〔6〕其毒不炽：它的毒气不旺盛。毒炽：毒气旺盛。

【译文】 我发现在《异物汇苑》中有蝗虫化为虾类的传说，而且蝗虫繁生的时候，百姓有时会用张网将它捕捉来吃，它的味道很像虾肉。类书记载，吴地有句俗语

□ **蝗虫化虾**

作者认为蝗虫可以化生为虾——蝗虫飞入水中，蜕去外壳，留下来的肉体就变成了虾。

叫"虾荒蟹兵"。所谓"蟹兵"，就是指螃蟹身披铠甲、手执武器，螃蟹繁盛的地方，多有战争爆发的前兆，这个道理很好理解。而所谓"虾荒"的谚语却很难理解，直到我发现蝗虫可以化为虾类，才恍然大悟。水涝太久，虾子繁多，旱灾太久，蝗虫繁多，经常是旱灾紧接着水灾，水灾紧接着旱灾，所以旱涝蝗灾都是接连相继爆发的。水涝固然会有很多虾子，但旱年的蝗虫也能变成虾子，所以出现虾子，既是水涝的征兆，也是旱灾的征兆，因此俗话说"虾荒"。蝗虫飞入水中，蜕去外壳，留下来的肉体就变成了虾子。在杜台卿的《淮赋》中，也有"蝗化为虾、雉化为蜃"的句子。

大钳虾

【原文】 闽海有一种大钳虾，身红而钳粗短，须亦不长，特异诸虾，不知何物化生也。

《大钳虾赞》：虾小钳大，状如拥剑。莫邪干将，双舞海面。

【译文】 福建海域有一种大钳虾，通体红色，两钳又粗又短，前须也不太长，与普通虾类很不一样，不知道是什么东西化生而成的。

□ 大钳虾
　　大钳虾，产自福建海域，是一种通体红色的小虾。它的体形虽小，虾钳却大得像把剑，所以得名"大钳虾"。

深洋绿虾

【原文】 绿虾产外海深水大洋。边海之虾止有龙虾色绿，其余不过红白黄紫而已。海中无黑虾，淡水中多有之。《汇苑》云："闽中海虾五色，而不为分出。"以今考之，果有五色，更有杂色不同，是又在五色之外者也。

《深洋绿虾赞》：虾具五色，红白紫黄。四鬐将军，一绿衣郎。

□ **深洋绿虾**

　　近海海域的虾类有红、白、黄、紫、绿五种颜色，只有海滨龙虾为绿色，外海的深水中也有绿虾。

【译文】　绿虾产自外海的深水区域。近海海域的虾类只有龙虾是绿色的，其他虾子不外乎红色、白色、黄色和紫色。海洋中没有黑虾，淡水中则反而不少。《异物汇苑》记载福建海虾有五个不同颜色的品种，但没有做出详细的区分，如今据我考证，果然有五个不同颜色的品种，甚至还有其他的杂色虾，不在这五种颜色之内。

虾虱

【原文】　海中有一种虾虱，略如虾状而轻薄，头壳前尖后阔，而空张身尾如虾，无肉，两目长竖，两足若臂，有尖刺。常抱虾腹吮其涎，而虾为之困。海人误称为"虾虎"，非也。

　　《虾虱赞》：水中有虱，常为虾患。腹底藏身，射工[1]难贯。

【注释】　〔1〕射工：一种传说中的毒虫，又名鬼蜮、短狐、水弩，常蛰伏在水中攻击人畜腹部，致其不治身亡。有成语"含沙射影"。

□ **虾虱**

　　虾虱，一种外形像虾、长着尖刺的虱子。它们经常藏身于虾的腹下，吸吮虾子的身体，使其备受折磨。

【译文】 海洋中有一种虾虱，外形像虾类，但比虾轻盈纤薄，它的头部前尖后宽，像虾子一样撑开身体和尾巴。这种东西没有什么肉，双眼竖着向外凸出，两条腿脚宛如臂膀，并长着尖刺。它经常抱着虾类的腹部，吸吮虾子的口水，令虾子深受其苦。海边住民错称它作"虾虎"，这是不对的。

黄虾

【原文】 黄虾肥大而色黄，产福宁、后江、三沙等海中，春夏秋罕有，至冬月长至[1]前后，海人多捕之。最大者不易，皆一二寸小虾。长五六寸者，配为对虾，干之以贻远客；小者取肉，干之以售于市，比之鹰爪云。

《黄虾赞》：虾有红绿，惟尔色黄。聚散有时，盛于初阳[2]。

【注释】 〔1〕冬月长至：冬至，又称"长至节"。
〔2〕初阳：古代认为冬至"一阳始生"，所以将冬至后的一整月称为"初阳"。《朱子语类》："三十日阳渐长，至冬至，方是一阳，第二阳方从此生。"

大黄虾，对之成偶，多此种。

□ 黄虾

黄虾通体黄色，产自福建、浙江部分地区的海域中。其个头一般只有一两寸，也有少数长达五六寸的，被配成一对，即对虾，作为馈赠佳品。

【译文】 黄虾又肥又大，通体黄色，多产自福宁州、后江及三沙等地海域中，春夏秋三季都很少见，直到冬至前后才会大量出现，渔民大多在这个时候捕捞它们。这种虾很难捉到个头大的，一般都是一两寸的小虾。人们挑选出长达五六寸的，配成两两一对的，称为对虾，风干后馈赠给远方客人；而个头小的，就把虾肉挖出来，风干后卖到市场上，将其称为鹰爪。

长须白虾

【原文】 长须白虾，浙闽海中俱有，其须红而甚长，每入网中，则其须彼此牵结，不知海水中何以游行。大约总是退，则其须自顺而无碍矣。

《长须白虾赞》：尺须寸虾，长短较量。尺有所短，寸有所长。

【译文】 长须白虾，常见于浙江和福建的海域中。它的前须又红又长，一旦落入渔网之中，前须就会互相纠缠在一起，真不知道它在海中是怎么游动的。或许它的游动方式是向后退步，这样才能保证它的前须顺畅无碍。

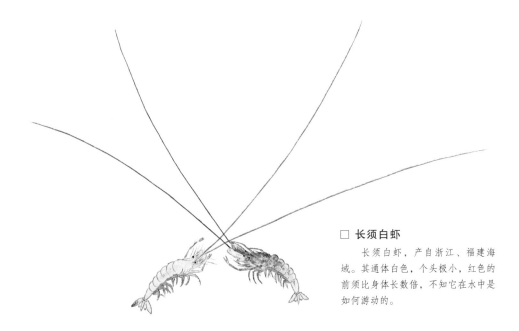

□ 长须白虾

　　长须白虾，产自浙江、福建海域。其通体白色，个头极小，红色的前须比身体长数倍，不知它在水中是如何游动的。

变种虾

【原文】 闽海有一种缩颈虾，色红而身短，须钳不长，常杂于白虾之中。询

□ 变种虾

这种虾产自福建海域，是一种变种虾。它通体红色，身子很短，脖子皱缩，常混杂在白虾群中。

之海人，不知其名，盖变种也。

《变种虾赞》：虾有变种，身短颈缩。意气不扬，如有颦蹙[1]。

【注释】〔1〕颦蹙：愁眉苦脸的样子，形容忧愁不乐。

【译文】福建海域有一种缩颈虾，红色的身体比较短，前须和两钳也不长，经常杂居在白虾群中。我向渔民请教，他们都不知道它的名字，这应当是一种异种的虾。

大红虾

【原文】《本草》曰："大红虾产临海会稽，大者长尺，须可为簪。"虞啸父[1]答晋帝云："时尚温，未及以贡。[2]"即会稽所出也。李启瞬曰："闽中秦屿[3]海上亦每有红虾，长尺许。"

《大红虾赞》：赪尾鱼劳[4]，红曷在虾。若非浴日[5]，定是餐霞[6]。

【注释】〔1〕虞啸父：东晋大臣，经学大师虞翻的玄孙。

〔2〕出自《晋书·虞潭传》："（虞啸父）尝侍饮宴，帝从容问曰：'卿在门下，初不闻有所献替邪？'啸父家近海，谓帝有所求，对曰：'天时尚温，鮆（zhì）鱼虾鲊未可致，寻当有所上献。'帝大笑。"其意为：晋帝要求虞啸父提出治国建议，虞啸父却误以为晋帝在索取进贡。晋帝，这里指晋孝武帝司马曜。

〔3〕秦屿：今福建福鼎市秦屿镇，现更名为太姥山镇。

〔4〕赪尾鱼劳：出自《诗经·汝坟》"鲂鱼赪尾，王室如毁"。朱熹注："鲂尾本白而今赤，则劳甚矣。"其意为：鲂鱼尾巴从白变红，说明它十分辛劳，后多比喻百姓疾苦。

〔5〕浴日：指日神羲和沐浴在水中，后多比喻太阳初升。出自《山海经》："东南海之外，甘水之间，有羲和之国。有女子名曰羲和，方日浴于甘渊。"

〔6〕餐霞：服食云霞，后多指修仙学道。屈原《远游》："餐六气而饮沆瀣兮，漱正阳而含

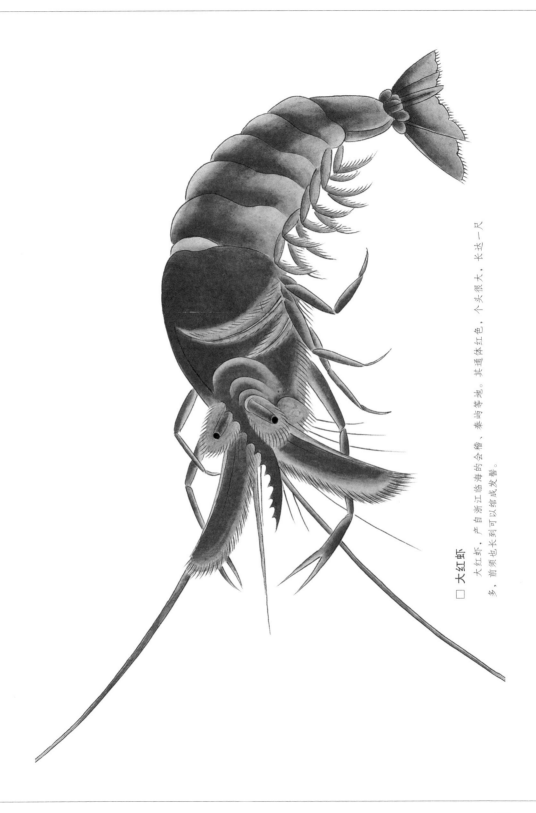

□ **大红虾**

大红虾，产自浙江临海的会稽、秦屿等地。其通体红色，个头很大，长达一尺多，前须也长到可以缠成发髻。

朝霞。"

【译文】 《本草纲目》说："大红虾产自临海会稽，个头大的足有一尺，前须可以做成发簪。"虞啸父曾回答晋帝说，"现在气候还很温暖，来不及进贡海产"，说明这种虾确实是会稽出产的。李启瞬说："福建秦屿海域也常有这种大红虾，长达一尺多。"

空须龙虾

【原文】 张汉逸曰："福建惟泉州多龙虾，吾福宁州无有也。顺治乙酉[1]，闽中尚未宾服，明唐藩[2]奉弘光年号监国[3]省城。二月间，忽有海上大虾，随风雨而至，渔人捕得而鬻于市，州人并称为龙。其状头如海虾，身匾阔如琴虾[4]状，两粗须长于其身，前挺如角，中空而外有叠折如撮纱纹，钳爪亦小弱，重可斤余。时予同年，塾师即此命对，曰：'龙虾随雨至。'予未能对。先父买此虾，悬于高甑[5]蒸之，而剔其肉，味亦腴。活时虾壳黑绿，熟即大赤，可玩，亦效泉人为悬灯，红辉烂然。自此见后，康熙甲寅[6]，渔人亦举网得之，其状无异。两见之后，绝无闻也。"因为予图并属予品论。予曰："龙须名'无碍'，所当之处，山岳为崩、铁石为糜，而头角峥嵘，爪牙更利，所向无敌。今此虾钳脚纤细，牙爪无威，但鼓彼双须，强代二角，欲充'无碍'，而直竖乎前，匪但龙不成龙，而虾亦不成虾。升蟠两难，进退维谷矣。且闻尾大者不掉[7]，踵反者难行[8]，是虾须若戟，而过于其身，跋前踬后，动辄得咎[9]，其能兴云致雨[10]、掣电驱风[11]、泽及万方、横行四海，得乎？乃一见于乙酉，再见于甲寅，适当变乱之候，无怪乎唐藩之不克振、耿逆[12]之身死名灭，为天下僇笑[13]。物象委靡，早已兆端矣。"张汉逸曰然。

《空须龙虾赞》：有虾须空，亦冒称龙。有名无实，两现海东。

【注释】 〔1〕顺治乙酉：顺治二年，南明弘光元年，公元1645年。
〔2〕唐藩：指朱聿键，明末唐王。南明弘光帝朱由崧死后，朱聿键经郑芝龙、黄道周扶持，在福州登基称帝，改元隆武。
〔3〕监国：古代政治制度，皇帝出巡后，由他人代理朝政。这里是朱聿键继位的委婉表达。
〔4〕琴虾：详见本册《琴虾》。
〔5〕高甑：古代用来蒸饭食的瓦盆。
〔6〕康熙甲寅：康熙十三年，公元1674年。

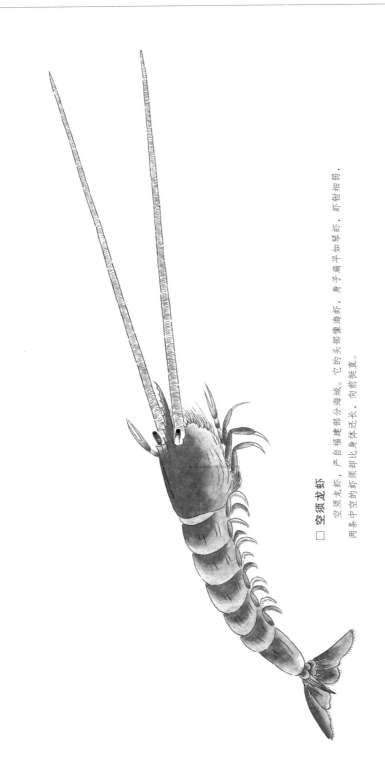

□ **空须龙虾**

空须龙虾，产自福建部分海域。它的头部像海虾，身子扁平如琴虾，虾钳细弱，两条中空的虾须却比身体还长，向前挺直。

〔7〕尾大者不掉：尾巴太大，无法摇动，后多比喻机构庞大，指挥不灵。出自《左传·昭公十一年》："末大必折，尾大不掉。"掉，摇动。

〔8〕踵反者难行：脚跟长在前面，脚尖朝向后面，这样的人很难前行。反踵，脚跟反向，邢昺《尔雅注疏》："（狒狒）反踵者，脚跟反向也。"

〔9〕跋前踬后，动辄得咎：出自韩愈《进学解》"跋前踬后，动辄得咎"。其意为：进退两难，动不动就遭受罪责。跋前疐后，据说狼类向前走就会踩到下巴肉，往后退就会被尾巴绊倒，出自《诗经·狼跋》："狼跋其胡，载疐其尾。"

〔10〕兴云致雨：布下云雾，施降雨水。《后汉书·明帝纪》："郡界有名山大川能兴云致雨者，长吏各洁斋祷请，冀蒙嘉澍。"

〔11〕掣电驱风：挥舞雷电，掌控风暴。张溟《为侍郎徐公邦宪赋》："愿得侧翅附鸿鹄，追风掣电凌太空。"

〔12〕耿逆：指耿精忠，清初靖南王。康熙十二年，他与吴三桂、尚可喜举兵反清，史称"三藩之乱"，后投降被杀。

〔13〕僇（lù）笑：耻笑。《史记·鲁仲连邹阳列传》："（燕国）壤削主困，为天下僇笑。"

【译文】 张汉逸说："福建只有泉州盛产龙虾，我们福宁州是没有的。顺治二年，福建还没有归降大清，明唐王朱聿键继承弘光年号，在省会城市登基执政。二月时，海上忽然有大虾被风雨裹挟而来，渔民将它捉住，拿到市场上售卖，城里百姓都以为它是龙。它的头部很像海虾，身子则像琴虾一样扁平。它有两条粗长的虾须，比身体还要长，如犄角般挺立向前，前须中空，外部层层叠叠，宛如纱布的褶纹，两只钳子又小又弱。整只重约一斤。当时，我的同窗和老师用它构思对联，上联是'龙虾随雨至'，但我没能答出下联。我父亲生前曾买过这种虾，挂在甑锅里蒸熟，剔出虾肉，味道非常好。这种活虾外壳呈黑绿色，煮熟后就会变成鲜红色，可供玩赏，也可以效仿泉州人挂起来当灯笼，红光四射，灿烂夺目。康熙十三年，渔民又用网捕获了这种虾，与我先前见到的并无差别。我只见过这两次，之后就再也没有听说过它了。"于是他为我绘制了这种虾的图画，让我也评述一番。我说："神龙的前须叫作'无碍'，一旦遇到阻碍，山岳为之崩塌，铁石为之溃烂、龙的犄角突出，爪牙锋利，所向无敌。现在这种虾子的钳子和腿脚都很纤细，爪牙无力，只是张扬着两根前须，强行代替犄角，想要冒充'无碍'，直直地竖立向前，不但不像龙，甚至也不像虾了。这样一来，它既不能升腾为龙，也不能退而为虾，也就进退两难了。况且我听说尾巴粗大就无法摇动，脚跟反向就难以行走，这种虾的前须如同矛戟，比身体还要修长，前后相阻，难道述能布下云雾、施降雨水、舞雷弄电、恩泽万方、横行四海不成？它竟然分别在顺治二年、康熙十二年两次现身，正值动乱之时，难怪唐王复兴失败、耿精忠兵败身死，最后被天下人耻笑。局势困顿，早有预兆。”张汉逸欣然同意了我的观点。

天虾

【原文】 天虾产广东海上，状如蛾而有翅，常飞于天，入海则尽为虾，或为黄鱼所食，亦称黄鱼虫。海人捕其未变者，炙食之，甚美。

《天虾赞》：虾不在水，乃游于天。居然羽化，虫中之仙。

【译文】 天虾产自广东海域，外形像飞蛾，长着翅膀，经常能看到它们在天空中飞舞。它们落入海里就会变成虾子，有时会被黄鱼吞食，所以又名黄鱼虫。渔民捉到还未变化的天虾，便将它烤着吃，十分美味。

□ 天虾

　　天虾，产自广东海域。其长得像飞蛾，经常挥动着翅膀在天空中飞舞，一旦落入海中就会变成虾，成为黄鱼的腹中之物。

琴虾

【原文】 琴虾，一名虾蛄，首尾方匾，壳背多刺，能棘人手。大者长七八寸，活时弓其身，善弹人，首有二须，前足如螳臂。闽人于冬月，多以椒醋生啖，至三月则全身赤膏，名赤梁虾蛄，煮食肥美尤佳。《闽志》载有“虾蛄”，即此也。《篇海》云：“海虾有虾蛄，状如蜈蚣。”今观其状，信然。

《琴虾赞》：海虾名琴，三弄[1]水滨。游鱼出听[2]，人不知音[3]。

【注释】 〔1〕三弄：《梅花三弄》，经典古琴名曲，以泛声演奏主调，并以同样曲调在不同徽位上重复三次，称为“三弄”。

〔2〕游鱼出听：水中鱼儿都探出脑袋聆听，形容琴声悠扬美妙。出自《荀子·劝学》：“昔者瓠巴鼓瑟，而流鱼出听；伯牙鼓琴，而六马仰秣。”

〔3〕人不知音：传统儒家认为百姓只知音而不知乐，这里指人类不懂海洋动物的音乐。《礼记·

□ **琴虾**

　　琴虾，产自福建海域，又名虾蛄。这种虾外形奇特，头和尾部呈方扁形，背壳上长着刺，具有攻击性。

乐记》："是故知声而不知音者，禽兽是也；知音而不知乐者，众庶是也。"

　　【译文】　琴虾也叫虾蛄，头和尾巴呈方扁形，外壳背部长着很多尖刺，会刺伤人的手。这种虾大的有七八寸，活虾会弓起身子弹击人类。它的头部长着两根前须，前腿像螳螂臂。冬季时，福建人一般将琴虾蘸着胡椒和醋吃。每年三月，这种虾全身都是红色油脂，人称"赤梁虾蛄"，将它煮着吃，味道十分鲜美。《闽志》记载的"虾蛄"就是这种东西。《篇海》说："有一种海虾叫'虾蛄'，外形像蜈蚣。"如今我观察它的样子，确实如此。

白虾

　　【原文】　白虾须不甚长，两钳如槌，每随潮而来，喜游海港淡水，谓之咸淡水虾。海人干之，售于闽之山乡，茗碗中投二枚作茶果，须挺于上，客取以唉。

　　《白虾赞》：冒滥绯衣[1]，曷若白身[2]。虽混水族，居然山人。

□ **白虾**

　　白虾，产自福建，喜欢在淡水区游动，又名"咸淡水虾"。它通身白色，虾钳像两根木槌，和普通虾不同。人们一般将它晒干后泡茶喝。

【注释】 〔1〕绯衣：喻指在朝廷做官。
〔2〕白身：喻指在民间为民。

【译文】 白虾的前须不怎么长，两只钳子像木槌。它常被潮水裹挟而来，喜欢在海港的淡水区内游动，所以被称为"咸淡水虾"。渔民将它晒干，卖到福建的山野乡村。在茶碗中投入两只干白虾当作茶果，热水浸泡后，当它的前须挺立向上，客人便可以取它来吃。

紫虾

【原文】 紫虾，身上细点皆作紫色，目圆大，而尾上红黄青白，四色如绘，可玩。海人亦称为赤虾。

《紫虾赞》：紫袄绣裙，虾中妃嫔。常随鱼姜[1]，伴海夫人。

【注释】 〔1〕鱼姜：指鰈鱼。详见册一《鰈鱼》。

【译文】 紫虾身上的细小斑点也是紫色的，它的眼珠又大又圆，尾巴上有红、黄、青、白四色纹理，宛如美丽的图画，可供玩赏。渔民又叫它"赤虾"。

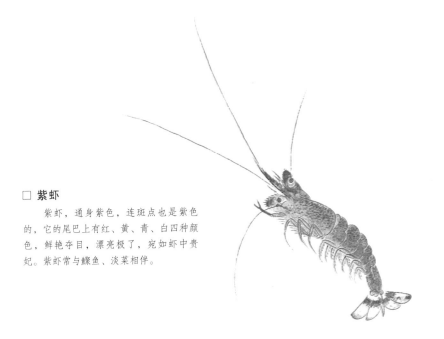

□ 紫虾

　　紫虾，通身紫色，连斑点也是紫色的，它的尾巴上有红、黄、青、白四种颜色，鲜艳夺目，漂亮极了，宛如虾中贵妃。紫虾常与鰈鱼、淡菜相伴。

□ 红虾

　　红虾，常见于福建海域，通身红色。它在海中时，就像海中的一把
火焰，照亮了其周围的海底世界。

红虾

【原文】　红虾色带赤，产闽海，最利糟腌。肉坚而壳硬、耐久不坏故也，用磨为酱尤佳。扬州有一种虾酱，皆磨小虾为之，初作臭不堪闻，发过夏然后香美。

　　《红虾赞》：有火星星，水底常明。闽称炎海[1]，是以不冰。

【注释】　〔1〕炎海：泛指南海炎热的地区。王昌龄《送友人之安南》："还舟望炎海，楚叶下秋水。"

【译文】　红虾通身赤色，产自福建海域，最适合用糟卤腌制。由于它的肉质和外壳都十分坚硬，可以长期存放，磨成肉酱最好。扬州有一种虾酱，是用小虾磨成的，刚做好时臭不可闻，腌制一个夏天之后，就会变得非常香浓美味。

白虾苗

【原文】　白虾苗盛于夏秋，一发则举网皆盈，大船小舟载至沙涂晒之。日色刚烈，不崇朝而干燥如银钩。闽中福宁海上甚有，呼为"虾干"者。江浙有一种黄色者，呼为"虾皮"，亦此类也。福清出一种小白虾，粲然如玉，产化南里[1]海上，此虾如法腌藏，过夏香美异常。明叶文忠公[2]当国时，每令家僮[3]各以小瓿封致，僚属竞羡难得，拟之雪蛆[4]云。

　　《白虾苗赞》：白面书生[5]，何多如许。龙王好贤，三千朱履[6]。

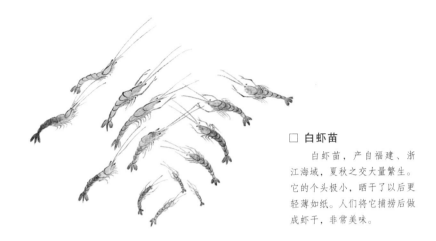

□ 白虾苗

白虾苗，产自福建、浙江海域，夏秋之交大量繁生。它的个头极小，晒干了以后更轻薄如纸。人们将它捕捞后做成虾干，非常美味。

【注释】〔1〕化南里：化南镇，今福建福清市南前薛村。

〔2〕叶文忠公：指叶向高，福建福清人，晚明内阁首辅，以刚正忠直著称，谥号"文忠"。

〔3〕家僮：未成年家仆。

〔4〕雪蛆：一种小型的白色蠕虫。陆游《老学庵笔记》："此物实出茂州雪山。雪山四时常有积雪，弥遍岭谷，蛆生其中。取雪时并蛆取之，能蠕动。久之雪消，蛆亦消尽。"茂州，今四川茂县。

〔5〕白面书生：颜面白净的年轻文人，比喻读书人涉世未深、知识浅薄。《宋书·沈庆之传》："陛下今欲伐国，而与白面书生辈谋之，事何由济！"

〔6〕三千朱履：三千位脚穿珠履的贵客。朱，通"珠"。出自《史记·春申君列传》："春申君客三千余人，其上客皆蹑珠履以见赵使，赵使大惭。"

【译文】白虾苗盛产于夏秋季节，它们一旦开始繁生，几乎渔民每次撒网都能大获丰收。大小船只把这种虾运到沙滩边晒干。阳光强烈时，无须一个早上就能把它晒干，宛如一堆堆小银钩。福建福宁州海域有更多的小虾，名为"虾干"，江浙也有一种黄色小虾，名为"虾皮"，都属于同一类。福清有一种小白虾，白光灿灿，宛如玉璧，产自化南镇附近海域，这种虾按照一定的方法腌制，贮藏一个夏天后，就会变得非常香浓美味。明代叶向高主持朝廷时，经常让家仆用小罐封存这种腌白虾，从家乡寄到京师，同僚只能羡慕垂涎，却一虾难求，将它比作雪蛆。

龙头虾

【原文】龙头虾，考《尔雅》及诸书无其名，《闽志》惟漳泉载。考《泉南杂志》云："虾有长一二尺者，名龙头虾，肉寔有味。人家掏空其壳，如舡灯，悬

□ 龙头虾

龙头虾，产自福建漳州、泉州等地，因头大而得名"龙头虾"。它的个头在一两尺左右，除了头上有头刺、额前有一根长着锯齿的长骨外，其余部位与普通的虾没什么区别。

挂佛前。"而不言其状。访之闽人，云："仍是常虾形，但首巉岩[1]耳。"泉人孙飞鹏邂逅近福宁，为予图述云："虾名龙头，其首巨而有刺，额前有一骨如狼牙，上下如锯而甚长。两钳亦多细刺，双须亦坚壮。其余身足皆与常虾同。小者，土人亦如常烹食，不足异也。在水黑绿色，烹之则壳丹，如珊瑚可爱。"《字汇》云"虾之大者名鰝"，盖指海虾也；云"虾长二三尺，须可为帘"，《山堂肆考》[2]有"虾须帘"，或别是一种大虾，非龙头虾也。泉郡陈某谓："虾额前长刺，在水分为两条，即入网，活时亦能弹开其刺，以击刺人。毙则合而为一，其实两条长刺也。"

《龙头虾赞》：虾翻春浪，头角峥嵘。梁灏[3]状元，龙头老成。

【注释】〔1〕巉岩：陡峭的山岩，这里指头部高耸。

〔2〕《山堂肆考》：这段引文出自《山堂肆考·卷一八十一》，"唐陆畅诗：'劳将素手卷虾须，琼室流光更缀珠。玉漏报来过夜半，可怜潘岳立踟蹰。'又宋苏易简诗：'虾须半卷天香散'"。虾须帘可能只是比喻其垂帘纤细状，并非真的由虾须制成。

〔3〕梁灏：北宋大臣，据说八十二岁高龄才中状元。《遁斋闲览》："梁灏八十二岁，雍熙二年状元及第。其谢启云：'白首穷经，少伏生之八岁；青云得路，多太公之二年。'后终秘书监，卒年九十余。"这段引文被《容斋随笔》证伪，梁灏中举年龄仍存疑。

【译文】 龙头虾，在《尔雅》及其他古籍中都没有它的名字，只在《闽志》的漳州、泉州部分中有所记载。《泉南杂志》说："有一种长达一两尺的虾，叫作龙头虾，肉质美味可口。人们将它掏空，剩下的虾壳，如同船灯，常悬挂在佛像前。"但书中没有提及它的外形。我寻访福建百姓，他们告诉我："这种虾的样子和普通虾一样，只有头部像山岩耸立。"我与泉州人孙飞鹏在福宁相逢，他为我绘图并记述："这种虾叫作龙头虾，脑袋很大，还长着尖刺，额前有一根狼牙般的骨头，上下长着锯齿，很长。它的两只钳子上也有很多小刺，两条前须又硬又壮。其余的部位如身体、腿脚等，都与普通虾类相同。小的龙头虾，当地人用平常的烹饪方法处理。这种虾在水中为黑绿色，煮熟后外壳就会变成鲜红色，像珊瑚一样讨人喜欢。"《字汇》说"大虾叫作'鰝'"，指的就是海虾，还说"虾长两三尺，前须可以做成帘幕"。在《山堂肆考》中有"虾须帘"，可能是指另一种大虾，而并非龙头虾。泉州人陈先生说："这种虾的前额长着尖刺，在水中时分为两根，就算落入渔网，只要它还活着，就能弹出尖刺来刺人。它死后，两根尖刺合为一根，实际上还是两根。"

海错图跋文

【原文】儒不识字，农不识谷，樵不识木，渔不识鱼，四者非不识也，不能尽识也。

《字学正韵》〔1〕万有千五百二十，《广韵》二万六千一百九十有四，兼之篆隶异体〔2〕、雅俗异尚〔3〕，此字之于儒难尽识也。稻黍稷麦菽，五谷总称也。而谷又有百种之名〔4〕，百种之外，品类繁多，迟早异性、风土异宜，此谷之于农难尽识也。《书》称"栝柏"〔5〕，《诗》咏"桑杨"〔6〕，可知之木也，其余《篇海》〔7〕所载木类，《汇苑》所纪杂树，多有闻其名而不得见，或见其木而误称其名，此木之于樵难尽识也。郭璞《江赋》，鱼称"鲟鳞鰧鲉〔8〕，鲮鳐鳊鲢"，张融《海赋》，鱼称"鲖鸁鱅鮨，鱋魟鲧鳟"，匪但渔叟未悉其状，即雅士亦难审其音〔9〕。鳞虫虽曰"三百六十属"，《说文》、韵书所载，鱼名既广，而不在典籍之内者，尤不知凡几〔10〕哉，此鱼之于渔难尽识也。予不识字，愚等农夫，贱同樵子，乃敢越俎〔11〕，妄求识鱼，不大谬乎？

不知既不识字，又不识鱼，坐老岁月何益乎？缘是借海滨作濠上之游〔12〕，数年以来，得识海鱼种种，乃因识鱼，而并喜得识字。若鱾若鲕，若魛若卿，若鲅若鮹，若鳒若鮻，若鳍鯑，若鳇鮍，若鲦酥，若鮥鲂，若鶄鲗，若鲽鲐，若鮉鞠，若鲴鲟，若鮂小鮎，若鮰舥，若鲈鳞，若鱹鱻，若虾、鳎、鲜、鉗，若鲀、鳓、鮏、鳣、鮧、鮸、鲧、鹿，以及鲬、鯆、鮛、鮒、鎬、鳐、鳗、鮈、鮰、鮇、鲌、鲼、魶、�、鮭、鲈、鲱、鲮、鰤、鮠、鲕、鰁、鳏、濞、鮲、鲭、鳘、鲧、鲭、鳘、鱼L、鮍、鮔、鮍、鮵、鮾、鱮、鮰、鮍、鮍、鲛、鮊、鲮、鲴、魮、魢、鳗、鲹、鮴、魟〔13〕等鱼名，皆因求识鱼而反得识字者也。若是乎《海错》一图，居今稽古〔14〕，不为无益。

【注释】〔1〕《字学正韵》：可能是《书学正韵》，元代杨桓撰。书中收录字形兼有篆、隶二体，以便书法爱好者参阅，所列韵部既继承了《广韵》的语音系统，也体现了当时的音系特征。

〔2〕篆隶异体：篆书和隶书字形不同。上古先秦使用篆书，汉代使用隶书，两种字体的形体差异巨大。此处泛指古今文字形体的各种差异。

〔3〕雅俗异尚：雅，规范的正体字；俗，民间简略而不规范的俗体字。人们对正体字和俗体字的接受程度不同，对其的态度也有所不同。

〔4〕谷又有百种之名：泛指谷类。出自《礼记·郊特牲》：“祭百种以报啬也。”孙希旦集解：“百种，百谷之种也。”

〔5〕栝（guā）柏：桧树圆柏，出自《尚书·禹贡》：“杶干栝柏。”

〔6〕桑杨：桑木杨树，出自《诗经·南山有台》：“南山有桑，北山有杨。”

〔7〕《篇海》，见前注。这本书正是后世《篇海类编》的基础和来源，它们都拥有独立的木部及大量木旁字。

〔8〕作者本篇极力铺陈罗列生僻字，如鲴（gǔ）、鰎（jiàn）、鲉（yóu）、鲄（hé）、鱳（luó）、鮨（yì）、鱯（huà），是为了展现海产的丰富性和复杂性，而其中许多字属于异体字、俗体字，难以查验；部分字义散见于本书正文三册中，也可参见册二《柔鱼》注释〔5〕。

〔9〕难审其音：难以知悉读音。

〔10〕凡几：共计多少。

〔11〕越俎：即“越俎代庖”。比喻越权办事或包办代替。出自《庄子·逍遥游》：“庖人虽不治庖，尸祝不越樽俎而代之矣。”

〔12〕濠上之游：濠上，比喻别有会心、自得其乐之地。这里指“认识鱼类的快乐”。出自《庄子·秋水》：“庄子与惠子游于濠梁之上。庄子曰：‘鯈鱼出游从容，是鱼之乐也。’”

〔13〕鰆（chūn）、鰕（xiá）、鱑（huáng）、魪（jiè）、鲀（tūn）、鵃（zhōu）、鱦（yìng）、鱦（shéng）、鲇（nián）、鰪（è）、鲜（bàng）、鲋（fù）、鲀（tǒu）、鰁（quán）、鯢（ní）、魦（shā）、鯖（zhēng）、鰳（láo）、鰺（cān）、鱬（rú）、鯅（shān）、鯙（tíng）、鰶（qí）、鱁（zhú）、鰚（pèng）、鵟（kuáng）、鯈（chóu）、魟（wáng）、鮔（jù）、鰗（yǒu）、鳚（wēi）、鱾（yí）、鰃（wēi）、魰（wén）、鮂（jiù）、鼽（qiú）、魺（yà）皆为生僻字，其义此处不再赘述。

〔14〕稽古：探求古意。

【译文】 读书人不认识汉字、农夫不认识谷物、樵夫不认识木材、渔夫不认识鱼类，并不是说这四种人在各自的领域一窍不通，而是说他们在各自的职业中并非无所不知。

《书学正韵》收字一万一千五百二十个，《广韵》收字两万六千一百九十四个，除了规范的正字外，还包括各种篆隶重文、俗体字、异体字，这就是读书人无法认识所有文字的原因。所谓的五谷，就是“稻黍稷麦菽”，但具体的谷物又有上百种名目。这上百种之外，还有很多繁杂的种类，它们生长周期不一，可以适应的水土气候迥异，这就是农夫不认识所有农作物的原因。《尚书》记载的“栝柏”，《诗经》

歌咏的"桑杨"，都是众所周知的树木，其余《篇海》《异物汇苑》所记载的各种树木，大多只听说过名字，不曾亲眼得见，要么就是把名称和实物张冠李戴，这就是樵夫不能认识所有树木的原因。郭璞的《江赋》记载有"鮆鰊鰧鮋、鲮鳐鳊鲢"，张融的《海赋》记载有"鲄鳢鳙鲐、鳂魟鲼鲟"，不但渔夫不知道这些鱼类长什么样子，就连博学之士也可能不知道它们的读音。鳞类虽然号称"有三百六十种"，但只不过是一个泛称，真正被《说文解字》与各种韵书记载的鱼类远远超过这个数字，未曾记录的鱼类更是数不胜数，这便是渔夫无法认识所有鱼类的原因。像我这样不能认全所有汉字的人，甚至不如农夫、樵夫和渔夫，竟然异想天开，想要识尽天下鱼，岂不荒唐可笑？

然而，既不能认全汉字，又不能认全鱼类，虚度光阴于我何益呢？因此，这几年来，我借着自己在海滨的游历生活，不仅新认识了许多鱼类，更学到了不少汉字。比如，魢、鮄、魛、鲥、鳀、鲦、鳂、鲅、鳍鲙、鳍鮍、鲦鮛、鮕鮬、鸱鲗、鲛鲐、鮈蓣、鳀鲟、魝魟、鱽鲹、鲚鳉、鳠鲎、虾、鳞、鲜、鮒、鲀、鳃、鲊、鮙、魟、鲍、鲦、鱙、以及鲪、鲕、鮃、鮒、鳏、鳐、鳗、鋸、鮰、鲦、鲌、鳍、魶、鲷、鮚、鲈、鲱、鲞、鲥、魟、魝、鳈、瀦、魦、鲈、鲨、鳉、鲆、鳇、鲯、鳄、鱽、鲦、鲋、鳈、鲇、鲌、鳀、鱎、鲲、鳘、鲕、鳒、鲟、鳏、鲑、鯣、鳊、鲊、鱄、鳃、鲇、鳀、鳀、鲊、鲅、鲷、鳗、鹹、鰜、鱽等，都是我在深入研究鱼类的过程中，不经意识得的汉字。这样看来，《海错图》在今日能与古人之意相符合，也算是于今有益，为今所用了。

图海错跋文

【原文】 宇内〔1〕血性含灵之物有五，曰"羽虫"，曰"毛虫"，曰"裸虫"，曰"鳞虫"，曰"介虫"。五虫之数〔2〕，上应天躔〔3〕，各三百六十属而皆有长：羽以凤长，毛以麟长，裸以人长，鳞以龙长，介以龟长。人虽为万物之灵，而龙尤为五虫之宗。《淮南鸿烈》曰："万物羽毛鳞介皆祖于龙'可知矣。

罗泌《路史》〔4〕称："盘古龙首而人身。"不但羽毛鳞介祖于龙，而人亦祖于龙，又彰彰如是。考孙绰《望海赋》曰"鳞汇万殊，甲产无方"，海错固饶鳞介矣。张融《海赋》曰"高岸乳鸟，兽门象逸"，则海错不又有鸟兽乎？木元虚《海赋》曰"何奇不育，何怪不储"，则鳞介毛羽之外，更自无穷。图内极万变之状，而兼备五虫：鲨也而虎，则鳞尝化毛矣；马也而蚕，则毛尝化蝶矣；蛇也而鸥，则裸尝化羽矣；雉也而蜃，则羽尝化介矣。天地生物不离乎胎卵湿化，而奇妙不测，莫如化生。龙称神物，万化之宗。知变化之道者，其知龙之所为乎？故全图虽别五虫，而总以龙为之主焉。

【注释】 〔1〕宇内：泛指全世界。宇，无限的空间，《尸子》："四方上下曰宇。"

〔2〕五虫之数：作者在本书中把万物分为"羽、毛、鳞、裸、介"五类，即羽类、毛类、鳞类、裸类、介类，其中又以鳞类为尊，而鳞类中又以神龙为尊。

〔3〕天躔（chán）：天体运行的轨迹，泛指星象。躔，足迹。

〔4〕《路史》：南宋罗泌所编的神话历史著作，记述了上古至宋代的历史地理、风俗氏族等内容，取材繁博庞杂。

【译文】 这世界上有自我意识的生物分五大类，分别是"羽虫、毛虫、裸虫、鳞虫、介虫"。这五类的数目与星象相呼应，又分为三百六十个小种，并且有着各自的首领：凤凰是羽类的首领，麒麟是毛类的首领，人类是裸类的首领，龙是鳞类的首领，龟是介类的首领。虽然人类是万物之灵，但神龙更是所有生物的始祖。这可以从《淮南鸿烈》所记载的"天地间各种生物都源生于神龙"中得知。

罗泌《路史》说："盘古是龙头人身。"这样看来，不仅羽类、毛类、鳞类、介类的祖先是神龙，人类也是神龙的后代，这再明显不过了。孙绰《望海赋》写道："千万种鳞类各具特色，无数种甲类生生不息。"由此可见，海洋生物的种类十分丰富。张融《海赋》写道："高岸之上小鸟筑巢，群兽之中大象奔逃。"那么海洋生物不也包含着鸟类兽类吗？木华《海赋》感叹道："（大海中）什么样的奇种不能孕育、什么样的怪物不会产生！"这样看来，除了传统的"鳞介毛羽"四类之外，还有着无穷无尽的物类。这本《海错图》汇集了万物的变化，同时也兼备着传统的五类：鲨鱼化作老虎，便是鳞类化成毛类；骏马化作蚕虫，便是毛类化成裸类；蛇鱼化作鸥鸟，便是裸类化成羽类；野鸡化作蜃贝，便是羽类化成介类。天地间生物，不过胎生、卵生、湿生、化生四种，而这其中最变幻莫测的，当数"化生"这一种了。传说中的龙类是神物，也是千变万化的始祖，有的人虽然略懂化生之道，可对神龙的化生又能了解多少呢？所以我的《海错图》虽然按照传统五类来给物种归类，但最终还是以神龙为众物种先祖。

续

第七辑

《宇宙体系》
〔英〕艾萨克·牛顿/著

《蜜蜂的寓言》
〔荷〕伯纳德·曼德维尔/著

《化学基础论》
〔法〕拉瓦锡/著

《控制论》
〔美〕诺伯特·维纳/著

《福利经济学》
〔英〕A.C.庇古/著

《纯数学教程》
〔英〕戈弗雷·哈代/著

中国古代物质文化丛书

《长物志》
〔明〕文震亨/撰

《园冶》
〔明〕计 成/撰

《香典》
〔明〕周嘉胄/撰
〔宋〕洪 刍　陈 敬/撰

《雪宧绣谱》
〔清〕沈 寿/口述
〔清〕张 謇/整理

《营造法式》
〔宋〕李 诫/撰

《海错图》
〔清〕聂 璜/著

《天工开物》
〔明〕宋应星/著

《髹饰录》
〔明〕黄 成/著　扬 明/注

《工程做法则例》
〔清〕工 部/颁布

《鲁班经》
〔明〕午 荣/编

"锦瑟"书系

《浮生六记》
刘太亨/译注

《老残游记》
李海洲/注

《影梅庵忆语》
龚静染/译注

《生命是什么？》
何 滟/译

《对称》
曾 怡/译

《智慧树》
乌 蒙/译

《蒙田随笔》
霍文智/译

《叔本华随笔》
衣巫虞/译

《尼采随笔》
梵 君/译